数学史叢書

足立恒雄・杉浦光夫・長岡亮介 編

リーマン論文集
Gesammelte Werke

足立恒雄
杉浦光夫
長岡亮介
編訳

朝倉書店

［編 集］

足立恒雄
早稲田大学教授

杉浦光夫
東京大学名誉教授

長岡亮介
放送大学教授

Bernhard Riemann (1826–1866)

編訳者まえがき

ドイツの数学者ベルンハルト・リーマン (Georg Friedrich Bernhard Riemann, 1826-1866) は肺疾患のため若くして没したが,その短い生涯に複素関数論,偏微分方程式論,リーマン幾何学,数理物理学など多岐にわたる数学の諸分野で画期的な業績を残した.

リーマンの全集はこれまで3度刊行されている.最初は Gesammelte mathematische Werke und wissenschaftlicher Nachlass (H. Weber 編, 1876 年初版, 1892 年第 2 版) である (以下『全集』と呼ぶ).リーマンの死の直後,5歳年下の友人デデキントに数学に関する遺稿を含めた全論文が未亡人から手渡された.デデキントは論文に注を付けるという重要な仕事はやったのだが,その優柔不断な性格の然らしめるところか全集の刊行にまでは至らず,エネルギッシュで広汎な理解力をもつ H. ヴェーバーが後を継いで完成をみたものである.この『全集』には当然のことながら生前書かれたすべての論文と遺稿が収録されている.さらにデデキントによるリーマンの伝記が添えられている.これに M. ネーターとヴィルティンガーがリーマンの講義録を加えて刊行したのが2度目の全集 Gesammelte mathematische Werke, Nachträge (M. Noether, W. Wirtinger 編, 1902 年) である.最後に,Gesammelte mathematische Werke, wissenschaftlicher Nachlass und Nachträge (R. Narasimhan 編, 1990 年, Springer-Verlag) が刊行された.これにはジーゲルがリーマンの残したゼータ関数に関する乱雑な計算メモを基に発表した重要な論文が載っている.そのほかには,リーマン追悼文,リーマンに関する書簡などが加わり,リーマン関係の資料が現在どうなっているかの追跡報告,リーマンに関する網羅的文献表などが含まれている.

本『リーマン論文集』にはリーマンの次の著作を翻訳し,収録した.『全集』に収載されたすべての論文ではないが,主要なものは網羅しており,リーマンの全貌はこれでつかめると思う.

第 1 章 Grundlagen für eine allgemeine Theorie der Functionen einer veränderlichen complexen Grösse, 1851 (「複素一変数関数の一般論の基礎」: 学位論文;『全集』I)

第 2 章　Beiträge zur Theorie der durch die Gauss'sche Reihe $F(\alpha, \beta, \gamma, x)$ darstellbaren Functionen, 1857 (「ガウスの級数 $F(\alpha, \beta, \gamma, x)$ で表示できる関数の理論への貢献」；『全集』IV), Selbstanzeige der vorstehenden Abhandlung (Göttinger Nachrichten, 1857, No.1)(「追補」；『全集』V)

第 3 章　Theorie der Abel'schen Functionen, 1857 (「アーベル関数の理論」；『全集』VI)

第 4 章　Ueber die Anzahl der Primzahlen unter einer gegebenen Grösse, 1859 (「与えられた限界以下の素数の個数について」；『全集』VII)

第 5 章　Ueber die Fortpflanzung ebener Luftwellen von endlicher Schwingungsweite, 1860 (「有限な振幅をもつ空気中の平面波の伝播について」；『全集』VIII), Selbstanzeige der vorstehenden Abhandlung (Göttinger Nachrichten, 1859, No.19)(「追補」；『全集』IX)

第 6 章　Ueber die Darstellbarkeit einer Function durch eine trigonometrische Reihe, 1854 (「任意関数の三角級数による表現の可能性について」：教授資格審査論文；『全集』XII)

第 7 章　Beispiele von Flächen kleinsten Inhalts bei gegebener Begrenzung (「与えられた境界をもつ面積最小曲面の例」；『全集』XXVII)

第 8 章　Uber die Hypothesen, welche der Geometrie zu Grunde liegen, 1854 (「幾何学の基礎にある仮設について」；教授資格取得講演；『全集』XIII)

第 9 章　Mechanik des Ohres (「耳の力学」；『全集』XVIII)

第10章　Zur Psychologie und Metaphysik (「心理学生物学草稿」；『全集』付録I)

第11章　Neue mathematische Principien der Naturphilosophie (「自然哲学の数学的新原理」；『全集』付録III に収録)

付　　録　Bernhard Riemann's Lebenslauf (デデキント著「ベルンハルト・リーマンの生涯」；『全集』掉尾)

これらの著作がリーマンの研究歴の中でどういう位置を占めるものかについて簡単に紹介しておこう．

　第1章　リーマン(25歳時)の学位論文である．それまでの多くの，たとえばアイゼンシュタインを代表例とする数学者のように式変形を主体とするのではなく，全体を見通す主要概念を中心に据え，すべてをそこから導出するというリーマンの数学の特徴はこの論文において既にはっきりと現れている．雑多な結果の集積であった複素関数論を体系化することに成功したのがリーマンであった．本論文では，リーマン面上のコーシー＝リーマンの微分方程式を満たす関数として正則関数が定義される．関

数は(分岐点を含めて)特異点や境界によって定まる(特徴付けられる)というのがリーマンの思想である．リーマンはもっと早い時期にこうした構想を抱いたのだろうが，物理学に対する関心から学位論文の着手が遅れたものらしい．リーマン面上の解析関数の存在をディリクレの原理から導いたのも本論文である．ディリクレの原理はこの後リーマンによって繰り返し使われることになるが，ヴァイエルシュトラスによってその欠陥が示されたため永くリーマンの声望が損なわれる素となった．ディリクレの原理を用いない証明や条件を厳しくした命題とするなど種々の修正が試みられてきたが，最終的にヒルベルトによって確固とした基礎に基づく証明が与えられた．

第2章　前論文から3年後(1854年)になってやっとリーマンは(第6章および第7章の論文によって)教授資格を得た．そして，1855/56年の冬学期と1856年の夏学期に一変数複素関数論，特に楕円関数，アーベル関数について講義した．続く1856/57年の冬学期には，特に超幾何級数について講義した．これらの講義から生まれたのが本論文と次のアーベル関数の論文である．リーマンは超幾何級数が(それを定める微分方程式の係数の)特異点の位置と種類によって特徴付けられることを示した．超幾何級数は級数表示，さらには微分方程式からすら独立して研究することができることを示すために，リーマンはP関数という概念を導入し，(彼自身の言葉によれば)「以前には，途中でかなり骨の折れる計算をした上でやっと見出されていた結果が，それによって定義からほとんど直接導き出せる」ことを立証した．

第3章　前論文同様，リーマンの講義から生まれた本論文はリーマンの生前の声望を決定付けた．多変数テータ関数論が展開され，長い間未解決だったヤコビの逆問題の解答がそれとは書かれていないが含まれている．本論文においてリーマンは概念を重んずるだけではなく，実は計算においても一流の数学者であることを立証している．訳文に続いて詳細な解説があるので，それを参照されたい．

第4章　本論文でリーマンはゼータ関数を複素変数の関数として考察し，全複素平面へ解析接続できることを示し，ゼータ関数の満たす関数等式を証明した．ゼータ関数が素数分布に関する情報を内包していることに注意を向けたことは歴史的に見て重要な意義がある．中でも，ゼータ関数の自明でない零点に関するリーマン予想は，死後30年間注目されることがなかったが，現在では，全数学中，最も有名な未解決問題となっている．

第5章　生前発表した論文9編のうち4編が物理学に関するものであったが，本論文はその中の一つである(しかし実際には，「自分の主な研究は既知の自然法則を新しい概念で解釈することである」と自ら述べているように，現在なら純粋に数学的と見られる論文，たとえば学位論文も，数理物理に対する関心から外れたものではないことは注目に値する)．当時までは無限小振幅の波動しか取り扱われなかったのに対

して，リーマンは有限振幅の波動を扱うことによって非線形の偏微分方程式を考察し，巧みな変数変換を行って線形の偏微分方程式に還元している．特殊な問題を扱っているように見えるが，個別の問題の注意深い考察から一般的な取り扱いの端緒が得られるのだとリーマンは本論文の中で主張している．

　第6章　本論文はリーマンの教授資格審査論文(高等教育を授ける資格を得るための論文)で，リーマンの死後『全集』の中で初めて公刊された．論文完成のために，ゲッティンゲンに滞在中だったディリクレの協力を仰いだこともよく知られている．論文の目的は，一般的な三角級数が収束するための必要条件を調べることであるが，そのために現在「リーマン積分」と呼ばれている定積分の定義を与えることから始めている．コーシー積分は有限閉区間で不連続点が有限個しかない関数に対して定義されるが，リーマンは不連続点が無数にあり得る場合も含めて定義し，実際そういう関数でリーマン積分が可能となる実例も挙げている．三角級数論では現在リーマン＝ルベーグの定理と呼ばれている定理など，いくつか重要な定理を挙げ証明している．

　第7章　複素解析と並んでリーマンがヴァイエルシュトラスと同時期に研究したもう一つの主題に極小曲面がある．リーマンは極小曲面に関する二つの論文を書いたが，本論文はそのうちの第二のものである．リーマンは極小曲面と等角写像との関連に注目し，複素関数論を武器として研究を展開している．本論文が直接影響を与えたとは言えないが，この研究領域はその後発展し，フィールズ賞受賞者が何人も出ている．

　第8章　本論文は現今「リーマン幾何学」と呼ばれている分野の基礎を述べた講演(教授資格取得のために実際にやってみせる模擬講義)を『全集』中に収録したものである．リーマンは講演を行うに先立ち，三つのテーマを提出した．第一のテーマは「三角級数による関数の表現可能性の歴史」，第二のテーマは「連立2元2次方程式の解法について」で，第三のテーマが本論文であった．主査のガウスが「慣習に反して」第三のテーマを指定したとはデデキント以来言われてきたことだが，ラウグヴィッツによれば，第一のテーマは既に提出されている内容であり，第二のテーマはあまり魅力的ではないから，第三のテーマが選ばれるのは大いに可能性があったことで，リーマン自身が大いに驚いたと書いているわけではないと述べている．数学に縁遠い教授たちをも対象にした講演なので数式はほとんど登場しないけれども，極めて内容豊富で，長年幾何学の本質を探究してきたガウスの心を揺すぶるに十分であった．ガウスは当時既に高齢で本講演後まもなく死亡するので，リーマンが直接ガウスの教育を受けたわけではないが，コップの水が別のコップに一気に移されるように(仏教用語で言えば，一器水瀉一器)，ガウスからリーマンへと数学的精神が伝承されたのである．したがってリーマンこそがガウスの真の弟子であるというのがクラインの説である

(『クライン：19世紀の数学』共立出版，1995)．本論文も純粋に数学の研究として書かれたのではなく，万有引力を近接作用的に説明しよう，電気，磁気，光を統一的に論じようという意図が下地としてあったことは記憶されるべきである．この思想がクリフォードを経て，ミンコウスキーによる特殊相対性理論の解釈 (1908年)，アインシュタインの一般相対性理論 (1915年) へと結実するのである．

第9章～第11章　リーマンは哲学や心理学にも大いに関心があった．フロイデンタールは「リーマンは偉大な哲学者であった」("Dictionary of Scientific Biography")と評しているが，これらの遺稿を読んで読者みずから判断していただくのが適切であろう．

付　録　冒頭でも述べたが，デデキントはリーマンの未亡人に懇願されて伝記を書いた．リーマンはここで描かれているよりは鬱病がひどかったらしいが，未亡人はそのことを人に言及されるのを何より苦にしていたというから，デデキントはそのあたりを慮ったものと思われる．リーマンは概念を重んじる人であったから，細部にとらわれない傾向があって，証明のギャップがしばしば指摘されるけれども，これはリーマンの数学者としてのタイプの問題で，時間がなかったというだけの理由には帰せられない．なお，伝記と業績の評価については，現今のところラウグヴィッツの『リーマン－人と業績－』(シュプリンガー・フェアラーク東京，1998) が一番完備している．

リーマンの論文は非常に直観的で，斬新なアイデアによって書かれているので当時も理解が困難だったというが，現在でもその難解さは変わらない．ただ，その後進んだ研究を知った目で見れば大いに感得するところがあるということであろう．本書がそうしたリーマン理解の一助となればと願う次第である．

なお，原著には脚注と注が付されている．脚注は*[1]という形でそのまま脚注とし，注は[1]という形で記して各論文の後に「原注」として続けた．また訳者の注は《1》という形で記して，「原注」に続けて一括した．

最後に，本書の出版に至るまでの経緯をかいつまんで記しておきたい．1996年3月11, 12日の両日に早稲田大学大久保キャンパスにおいて「リーマン研究集会」が催された．早稲田大学理工学総合研究センターの招聘研究に数理科学が採用されて，その研究期間の最終の3年目に当たり，整数論や代数幾何，偏微分方程式などの研究集会を通算して5回目の研究集会であった．数学ばかりではなく，物理学，心理学など必ずしも現代にまで影響を及ぼしたとは言えない研究を含めてリーマンの全貌を知ろうという，やや大それた目標を掲げて1年近い準備の後に実現したものである．数学者と数学史家が集まってそれぞれの立場から講演をする，こういう研究集会は珍しい試みだったのではないかと思う．同年の7月には研究報告集を刊行した．続いて本

『リーマン論文集』を1年以内に刊行する予定だったのだが，なかなか訳稿が揃わず，ついに8年の永きが経過してしまった．早々と訳稿をお寄せくださった方々にはまことに申し訳なかったが，とにかくそれらが無駄にならず刊行されて良かったと思っていただければ幸いである．

朝倉書店の編集者の努力によってかなりの部分が整合的になったとはいえ，数人の訳者による翻訳にはつきもののことで訳語や解説の分量に不統一が散見される．しかし，訳者はいずれもその道の第一線の研究者で，それぞれのリーマンに対する思い入れや主張があり調整がはかれなかった部分もあるが，ご寛恕いただきたい．

2004年1月

足立恒雄

Heinrich Weber による序
—— 第1版への序 ——

　ここに公刊される全集は，だいぶ前から計画されてきた作業がようやく完成したものである．リーマンの偉大な業績は，新しい数学の発展のために大きな意義を担っているので，彼の論文のほとんどは，数学者たちにとって，なしにはすませられない必携の道具となっている．それゆえ，著作集を出すことは皆の共通した願いといってよい．彼の論文の多くが，書物としては入手不可能か入手困難なだけになおさらである．そもそも，手書きの遺稿の中に隠されている研究や思想を，一刻も早く公に出すことも，学問的に急務である．

　すでに1872年の春にはリーマンの友人の多くの間で，そうした著作集をつくろうという計画がもちあがり，クレプシュが中心になって進めていたが，これにデデキントが合流した．彼は，リーマンの死後，本人の希望により手書きの遺稿を預かり，これから多くの論文の編集を開始していたのである．

　悲しむべきことに，クレプシュが突然亡くなったので，この計画は滞ってしまい，長期間完全に放置しておかれることとなった．1874年の11月にデデキントがリーマン夫人の名で私に編集の指揮を引き受けるように提案してきたとき，私は深く考えもせずに断った．というのは，この仕事にまつわる膨大さを，当時は少しも正しく見通していなかったにもせよ，引き受けるべき責任が重いということはよくわかっていたからである．しかし，ここで自分が断れば，仕事の完成が，完全に暗礁にのりあげるとはいかぬまでも長期間延びてしまう，ということを考えて，私は半ば躊躇を捨てた．さらに，この計画が納得のいくかたちで成就するよう，自分で全力をつくそうと決心したのは，デデキントが力の限り支えになると約束してくれたからである．そしてその約束は忠実に守られたのであった．

　リーマン自身が公刊したもの，そして死後に公刊されたものについては，遺稿の中にところどころみつかった補遺を付け加えたり，少々の不正確なところを改良したりしたが，そうしたことがなければ，元のまま載せた．ただし，私がK.ハッテンドルフに編集作業を頼んだ，極小の面積をもつ曲面の論文だけは，編集過程で大きく変化している．

　遺稿に含まれる草稿のうちでは，いくつかはほとんど出版できる状態になっていた

が，断片的な状態でしかないものもあり，前後の結びつきや議論の展開を探るのに多大な困難があった．数式ばかりで文章のないメモが多くあったが，これらはほとんど印刷に値するとは思われなかった．出版に値するもののうち特筆すべきものは，ライデン瓶の残留物に関するものである．これはリーマンがすでにゲッティンゲンの自然研究者集会に関連して出版の準備をしていたもので，後に，パリアカデミーの懸賞問題に応募してラテン語で書かれた等温曲線に関する論文である．これが著しい興味をひくのは，その背景に，多重に拡がった多様体の一般的性質に関する研究があり，そのめざましい応用と見なすことができるからである．この論文の書き方はことのほか簡潔であり，最終的な結論を得るための過程が，一般的に示唆されているのみである．この問題に関して彼が行いたいと思っていた詳しい議論のうち，2番目の方は健康上の理由によって妨げられてしまった．このすばらしい研究を，リーマン自身が最後まで推敲していたかたちで全集に収録できたのは，パリアカデミーの終身書記，デュマ氏のご協力に負っている．同氏には，ゲッティンゲン科学者協会のヴェーラー氏の名前でオリジナル原稿を使わせてもらうように申請したとき，いつも快くはからっていただいた．ここに最大限の感謝の意を表したい．

代数係数をもつ線形微分方程式に関するリーマンの研究のうち，第一部はほとんど印刷できるかたちになっていた．これは，出版が決まっていたのではないかと思われる．アーベル関数の論文で予告されていたが，達成されなかったものである．第二部は，超幾何級数の一般化の理論が含まれているもので，草稿の段階ではあるが，思考過程は完全にたどることができる．

さらに言及されなければならないのは，イタリア語で書かれた研究の端緒「二つの幾何級数の商を，連分数で表すことの可能性について」である．この論文については，ゲッティンゲンのH. A. シュワルツが作業を引き受けた．同氏には，この箇所やその他のところでも多くの忠告をいただいた．ここにお礼申し上げる．

リーマンの講義に関しては，当初の計画では全集に載せないことになっていたが，私は二つ，短くてまとまったものを採用することにした．「p重無限テータ級数の収束について」と「$p=3$の場合のアーベル関数について」である．その理由は，内容が興味深いこと，また，これらの講義が一諸に出版される計画はさしあたりないように思われることである．作業にあたっては，G. ロッホの講義ノートを基礎にすることができた．

さらにここで付録を形成している自然哲学の断片について言及しておこう．これは思弁の内容を，少なくともざっと紹介するものである．リーマンは彼の思想の仕事の大部分を自然哲学に捧げ，自然哲学もまた長年彼とともにあった．これらの断片は欠陥もあるし，不完全ではあるが，広く多方面からの注意をひくだろう．ここには独特

で深遠な世界観の端緒ないしは概要があるだけなのだが．

　一番最後に伝記を載せたが，これはリーマンの友人や彼を尊敬する人々にとって嬉しいおまけとなろう．これは，私がデデキントにお願いしたもので，リーマンの家族の手紙やそのほかの情報，それにデデキント自身の回想に基づいている．

　題材の順序に関しては，第一部と第二部では年代順を厳格につらぬいた．遺稿の含まれている第三部については，この順序をつらぬくことはできなかった．これは一つには書かれた時期がかならずしも完全に確定できなかったため，また，より完成度の高い研究を，断片的なものの前におこうとしたためである．

　1876年3月　ケーニヒスベルク

Heinrich Weber

［赤堀庸子 訳］

目 次

1. 複素一変数関数の一般論の基礎 …………………………………[笠原乾吉]… 1
    原注　34
    訳注　38
    解説　39

2. ガウスの級数 $F(\alpha, \beta, \gamma, x)$ で表示できる関数の理論への貢献
    …………………………………………………………………[寺田俊明]… 45
    追補：著者自身による前出論文の披露 ……………………………… 61
    原注　63
    訳注　66
    解説　68

3. アーベル関数の理論 ……………………………………………[高瀬正仁]… 71
    1. 第11論文　束縛のない変化量の関数の研究のための一般的諸前提と
          補助手段 ……………………………………………………… 71
    2. 第12論文　二項完全微分の積分の理論のための位置解析からの諸定理
          …………………………………………………………………… 74
    3. 第13論文　一個の複素変化量の関数の，境界条件と不連続性条件による
          決定 …………………………………………………………… 80
    4. 第14論文　アーベル関数の理論 …………………………………… 84
        訳注　124
        解説　ヤコビの逆問題小史　138

4. 与えられた限界以下の素数の個数について …………………[杉浦光夫]… 155
    訳注　163
    解説　172

5. 有限な振幅をもつ空気中の平面波の伝播について ……………[宮武貞夫]… 187
 追補：本論文について ………………………………………………………… 207
  原注　210
  訳注　213
  解説　214

6. 任意関数の三角級数による表現の可能性について
　　……………………………………………[長岡亮介・鹿野　健]… 223
 任意に与えられた関数の三角級数による表現に関する研究の歴史 ……… 223
 定積分の概念とその妥当性の範囲について ………………………………… 234
 関数の性質に特別の仮定を設けずに，関数を三角級数によって表すことの研究
 ………………………………………………………………………………… 238
  原注　258
  訳注　264
  解説　270

7. 与えられた境界をもつ面積最小曲面の例 ……………………[小磯深幸]… 277
  訳注　285
  解説　292

8. 幾何学の基礎にある仮説について ……………………………[山本敦之]… 295
 研究のプラン ………………………………………………………………… 295
  Ⅰ．n 重延長量の概念 ……………………………………………………… 296
  Ⅱ．線が位置から独立に長さをもち，したがってどの線も任意の線によって
　　計量されるという前提のもとに，n 次元多様体がもつことのできる計量
　　関係 ……………………………………………………………………… 298
  Ⅲ．空間への応用 …………………………………………………………… 304
  訳注　308
  解説　311

9. 耳 の 力 学 ………………………………………………………[山本敦之]… 313
  1. 微細な感覚器官の生理学において使用されるべき方法について ……… 313
  2. 鼓　室 ……………………………………………………………………… 316

10. 心理学生物学草稿 ……………………………………………………[山本敦之]… 325
　　訳注　334

11. 自然哲学の数学的新原理 ………………………………………[山本敦之]… 335
　　解説（第 9 章～第 11 章）　339

付録　ベルンハルト・リーマンの生涯（リヒャルト・デデキント著）
　　………………………………………………………………[赤堀庸子]… 347
　　訳注　363
　　解説　365

索　　引 …………………………………………………………………………… 367

翻訳者一覧

笠原 (かさはら) 乾 (けん) 吉 (きちあき) 明		前津田塾大学学芸学部
寺田 (てらだ) 俊 (とし) 正 (まさ) 仁 (ひと)		滋賀医科大学医学部
高瀬 (たかせ) 正 (まさ) 仁 (ひと)		数学者・数学史家
杉浦 (すぎうら) 光 (みつ) 夫 (お)		前津田塾大学学芸学部・東京大学名誉教授
宮武 (みやたけ) 貞 (さだ) 夫 (お)		奈良女子大学大学院人間文化研究科
長岡 (ながおか) 亮 (りょう) 介 (すけ)		放送大学教養学部
鹿野 (かの) 健 (たけし)		山形大学教育学部
小磯 (こいそ) 深 (み) 幸 (ゆき) 子 (こ)		奈良女子大学理学部
山本 (やまもと) 敦 (あつ) 庸 (よう)		吉備国際大学社会福祉学部
赤堀 (あかほり) 庸 (よう)		成城大学経済学部(非常勤)

(翻訳順)

1
複素一変数関数の一般論の基礎
(学位論文, ゲッティンゲン, 1851 年)

—1—

z は, とりうる可能な実数値を次々ととっていく変化量としよう. その z の値の各々に不定量 w のただ一つの値が対応するなら w は z の関数という. z が 2 定値間を連続的に動くときに, w もまた連続的に変化するなら, この関数はこの区間において連続であるという[1].

明らかに, この定義は関数の個々の値の間にいかなる法則も定めていない. というのは, 関数がある区間で定められているとき, その関数のこの区間の外への延長は完全に任意であるから.

量 w の量 z への依存性は数学的法則によって与えられることもあり, そのときは定まった量演算を z の各値に対し行って対応する w の値が定められる. 与えられた区間内のすべての z の値に対し対応する w の値が一つの同じ依存法則により定められるという性質は, かつてはある種の関数(オイラーの用語での連続関数)だけのものであった. しかし, 最近の研究により, 任意区間の任意の連続関数が解析的な式で表示できることがわかった. したがって, 量 w の量 z への依存性は, 勝手気ままに与えられたものとしても, あるいは定まった量演算によって定義されたものとしても, どちらでもかまわない. この二つの概念はいま述べた定理により同値である.

しかし, 変化量 z の動く範囲を実数に限らず, $x+yi$ (ここで, $i=\sqrt{-1}$) という形の複素数に広げると, 状勢は一変する.

無限小の差がある二つの量 z の値を $x+yi$, $x+yi+dx+dyi$ とし, それに対応する w の値を $u+vi$, $u+vi+du+dvi$ としよう. そのとき w の z への依存性がまったく勝手ならば, 一般には, 比 $(du+dvi)/(dx+dyi)$ は dx, dy の値とともに変化する. というのは, $dx+dyi=\varepsilon e^{\varphi i}$ とおくと,

$$\frac{du+dvi}{dx+dyi} = \frac{1}{2}\left(\frac{\partial u}{\partial x}+\frac{\partial v}{\partial y}\right)+\frac{1}{2}\left(\frac{\partial v}{\partial x}-\frac{\partial u}{\partial y}\right)i$$

$$+\frac{1}{2}\left[\frac{\partial u}{\partial x}-\frac{\partial v}{\partial y}+\left(\frac{\partial v}{\partial x}+\frac{\partial u}{\partial y}\right)i\right]\frac{dx-dyi}{dx+dyi}$$

$$=\frac{1}{2}\left(\frac{\partial u}{\partial x}+\frac{\partial v}{\partial y}\right)+\frac{1}{2}\left(\frac{\partial v}{\partial x}-\frac{\partial u}{\partial y}\right)i$$

$$+\frac{1}{2}\left[\frac{\partial u}{\partial x}-\frac{\partial v}{\partial y}+\left(\frac{\partial v}{\partial x}+\frac{\partial u}{\partial y}\right)i\right]e^{-2\varphi i}$$

となるからである.しかし,どのような種類であれ,初等的演算の組合わせによって w が z の関数として定められているときには,微分商 dw/dz は微分 dz の値によらない[*1].だが,複素量 w の複素量 z への任意の依存性をすべてこのように表示することは明らかに不可能である.

これからの研究では,関数をその表示式とは独立に考察しなければならないので,なんらかの形で量演算を通して定められるすべての関数がもつ上に強調された特性を,以下の研究の基礎としよう.量演算によって表現可能な依存性の一般的妥当性や十分性の立証はやめて,次の定義から出発するのである.

複素変化量 w がもう一つの複素変化量 z とともに変化するときに,微分商 dw/dz の値が微分 dz の値によらないならば,w は z の関数であるという[1].

—2—

量 z も量 w も複素数値をとる変化量と考えよう.2次元の連結領域の上に広がるこのような変動の理解は,空間的直観に関係づけることで容易になる.

量 z の値 $x+yi$ は直交座標 x, y の平面 A の点 O により表現され,量 w の値 $u+vi$ は直交座標 u, v の平面 B の点 Q で表されると考える.そのとき,w の z への依存性は,点 Q の位置の,点 O の位置へのそれとして表される.z の各値に対して,z とともに連続的に変化する w の値が対応するとき,すなわち,u と v が x と y の連続関数であるとき,平面 A の各点に平面 B の点が対応し,一般に,線には線が,連結面分には連結面分が対応する.したがって,w の z への依存性を平面 A から平面 B への写像として,心に描くことができる.

—3—

さて,w が複素数 z の関数のとき,すなわち,dw/dz が dz によらないときに,こ

[*1] この主張は明らかに,w の z による表示から微分法の公式を用いて dw/dz の z による表示が見出されるときには正しいと認められる.その厳格で一般的な妥当性は,さしあたり脇においておく.

の写像がどのような性質をもつかを研究しよう．

点 O の近くにある平面 A の不定点を o とし，平面 B における o の像を q とする．点 o における z の値を $x+yi+dx+dyi$，点 q における w の値を $u+vi+du+dvi$ としよう．そのとき，dx, dy および du, dv はそれぞれ点 O，点 Q を原点とする点 o，点 q の直交座標とみなすことができる．そして，$dx+dyi=\varepsilon e^{\varphi i}$, $du+dvi=\eta e^{\psi i}$ とおくと，ε, φ と η, ψ は，同じ原点に対するこれらの点の極座標となる．o' と o'' を点 O の無限の近くにある o の二つの位置とし，これらの点に依存して定まる諸記号を，点についているのと同じ上つき添え字をつけて記すことにしよう．すると，仮定より，

$$\frac{du'+dv'i}{dx'+dy'i}=\frac{du''+dv''i}{dx''+dy''i}$$

となる．したがって，

$$\frac{du'+dv'i}{du''+dv''i}=\frac{\eta'}{\eta''}e^{(\psi'-\psi'')i}=\frac{dx'+dy'i}{dx''+dy''i}=\frac{\varepsilon'}{\varepsilon''}e^{(\varphi'-\varphi'')i}$$

を得る．これから，$\eta'/\eta''=\varepsilon'/\varepsilon''$ と $\psi'-\psi''=\varphi'-\varphi''$ を得る．すなわち，三角形 $o'Oo''$ と三角形 $q'Qq''$ において，角 $o'Oo''$ と角 $q'Qq''$ は等しく，それらを挟む2辺の比は等しい．

つまり，対応する二つの無限小三角形は，したがって平面 A の極小部分とその平面 B への像とは相似である[2]．この定理の例外は，z と w の互いに対応する変化量の比が有限にとどまらない，という特別なときにのみ起こり[3]，上の推論においてはこの比の有限性が暗に仮定されている[*2]．

—4—

微分商 $(du+dvi)/(dx+dyi)$ を

$$\frac{\left(\frac{\partial u}{\partial x}+\frac{\partial v}{\partial x}i\right)dx+\left(\frac{\partial v}{\partial y}-\frac{\partial u}{\partial y}i\right)dyi}{dx+dyi}$$

という形にすると，dx, dy の二組の値に対して，常に同じ値をもつのは，

$$\frac{\partial u}{\partial x}=\frac{\partial v}{\partial y} \quad かつ \quad \frac{\partial v}{\partial x}=-\frac{\partial u}{\partial y}$$

のとき，そのときだけであることがわかる．したがって，この条件が，$w=u+vi$ が $z=x+yi$ の関数であるための必要十分条件である．この条件から，関数の個々の項

[*2] この事柄については，ガウスによる次の論文を参照せよ：「もとの面分がその像と極小部分において相似になるように与えられた面分を写すこと」という問題の一般的解決」(コペンハーゲン王立科学院から1822年に出された懸賞問題に対する解答として，シューマッハーが発行していた「天文報知」第3巻，Altona，1825年に発表) (『ガウス全集 (*Gauss Werke*)』第4巻，p. 189).

u, v に対し，次の式がすぐに出てくる：

$$\frac{\partial^2 u}{\partial x^2} + \frac{\partial^2 u}{\partial y^2} = 0, \qquad \frac{\partial^2 v}{\partial x^2} + \frac{\partial^2 v}{\partial y^2} = 0.$$

この方程式は，関数の項 u, v を一つずつ単独に考察するときに現れる諸性質の研究にとって，基礎となるものである．この諸性質のうち重要なものの証明を，関数の詳細な考察に先行させたい．しかしその前に，その研究の基盤整備のために，領域一般に関する二，三の点を論じてはっきりさせておこうと思う．

—5—

これからの考察において，x, y の変化する範囲は有限域に限る．しかし，点 O の場所としては，もはや平面 A 自身ではなく，平面 A の上に広がる面 T を考える．平面の同一部分の上に点 O の場所がいく重にも積み重なるという可能性を受け入れるために，互いに重なり合う面について語っても，疑心の念をもたないような表現を選びたい．ともかく，そのような場合について次の仮定をおく：互いに重なり合う面の部分が線に沿ってつながるということはなく，その結果，面が折れ曲がったり，互いに重なり合う部分へ分裂したりすることはない．

そのとき，平面の各部分に対しその上に重なり合っている面の個数は，境界の位置と向き（内側と外側がどちらか）とが与えられれば完全に決まる．しかし，その個数が変わっていく経過はまだいくつかの形がありうる．

実際，面で覆われている平面の部分を通るように，平面上に線 l を任意に引いてみよう．すると，その上にある重なり合う面の個数が変化するのは，境界を通過するときのみである．つまり，外側から内側へ境界を横切るときは $+1$ だけ増え，その逆の場合には -1 だけ変わり，このようにしてこの個数はいたるところで確定する．さて，この線の岸に沿って隣り合う面の各部分は，線が境界にぶつからない限り完全に決まった方法でつながっている．それが例外的に不確定なのはたしかに孤立点においてのみであり，したがって，この線上のある点においてか，あるいはこの線から有限の距離だけ離れた点においてである．そのことから，面の内部に向かう線 l の一部分とその両側にある十分細い面上の帯だけを考えれば，隣り合う面分についてはっきり語ることができる．そのような隣接面分は線 l のどちら側にも同じ個数だけあるので，この線に向きを与えて左側にあるのを $a_1, a_2, \cdots, a_n$ とし，右側のを $a'_1, a'_2, \cdots, a'_n$ と表す．そのとき，どの一つの面分 a も面分 a' の一つにつながっている．これは l の流れ全部に沿って一般には同じであるが，しかし特別の位置にある線 l に対してはその線上のある点で変わることがありうる．そのような点の一つを σ とし，σ の上流（すなわち l の σ までの部分に沿って）では面分 $a_1, a_2, \cdots, a_n$ が順番に面分 a'_1,

$a'_2, \cdots, a'_n$ に結びつけられており，σ の下流では $a_{a_1}, a_{a_2}, \cdots, a_{a_n}$ がこの順に $a'_1, a'_2,$ $\cdots, a'_n$ に結ばれていると仮定しよう．ここで，$a_1, a_2, \cdots, a_n$ は $1, 2, \cdots, n$ を並べ換えたものである．a_1 の点が σ の上流で a'_1 に入り σ の下流で l の左側にもどると，面分 a_{a_1} に到達する．その点が点 σ を左から右[(2)]へまわると，その点が属する面分の添え字は順に

$$1, a_1, a_{a_1}, \cdots, \mu, a_\mu, \cdots$$

と動いていく．この列において，項 1 が再び現れるまでは，それ以前の各項はすべて相異なる．なぜなら，任意の中間項 a_μ には μ が先行し，そのようにして先立つ項が直ちに決まって 1 にいたるからである．もし何項かの後に（それを m 項とする．m は n 以下である），はじめて再び 1 が出てきたとすると，残りの項は同じ順で後を追わなければならない．そのとき，σ のまわりをまわる点は m 回まわった後に同じ面分にもどってきて，その点は互いに積み重なった面分の m 個の上だけに限られており，その m 個の面分は σ の上ではただ一つの点に合流する．この点を面 T の $(m-1)$ 位の分岐点と呼ぶことにしよう．残りの $(n-m)$ 個の面分に対し同じ手続きを順々に適用していくと，$m_1, m_2, \cdots$ 個ずつの面分からなる系に分かれ，その場合またさらに，$(m_1-1), (m_2-1), \cdots$ 位の分岐点が点 σ におかれている．

T の境界の位置と向き，および T の分岐点の位置が与えられると，T は完全に決定されるか，または有限個の形態に限られる．後者がありうるのは，これらの決定要素が，重なり合う面分の異なった層に関連しうるからである．

一般的にいって，すなわち若干の線や点における例外は認めることにして，面 T の各点 O において点の位置とともに連続的に変化する値をとる変数は，明らかに x, y の関数とみなせる．今後，x, y の関数という場合は，いつでもその概念をこのように決めておく[*3)]．

しかし，このような関数の考察へ向かう前に，面の連結性についての議論をいくつか挟んでおきたい．その際に，われわれは線にそう分裂は起こらないような面に話を限る．

二つの面分が連結している，あるいは，一つの断片に所属していると考えるのは，一方の面分のある点からもう一方の面分のある点へ向かう線を面の内部を通って引く

[*3)] この制限は関数概念自身によって要求されるものではないが，無限小解析を適用できるようにするためには必要である．面のすべての点で不連続な関数，例えば，x, y がともに有理数のときには値 1 をとり，そうでなければ値 2 をとる関数には微分も積分も適用できず，したがって，無限小解析を持ち込むことは（直接的には）不可能である．面 T に対して私が勝手にここで課した制限は後で正当化されるであろう（第 15 節）．

ことができるときである．もしこのようなことが不可能なら，二つの面分は切り離されていると考える．

面の連結性の研究は，横断線による面の分割に基づいて行われる．横断線とは，ある境界点から出発してある境界点まで面の内部を単純に（一点を複数回通るということなしに）進んでいく線のことである．進行とともに横断線は境界に組み込まれると考えるので，終点の境界点は横断線の先行する点でありうる．

連結面は，各横断線によって常にそれが二つ以上[4]の断片に分割されるときに，単連結であるという．もしそうでなければ，多重連結であるという．

【定理Ⅰ】 単連結な面 A は任意の横断線 ab によって二つの単連結な断片に分けられる．

断片の一方が横断線 cd によって分断されなかったとしよう．横断線 cd の二つの端点がともに横断線 ab の上にないか，あるいは片一方 c だけがその上にあるか，あるいは両方ともその上にあるという場合に応じて，それぞれ，全横断線 ab を取り換えるか，cb の部分を取り換えるか，または cd の部分を取り換える．そうすることによって，明らかに，面 A から一本の横断線を除いて連結な面を得る．これは，A が単連結であるという仮定に反する．

【定理Ⅱ】 面 T は n_1 本の横断線[*4] q_1 によって m_1 個の単連結な断片の系 T_1 に分けられ，また n_2 本の横断線 q_2 によって m_2 個の断片の系 T_2 に分けられたとしよう．このとき，$n_2 - m_2$ は $> n_1 - m_1$ ではありえない．

各横断線 q_2 は，それが横断線 q_1 の系に完全に含まれているときを除くと，同時に面 T_1 の一本，または何本かの横断線 q'_2 をつくる．このとき，次の点を横断線 q'_2 たちの端点とみなすべきである：

1) 横断線 q_2 たちの $2n_2$ 個の端点．ただし，その端点に続く部分が横断線 q_1 の系の一部分に重なっている場合は除く．

2) 横断線 q_2 の中間点で，そこで横断線 q_1 の中間点に出会うとき．ただし，この点の直前部分が別の横断線 q_1 に含まれているときは除外する．そのときは，この点はその別の横断線 q_1 の端点になっている．

μ で，この二つの系の線が進行の途中で出会ったり離れたりする回数を表そう（したがって，孤立した交点は二回と数えなければならない）．ν_1 を q_1 の端点に続く部分が q_2 の中間部分と重なり合う回数とし，ν_2 を q_2 の端点に続く部分が q_1 の中間部分

[*4] 複数個の横断線により面を分けることは，順々に横断線を引いていくこと，つまり，横断線を引いて生じた面に，次の新しい横断線を引いていくことと理解する．

と重なり合う回数，ν_3 は q_1 の端点に続く部分と q_2 の端点に続く部分とが重なる回数とする．こうすると，上記の 1) は横断線 q'_2 の $2n_2-\nu_2-\nu_3$ 個の端点を与え，2) は $\mu-\nu_1$ 個のそれを与える．両方の場合を合わせると，q'_2 のすべての端点がそれに含まれ，しかも各々がただ一回だけ数えられている．ゆえに，横断線 q'_2 の本数は

$$\frac{2n_2-\nu_2-\nu_3+\mu-\nu_1}{2}=n_2+s$$

である．同様の推論によって，線系 q_1 によってつくられる面 T_2 の横断線 q'_1 の本数は

$$=\frac{2n_1-\nu_1-\nu_3+\mu-\nu_2}{2}$$

となり，$=n_1+s$ であることがわかる．面 T_1 は n_2+s 個の横断線 q'_2 によって，面 T_2 が n_1+s 個の横断線 q'_1 によって分解されるのと同じ面に変わる．ところが面 T_1 は m_1 個の単連結な断片からできており，ゆえに定理 I から n_2+s 個の横断線により m_1+n_2+s 個の断片に分かれる．したがって，もし $m_2<m_1+n_2-n_1$ ならば，n_1+s 個の横断線 q'_1 によって面 T_2 の断片が n_1+s 個よりも多く増えなければならないことになり，これは不合理である．

この定理の結果として，一般に n 本の横断線によって m 個の単連結断片に分解したとすると，そのやり方によらず $n-m$ はつねに一定である．なぜなら，n_1 本の横断線により m_1 個の断片に分かれ，n_2 本の横断線により m_2 個の断片に分かれたとしよう．前者により得られた断片がみな単連結なら $n_2-m_2 \leqq n_1-m_1$ であり，後者のそれらが単連結なら $n_1-m_1 \leqq n_2-m_2$ である．もし両方ともそうならば，$n_2-m_2=n_1-m_1$ でなければならない．

この定数に面の「連結度」という名をつけることが適切であろう．面の連結度について次のことがいえる．

横断線を一本引くと，連結度は1だけ下がる．これは定義により明らか．

内点から出発して境界点まで，または先行する自分自身の点まで，面の内部を進む単純曲線を引くとき，連結度は変わらない．なぜなら，得られた面の一本の横断線を追加して，はじめの面の一本の横断線に変えうるからである．

面の内部の二点を結ぶ面内の単純曲線によって，連結度は1だけ増える．なぜなら，得られた面に二本の横断線を追加して，はじめの面の一本の横断線に変わるからである．

面がいくつかの断片からできているときは，その連結度は各断片のそれを加えて得られる．

しかし以下においては，たいてい一つの断片からなる面に限ることにして，そのと

きはその連結性について単連結，二重連結などの自然な呼び方を使うことにする．したがって，n 重連結の面とは $n-1$ 本の横断線を引くことによって，一つの単連結面にできるような面と理解する．

面の連結性が境界の連結性にいかに依存するか，次のことが容易にわかる．

1) 単連結面の境界は必ず一つの閉曲線からなる．

もし境界が二つ以上の部分に分離していると，一つの部分 a の点と別の部分 b の点を結ぶ横断線 q を引くとき，残りの面はまだ連結である．なぜなら，横断線 q の一方の側から他方の側へ a に沿って面の内部を通る線を引くことができ，したがって横断線 q は面を二つの断片に分けず，これは仮定に反する．

2) 任意の横断線によって境界部分の個数は 1 だけ減少するか，または 1 だけ増加する[5]．

横断線 q が一つの境界部分 a の点と別の境界部分 b の点を結ぶ場合には，a, q, b, q の順に合わせた線の全体は閉曲線で一つの境界部分をつくる．横断線 q が一つの境界部分の二点を結んでいるときには，この境界部分はその二端点で二つの部分に分かれ，その二つの部分の各々は横断線 q を合わせて閉曲線となり一つの境界部分をつくる．最後に，横断線 q が境界部分 a の点から出発して自分自身のある先行点で終わる場合がある．そのときは，横断線 q は閉曲線 o と，a の点と o の点とを結ぶ線 l からできているとみなせる．そして o が一つの境界部分をつくり，a, l, o, l が閉曲線でもう一つの境界部分をつくる．

このようにして，はじめの場合には二つの境界部分の代わりに一つの境界部分が現れ，後者の二つの場合には一つの境界部分に代わって二つが現れ，これからわれわれの定理が導かれる．

したがって，n 重連結面の境界の境界部分の個数は，$=n$ であるか，または n よりも偶数個だけ少ない[6]．

これからさらに次の系が得られる．

n 重連結面の境界部分の個数が $=n$ のとき，面の内部の任意の単純閉曲線により，この面は二つの断片に分けられる．

なぜなら，それによって連結度は変わらず境界部分の個数は 2 だけ増える．したがって，もし面が連結のままだとすると，面は n 重連結で境界部分が $n+2$ となるが，これは不可能である．

1. 複素一変数関数の一般論の基礎

—7—

　A 上に広がった面 T のすべての点で連続な x, y の二つの関数を X, Y としよう．この面のすべての面素 dT 上に広がる下記の左辺の積分は右辺の積分に等しい．

$$\int\left(\frac{\partial X}{\partial x}+\frac{\partial Y}{\partial y}\right)dT = -\int(X\cos\xi + Y\cos\eta)ds.$$

ここで，境界の各点において内部に向かう法線の x 軸への傾きが ξ，y 軸への傾きが η であり，右辺の積分は境界線の全線素 ds にわたる．

　積分 $\int(\partial X/\partial x)dT$ を変形するために，面 T で覆われている平面 A の部分を，x 軸に平行な直線系により基本帯状領域に分割する．このとき，面 T の各分岐点は，これらの直線のどれかの上に必ずあるようにしておく．このように仮定すると，この帯状領域の上にのっている T の部分は，一つまたはいくつかに分かれた台形状の面分からできている．積分 $\int(\partial X/\partial x)dT$ の値へのこれらの一つの帯状面の寄与は，y 軸から要素 dy を取り出しておくと，明らかに $=dy\int(\partial X/\partial x)dx$ となる．ここで，この積分は，dy の一点を通る x 軸に平行な直線上に落ちるような面 T に属する線分に沿って行われる．これらの線分の下端点 (すなわち，x の最小値に対応する点) を $O_\prime, O_{\prime\prime}, O_{\prime\prime\prime}, \cdots$，上端点を $O', O'', O''', \cdots$ として，これらの点における X の値を $X_\prime, X_{\prime\prime}, X_{\prime\prime\prime}, \cdots, X', X'', X''', \cdots$ で表し，対応する帯状面の境界の線素を $ds_\prime, ds_{\prime\prime}, ds_{\prime\prime\prime}, \cdots, ds', ds'', ds''', \cdots$ とし，これらの線素の ξ の値を $\xi_\prime, \xi_{\prime\prime}, \xi_{\prime\prime\prime}, \cdots, \xi', \xi'', \xi''', \cdots$ と表そう．すると，

$$\int\frac{\partial X}{\partial x}dx = -X_\prime - X_{\prime\prime} - X_{\prime\prime\prime}\cdots$$
$$+X' + X'' + X'''\cdots$$

となる．角 ξ は明らかに下端点では鋭角，上端点では鈍角であり，したがって，

$$dy = \cos\xi_\prime\, ds_\prime = \cos\xi_{\prime\prime}\, ds_{\prime\prime}\cdots$$
$$= -\cos\xi'\, ds' = -\cos\xi''\, ds''\cdots$$

となる．これらの値を代入すると，

$$dy\int\frac{\partial X}{\partial x}dx = -\sum X\cos\xi\, ds$$

が得られる．ここで，y 軸への射影が dy となるような境界線素のすべてに対し和をとるものとする．

　考えなければならないすべての dy についての積分により，明らかに面 T のすべての面素と境界のすべての線素が汲み尽くされ，したがって，このような状勢のもとで

が得られる．まったく同様の議論を通して，

$$\int \frac{\partial Y}{\partial y} dT = -\int Y \cos \eta \, ds$$

が得られ，結局

$$\int \left(\frac{\partial X}{\partial x} + \frac{\partial Y}{\partial y}\right) dT = -\int (X \cos \xi + Y \cos \eta) ds$$

が得られる．(証明終り)

—8—

境界線に沿って，後に定めるある決まった方向にはかって，定まった始点から不定点 O_0 までの弧長を s としよう．この点 O_0 において法線を引き，法線上の不定点 O をとり，O と O_0 の距離を p とする．ただし，面の内部に O があるとき正とする．明らかに，点 O における x と y の値は s と p の関数とみなされ，このとき，境界線上の点において偏微分商は

$$\frac{\partial x}{\partial p} = \cos \xi, \quad \frac{\partial y}{\partial p} = \cos \eta, \quad \frac{\partial x}{\partial s} = \pm \cos \eta, \quad \frac{\partial y}{\partial s} = \mp \cos \xi$$

となる．ここで，上側の符号は，s が増えるとみなす方向と p の正方向とのなす角が，x 軸と y 軸とのなす角に等しいときであり，そうでなければ下側の符号をとる．s の増える方向を境界のあらゆるところで

$$\frac{\partial x}{\partial s} = \frac{\partial y}{\partial p}, \quad \text{したがって} \quad \frac{\partial y}{\partial s} = -\frac{\partial x}{\partial p}$$

となるようにとることにする．これはわれわれの結論の一般性を本質的に損なうものではない．

明らかに，この定め方は T の内部にある線にも広げることができる．このとき，dp と ds の相互関係は固定したので，dp と ds の符号を決めるには dp か ds のどちらかの符号を指示すればよい．詳しくいうと，閉曲線の場合には，それによって切り分けられる二つの面分のどちらの境界とみなすかを指示するとそれにより dp の符号が決まるし，閉じていない曲線のときには始点，すなわち s が最小値をとる端点を指定する．

$\cos \xi$ と $\cos \eta$ に対して得られた値を前節で証明した式に代入すると，前節と同じ状勢のもとで

$$\int \left(\frac{\partial X}{\partial x} + \frac{\partial Y}{\partial y}\right) dT = -\int \left(X \frac{\partial x}{\partial p} + Y \frac{\partial y}{\partial p}\right) ds = \int \left(X \frac{\partial y}{\partial s} - Y \frac{\partial x}{\partial s}\right) ds$$

が得られる．

—9—

前節の終わりに得られた定理を,面のあらゆるところで
$$\frac{\partial X}{\partial x}+\frac{\partial Y}{\partial y}=0$$
が満たされるという場合に適用して,次の定理が得られる.

I. X と Y は面 T のすべての点で有限かつ連続で,式
$$\frac{\partial X}{\partial x}+\frac{\partial Y}{\partial y}=0$$
を満たす二つの関数とする.すると,T の全境界にわたる次の積分に対し
$$\int\left(X\frac{\partial x}{\partial p}+Y\frac{\partial y}{\partial p}\right)ds=0$$
が成り立つ.

平面 A の上に広がる任意の面 T_1 が任意の方法で二つの部分 T_2, T_3 に分かれたとすると,T_2 の境界に関する積分
$$\int\left(X\frac{\partial x}{\partial p}+Y\frac{\partial y}{\partial p}\right)ds$$
は,T_1 の境界に関する積分と T_3 の境界に関する積分との差とみなすことができる.なぜなら,T_3 が T_1 の境界にまで達しているところでは両者の積分は相殺され,それ以外のすべての境界線素は T_2 の境界線素に対応しているからである.

このことにより,Ⅰから次のことがわかる.

Ⅱ. A の上に広がる面の全境界にわたる積分
$$\int\left(X\frac{\partial x}{\partial p}+Y\frac{\partial y}{\partial p}\right)ds$$
の値は,その面を拡大したり縮小したりしても,付け加えたり削除したりした部分で定理Ⅰの仮定が満たされている限り,一定で変わらない.

関数 X, Y は,面 T の各部分において上で指示された微分方程式を満たすが,ただ,孤立した線か孤立点においては不連続性をもつとしよう.このとき,その線またはその点を十分小さな面分で覆うことができ,定理Ⅱを用いて次の定理を得る.

Ⅲ. T の全境界に関する積分
$$\int\left(X\frac{\partial x}{\partial p}+Y\frac{\partial y}{\partial p}\right)ds$$
は,各不連続部分を囲む面分の境界に関する積分

$$\int \left(X \frac{\partial x}{\partial p} + Y \frac{\partial y}{\partial p} \right) ds$$

の総和に等しい．しかも，これらの一つ一つの面分に関して不連続部分をどんなに小さく囲もうとも，積分の値は同じである．

孤立した不連続点において，その点から点 O までの距離を ρ とするとき，ρ が無限小のとき $\rho X, \rho Y$ もともに無限小となるならば，この積分の値は 0 である．実際，このような不連続点を始点とし，方向を任意に決めて極座標 ρ, φ を導入してこの点のまわりに半径 ρ の円を描き，それを境界としよう．この境界に関する上記の積分は

$$\int_0^{2\pi} \left(X \frac{\partial x}{\partial p} + Y \frac{\partial y}{\partial p} \right) \rho d\varphi$$

と表され，これは 0 と異なる値 κ をもつことはできない．なぜなら，κ が 0 でなければ何であっても，ρ を小さくとって φ の任意の値に対し，$(X(\partial x/\partial p) + Y(\partial y/\partial p))\rho$ を符号は別として $\kappa/2\pi$ より小さくすることができ，

$$\int_0^{2\pi} \left(X \frac{\partial x}{\partial p} + Y \frac{\partial y}{\partial p} \right) \rho d\varphi < \kappa$$

となるからである．

IV. A 上に広がる面が単連結，その面の任意の部分面分に対しその全境界にわたる積分

$$\int \left(X \frac{\partial x}{\partial p} + Y \frac{\partial y}{\partial p} \right) ds$$

が $=0$，すなわち

$$\int \left(Y \frac{\partial x}{\partial s} - X \frac{\partial y}{\partial s} \right) ds = 0$$

としよう．このとき，その面の任意の 2 点 O_0, O に対し O_0 から O までの任意の線に関するこの積分は，どのような途中の線についても同じ値をとる．

O_0 と O を結ぶ二つの線 s_1, s_2 を一緒にすると，閉曲線 s_3 が得られる．この線はそれ自身一つの単純閉曲線であるか，またはいくつかの単純閉曲線に分けられるかのどちらかである．なぜなら，任意の一点から出発してこの閉曲線上を進み，すでに通り過ぎた点にもどってくるたびに中間の部分を切り離し，その部分に先行する道に直接つながっているとみなしていけばよい．このような単純閉曲線はどれも，面を一つの単連結部分と一つの二重連結部分とに分ける．したがって，それは必ずこの部分域の一つの全境界となり，その上の積分

$$\int \left(Y \frac{\partial x}{\partial s} - X \frac{\partial y}{\partial s} \right) ds$$

は仮定により $=0$ である．ゆえに，s_3 全体の上にわたる積分についても，弧長 s がいたるところ同じ方向に増大するとみなすならば，同じことがいえる．したがって，線 s_1 と s_2 に沿う積分はこの方向のままならば，すなわち一方は O_0 から O へ進み，他方は O から O_0 へ進むならば相殺する．後者の向きを変えれば，両者の積分は等しい．

任意の面 T を考え，そこで一般的には
$$\frac{\partial X}{\partial x}+\frac{\partial Y}{\partial y}=0$$
であるとしよう．もし必要ならば不連続点をまず取り除くと，残りの面分の任意の部分に対して，
$$\int\left(Y\frac{\partial x}{\partial s}-X\frac{\partial y}{\partial s}\right)ds=0$$
が成り立つ．この残りの面分を横断線によって単連結面 T^* に切り開く．すると，T^* の内部において，ある点 O_0 から他の点 O へ線を引くとき，どのような線を引いてもわれわれの積分は同じ値をもつ．ゆえに，簡単のためにこの積分を
$$\int_{O_0}^{O}\left(Y\frac{\partial x}{\partial s}-X\frac{\partial y}{\partial s}\right)ds$$
と書いてもかまわない．ここで，点 O_0 は固定されており点 O は動くと考える．途中を結ぶ線をどのようにとってもこの積分の値は O の各位置に対して定まり，ゆえに x, y の関数とみなすことができる．この関数の変分は任意の線素 ds に沿う点 O の移動に対して，
$$\left(Y\frac{\partial x}{\partial s}-X\frac{\partial y}{\partial s}\right)ds$$
と表され，これは T^* においていたるところ連続であり，T の横断線に沿ってその両側で等しい．

V． したがって，点 O_0 は固定されていると考えると，積分
$$Z=\int_{O_0}^{O}\left(Y\frac{\partial x}{\partial s}-X\frac{\partial y}{\partial s}\right)ds$$
は T^* でいたるところ連続な x, y の関数である．しかし，T の横断線を越えるときには，一つの分点から他の分点にいたる横断線の部分に沿って，ある定量だけ跳躍する．この関数の偏微分商は，
$$\frac{\partial Z}{\partial x}=Y,\qquad\frac{\partial Z}{\partial y}=-X$$
である．

横断線を越える際に跳躍する変化量は，いくつかの互いに独立な量に依存し，その

個数は横断線の本数に等しい．なぜなら，横断線系を逆向きに，すなわち後の部分を先にしてたどるときに，この変化量は各横断線のはじめのところでその値が与えられればいたるところ決まってしまうが，後者の値は互いに独立だからである[3]．

—10—

これまで X, Y と書いてきた関数を，それぞれ

$$u\frac{\partial u'}{\partial x} - u'\frac{\partial u}{\partial x}, \qquad u\frac{\partial u'}{\partial y} - u'\frac{\partial u}{\partial y}$$

とおくと，

$$\frac{\partial X}{\partial x} + \frac{\partial Y}{\partial y} = u\left(\frac{\partial^2 u'}{\partial x^2} + \frac{\partial^2 u'}{\partial y^2}\right) - u'\left(\frac{\partial^2 u}{\partial x^2} + \frac{\partial^2 u}{\partial y^2}\right)$$

となる．したがって，関数 u と u' が方程式

$$\frac{\partial^2 u}{\partial x^2} + \frac{\partial^2 u}{\partial y^2} = 0, \qquad \frac{\partial^2 u'}{\partial x^2} + \frac{\partial^2 u'}{\partial y^2} = 0$$

を満たすなら，

$$\frac{\partial X}{\partial x} + \frac{\partial Y}{\partial y} = 0$$

が成り立ち，式

$$\int\left(X\frac{\partial x}{\partial p} + Y\frac{\partial y}{\partial p}\right)ds, \text{ すなわち } = \int\left(u\frac{\partial u'}{\partial p} - u'\frac{\partial u}{\partial p}\right)ds$$

に，前節の諸定理を適用することができる．

さて，関数 u に関して，u かまたはその一階の微分商が不連続性をもってもよいと仮定しよう．ただし，線に沿っての不連続性はないとし，点 O が不連続点に近づくとき不連続点から O までの距離 ρ とともに $\rho(\partial u/\partial x)$ と $\rho(\partial u/\partial y)$ は無限小になるとする．このとき前節のIIIで注意したことにより，u の不連続性はまったく考慮しないですませることができる．

なぜなら，そのとき不連続点から出発するどの方向の直線上でも，R より小さい ρ に対して，

$$\rho\frac{\partial u}{\partial \rho} = \rho\frac{\partial u}{\partial x}\frac{\partial x}{\partial \rho} + \rho\frac{\partial u}{\partial y}\frac{\partial y}{\partial \rho}$$

が有界になるように R をとることができる．$\rho = R$ に対する u の値を U と書き，この区間における関数 $\rho(\partial u/\partial \rho)$ の符号を無視した最大値を M としよう．そうすると，同じように符号を無視して $u - U < M(\log\rho - \log R)$ が成り立ち，ρ とともに $\rho(u-U)$ は，したがって ρu も，無限に小さくなっていく．そして，仮定により $\rho(\partial u/\partial x)$ と $\rho(\partial u/\partial y)$ についても同じことがいえ，u' は不連続性をもたないとすると，ρ が無限に小さくなれば，

$$\rho\left(u\frac{\partial u'}{\partial x}-u'\frac{\partial u}{\partial x}\right) \quad \text{と} \quad \rho\left(u\frac{\partial u'}{\partial y}-u'\frac{\partial u}{\partial y}\right)$$

も無限に小さくなる．ゆえに，前節で論じた状況がここで生じている．

さて，さらに点 O の動く場所である面が平面 A の上をいたるところ単純に覆っていると仮定し，この面上に任意の定点 O_0 をとり，O_0 での u, x, y の値を u_0, x_0, y_0 としよう．量

$$\frac{1}{2}\log[(x-x_0)^2+(y-y_0)^2]=\log r$$

を x, y の関数と考えると，これは，

$$\frac{\partial^2 \log r}{\partial x^2}+\frac{\partial^2 \log r}{\partial y^2}=0$$

という特性をもつ．ただし，$x=x_0, y=y_0$ に対してだけ，したがってわれわれが考えている場合には面 T のただ一点においてのみ不連続性をもつ．

したがって，u' を $\log r$ に置き換えて第 9 節のIIIを用いると，面 T の境界全部にわたる積分

$$\int\left(u\frac{\partial \log r}{\partial p}-\log r\frac{\partial u}{\partial p}\right)ds$$

は点 O_0 を囲む任意の閉曲線に関するこの積分に等しい．そこで，その閉曲線に点 O_0 を中心とする円周を選ぶと r は定数であり，円周上の一点を決めてそこから点 O まで半径が動く角を φ と書けば，上の積分は，

$$-\int_0^{2\pi}u\frac{\partial \log r}{\partial r}rd\varphi-\log r\int\frac{\partial u}{\partial p}ds$$

に等しい．そして，$\int(\partial u/\partial p)ds=0$ だから[(4)]，この積分は，

$$=-\int_0^{2\pi}ud\varphi$$

となり，u が点 O_0 で連続ならばこの値は r を無限に小さくして $-u_0\cdot 2\pi$ になることがわかる．

このことから，u と T に関してなされた仮定のもとで，u が連続な面の内部の任意の点 O_0 において，

$$u_0=\frac{1}{2\pi}\int\left(\log r\frac{\partial u}{\partial p}-u\frac{\partial \log r}{\partial p}\right)ds$$

を得る．ここで，積分は面の全境界にわたる．また，O_0 を中心とする円に関して，

$$=\frac{1}{2\pi}\int_0^{2\pi}ud\varphi$$

が成り立つ．この式の最初のものから次の定理が導かれる．

【定理】 平面 A をいたるところ単純に覆う面 T に対し，関数 u はその内部で一般的には微分方程式
$$\frac{\partial^2 u}{\partial x^2}+\frac{\partial^2 u}{\partial y^2}=0$$
を満たすとする．詳しくいうと，次の条件を満たすと仮定する．

1) この微分方程式を満たさない点が面分をつくることはない．
2) u, $\partial u/\partial x$, $\partial u/\partial y$ の不連続点が連続線をつくることはない．
3) 各不連続点において，不連続点から点 O までの距離を ρ とすると，ρ を無限に小さくするとき，$\rho(\partial u/\partial x)$, $\rho(\partial u/\partial y)$ もともに無限に小さくなる．
4) u については，孤立点における値を修正することにより除きうる不連続点は除いておく．

このとき，必然的にこの面の内部のすべての点において，u もそのすべての微分商も有限で連続となる．

実際，点 O_0 を動点と考えるとき，式
$$\int\left(\log r\frac{\partial u}{\partial p}-u\frac{\partial \log r}{\partial p}\right)ds$$
において $\log r$, $\partial(\log r)/\partial x$, $\partial(\log r)/\partial y$ のみが変動する．しかし，点 O_0 が面 T の内部にとどまる限り，これらの量は境界の各成分においてそのすべての微分商とともに x_0, y_0 の有限で連続な関数である．なぜなら，それらの微分商はこれらの量の有理分数関数によって表され，分母には r の冪だけが出てくるからである．ゆえに，同じことがわれわれの積分の値に対してもいえる．したがって，関数 u_0 に対しても同じことが成り立つ．なぜなら，前述の仮定のもとで u_0 と積分の値が異なるのは孤立した不連続点においてのみであり，その可能性は定理の仮定 4) によって排除されているからである．

—11—

u と T に関し前節の終りと同じ仮定をすると，次の定理を得る．

I． ある線に沿って $u=0$ かつ $\partial u/\partial p=0$ となるなら，いたるところで u は $=0$ である．

まず，次のことを証明したい．線 λ の上で $u=0$ かつ $\partial u/\partial p=0$ となるとすると，そこで u が正であるような面分 a の境界の一部と，λ はなりえない．

このことを否定して，そういうことが起こったとすると，a から部分域をとって，その境界は λ の一部分と円弧からなり，その円の中心 O_0 を含まないようにする．こ

れはいつでも可能である．このとき，O_0 に関する O の極座標を r, φ とすると，この部分域の全境界にわたる積分に対して，

$$\int \log r \frac{\partial u}{\partial p} ds - \int u \frac{\partial \log r}{\partial p} ds = 0$$

となる．仮定により，それの円弧の部分だけに対して，

$$\int u d\varphi + \log r \int \frac{\partial u}{\partial p} ds = 0$$

となり，

$$\int \frac{\partial u}{\partial p} ds = 0$$

なので，

$$\int u d\varphi = 0$$

となる．これは a の内部では u が正という仮定と両立しない．

同様にして，方程式 $u=0$ と $\partial u/\partial p = 0$ は，そこで u が負であるような面分 b の境界の一部においても成り立ちえないことが証明できる．

さて，面 T に $u=0$ かつ $\partial u/\partial p = 0$ を満たす線があるにもかかわらず，u が 0 でない T の部分があったとしよう．そうすると，u が 0 でない点がつくる面分は，その境界の一部にこの線自身または $u=0$ である面分の境界を明らかにもたねばならない．だからいずれにせよ，u と $\partial u/\partial p$ が 0 になる線を境界にもち，これは必然的に，先に否定したばかりの仮定を導く．

II．ある線に沿って u と $\partial u/\partial p$ の値が与えられると，それによって T のすべての部分において u の値は定まってしまう．

u_1 と u_2 を関数 u に課せられた条件を満たす任意の二つの関数としよう．このとき，$u_1 - u_2$ も同じ条件を満たすことは，条件式に代入してみればすぐにわかる．ある線に沿って $u_1 = u_2, \partial u_1/\partial p = \partial u_2/\partial p$ であるが，しかし T のある部分で u_1 と u_2 は等しくないとしてみよう．すると，この線に沿って $u_1 - u_2 = 0$ かつ $\partial(u_1 - u_2)/\partial p = 0$ であるが，T のある部分で $u_1 - u_2$ は 0 ではなく，これは定理 I に反する．

III．u は定数関数でないとする．T の内部において，u がある一定値をもつような点の全体は必ず線をつくり，それは u がその定値より大きな値をとる面分と小さな値をとる面分との境をなす．

この定理は次の事柄から組み立てられる．

u は T の内部の点で極大値や極小値をとることはありえない．

u は面のある部分において定数となることはない．

$u=a$ であるような線が分ける両側の面分で，$u-a$ が同符号をもつということはありえない．

容易にわかるように，これらの事柄を否定した命題は，前節で証明した式

$$u_0 = \frac{1}{2\pi}\int_0^{2\pi} u d\varphi,$$

言い換えると

$$\int_0^{2\pi}(u-u_0)d\varphi = 0$$

と相容れない．したがって不可能である．

―12―

さて，複素量 $w=u+vi$ の考察にもどる．一般的にいえば(すなわち，孤立した線や点における例外は認めて)，それは面 T の各点 O に対して定まった値をとり，点 O の位置とともに連続的に変化し，方程式

$$\frac{\partial u}{\partial x} = \frac{\partial v}{\partial y}, \qquad \frac{\partial u}{\partial y} = -\frac{\partial v}{\partial x}$$

を満たす．w のこの性質を，前に定めたように，w は $z=x+yi$ の関数であるという．以下では簡単にするために，z の関数に対し，孤立点で値を修正して除きうる不連続性はないと決めておく．

さしあたり面 T は単連結で，平面 A の上にいたるところ単純に広がっているものとしておく．

【定理】 z の関数 w が線に沿って連続性を中断することはないとし，さらに，面の各点 O' においてその点を $z=z'$ とし，点 O が点 O' に無限に近づいていくとき $w(z-z')$ は無限に小さくなるとしよう．そのとき必然的に，面の内部のすべての点において，w はそのすべての微分商とともに有限かつ連続である．

量 w の変動に関してなされた仮定は，$z-z'=\rho e^{\varphi i}$ とおくと，u と v について次のように分解される．

1) 面 T の各部分において

$$\frac{\partial u}{\partial x} - \frac{\partial v}{\partial y} = 0$$

かつ，

2) $$\frac{\partial u}{\partial y} + \frac{\partial v}{\partial x} = 0.$$

3) u と v は線に沿っての不連続性はもたない．

4) 各点 O' に対し，点 O までの距離を ρ とするとき，ρ を無限に小さくす

ると $\rho u, \rho v$ はともに無限に小さくなる.
5) 関数 u と v に対し，孤立点における値の修正によって除去可能な不連続性は排除されている.

仮定 2), 3), 4) から，面 T の任意の部分に対しその全境界にわたる積分

$$\int\left(u\frac{\partial x}{\partial s}-v\frac{\partial y}{\partial s}\right)ds$$

は第9節IIIによって $=0$ となる.したがって，第9節IVにより積分

$$\int_{O_0}^{O}\left(u\frac{\partial x}{\partial s}-v\frac{\partial y}{\partial s}\right)ds$$

は O_0 から O へどのような道をとっても同じ値をもち，点 O_0 を固定すれば，孤立点を除いて連続な x, y の関数 U となり，微分商は $\partial U/\partial x=u$, $\partial U/\partial y=-v$ である（しかも，5) により各点で成立する）.そして，これらの値を u, v に代入すると，仮定1), 3), 4) は第10節の終りの定理の条件になる.ゆえに，T のすべての点で関数 U はそのすべての微分商とともに有限かつ連続である.したがって，同じことが複素関数 $w=\partial U/\partial x-(\partial U/\partial y)i$ とその z に関する微分商に対しても成り立つ.

―13―

いま，次の場合を調べなければならない.第12節の他の仮定は保持したままにして，面の内部の一点 O' において点 O が O' に近づいたときに，$(z-z')w=\rho e^{\varphi i}w$ が無限小にならないとき，何が起こるかである.したがって，この場合には点 O が点 O' に無限に近づけば，w は無限に大きくなる.量 w が $1/\rho$ と同じ位数にとどまっていないとすると，すなわち，両者の商が有限な限界に近づかないとするとき，少なくとも二つの量の位数は互いに有限の比率であると仮定しよう.つまり，ρ の何乗かを決めて，それと w との積は，ρ を無限に小さくするとき無限に小さくなるか有限にとどまると仮定する.そのような冪指数を μ とし，μ より大きくて μ に一番近い整数を n とすると，量 $(z-z')^n w=\rho^n e^{n\varphi i}w$ は ρ とともに無限小となる.したがって，$(z-z')^{n-1}w$ は面のこの部分において第12節の仮定を満たし，O' で有限かつ連続となり，z の関数（$d(z-z')^{n-1}w/dz$ が dz によらないということ）となる.点 O' におけるこの関数の値を a_{n-1} とすると，$(z-z')^{n-1}w-a_{n-1}$ はこの点において連続で $=0$ となる関数であり，したがって ρ とともに無限小になる.これから第12節より，$(z-z')^{n-2}w-a_{n-1}/(z-z')$ は点 O' において連続な関数であるといえる.明らかに，この方法を続けて，w は

$$\frac{a_1}{z-z'}+\frac{a_2}{(z-z')^2}+\cdots+\frac{a_{n-1}}{(z-z')^{n-1}}$$

という形の式を引くことにより，点 O' で有限かつ連続な関数に変わる．

このことから，次のことがいえる．面の内部の点 O' に点 O が無限に近づくとき関数 w が無限に大きくなる，という変更を第12節の仮定に行うとき，この無限大量の位数は，それが有限ならば必ず整数になる．この整数を $=m$ とすれば，$2m$ 個の任意定数を含む関数をつけ加えることにより，関数 w は点 O' で連続な関数に変わる．

注：一つの任意定数を含む関数とわれわれが考えるのは，この関数を決定する可能な方法が一次元連続領域を含むときである．

— 14 —

第12節と第13節において，面 T に課された制限は得られた結果の効力に対し本質的ではない．明らかに，任意の面の内部の点をその面の一部分で囲み，そこでは仮定された性質をもつようにできるからである．ただし，分岐点の場合だけは例外である．

分岐点の場合を研究するために，$n-1$ 位の分岐点 O' を含む面 T またはその任意の面分をとり，O' を $z=z'=x'+y'i$ として，関数 $\zeta=(z-z')^{1/n}$ により別の平面 $\varLambda$ に写すことを考える．すなわち，点 O における関数 $\zeta=\xi+\eta i$ の値を平面 $\varLambda$ の直交座標が ξ, η である点 $\varTheta$ とみなし，$\varTheta$ を点 O の像と考える．この方法で面 T のこの部分を写すものとして，$\varLambda$ の上に広がった連結面を得る．点 O' の像を点 $\varTheta'$ とすると，$\varTheta'$ はこの面の分岐点ではないことを，これから示す．

考えを決めるために，平面 $\varLambda$ において O' を中心に半径 R の円が描かれ，x 軸に平行な直径が引かれているものとする．こうすると，この直径上では $z-z'$ は実数値をもつ．R を十分小さくとっておくと，この円の上にある面 T の分岐点 O' を取り囲む部分は，直径の両側で n 個の半円形の面分にばらばらに分かれる．$y-y'$ が正であるような直径の上側でそれらを $a_1, a_2, \cdots, a_n$ と描き，反対側で $a'_1, a'_2, \cdots, a'_n$ と描く．そして，$a_1, a_2, \cdots, a_n$ は $z-z'$ が負の値をとるところでは順に $a'_1, a'_2, \cdots, a'_n$ とつなぎ合わされ，その正の値のところでは順に $a'_n, a'_1, \cdots, a'_{n-1}$ とつながっているとしよう．すると，点 O' のまわりを（ある特定の向きに）まわる点は，$a_1, a'_1, a_2, a'_2, \cdots, a_n, a'_n$ の順に通り抜け a'_n の次にはまた a_1 にもどる．このような仮定は明らかに許されることである．さて，二つの平面に極座標を導入して，$z-z'=\rho e^{\varphi i}$, $\zeta=\sigma e^{\psi i}$ とおき，面分 a_1 の写像として $(z-z')^{1/n}=\rho^{1/n}e^{(\varphi/n)i}$ を選ぶことにしよう．ここで，仮定により $0 \leq \varphi \leq \pi$ である．そうすると a_1 のすべての点に対し，$\sigma \leq R^{1/n}$, $0 \leq \psi \leq \pi/n$ となる．a_1 の像は平面 $\varLambda$ において，$\varTheta'$ を中心として半径 $R^{1/n}$ の円の $\psi=0$ から $\psi=\pi/n$ までの扇形の中に入る．しかも，a_1 の各点はそれとともに同時に連続的に動

くこの扇形の点がただ一つ対応する.そして逆もいえる.このことから,面 a_1 の像は,この扇形の上に単純に広がる連結面である.$a'_1, a_2, a'_2, \cdots, a'_n$ において,φ をそれぞれ,π と 2π の間,2π と 3π の間,$\cdots$,$(2n-1)\pi$ と $2n\pi$ の間に選ぶことが,つねにただ一通りに可能である.そうすると,同様の方法で,面 a'_1 に対する像として $\psi=\pi/n$ から $\psi=2\pi/n$ までの扇形が得られ,面 a_2 に対しては $\psi=2\pi/n$ から $\psi=3\pi/n$ のそれが,そして最後に面 a'_n に対しては $\psi=\{(2n-1)/n\}\pi$ から $\psi=2\pi$ までのそれが得られる.そして,これらの扇形は面 a, a' と同じ順で続き,しかも,こちらで境になっている点にはあちらで境になっている点が対応している.したがって,面 T の O' を取り囲む部分の連結な像にこれらの扇形を組み合わせることができ,明らかに,この像は平面 Λ の上に単純に広がった面である.

各点 O に対し定まった値をとる変化量は各点 Θ に対してもそれをとり,逆もいえる.なぜなら,各点 O にただ一つの点 Θ が,各点 Θ に対しただ一つの点 O が対応するからである.さらに,それが z の関数ならそれはまた ζ の関数となる.というのは,dw/dz が dz によらないなら $dw/d\zeta$ は $d\zeta$ によらず,逆もいえるからである.このことより分岐点においても,z のすべての関数 w に対し,それらを $(z-z')^{1/n}$ の関数と考えるならば,第12節と第13節の諸定理を用いることができる.このことから次の定理を得る.

点 O が $n-1$ 位の分岐点 O' に無限に近づく場合,z の関数 w が無限に大きくなるとするとき,この無限大量の位数は距離の冪で,その冪指数は必ず $1/n$ の倍数に等しい.この冪指数を $=-m/n$ とすると,$a_1, a_2, \cdots, a_m$ をある複素定量として,

$$\frac{a_1}{(z-z')^{1/n}}+\frac{a_2}{(z-z')^{2/n}}+\cdots+\frac{a_m}{(z-z')^{m/n}}$$

という形の式をつけ加えることにより,点 O' で連続にすることができる.

この定理は,系として次のことを含む.点 O が点 O' に無限に近づくとき $(z-z')^{1/n}w$ が無限に小さくなるなら,関数 w は O' で連続である.

—15—

今度は,平面 A 上に広げられた任意の面 T の各点 O に対し定まった値をもつ z の関数(ただし,定数関数ではないとする)を,幾何学的に表現することを考える.それゆえ,点 O における関数の値 $w=u+vi$ を,平面 B の直交座標が u, v の点 Q で代表させよう.すると,次のことを得る.

I.点 Q の全体は面 S をつくるものとみなされ,S の各点にそれを連続に T にもどす定まった一つの T の点 O が対応する.

この証明のためには，点 Q の位置が点 O の位置とともにつねに変わること（しかも，一般的にいえば連続に）の証明だけが，明らかに必要である．これは次の定理に含まれる．

z の関数 $w=u+vi$ は，それが定数関数でなければ，線に沿って一定値をもつということはない．

証明 w がある線に沿って一定値 $a+bi$ をもつとしよう．このとき，この線上で $u-a$ は $=0$ であり，$\partial(u-a)/\partial p$ も $=-(\partial v/\partial s)$ なので $=0$ となる．そして，

$$\frac{\partial^2(u-a)}{\partial x^2}+\frac{\partial^2(u-a)}{\partial y^2}$$

はいたるところ $=0$ である．ゆえに，第 11 節 I により $u-a$ はいたるところ $=0$ でなければならず，そして

$$\frac{\partial u}{\partial x}=\frac{\partial v}{\partial y}, \quad \frac{\partial u}{\partial y}=-\frac{\partial v}{\partial x}$$

より $v-b$ もそのようになり，これは仮定に反する．

II．I で仮定したことより次のことがいえる．対応する T の部分がつながっていない限り S の二つの部分がつながることはありえない．逆に，T においてつながっており w が連続であるようなところでは，いつも面 S において対応するつながりを付与される．

これを前提にすると，S の境界は一方では T の境界に，他方では不連続点に対応する．そして，S の内部の部分は孤立点を除いていたるところ B 上に単葉に広がる．すなわち，どこでも互いに重なり合う部分への分裂も折返しも生じない．

実際，T は S のつながりに対応するつながりをいたるところでもつから，S において分裂が起こるのは明らかに T においてそれが起こるときのみであり，これは仮定に反し前者がいえる．後者の証明も同様である．

まず第一に，dw/dz が有限であるような点 Q' は面 S の折り目にはありえないことを証明しよう．

実際，Q' に対応する点 O' を任意の形と不定の大きさの面 T の部分で取り囲むとき，（第 3 節により）その大きさを十分小さくとると，対応する S の部分と任意の小ささしか形が変わらないようにできる．したがって，そのように小さくすると，その境界は平面 B で点 Q' を取り囲むものとなる．しかし，もし Q' が面 S の折り目にあるならこれは不可能である．

次に，dw/dz が z の関数として $=0$ になるのは，I により孤立点においてのみである．また，w は考えている T の点では連続であるから，dw/dz が無限大になるの

は面 T の分岐点においてのみである．したがって，等々で証明終り．

III． したがって，面 S は第5節で T に対し課された仮定を満たすような面である．この面において，各点 Q に対し不定量 z は定まった値をとり，それは Q の位置とともに連続に，dz/dw が位置変化の方向によらないように変化する．したがって，先に定義した意味において，S と表された量域で z は複素変量 w の関数である．

これからさらに次のことを得る．

面 T と面 S の対応する内点を O' と Q' とし，そこで $z=z'$, $w=w'$ としてそのどちらも分岐点でないとすると，O が O' に無限に近づくときに $(w-w')/(z-z')$ は有限の極限に近づき，写像は極小部分において相似である．Q' が $(n-1)$ 位の分岐点，O' が $(m-1)$ 位の分岐点のときには，O が O' に無限に近づくときに $(w-w')^{1/n}/(z-z')^{1/m}$ が有限の極限に近づき，第14節から容易にわかるような写像の仕方が，隣の面分に対し見出される．

$$-16-^{(5)}$$

【定理】 α と β は x, y の任意の関数で，平面 A 上に広がる任意の面 T の全域にわたる積分

$$\int\left[\left(\frac{\partial\alpha}{\partial x}-\frac{\partial\beta}{\partial y}\right)^2+\left(\frac{\partial\alpha}{\partial y}+\frac{\partial\beta}{\partial x}\right)^2\right]dT$$

が有限値をとるようなものとしよう．境界では 0 であり，たかだか孤立点においてのみ不連続を許す連続関数だけ α を変化させる際に，これらの関数の一つに対してこの積分は極小値をとる．もし，孤立点での値の修正によって除去可能な不連続性を除いてしまうと，ただ一つに対してである．

たかだか孤立点を除き連続で，境界において $=0$ となり，面全体にわたる積分

$$L=\int\left[\left(\frac{\partial\lambda}{\partial x}\right)^2+\left(\frac{\partial\lambda}{\partial y}\right)^2\right]dT$$

が有限値となるような任意関数を λ で表し，そして $\alpha+\lambda$ を ω と表し，最後に面全体にわたる積分

$$\int\left[\left(\frac{\partial\omega}{\partial x}-\frac{\partial\beta}{\partial y}\right)^2+\left(\frac{\partial\omega}{\partial y}+\frac{\partial\beta}{\partial x}\right)^2\right]dT$$

を Ω と表すことにする．関数 λ の全体は連結した閉域をつくる．というのは，これらの関数の任意の一つは，他の任意の関数に連続的に移行するが，L が無限大になることなしに線に沿っての不連続無限大に近づきえないからである（第17節）．各 λ に対し $\omega=\alpha+\lambda$ とおくと，Ω は有限の値をとり，無限大になるのは L と同時であ

り，λ の形とともに連続的に変化する．しかし，0 より小さくなることはありえない．したがって，Ω は関数 ω の形の一つに対し少なくとも極小値をとる．

われわれの定理の第二の部分を証明するために，Ω が極小値をとるような関数 ω の一つを u としよう．h を面全体で定数である不定量とすると，$u+h\lambda$ は関数 ω に課された条件を満たす．$\omega=u+h\lambda$ に対する Ω の値は，

$$= \int \left[\left(\frac{\partial u}{\partial x}-\frac{\partial \beta}{\partial y}\right)^2+\left(\frac{\partial u}{\partial y}+\frac{\partial \beta}{\partial x}\right)^2\right]dT$$
$$+2h\int\left[\left(\frac{\partial u}{\partial x}-\frac{\partial \beta}{\partial y}\right)\frac{\partial \lambda}{\partial x}+\left(\frac{\partial u}{\partial y}+\frac{\partial \beta}{\partial x}\right)\frac{\partial \lambda}{\partial y}\right]dT$$
$$+h^2\int\left[\left(\frac{\partial \lambda}{\partial x}\right)^2+\left(\frac{\partial \lambda}{\partial y}\right)^2\right]dT=M+2Nh+Lh^2$$

となり，これは任意の λ に対し h が十分小さければ M より大きくなければならない（極小値の意味による）．それから任意の λ に対し $N=0$ が要求される．なぜなら，もしそうでないとすると，h が N と異符号で符号を除き $<2N/L$ のとき，

$$2Nh+Lh^2=Lh^2\left(1+\frac{2N}{Lh}\right)$$

は負になってしまうからである．それゆえ，$\omega=u+\lambda$ に対する Ω の値は $=M+L$ となり，明らかに ω のすべての可能な値はこの形に含まれていて，L はずっと正であるから，したがって，関数 ω のいかなる形に対しても Ω は $\omega=u$ に対してとる値より小さい値をとることはできない．

さて，関数 ω の中の他の u' に対し Ω の極小値 M' が生じたとすると，これについても同じことが明らかにいえるので，$M'\leqq M$ となりまた $M\leqq M'$ となり，ゆえに $M=M'$ である．u' を $u+\lambda'$ の形におき $\lambda=\lambda'$ に対する L の値を L' と書くと，M' は $M+L'$ という形になり $M=M'$ より $L'=0$ である．これは面の全域で

$$\frac{\partial \lambda'}{\partial x}=0, \qquad \frac{\partial \lambda'}{\partial y}=0$$

が成り立つときにのみ可能であり，ゆえに λ' が連続である限り λ' は一定値であり，境界において 0 で線に沿う不連続性をもたないから，たかだか孤立点においてのみ 0 と異なる値をもつ．そうすると，Ω に極小値を与える関数 ω の二つは孤立点においてのみ異なる値をとりうる．したがって，関数 u に対して孤立点における修正で除去可能な不連続性は取り除いておくことにすると，これは完全に定められる．

いま，次のことの証明を追加しておかなければならない．L の有限性を損なうことなしに，λ が線に沿って不連続な関数 γ に無限に近づくことはできない．すなわ

ち，関数 γ は線に沿って不連続で，その線を囲む面分 T' の外側では関数 λ が γ と一致するという条件に従うとき，任意に与えられた量 C に対し T' を小さくとり L が C より大きくなるようにできる．

関数が不連続である線に関し，s, p は通常の意味のものとし，不定の s に対し曲率を κ と表す．ただし，p が正である側に凸となっているとき正とする．また，T' の境界における p の値を，p が正の側でのそれを p_1，p が負の側でのそれを p_2 と表し，γ の対応する値を γ_1, γ_2 で表す．さて，この線の曲率が連続な部分を考え，T' は曲率中心を含まないとすると，端点における法線の間にある T' の部分は，L に対して次の寄与をなす．

$$\int ds \int_{p_2}^{p_1} dp (1-\kappa p) \left[\left(\frac{\partial \lambda}{\partial p}\right)^2 + \left(\frac{\partial \lambda}{\partial s}\right)^2 \frac{1}{(1-\kappa p)^2} \right]$$

そして，λ の定まった境界値 γ_1, γ_2 によって，式

$$\int_{p_2}^{p_1} \left(\frac{\partial \lambda}{\partial p}\right)^2 (1-\kappa p) dp$$

の最小値は，よく知られた規則から

$$= \frac{(\gamma_1 - \gamma_2)^2 \kappa}{\log(1-\kappa p_2) - \log(1-\kappa p_1)}$$

である．したがって，λ が T' の内部でどのような値をとろうとも，その寄与は必ず

$$> \int \frac{(\gamma_1 - \gamma_2)^2 \kappa ds}{\log(1-\kappa p_2) - \log(1-\kappa p_1)}$$

となる．$\pi_1 - \pi_2$ が無限小になるとき，$\pi_1 > p_1 > 0, \pi_2 < p_2 < 0$ に対する $(\gamma_1 - \gamma_2)^2$ の最大値が無限小になれば，関数 γ は $p=0$ で連続になってしまい仮定に反する．したがって，s の各値に対し有限量 m があり，$\pi_1 - \pi_2$ がいくら小さくてもその内部に，$\pi_1 > p_1 \geqq 0, \pi_2 < p_2 \leqq 0$（ここで，等号はたかだか一方しか成立しない）を満たす境界値 p_1, p_2 で $(\gamma_1 - \gamma_2)^2 > m$ を満たすものがあるようにできる．さらに，先の制限のもとで p_1, p_2 を定まった値 P_1, P_2 として T' の形を勝手にとり，不連続線の考えている部分の上での積分

$$\int \frac{m\kappa ds}{\log(1-\kappa P_2) - \log(1-\kappa P_1)}$$

を a と表すことにしよう．すると明らかに，s の各値に対し p_1, p_2 を

$$p_1 < \frac{1-(1-\kappa P_1)^{a/C}}{\kappa}, \quad p_2 > \frac{1-(1-\kappa P_2)^{a/C}}{\kappa}, \quad (\gamma_1 - \gamma_2)^2 > m$$

を満たすようにとることによって，

$$\int \frac{(\gamma_1 - \gamma_2)^2 \kappa ds}{\log(1-\kappa p_2) - \log(1-\kappa p_1)} > C$$

とすることができる．それから結論として，λ が T' の内部でどんな値をとろうと

も，いま考えた T' の断片から生ずる L の部分は，したがってなおさら L 自身は，$>C$ となる．(証明終り)[6]

―18―

第16節により，そこで固定された関数 u と，関数 λ の任意の一つに対し，面 T 全体にわたる積分

$$N=\int\left[\left(\frac{\partial u}{\partial x}-\frac{\partial \beta}{\partial y}\right)\frac{\partial \lambda}{\partial x}+\left(\frac{\partial u}{\partial y}+\frac{\partial \beta}{\partial x}\right)\frac{\partial \lambda}{\partial y}\right]dT$$

は $=0$ となる．いま，この方程式から別の新しい結論を導こう．

面 T から u, β, λ の不連続点を含む部分 T' を取り除くなら，残りの部分 T'' に関する N の部分は，X に $(\partial u/\partial x-\partial \beta/\partial y)\lambda$ を，Y に $(\partial u/\partial y+\partial \beta/\partial x)\lambda$ を代入して第7, 8節の助けを借りると，

$$=-\int\lambda\left(\frac{\partial^2 u}{\partial x^2}+\frac{\partial^2 u}{\partial y^2}\right)dT-\int\left(\frac{\partial u}{\partial p}+\frac{\partial \beta}{\partial s}\right)\lambda ds$$

となることがわかる．関数 λ に課せられた境界条件から，T と共通な T'' の境界部分に関する

$$\int\left(\frac{\partial u}{\partial p}+\frac{\partial \beta}{\partial s}\right)\lambda ds$$

の部分は 0 に等しい．それで，T'' に関する積分

$$-\int\lambda\left(\frac{\partial^2 u}{\partial x^2}+\frac{\partial^2 u}{\partial y^2}\right)dT$$

と，T' に関する積分

$$\int\left[\left(\frac{\partial u}{\partial x}-\frac{\partial \beta}{\partial y}\right)\frac{\partial \lambda}{\partial x}+\left(\frac{\partial u}{\partial y}+\frac{\partial \beta}{\partial x}\right)\frac{\partial \lambda}{\partial y}\right]dT+\int\left(\frac{\partial u}{\partial p}+\frac{\partial \beta}{\partial s}\right)\lambda ds$$

とを合わせたものとして，N をみることができる．

もし，仮に $\partial^2 u/\partial x^2+\partial^2 u/\partial y^2$ が面 T のある部分で 0 と異なったとしよう．このとき，λ の自由性から，λ を T' の内部では 0 に等しく，T'' の内部では $\lambda(\partial^2 u/\partial x^2+\partial^2 u/\partial y^2)$ がいたるところで同じ符号をもつようにとると，N は明らかに 0 と異なる値をとってしまう．それで，T のすべての部分で $\partial^2 u/\partial x^2+\partial^2 u/\partial y^2$ は 0 となり，T'' に関係する N の成分は任意の λ に対し 0 となる．こうして，条件 $N=0$ から不連続点に関わる N の成分は $=0$ となることが導かれる．

したがって，関数 $\partial u/\partial x-\partial \beta/\partial y, \partial u/\partial y+\partial \beta/\partial x$ に対して，前者を $=X$，後者を $=Y$ とおくと，一般に方程式

$$\frac{\partial X}{\partial x}+\frac{\partial Y}{\partial y}=0$$

が成立するばかりか，積分が定まった値をもつ限り T の任意の部分の全境界に関し

て
$$\int \left(X\frac{\partial x}{\partial p} + Y\frac{\partial y}{\partial p} \right) ds = 0$$
も成立する．

さて，面 T が多重連結なら横断線によって単連結面 T^* に切り開くことにしよう（第9節Vによる）．すると，積分
$$-\int_{O_0}^{O} \left(\frac{\partial u}{\partial p} + \frac{\partial \beta}{\partial s} \right) ds$$
は T^* の内部で O_0 から O までの任意の線に対し同じ値をもつ．O_0 を固定すると，これは T^* でいたるところ連続な x, y の関数となり，横断線に沿ってその変分は両側で等しい[7]．この関数 ν を β に付け加えて関数 $v = \beta + \nu$ を得るが，その微分商は $\partial v/\partial x = -\partial u/\partial y$, $\partial v/\partial y = \partial u/\partial x$ である．

そのことから次の定理を得る．

【定理】 連結な面 T において，面全体にわたる積分
$$\int \left[\left(\frac{\partial \alpha}{\partial x} - \frac{\partial \beta}{\partial y} \right)^2 + \left(\frac{\partial \alpha}{\partial y} + \frac{\partial \beta}{\partial x} \right)^2 \right] dT$$
が有限値をもつような x, y の複素関数 $\alpha + \beta i$ が与えられ，面 T は横断線により単連結面 T^* に切り開かれているとする．このとき，以下の条件を満たす x, y のある関数 $\mu + \nu i$ をこの関数に付け加えることにより，いつでもかつ一意的に，この関数を z の関数に変えることができる．

1) μ は境界において，$=0$ かまたは孤立点においてのみ 0 と異なる．ν は 1 点において任意に与えられる．

2) μ の変分は T において，ν の変分は T^* において，たかだか孤立点においてのみ不連続であり，面全体にわたる積分
$$\int \left[\left(\frac{\partial \mu}{\partial x} \right)^2 + \left(\frac{\partial \mu}{\partial y} \right)^2 \right] dT \quad \text{と} \quad \int \left[\left(\frac{\partial \nu}{\partial x} \right)^2 + \left(\frac{\partial \nu}{\partial y} \right)^2 \right] dT$$
は有限にとどまる．そして，ν の変分は横断線に沿って両側で等しい．

$\mu + \nu i$ の決定条件の十分性は次のことからわかる．$u = \alpha + \mu$ とおくと，任意の λ に対し明らかに $N = 0$ であり，μ は積分 Ω の極小値を同時に与える．これは第16節によりただ一つの関数を与える性質である．ν は μ により加法定数を除き定まってしまう．

前節の終りの定理の基礎をなす原理は，複素一変数の関数を（その表示式とは独立に）研究する道をひらく．

与えられた量域の内部でそのような関数を決定するのに必要な条件の範囲の見積りが，このことのオリエンテーションの役をするであろう．

 まず，ある特別な場合を考えよう．量域として A 上に広がった単連結な面をとると，次の条件を満たす z の関数 $w = u + vi$ を定めることができる．

1) すべての境界点において u の値が与えられている．それは，位置の無限小変動に対し同じ位数の無限小量だけ変化するが，その他の条件はつけない[*5)]．
2) v の値は任意の一点において任意に与えうる．
3) この関数はすべての点で有限かつ連続とする．

そして，これらの条件で関数は完全に決定される．

 実際，これは前節の定理から導かれる．つねに可能なことであるが，$\alpha + \beta i$ を次のようにとればよい．α は境界上では与えられた値に等しく，面全体において無限小の位置変化に対し $\alpha + \beta i$ の変分は同じ位数の無限小である．

 したがって一般に，u は境界において s の関数としてまったく任意に与えることができ，それによって v はいたるところで同時に決められる．そして，逆に v もまた各境界点において任意にとることができ，そのときはそれから u の値が導かれる．だから，w の境界値の選択に対する自由裁量の余地は各境界点に対し一次元の多様性を含み，その完全な決定には各境界点に対し一つの方程式を必要とする．しかしながら，その際に，この方程式の各々が一つの境界点で一項の値にだけ関連するということは，本質的ではない．また，この決定を次のように行うこともできる．各境界点に対し，式の形が位置とともに連続的に変化するような二項を含む一つの方程式が与えられる．あるいは，境界の複数個の部分に対し，一つの部分の各点と，残りの ($n-1$) 個の部分から一つずつ定まった点をとって組とし，そのような n 個ずつの点に対し，位置とともに連続に変化する n 個の方程式が与えられる．これらの条件は，その全体は連続な多様体をつくり任意関数の間の方程式により表されるが，しかし，量域の内部でいたるところ連続な関数の決定に対し必要かつ十分であるためには，一般的にいえば，なおもう一つだけ条件式 —— 任意定数に対する方程式 —— による制限，つまり条件式の追加が必要である．というのは，われわれの見積りの正確さはこれにまでは及ばないからである．

 量 z の動く範囲が多重連結面である場合に対して，われわれの考察はなんら本質的な変更は受けない．というのは，第 18 節の定理を適用して，横断線を横切る際の

[*5)] 実は，この値の変分が境界のある部分に沿って不連続ということはない，という条件だけでよい．それ以上の制限は，不必要なまわりくどさをここで避けるためになされる．

ずれを除いて先ほど得たのと同様の関数を得るからである．このずれは，もし境界条件が横断線の本数に等しい個数の自由定数を含むならば，=0 にすることができる．

面の内部において線に沿って連続性が失われる場合には，この線を面の切込みとみなせば，前述のことに従う．

最後に，孤立点において連続性が失われるとするとき，そこでは第 12 節により関数が無限大になるが，最初の場合に課した以前の仮定を保持したまま，この点に対し z の関数を与え，それを引くことにより決定すべき関数を連続にすることができる．そして，そのことにより完全に決められる．なぜなら，量 $\alpha+\beta i$ を，この不連続点のまわりの十分小さい円内では与えられた関数に等しく，その他のところでは以前に定めたようにとると，積分

$$\int\left[\left(\frac{\partial\alpha}{\partial x}-\frac{\partial\beta}{\partial y}\right)^2+\left(\frac{\partial\alpha}{\partial y}+\frac{\partial\beta}{\partial x}\right)^2\right]dT$$

のこの円上の部分は=0 となり，残りの部分でのこの積分は有限量に等しい．ゆえに前節の定理が適用でき，それによって要求された性質をもつ関数を得る．これから第 13 節の定理の助けを借りて，関数が孤立不連続点で位数 n の無限大になれば $2n$ 個の定数が自由になることが導かれる．

幾何学的に表現すると (第 15 節による)，与えられた二次元の量域を動く複素量 z の関数 w は，平面 A を覆う与えられた面 T から平面 B を覆う像 S への，いくつかの孤立点を除き極小部分において相似な写像を与える．関数の決定のために必要十分であることがいまわかった条件は，境界点あるいは不連続点における関数の値に関連している．したがって，それらはすべて S の境界の状況に対する条件として現れ，しかも各境界点に対して一つの条件方程式を与える (第 15 節)．その各々が一つの境界点にだけ関係しているなら，それらはある曲線群によって表され，各境界点に対しこれらの曲線の一つが幾何学的位置を定める．互いに依存して連続的に動く二つの境界点が一緒になって二つの条件式に従うとすると，それによって二つの境界部分の間に一方の位置を任意にとれば，他方の位置はそれから決まってしまうというような依存関係が起こる．条件方程式の他の形に対しても同様に幾何学的な意味が判明するが，これ以上追究しない．

—20—

量演算によって表された変化量の間の単純な[*6] 依存法則の理論の中に，複素量の

[*6] ここで，加法，減法，乗法，除法，積分と微分を初等的演算とみなす．そして，依存性を表すのに必要な初等的演算が少なければ少ないほど，依存法則はより単純であるとみなす．実際，いままでに解析学で用いられてきたすべての関数は，これらの演算を有限回用いて定義される．

数学への導入はその起源と手近な目的をもっている．すなわち，それに関係する変化量に複素数値を与えることにより，この依存法則をより広い範囲に適用するとき，そうしなければ隠されている調和と規則性が姿を現すのである．たしかに，これが実行された場合はいまのところ，やっとわずかな範囲にすぎず，一方が他方の代数関数[*7]であるか，またはその微分商が代数関数であるような関数に，二変量の間の依存関係が帰着されるときがほとんどすべてである．しかし，ここで行われたステップのほとんどすべては，複素量の助けなしで得られる結果をより簡単に，より完結したものにしただけではなく，新しい発見への道をひらいた．代数関数，円関数または指数関数，楕円関数とアーベル関数に関する研究の歴史はその例を与えている．

このような関数の理論に対して，われわれの研究によって得られることを簡単に示そう．

これらの関数を論ずるいままでの方法は，いつも関数の表示式（それによって変数の各値に対し関数値が与えられるが）を定義として基礎においた．われわれの研究によって以下のことが示された．複素一変数関数の一般的性質から，こういうやり方の定義において，ある部分での関数値の定義から残りの部分での関数値は結果として決まってしまい，しかも，決まってしまう範囲も必然的にはじめの定義に帰着される．このことは，問題の取扱いを本質的に簡単にする．例えば，同じ関数の二通りの表示式が等しいことを証明するためには，以前なら，一方を他方に変換する，すなわち，変量のすべての値に対し両者が一致することを示さなければならなかったが，いまでは，ずっと少ない範囲で一致することを証明すれば十分である．

ここで与えられた原理に基づくこれらの関数の理論は，関数の形（すなわち，変数のすべての値に対する関数の値）を量演算による関数の決定の仕方とは関わりなく独立に定める．というのは，複素一変数関数の一般的概念に関数の決定に必要な特徴的性質だけがつけ加えられ，そしてそれからやっと，関数が可能であるような，様々な表示へ移行するのだから．さらに，量演算によって似た方法で表示される一連の関数に共通な特徴は，それらの関数に課された境界条件と不連続性の条件の形に現れる．例えば，量 z の変化域は無限平面 A 全体の上に単葉または多葉に広がっているとし，関数は変化域の内部で孤立点においてのみ不連続で，しかもそこでは有限位数の無限大になるだけとするなら（ここで無限大の z に対してはこの量自身を，有限の値 z' に対しては $1/(z-z')$ を一位の無限大とみなす），この関数は必ず代数関数となる．逆に，代数関数はすべてこの条件を満たす．

すでに述べたように，この理論は量演算によって規定された簡単な依存法則に光を

[*7] すなわち，二つの量の間に代数方程式が見出される．

あてるに違いないが，ここでは詳述しない．というのは，いまのところ関数の表示についての考察を除外しているからである．

同じ理由から，これらの依存法則の一般的理論の基礎としてのわれわれの定理の有用性にも，ここでは立ち入らないこととする．これをするためには，ここで基礎においた複素一変数関数の概念が，量演算によって表現可能な依存性[*8)]のそれと完全に一致するという証明が要求される[(7)]．

— 21 —

やはり，われわれの一般的な諸定理の解説には，その応用を詳しく述べた例が有用である．

だが，前節で示された応用例は，定理をつくるにあたってまず最初に意図されたものではあるが，しかし，特殊なものにすぎない．なぜなら，基本的な演算とそこで考えた量演算の有限個によって依存性が定められるとするならば，関数はただ有限個のパラメーターを含むにすぎず，それから次の結果が出てくる．すなわち，互いに独立でかつ関数の決定に十分な，境界条件と不連続性条件の系に関して，その中に線に沿って各点で任意に定めうる条件は決して現れない．したがって，われわれのいまの目的のためには，そこから引き出される例ではなくて，むしろ複素関数が任意関数に依存するという例を選ぶことが適当であると思われる．

直観的でかつわかりやすくするために，第 19 節の終りで与えた幾何学的表現様式を用いよう．そのとき，この例は，与えられた面を別の形が与えられた連結な面へ極小部分で相似な写像により写すことができるかどうかの研究として現れる．すなわち，上述の形でいうと，像の面の各境界点に対し位置曲線が，しかもすべての点に対し同一のものが与えられ，その上に（第 5 節）境界の向きと分岐点とが与えられたとき，可能かどうかということである．いまは，両方の面が単連結で写像が 1 対 1 である場合だけに，この問題の解決を限る．このときは，これは次の定理に含まれる．

二つの与えられた単連結で平らな面は，つねに次のような仕方で対応させることができる．一方の各点に対してそれとともに連続的に動く他方の点が対応し，その対応は極小部分において相似である．しかも，一つの内点と一つの境界点に対しては対応する点を任意に与えうるが，それによってすべての点の対応が決まってしまう．

二つの面 T と R が 3 番目の面 S に極小部分で相似になるように対応していれば，それから面 T と R の間に同様な対応が明らかにできる．よって，二つの任意の面を

[*8)] ここでは，最も簡単な四つの計算演算，すなわち，加法と減法，乗法と除法を有限回または無限回用いて表される依存性と理解する．量演算という表現は，（数演算とは対照的に）量の通約可能性が考慮に入らないような計算演算を暗示している．

極小部分での相似性を保って互いに対応させるという問題は，任意の面を一つの定まった面に極小部分での相似性を保って写すという問題に帰着する．こうして，平面 B において点 $w=0$ のまわりに半径 1 の円 K を描くと，われわれの定理の証明には次のことを証明するだけでよい．平面 A を覆う連結な単連結面 T は，つねに極小部分で相似に円 K に写される．しかも，任意に与えられた点 O_0 が中心に写り，境界上に与えられた任意の一点 O' が円周上の任意に与えられた点に写るようにすると，ただ一通りにこの写像は決まる．

既知の記号 z, Q を用いて，点 O_0, O' に対するものに，対応する添え字をつけて表そう．T において O_0 を中心に任意の円 Θ を描き，その円は T の境界にはとどかず，また分岐点を含んでいないとする．極座標を導入し $z - z_0 = re^{\varphi i}$ とおくと，$\log(z - z_0) = \log r + \varphi i$ である．実数部分は点 O_0 を除き円全体で連続に変化し，O_0 では無限大になる．虚数部分は，φ の値として可能な値の中で最小の正の値をいたるところで選ぶことにすれば，$z - z_0$ が正の実数値をとるような半径に沿って一方の側では値 0 をとり，他方の側では値 2π をとるが，残りのすべての点では連続となる．明らかに，この半径を中心から円周へ向かうまったく任意の直線 l で置き換えることができて，そのとき，関数 $\log(z - z_0)$ は点 O がこの線の負の側（すなわち，第8節により p が負である）から正の側へ移る際に突然 $2\pi i$ だけ減少するが，それ以外では点の位置とともに円 Θ 全体で連続に変化する．さて，x, y の複素関数 $\alpha + \beta i$ を円 Θ では $= \log(z - z_0)$ にとり，その外側では l を T の境界まで任意に延長しておいて次のようなものと仮定しよう．

1) Θ の円周では $= \log(z - z_0)$ であり，T の境界では純虚数である．
2) 直線 l を負の側から正の側へ移るときには $-2\pi i$ だけ突然変化するが，それ以外のところでは位置の無限小変動に対し同じ位数の無限小変動をする．

このような $\alpha + \beta i$ は，いつもとることができる．このとき，積分
$$\int \left[\left(\frac{\partial \alpha}{\partial x} - \frac{\partial \beta}{\partial y} \right)^2 + \left(\frac{\partial \alpha}{\partial y} + \frac{\partial \beta}{\partial x} \right)^2 \right] dT$$
は，Θ 上で積分すると 0 となり，T の残りの部分での積分は有限値である．したがって，純虚定数を除いて一意的に，境界で純虚数であるような関数を $\alpha + \beta i$ に加えて z の関数 $t = m + ni$ に変えることができる．この関数の実数部分 m は，境界で $= 0$ であり点 O_0 では $= -\infty$ で，残りの部分では T 全体で連続に変化する．ゆえに，0 と $-\infty$ の間の任意の値 a に対し，T は線 $m = a$ により二つの部分に分けられ，一方は $m < a$ であり，その内部に O_0 が含まれる．もう一方は $m > a$ であり，その境界

は T の境界と線 $m=a$ である．面 T の連結度はこの分割により変わらないか，または小さくなる．T のそれは $=-1$ なので，連結度 0 と連結度 -1 の二つの部分に分かれるか，または二つより多くの部分に分かれる．しかし，後者はありえない．というのは，そのときは少なくとも一つの部分で，m は有限かつ連続，そしてその部分の境界上において m は定数になってしまう．するとどこかあるところで (1 点かあるいは線に沿って) m は極大値か極小値をとり，これは第 11 節 III に反する．したがって，m が一定値をとる点の集まりは単純閉曲線をつくり，O_0 を取り囲み内部に向かうと m が減少するようなところの境界となっている．そのことから，正の向きにまわる際に (第 8 節により s は増加)，n は連続である限り増大し，線 l を負の側から正の側へ移るときに突然 -2π [*9] だけの変化を受けるので，2π の倍数を無視すると 0 と 2π の間の各々の値に一度だけ等しくなることがわかる．そこで $e^t=w$ とおくと，e^m と n は円 K の中心に関する点 Q の極座標となる．そのとき明らかに，点 Q の全体は K をいたるところで単純に覆う面 S をつくる．点 Q_0 はこの円の中心の上にあり，n にはまだ自由にできる定数があるので，それによって Q' を円周上の任意に与えた点の上にくるようにできる．(証明終り)

点 O_0 が $(n-1)$ 位の分岐点の場合には，$\log(z-z_0)$ だけを $(1/n)\log(z-z_0)$ に変えて同様の推論をして，第 14 節から容易に補える議論により目的を達する．

—22—

面の一点に他の面の複数の点が対応するときや，面が単連結と仮定されていないときなど，より一般の場合に前節の研究を完全に仕上げることはここではやめる．特に，幾何学的視点から理解すれば，われわれの全研究をより一般的な形で扱うことができるのだからなおのことである．また，孤立点を除いた平らで単葉な面に制限したことも，このためには本質的ではない．というよりはむしろ，任意の与えられた面を他の任意の面に極小部分で相似に写すという問題はまったく同様の取扱いを許すのである．われわれはこれについてガウスの二つの論文 (第 3 節で引用したものと「曲面についての一般的研究」(『ガウス全集』第 4 巻) の第 13 節) を参照するように指示して満足することにする．

［笠原乾吉 訳］

[*9] 線 l はその部分のある内点からある外点まで引かれており，もし境界を複数回横切るとすると，内部から外部へいく方が，外部から内部へいく方よりも一回だけ多くなければならない．ゆえに，n の突然の変化の総和は，正の向きの一回転の間に，いつも $=-2\pi$ である．

原　　注

以下に続く章についても,「原注」はすべて
全集発行の際につけられたものである.

(1) [p. 1]　リーマンの論文には，この箇所について次のような補足がある．量 w が $z=a$ と $z=b$ の間で z とともに連続的に変化する，という表現は次のことを意味している：この区間において，z の無限小変化に対して w の無限小変化が対応する．もっと具体的にいうと，任意の与えられた量 ε に対し，量 a をとり，a より小さい z の区間の内部において，w の二つの値の差が ε を超えることはないようにできる．これから，とくに断らないでも，関数の連続性から関数の極限の存在が導かれる．

(2) [p. 5]　もしここで，うっかりした間違いがなければ，左から右へという表現は普通と反対の意味で用いられている．普通は，円周の向きは，中心に位置して円周上を動く点を目で追う観察者の見方で判断される．

(3) [p. 14]　表現がいくらかあいまいなこの箇所の説明のために，次の例が役立つだろう．

下図において T は3重連結面である．(ab) を第一横断線 q_1，(cd) を第二横断線 q_2 とする．ここで，関数
$$Z = \int_{O_0}^{O} \left(Y \frac{\partial x}{\partial s} - X \frac{\partial y}{\partial s} \right) ds$$
の値の異なる三つの定数差を識別しなければならない．線 (ac) における差を A，線 (cb) における差を B，線 (cd) における差を C としよう．このようにしてまず (cd) を動くと C はここで何かある値をもつ．次に (bc) を動くと，B はここで他の任意の

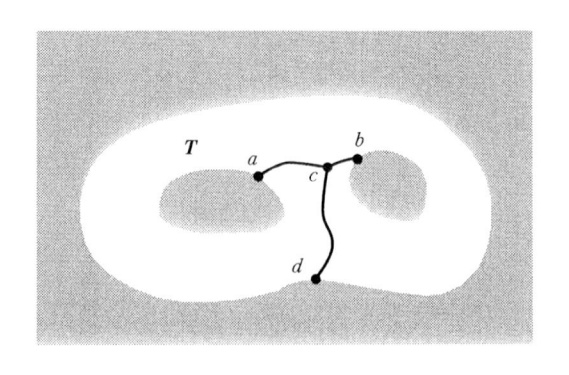

値をとってもかまわない．しかし，これによって (ac) における関数 Z の値の定数差は完全に決まってしまう．すなわち，符号を適当に定めれば，$A=B+C$ である．同様にして，一般に，横断線系を逆向きにたどるとき，すでに歩いた横断線に出会うたびごとに，そういう方法によって関数の定数値差が受ける変化は完全に決まるのである．

(4) [p. 15] 式 $\int(\partial u/\partial p)ds=0$ は次のようにして得られる．$u'=1$ にとり，u が第10節の仮定を満たすような面を考えると，その境界に関する積分

$$\int\left(u\frac{\partial u'}{\partial p}-u'\frac{\partial u}{\partial p}\right)ds$$

は 0 になるからである．

(5) [p. 23]　第16節の証明方法は，(ディリクレの講義に基づき) 後にリーマンによってディリクレ原理と呼ばれた (本訳書第3章「アーベル関数の理論」第一部，Nr. 3, Nr. 4)．また，ガウスも類似の結論を応用した (「距離の二乗に反比例して作用する引力と斥力に関する一般原理」『ガウス全集』第5巻)．後になって，この論法の正しさに異議が申し立てられた．積分 Ω の極小値の存在を自明としてよいか，正当にも疑われたのである．この原理から証明される定理は，リーマンの関数論研究に独特な単純さと一般性を与えているが，この定理自身の正しさは別の方法による新しい研究により証明された (シュワルツによる有名な論文，"Monatsberichte der Berliner Akademie" 1870年10月，*Journal f. Mathematik*, 第74巻，または全集．C. ノイマンの「対数ポテンシャルとニュートンポテンシャルの研究」1877年，ライプチヒ，『アーベル積分のリーマンの理論についての講義』第2版，1884年，ライプチヒを参照せよ)．

(6) [p. 26]　次の注意は，リーマンの手書きの遺稿の中に発見された第17節の草稿をほぼ逐語的に引用したものであり，ある部分はこの研究の説明として，ある部分は補足として役立つであろう．

T' が有限の幅をもち続ける限り，P_1 か P_2 のどちらか一方をいたるところで $=0$ とすることができる．それにより不連続性が境界部分に沿って生ずる場合や内部にある線に沿う γ の修正により生ずる場合にも，われわれの証明は適用できる．また，γ が極大や極小を無限に多くとる場合，例えば，不連続線の近くで $\sin(1/p)$ のような場合にも証明が適用できるために，p_1 と p_2 の間の区間での $(\gamma_1-\gamma_2)^2$ の最小値を直接 m としてとらなかったのである．

同様の方法で次のことが示される：関数 γ は点 O' で不連続であり，無限小の ρ に対し中心 O', 半径 ρ の円周の一部分で $\rho(\partial\gamma/\partial x), \rho(\partial\gamma/\partial y)$ が有限極限値に近づくか，または無限大になるとする．このとき，λ が γ に限りなく近づくと L はあらゆる限

界を越えて増大する.

この場合に,R以下のρに対して
$$\rho^2 \int_0^{2\pi} \left[\left(\frac{\partial \gamma}{\partial x}\right)^2 + \left(\frac{\partial \gamma}{\partial y}\right)^2\right] d\varphi$$
が0でないように,Rをとることができる.この区間におけるこの量の最小値をaとすると,$\rho=R$と$\rho=r$(ここで,$r<R$)との間に含まれる円環上でのLへの寄与は,
$$\int_r^R d\rho \int_0^{2\pi} \left[\left(\frac{\partial \gamma}{\partial x}\right)^2 + \left(\frac{\partial \gamma}{\partial y}\right)^2\right] \rho d\varphi > \int_r^R \frac{a}{\rho} d\rho > a(\log R - \log r)$$
となり,$r=Re^{-C/a}$にとれば$>C$である.T'の境界として半径$\rho<Re^{-C/a}$の円をとると,λがこの円の内部でどのようであっても,残りのTに由来するLの部分,したがってL自身が$>C$である.

(この研究はたしかに分岐点でも境界点でもない点だけを引き合いに出しているが,本質的な修正が必要なのは境界が復帰する点をもつ,つまり尖点をもつときである.しかしこの場合もまた,λが到達しえない不連続性の程度の決定は同じ原理に基づくので,このことを示唆するだけにしておく.)

したがって,λとγが異なっている部分が無限に小さいならば,不連続線の場合にはT'自身が,不連続点の場合にはTの残りの部分がLに無限の寄与を与えている.だから,不連続性がここで仮定された程度に達するなら,われわれの主張は正当化される.この範囲の有効性でわれわれには十分である.実際,より低い不連続性に対しては成り立たない.例えば,不連続点から点Oまでの距離をρとして,$\gamma=[\log(1/\rho)]^{\mu}$,$\mu<1/2$としてみればよい.それゆえ,第16節の定理のはじめの部分に次の制限を与える:$\omega=\alpha+\lambda$とおくと,積分Ωは関数λのうちの一つに対し極小値をとるか,またはΩが最小極限値に近づく間にλはたかだか孤立点においてのみ不連続になる.さらに,その際に$\partial\lambda/\partial x$,$\partial\lambda/\partial y$が無限大になるとすると,その位数は1にとどかない.

点における値の修正で除きうる関数ωの不連続性が生ずることは,次の例でわかる.面のどこかに刺傷,つまり孤立境界点があり,そこで$\lambda=0$でなければならないとしてみる.

(7) [p. 31] 解析的表現の力は,リーマンのこの意見により感じられるよりも,もっと広いことが明らかになった.これについて奇妙な例をまずザイデルが与えた(*Crelle's Journal*,第73巻,p. 279).例えば,zの解析的な式で,円板の上ではzの任意の関数に等しく,その外側では$=0$となるものがある.円周上では$=1$で,円周を除いてはいたるところ$=0$でもかまわない.定積分も解析的表現として許容すると,例え

ば，x とか y とか $\sqrt{x^2+y^2}$ なども $z=x+yi$ の関数として表すことができる．

ヴァイエルシュトラスは，任意個数の相異なる交わらない領域を与え，各領域に任意に z の関数を与えたとき，その全体を z の有理関数を項とする無限級数で表せることを示した(「関数論について」(Monatsberichte der Berliner Akademie)，1880 年 8 月，または『関数論論文集』1886 年，ベルリン)．

訳　　注

《1》[p.2]　今日の用語では正則関数．この論文では，複素数 z の関数といえば正則関数のことである．実変数 x, y の関数といえば，今日の意味での関数，すなわち写像としての関数のこと．

《2》[p.3]　今日の用語では等角写像．極小部分において相似な写像という言葉がこれから出てくるが，等角写像のことである．

《3》[p.3]　z と w の比とあるのに注意．dz/dw が有限，つまり $dw/dz \neq 0$ といっている．

《4》[p.6]　二つ以上と書いてあるが，三つ以上になることはない．ここで "Stücke" を断片と訳したが，今日の言葉では連結成分のことである．(曲)線というと複雑なものがあるが，この論文で線といえば，区分的に解析的な曲線のことと考えればよい（有限個の線分からなる折れ線でもよい）．近傍で考えると，線によって右側と左側の二つの連結部分に分かれ，それより，連結面から一本の横断線を引いた残りは，連結であるか，または二つの連結成分に分かれることがいえる．

　この論文では，二つの線の交点は必ず有限個である（そのような線しか考えていない）．境界も複雑なものが考えられるが，ここでは面の境界は閉曲線くらいと考える．

《5》[p.8]　定義はないが以下の証明からみると，面 T から横断線を抜いたところを T' として，T' の境界部分とは，T' の連結成分の境界の連結成分のこと．

《6》[p.8]　面 T が n 重連結なら，T は連結で $(n-1)$ 本の横断線により単連結となり，単連結なら境界部分は一個である．T の境界部分を m 個とし，$(n-1)$ 本の横断線のうち境界部分を 1 だけ増やすものを i 本とすると，$m+i-(n-1-i)=1$ で，$m=n-2i$ となる．

《7》[p.27]　"Aenderung" を変分と訳したが，全微分のことであろう．この関数は T^* では連続であるが，その偏導関数は T 全体の連続関数に拡張できる（孤立点は除いて）．したがって，単連結化に用いた横断線の両側で等しい（第9節の終りの方を参照してほしい）．

解　説

1. この論文は，25歳のリーマンが1851年に書いた学位論文である．全集ではこの論文の末尾に，ほぼ完全にリーマン自身によるという目次が付されている．しかし，ここでは現代用語を用いた内容目次を掲げよう．

第1節　(正則)関数の定義．$\lim_{\Delta z \to 0}(\Delta w/\Delta z)$ が $\Delta z \to 0$ の仕方によらず一定の極限値をもつこと．

第2節　複素関数 $w=f(z)=u(x,y)+iv(x,y)$ は z 平面から w 平面への写像とみなせる．

第3節　正則関数は $f'(z)\neq 0$ の点で等角写像．

第4節　正則関数 $\Leftrightarrow \partial u/\partial x=\partial v/\partial y,\ \partial u/\partial y=-\partial v/\partial x$ が成立．このとき，実部 u，虚部 v は調和関数になる．

第5節　平面 A の代わりに，平面 A の上の(境界のある)被覆面 T を考える．分岐点の考察．

第6節　横断線，面の連結度，単連結，n 重連結．

第7節　(平面 A 上の被覆面 T におけるグリーン公式)
$$\int_T \left(\frac{\partial X}{\partial x}+\frac{\partial Y}{\partial y}\right)dT = -\int_{\partial T}(X\cos\xi + Y\cos\eta)ds.$$

第8節　境界 ∂T の単位法線ベクトルが
$$(\cos\xi,\cos\eta) = \left(\frac{\partial x}{\partial p},\frac{\partial y}{\partial p}\right) = \left(-\frac{\partial y}{\partial s},\frac{\partial x}{\partial s}\right).$$
ただし，s は境界上の定点からの境界の弧長．p は法線方向への距離．向きと符号についての注意．

第9節　孤立特異点を除いて $\partial X/\partial x+\partial Y/\partial y=0$ が成り立っているとき．線積分 $\int (Y(\partial x/\partial s)-X(\partial y/\partial s))ds$ が途中の道によらず両端点のみで定まる条件．

第10節　調和関数の除去可能特異点定理．

第11節　調和関数の性質(一致の定理，極大(小)をもたない)．

第12節　正則関数に対する除去可能特異点定理．

第13節　極と極における主要部.

第14節　分岐点における局所座標. 分岐点でも前2節のことは成立.

第15節　平面 A を覆う面 T で定義された正則関数 $z \to w=u+vi$ の値域は，(u,v) 平面 B 上の被覆面 S とみなされ，T から S への写像と考えると，1対1で逆も正則関数.

第16節　$\Omega(\alpha,\beta)=\int_T[(\partial\alpha/\partial x-\partial\beta/\partial y)^2+(\partial\alpha/\partial y+\partial\beta/\partial x)^2]dT$ を考える. α に，たかだか孤立点を除いて C^1 級で，境界 ∂T 上では 0, $L(\lambda)=\int_T[(\partial\lambda/\partial x)^2+(\partial\lambda/\partial y)^2]dT<+\infty$ となる λ を加える. このとき，$\Omega(\alpha+\lambda,\beta)$ を極小にする λ がただ一つ存在.

第17節　$L(\lambda)$ の有限性を損なうことなく，ある曲線に沿って不連続な関数に λ は無限に近づくことはできない.

第18節　面 T 上に x,y の実関数 α,β が与えられていて，$\Omega(\alpha,\beta)<+\infty$ とする. T を横断線で切り開き単連結にしたものを T^* としよう. このとき，次のような実関数 μ,ν がただ一つ存在する (ただし，ν は任意定数を加えることだけ自由).
(1) $(\alpha+\mu)+(\beta+\nu)i$ は T^* で正則関数.
(2) μ は T でなめらかで，境界 ∂T 上では 0, ν の偏導関数は横断線の両側で等しい (いずれも孤立点のみで例外がありうる). $L(\mu),L(\nu)<+\infty$.

第19節　与えられた面で正則な関数を決定するための必要十分条件の見積り.

第20節　いままでは式表現を基礎にしていたが，われわれ (リーマン) は境界条件と特異点の形状で関数を決める. メリットとして，例えば等式の証明に式変形によらず一致の定理が使えるとか，代数関数の特徴づけ (無限遠点まで込めた全平面上の有限葉の被覆面における有理型関数) などがある.

第21節　リーマンの写像定理 (単連結面の間の等角写像).

第22節　多重連結面の間の等角写像の問題などの研究はここでは行わない.

2. 上記目次は現代用語によるものと再度強調しておかなければならない. 例えば，等角写像といってしまったが，リーマンによれば「相互に対応する二つの無限小三角形の間には相似性が認められる」という言い方である. 正則関数という言葉も当時はなかったわけで，実変数のときには，関数といえば連続性さえ要求しない単なる写像を指すが，複素変数になると関数といえば正則関数のこと (dw/dz が dz によらない) としている. これ以上，用語については説明を省略したいが，当時の人にとっ

て(今日のわれわれにとっても)理解困難だったのは,この点が大きいと思う.局所位相同型といった用語なしに被覆面を定義するのは,どんなに困難なことか(第5節).

3. 19世紀の複素関数の歴史には,コーシーによる整級数,線積分,留数という流れと,アーベル,ヤコビによる楕円関数の流れがある(ガウスは別格であるが).1840年代にはローラン級数展開やピュイズー級数展開が発見され,これらは無限遠点や分岐点の研究と関連する.さらに,グリーン公式とコーシー・リーマン関係式を結びつけての積分定理の証明も行われた.

しかし,「誠に奇妙な話であるが,1850年にいたるまでコーシーは,彼の理論が適用できる関数の類に対する正確な特徴づけを与えていなかった」(デュドネ編『数学史 I』,金子 晃訳,p.168,岩波書店,1985).このような状況のもとでリーマンの学位論文が登場するのである.

リーマンはベルリン大学へ留学した1847年の秋,21歳のときには複素変数関数の根本的な研究をはじめていた.3歳年上のアイゼンシュタインともこれについて語り合ったが,「計算から出発し,その中に自分の認識の根拠を見出すというあまりにも数式本位の」彼の賛同は得られなかった.また,この学位論文の発表に対し,「——われわれには不思議であるが——当初外部からはまったく反響がないままであった」(クライン『クライン:19世紀の数学』,彌永昌吉監修,p.255, 257,共立出版,1995.この本の第VI章には,リーマンの当学位論文などについて詳細な解説がある).

4. リーマンは,代数的解析的な式表現から離れて,関数の正則性を定義する.そして,それを直ちに等角写像と結びつけ,調和関数(平面のポテンシャル論)と結びつける.

第5節では,平面上の分岐をもつ被覆面を導入する.言葉が不足していたために四苦八苦しており,当時の人は理解しにくかったであろうが,被覆面を知っているわれわれにはさらっと読める.分岐点での関数の正則性にはふれていないが,これは第14節で行われる.

第6節は,面のトポロジーの話である.曲線といった場合,われわれはいろいろ奇妙な曲線を知っているが,そんなものは考えず,有限個の解析曲線からなるものに限定しているものとすれば,さほど困難なく読むことができる.境界点から境界点へいく面内のジョルダン曲線を横断線という(切断線ということもある.ただし,始点から横断線が進行していくにつれて,横断線は直ちに面の境界に組み込まれていく.したがって,終点は横断線の先行する部分上にあってもよい).

単連結領域が，任意の一つの横断線によってつねに二つの連結成分に分けられるものとして定義される．次に，非常にうまい方法で，面が n 個の横断線によって m 個の単連結な面に分けられるとき，$n-m$ が横断線のとり方によらない不変量であることを示し，これによって面の連結度を定義する．

5. 第 10 節では，(x_0, y_0) が調和関数 $u(x, y)$ の孤立特異点で，ρ を点 (x, y) と点 (x_0, y_0) の距離として $\rho \to 0$ のとき $\rho(\partial u/\partial x) \to 0$, $\rho(\partial u/\partial y) \to 0$ であれば，この点は除去可能特異点であることを示す．これを用いて有名なリーマンの除去可能特異点定理が第 12 節で示される．

第 16 節がヴァイエルシュトラスによって批判されたディリクレ原理である．下限が最小値になるとは限らないという点であるが，変分 λ の集合が連結であるというコメントや，第 17 節をみれば，リーマンがその点をまったく気にしていなかったとは思えない．

第 18 節は，面 T を横断線で切り開いて単連結面 T^* にした上で，境界上で与えられた実部をもつような正則関数をつくることである．境界値を与えて調和関数 u をつくり，$v = \int -(\partial u/\partial y)dx + \int (\partial u/\partial x)dy$ として，共役調和関数をつくる．

第 19 節では，前節の存在定理が関数の (式) 表現とは独立な関数研究の道をひらくと述べ，関数を決定するために必要な条件の見積りをする．複素数を導入して複素関数を考えることにより調和と規則性が現れ，新たな発見の道がひらかれたことなどを力説する第 20 節とともに，直接読んでもらうしか解説の方法がない (p.28 の 14〜29 行は，内容がよくわからないままに訳した．興味をもたれる方は原文を参照されたい).

第 21 節はリーマンの写像定理で，単連結面が二つあればその間に等角写像があることを示すには，単連結面から単位円への等角写像の存在をいえばよいといった上で，第 18 節の存在定理を適用してそれを示す．

6. 以上がリーマンの学位論文の概要であるが，これらは 1857 年の「アーベル関数の理論」(本訳書第 3 章) のはじめに，証明なしで再説されている．

学位論文では，平面上の被覆面を考える必要性などの説明がいっさいないが，「アーベル関数の理論」では，解析接続と関数の多価性にふれ，分岐点も $\log(z-a)$ や $(z-a)^{m/n}$ などの例をあげて説明している．用語のいくつかは変えられているし，無限遠点が表面に出て (学位論文では第 20 節の代数関数の特徴づけだけであった)，コンパクトなリーマン面が扱われている．

原注 (5) にもあるように，ヴァイエルシュトラスの批判により，この学位論文の存

在定理は一時,宙に浮いてしまったが,これに対する数学者や物理学者の考え方や,その後の進展については,前掲のクラインの本 (pp. 270-273) に詳しく書かれているので省略する.

　この訳をするにあたり,九州大学の髙瀬正仁氏にひとかたならぬお世話になった. 髙瀬氏は 1984 年にこのリーマンの学位論文の訳をされた. それがなければ,この論文をすみずみまで読みきることは私には困難であった. 終りになったが,感謝の意を表するしだいである.

［笠原乾吉］

2
ガウスの級数 $F(\alpha, \beta, \gamma, x)$ で表示できる関数の理論への貢献
(ゲッティンゲン王立科学アカデミー紀要，第7巻，1857年)

　ガウスの級数 $F(\alpha, \beta, \gamma, x)$ は，4番目の要素 $x^{(1)}$ の関数として，x の絶対値が1を超えない場合に限りこの関数を表示している．この関数を区域を欠かさずに，つまり，変数の変域に制限をつけずに研究するために，いままでの関連する著作は手段を二通り提示している．つまり，それが満たす線形微分方程式，あるいは定積分による表示から出発できるのである．これらの手段にはそれぞれ独特の長所があるけれども，いままでは，*Mathematisches Journal von Crelle*（クレルレ数学雑誌）第15巻のクンマーの実り豊かな論文中にも，未公表のガウスの研究[*]にも，前者の手段のみが現れている．主な理由は，たぶん，複素数を両端とする定積分の計算があまりにも未完成であったためか，あるいは十分多くの読者層に周知であると仮定できなかったためである．

　以下の論文で，私はこのような超越関数を新しい手段で取り扱ったが，それは本質的に，代数的係数をもつ線形微分方程式を満たすあらゆる関数に対しても適用可能なものである．以前には，途中でかなり骨の折れる計算をした上でやっと見出されていた結果が，この手段によって定義からほとんど直接導き出せるようになった．そして，まさにその導出が本論文の目下の部分で起こっているのであるが，目的は，主として物理学や天文学の研究へのこの関数の様々な応用を意図して，ありそうな表示を使いやすくまとめ上げることである．変数が無制限な変域をもつ関数を詳しく調べるにあたって，いくつかの一般的な前置きをあらかじめ用意しておく必要がある．

　独立に変化する量[(2)] $x = y + zi$ の値を，その変化の様子をもっとたやすく理解するために，直交座標を y, z とするある無限平面の点で代表されているとみなして，関

---
[*] 『ガウス全集』第3巻，1866，p. 207.

数 w がその平面上のある部分で与えられていると考えると，容易に証明される定理によれば，その関数はこの部分を越えて，等式 $\partial w/\partial z = i(\partial w/\partial y)$ に従って，一意的かつ連続的に[3]接続される．明らかにこの接続は，偏微分方程式を適用できないようなむき出しの直線のみに沿ってではなくて，有限な幅をもつ帯状の面で行われるべきである．ここで研究しようとしているような**多価**関数，つまり，x の同じ値に対し，接続が行われる道に応じて，いくつもの値をとるかもしれない関数の場合には，x 平面上にある種の点が存在して，その点をまわるとその関数が他のものに接続されている．例えば関数 $\sqrt{x-a}$, $\log(x-a)$, μ が整数でないときの $(x-a)^\mu$ などにおける点 a がそうである．もし任意の線がこの点 a 自体から引かれていると想定すると，a の近傍での関数の値を，上述の線の外ではいたるところ連続的に変化しているように選ぶことができるが，その線の両側では別個の値をとるので，関数を線を横切って接続すると，向こう側にすでに存在していたのとは別の関数となる．

表現を簡単にするために，一つの関数の x 平面上の同じ部分への様々な接続をその関数の**分枝**と呼び，まわりを一周すると関数の一つの分枝が他のものに接続されるような x の値を**分岐値**と名付けよう．ただし，分岐が起こらない値ではその関数は**一価**または**単層**といわれる．

—1—

私は以下の条件を満たす x の関数[4]を
$$P\left\{\begin{matrix} a & b & c & \\ \alpha & \beta & \gamma & x \\ \alpha' & \beta' & \gamma' & \end{matrix}\right\}$$
の記号で表す．

1) a, b, c 以外のすべての x の値に対して一価有限である．

2) この関数の任意の三つの分枝 P', P'', P''' の間には，つねに定数係数の斉次一次関係式
$$c'P' + c''P'' + c'''P''' = 0$$
が成り立つ．

3) その関数は次の形で表せる．
$$c_\alpha P^{(\alpha)} + c_{\alpha'} P^{(\alpha')}, \quad c_\beta P^{(\beta)} + c_{\beta'} P^{(\beta')}, \quad c_\gamma P^{(\gamma)} + c_{\gamma'} P^{(\gamma')}$$
ただし，$c_\alpha, c_{\alpha'}, \cdots, c_{\gamma'}$ は定数であり，また $x=a$ に対しては
$$P^{(\alpha)}(x-a)^{-\alpha}, \quad P^{(\alpha')}(x-a)^{-\alpha'}$$
が一価であって 0 にも無限大にもならず，$x=b$ では $P^{(\beta)}(x-b)^{-\beta}$, $P^{(\beta')}(x-b)^{-\beta'}$ が，

そして $x=c$ では $P^{(\gamma)}(x-c)^{-\gamma}$, $P^{(\gamma')}(x-c)^{-\gamma'}$ が同様になっている。六つの量 α, α', $\cdots, \gamma'$ に関しては, 差 $\alpha-\alpha'$, $\beta-\beta'$, $\gamma-\gamma'$ のいずれも整数ではなく, さらにこれらの量すべての和について, $\alpha+\alpha'+\beta+\beta'+\gamma+\gamma'=1$[5] が成り立つと仮定する。

これらの条件を満たす関数がどれほどの多様性をもつのかはいまのところ未確定であるが, われわれの研究の進行(第4節)とともに明らかとなるであろう。表現をさらに便利にするために, x を変数, a, b, c をそれぞれ第一, 第二, 第三の分岐値, α, α'; β, β'; γ, γ' をP関数のそれぞれ第一, 第二, 第三の指数対と名付けよう。

―2―

まず定義から直接出てくる結論をいくつか.
関数
$$P\left\{\begin{matrix} a & b & c & \\ \alpha & \beta & \gamma & x \\ \alpha' & \beta' & \gamma' & \end{matrix}\right\}$$
の中で, はじめの垂直な3列は互いに自由に交換でき, また, α と α', β と β', γ と γ' についても同様である。さらに, $x=a, b, c$ に対してそれぞれ値 a', b', c' をとるような x の一次分数式を x' に代入すると,
$$P\left\{\begin{matrix} a & b & c & \\ \alpha & \beta & \gamma & x \\ \alpha' & \beta' & \gamma' & \end{matrix}\right\} = P\left\{\begin{matrix} a' & b' & c' & \\ \alpha & \beta & \gamma & x' \\ \alpha' & \beta' & \gamma' & \end{matrix}\right\}$$
となる.

したがって, 関数
$$P\left\{\begin{matrix} 0 & \infty & 1 & \\ \alpha & \beta & \gamma & x \\ \alpha' & \beta' & \gamma' & \end{matrix}\right\}$$
に, それと同じ $\alpha, \alpha', \cdots, \gamma'$ をもつすべてのP関数が帰着するので, 簡略化のために私はそれを単に
$$P\begin{pmatrix} \alpha & \beta & \gamma & \\ \alpha' & \beta' & \gamma' & x \end{pmatrix}$$
とおく.

要するに, そのような関数の一つの中で, 量 α, α'; β, β'; γ, γ' については, それぞれの対の中の量を互いに交換できる。また, 量の対三つを互いに自由に置換することもできるが, そのためには, 置換の結果として生じるP関数に, この関数の第一,

第二，第三の指数対に対応する x の値がそれぞれ値 $0, \infty, 1$ となるような x の一次分数式を変数として代入するようにしさえすればよい．このような方法で，順序は異なるが同じ指数をもち，変数をそれぞれ $x, 1-x, 1/x, 1-1/x, -x/(1-x), 1/(1-x)$ とする P 関数によって表現される関数[6]

$$P\begin{pmatrix} \alpha & \beta & \gamma \\ \alpha' & \beta' & \gamma' \end{pmatrix} x$$

が得られる．

定義より，さらに

$$P\begin{Bmatrix} a & b & c \\ \alpha & \beta & \gamma & x \\ \alpha' & \beta' & \gamma' \end{Bmatrix} \left(\frac{x-a}{x-b}\right)^{\delta} = P\begin{Bmatrix} a & b & c \\ \alpha+\delta & \beta-\delta & \gamma & x \\ \alpha'+\delta & \beta'-\delta & \gamma' \end{Bmatrix}$$

と，したがって

$$x^{\delta}(1-x)^{\varepsilon} P\begin{pmatrix} \alpha & \beta & \gamma \\ \alpha' & \beta' & \gamma' \end{pmatrix} x = P\begin{pmatrix} \alpha+\delta & \beta-\delta-\varepsilon & \gamma+\varepsilon \\ \alpha'+\delta & \beta'-\delta-\varepsilon & \gamma'+\varepsilon \end{pmatrix} x$$

も得られる．この変形により，二つの指数は，属する対が異なれば，与えられた任意の値をとることができる．そして，条件 $\alpha+\alpha'+\beta+\beta'+\gamma+\gamma'=1$ は満たされているので[7]，三つの差 $\alpha-\alpha', \beta-\beta', \gamma-\gamma'$ がそれぞれ同じでありさえすれば，あらゆる他の値を指数の値として設定できる．この観点から，議論を見通しよくするために，私は後に，

$$P(\alpha-\alpha', \beta-\beta', \gamma-\gamma', x)$$

によって

$$x^{\delta}(1-x)^{\varepsilon} P\begin{pmatrix} \alpha & \beta & \gamma \\ \alpha' & \beta' & \gamma' \end{pmatrix} x$$

の形に込められたすべての関数を表すであろう．

—3—

いまや，まず何よりも必要なのは，関数の動きをもう少し詳しく研究することである．そのために，この関数のすべての分岐点を通って元にもどるように引かれている線 l が，複素数値の全体を二つの分離した量の領域に分けているとしよう．すると，双方の領域の内部では，この関数の各分枝は，他の分枝とは切り離されて連続的に広がっていくであろう．しかし，それらに共通の境界線 l に沿っては，領域を縁どっている各部分において，一方と他方の領域での分枝の間に様々な関係が生じるであろう．この関係をもっと便利に表現するために私は，係数の系

2. ガウスの級数 $F(\alpha, \beta, \gamma, x)$ で表示できる関数の理論への貢献

$$S = \begin{pmatrix} p, & q \\ r, & s \end{pmatrix}$$

を用いて量 t, u から形成される線形表示 $pt+qu$, $rt+su$ を $(S)(t,u)$[(8)] と表すことにする.さらに,$+i$ を**正の側面方向単位**と命名するというガウスの提案から類推して,1 に対して $+i$ がある側 (つまり,複素数の普通の表現法では,左側) を与えられた方向に対する正の側面方向と表せばよいであろう.そうすると,x がある**分岐値 a のまわりを正方向に一周**するのは,その分岐値 a を含み他のどれをも含まない量領域のあらゆる縁どりを,x がその領域の内から外へ向かう方向に関して正方向に位置する方向に動くときである[(9)].さて,線 l が点 $x=c$, $x=b$, $x=a$ をこの順序で通るとし,l の正の側にある領域において,P', P'' を P 関数の二つの分枝で互いの比が定数でないようなものとする.すると,他の各分枝 P''' は,仮定により成立する等式

$$c'P' + c''P'' + c'''P''' = 0$$

において c''' が 0 とならないことより,定数を係数とする P' と P'' の一次式で表される.量 x が a のまわりを正方向に一周する結果,P', P'' がそれぞれ,$(A)(P', P'')$ に,b のまわりでは $(B)(P', P'')$ に,c のまわりでは $(C)(P', P'')$ に移行すると仮定すると,その関数の周行変化は系 (A), (B), (C) の係数により完全に決定されるであろう.しかし,それらの係数自身の間にもまだ関係がある.実際,x が線 l の負側の岸を一巡すると,関数 P', P'' は最初の値を再びとるはずである,なぜならば,負の側を一巡している道 l は,内部でこの関数がいたるところ一価であるような量領域の全境界を形成するからである.ところで,このことは値 x が値 c, b, a の一つから出発して正の側に沿って次の値まで進み,そのたびごとにその値のまわりを正方向に周回することと同じであるが,その際結果として,(P', P'') は順々に $(C)(P', P'')$, $(C)(B)(P', P'')$,最後に $(C)(B)(A)(P', P'')$ へと移行する.したがって

(1) $$(C)(B)(A) = \begin{pmatrix} 1, & 0 \\ 0, & 1 \end{pmatrix}$$

となるが,この式は A, B, C の 12 個の係数間にある四つの条件式をもたらす.

この条件式の議論に際して,前提条件を固定するために,関数

$$P \begin{pmatrix} \alpha & \beta & \gamma \\ \alpha' & \beta' & \gamma' \end{pmatrix} x$$

のみを,つまり $a=0$, $b=\infty$, $c=1$ の場合のみを考えるが,それは結果の一般性を本質的には損なわない.また私は,1, ∞, 0 を通る線 l として,実数値の直線を選ぶが,点 c, b, a を順々に通っているためには,それは $-\infty$ から $+\infty$ へと向かわざるを得ない.この直線の正の側にあって虚数部が正の複素数値を含むような領域の内部では,以前に特徴づけられた P 関数の関数要素,つまり量 P^{α}, $P^{\alpha'}$, P^{β}, $P^{\beta'}$, P^{γ}, $P^{\gamma'}$[(10)]

は，x の一価関数であり，P 関数さえ与えられれば，量 $c_\alpha, c_{\alpha'}, \cdots, c_{\gamma'}$[11] の選び方に依存する定数を除いて完全に決定される．関数 $P^\alpha, P^{\alpha'}$ は，量 x が 0 のまわりを正方向に一周すると，$P^\alpha e^{\alpha 2\pi i}, P^{\alpha'} e^{\alpha' 2\pi i}$ に移行する．同様に，この量の ∞ のまわりの正の一周に際しては関数 $P^\beta, P^{\beta'}$ が $P^\beta e^{\beta 2\pi i}, P^{\beta'} e^{\beta' 2\pi i}$ に，1 のまわりの正の一周に際しては，関数 $P^\gamma, P^{\gamma'}$ が $P^\gamma e^{\gamma 2\pi i}, P^{\gamma'} e^{\gamma' 2\pi i}$ に移行する．0 のまわりを x が正の一周する結果として P が移行する値を P' によって表すと，$P = c_\alpha P^\alpha + c_{\alpha'} P^{\alpha'}$ のとき

$$P' = c_\alpha e^{\alpha 2\pi i} P^\alpha + c_{\alpha'} e^{\alpha' 2\pi i} P^{\alpha'}$$

を得る．仮定により $\alpha - \alpha'$ は整数でないので，P と P' のこれらの表示式は 0 でない行列式をもち，したがって逆に，$P^\alpha, P^{\alpha'}$ は P, P' により定数係数で線形的に表示されるので，結果として，さらに $P^\beta, P^{\beta'}$ や $P^\gamma, P^{\gamma'}$ によっても表される．いま，

$$P^\alpha = \alpha_\beta P^\beta + \alpha_{\beta'} P^{\beta'} = \alpha_\gamma P^\gamma + \alpha_{\gamma'} P^{\gamma'}$$
$$P^{\alpha'} = \alpha'_\beta P^\beta + \alpha'_{\beta'} P^{\beta'} = \alpha'_\gamma P^\gamma + \alpha'_{\gamma'} P^{\gamma'}$$

とおいて，簡略化のため

$$\begin{Bmatrix} \alpha_\beta, & \alpha_{\beta'} \\ \alpha'_\beta, & \alpha'_{\beta'} \end{Bmatrix} = (b), \quad \begin{Bmatrix} \alpha_\gamma, & \alpha_{\gamma'} \\ \alpha'_\gamma, & \alpha'_{\gamma'} \end{Bmatrix} = (c)$$

とし，また，(b) と (c) の逆置換をそれぞれ $(b)^{-1}$ と $(c)^{-1}$ で表すと，関数の組 $(P^\alpha, P^{\alpha'})$ に対して次の置換を得る．

$$(A) = \begin{Bmatrix} e^{\alpha 2\pi i}, & 0 \\ 0, & e^{\alpha' 2\pi i} \end{Bmatrix}$$

$$(B) = (b) \begin{Bmatrix} e^{\beta 2\pi i}, & 0 \\ 0, & e^{\beta' 2\pi i} \end{Bmatrix} (b)^{-1}$$

$$(C) = (c) \begin{Bmatrix} e^{\gamma 2\pi i}, & 0 \\ 0, & e^{\gamma' 2\pi i} \end{Bmatrix} (c)^{-1}$$

合成置換の行列式は，それを構成する置換の行列式の積と等しいので，等式

$$(C)(B)(A) = \begin{pmatrix} 1, & 0 \\ 0, & 1 \end{pmatrix}$$

より，まず，

$$1 = \mathrm{Det.}(A) \mathrm{Det.}(B) \mathrm{Det.}(C)$$
$$= e^{(\alpha + \alpha' + \beta + \beta' + \gamma + \gamma')2\pi i} \mathrm{Det.}(b) \mathrm{Det.}(b)^{-1} \mathrm{Det.}(c) \mathrm{Det.}(c)^{-1}$$

となり，また，$\mathrm{Det.}(b) \mathrm{Det.}(b)^{-1} = 1$, $\mathrm{Det.}(c) \mathrm{Det.}(c)^{-1} = 1$ なので，

(2) $$\alpha + \alpha' + \beta + \beta' + \gamma + \gamma' = 整数$$

と結論づけられる．これは，指数の和が 1 に等しいとの最初の仮定と調和する結果である．

等式

$$(C)(B)(A) = \begin{pmatrix} 1, & 0 \\ 0, & 1 \end{pmatrix}$$

に含まれる残り三つの関係式は，(b) と (c) に関する三つの条件式を供給するが，それらは次のような方法でもっと平易に得られる．

x がまず 0 のまわりを，次いで ∞ のまわりを負の向きに一周するとき，合成された道は同時に 1 のまわりの正の一周を形成している．したがって，それによって P^a が移行する値は

$$\alpha_\gamma e^{\gamma 2\pi i} P^\gamma + \alpha_{\gamma'} e^{\gamma' 2\pi i} P^{\gamma'} = (\alpha_\beta e^{-\beta 2\pi i} P^\beta + \alpha_{\beta'} e^{-\beta' 2\pi i} P^{\beta'}) e^{-\alpha 2\pi i}$$

と等しい．

この等式に任意の因数 $e^{-\sigma\pi i}$ を乗じ，等式

$$\alpha_\gamma P^\gamma + \alpha_{\gamma'} P^{\gamma'} = \alpha_\beta P^\beta + \alpha_{\beta'} P^{\beta'}$$

に $e^{\sigma\pi i}$ を乗じて引き算をすると，共通因数を消去した後に，

$$\alpha_\gamma \sin(\sigma-\gamma)\pi e^{\gamma\pi i} P^\gamma + \alpha_{\gamma'} \sin(\sigma-\gamma')\pi e^{\gamma'\pi i} P^{\gamma'}$$
$$= \alpha_\beta \sin(\sigma+\alpha+\beta)\pi e^{-(\alpha+\beta)\pi i} P^\beta + \alpha_{\beta'} \sin(\sigma+\alpha+\beta')\pi e^{-(\alpha+\beta')\pi i} P^{\beta'}$$

を得る．まったく同様に，いたるところの α に α' を代入すると，任意の量 σ を含む次の等式

$$\alpha'_\gamma \sin(\sigma-\gamma)\pi e^{\gamma\pi i} P^\gamma + \alpha'_{\gamma'} \sin(\sigma-\gamma')\pi e^{\gamma'\pi i} P^{\gamma'}$$
$$= \alpha'_\beta \sin(\sigma+\alpha'+\beta)\pi e^{-(\alpha'+\beta)\pi i} P^\beta + \alpha'_{\beta'} \sin(\sigma+\alpha'+\beta')\pi e^{-(\alpha'+\beta')\pi i} P^{\beta'}$$

を得る．σ を適当に定めて（例えば $\sigma=\gamma'$）双方の式から関数の一つ（例えば $P^{\gamma'}$）を消去すると，その結果として出る二つの等式は，$P^\beta/P^{\beta'}$ が定数ではないので，一般の定数因数しか違わない．この $P^{\gamma'}$ の消去は，結果として《12》

(3) $$\frac{\alpha_\gamma}{\alpha'_\gamma} = \frac{\alpha_\beta \sin(\alpha+\beta+\gamma')\pi e^{-\alpha\pi i}}{\alpha'_\beta \sin(\alpha'+\beta+\gamma')\pi e^{-\alpha'\pi i}} = \frac{\alpha_{\beta'} \sin(\alpha+\beta'+\gamma')\pi e^{-\alpha\pi i}}{\alpha'_{\beta'} \sin(\alpha'+\beta'+\gamma')\pi e^{-\alpha'\pi i}}$$

を与える．そして P^γ の同様な消去は

(3)′ $$\frac{\alpha_{\gamma'}}{\alpha'_{\gamma'}} = \frac{\alpha_\beta \sin(\alpha+\beta+\gamma)\pi e^{-\alpha\pi i}}{\alpha'_\beta \sin(\alpha'+\beta+\gamma)\pi e^{-\alpha'\pi i}} = \frac{\alpha_{\beta'} \sin(\alpha+\beta'+\gamma)\pi e^{-\alpha\pi i}}{\alpha'_{\beta'} \sin(\alpha'+\beta'+\gamma)\pi e^{-\alpha'\pi i}}$$

を与えるが，それらは求めていた四つの関係式である．そこから商 $\alpha_\beta/\alpha'_\beta$, $\alpha_{\beta'}/\alpha'_{\beta'}$, $\alpha_\gamma/\alpha'_\gamma$, $\alpha_{\gamma'}/\alpha'_{\gamma'}$ の間の比が明らかとなる．2 番目と 4 番目の関係式より出る $\alpha_\beta/\alpha'_\beta$, $\alpha_{\beta'}/\alpha'_{\beta'}$ の両方の値が等しいことは，恒等式 $\sin s\pi = \sin(1-s)\pi$ を使うと，$\alpha+\alpha'+\beta+\beta'+\gamma+\gamma'=1$ の結果として容易にわかる．

それゆえ，量 $\alpha_\beta/\alpha'_\beta$, $\alpha_{\beta'}/\alpha'_{\beta'}$, $\alpha_\gamma/\alpha'_\gamma$, $\alpha_{\gamma'}/\alpha'_{\gamma'}$ については，それらの一つ，例えば $\alpha_\beta/\alpha'_\beta$ によって他のものが決定され，3 個の量 $\alpha'_{\beta'}$, α'_γ, $\alpha'_{\gamma'}$ は量 α_β, α'_β, $\alpha_{\beta'}$, α_γ, $\alpha_{\gamma'}$ の五つにより決まる．しかし関数 P が与えられても，この 5 個の量は P^α, $P^{\alpha'}$, P^β, $P^{\beta'}$, P^γ, $P^{\gamma'}$ に含まれるなお任意な因数に，あるいはむしろそれらの比に依存し，そ

の因数を適当に決めると，それらはあらゆる有限な値をとりうる[1]．

―4―

先ほどの注意は，同じ指数の組に対応する二つのP関数の中では，同じ指数に属する二つの関数要素は定数因数しか違わない，との定理への道をひらく．

実際，もしP_1がPと同じ指数をもつ関数ならば，五つの量α_β, α'_β, $\alpha_{\beta'}$, α_γ, $\alpha_{\gamma'}$を，両方の関数に対して等しいと設定できるが，そのときは量$\alpha'_{\beta'}$, α'_γ, $\alpha'_{\gamma'}$も両方に対して一致するはずである．したがって同時に

$$(P^\alpha, P^{\alpha'}) = (b)(P^\beta, P^{\beta'}) = (c)(P^\gamma, P^{\gamma'})$$

および

$$(P_1^\alpha, P_1^{\alpha'}) = (b)(P_1^\beta, P_1^{\beta'}) = (c)(P_1^\gamma, P_1^{\gamma'})$$

が成り立ち，よって

$$(P^\alpha P_1^{\alpha'} - P^{\alpha'} P_1^\alpha) = \text{Det.}(b)(P^\beta P_1^{\beta'} - P^{\beta'} P_1^\beta) = \text{Det.}(c)(P^\gamma P_1^{\gamma'} - P^{\gamma'} P_1^\gamma)$$

となる．これら三つの表示について，最初のものは$x^{-\alpha-\alpha'}$を乗じると明らかに$x=0$で一価有限であり，$x^{\beta+\beta'} = x^{-\alpha-\alpha'-\gamma-\gamma'+1}$を乗じると$x=\infty$で二つ目も同様，$(1-x)^{-\gamma-\gamma'}$を乗じると三つ目も$x=1$で同様である．そして三つの表示すべてについて，0, ∞, 1 以外のすべてのxの値に対しても同じことが成り立つ．よって

$$(P^\alpha P_1^{\alpha'} - P^{\alpha'} P_1^\alpha) x^{-\alpha-\alpha'} (1-x)^{-\gamma-\gamma'}$$

はいたるところ一価連続な関数，つまり定数である．最後に，$x=\infty$でそれは0であり，したがっていたるところ0となるはずである．

このことから，

$$\frac{P_1^{\alpha'}}{P^{\alpha'}} = \frac{P_1^\alpha}{P^\alpha}$$

$$\frac{P_1^\beta}{P^\beta} = \frac{P_1^{\beta'}}{P^{\beta'}} = \frac{\alpha_\beta P_1^\beta + \alpha_{\beta'} P_1^{\beta'}}{\alpha_\beta P^\beta + \alpha_{\beta'} P^{\beta'}} = \frac{P_1^\alpha}{P^\alpha}$$

$$\frac{P_1^\gamma}{P^\gamma} = \frac{P_1^{\gamma'}}{P^{\gamma'}} = \frac{\alpha_\gamma P_1^\gamma + \alpha_{\gamma'} P_1^{\gamma'}}{\alpha_\gamma P^\gamma + \alpha_{\gamma'} P^{\gamma'}} = \frac{P_1^\alpha}{P^\alpha}$$

となる．

関数P_1^α/P^αはゆえに一価であり，その上，証明はまだであるが，いたるところ有限でなければならず，結果として定数である．その証明をするには，P^αと$P^{\alpha'}$が0, 1, ∞以外のxの値に対して同時に消えることはありえないことを示せばよいであろう．

その目的のために，次のことに注目しよう：等式

$$P^\alpha \frac{dP^{\alpha'}}{dx} - P^{\alpha'} \frac{dP^\alpha}{dx} = \text{Det.}(b)\left(P^\beta \frac{dP^{\beta'}}{dx} - P^{\beta'} \frac{dP^\beta}{dx}\right)$$

$$= \mathrm{Det}.(c)\left(P^\gamma \frac{dP^{\gamma'}}{dx} - P^{\gamma'}\frac{dP^\gamma}{dx}\right)$$

が成り立つので、この関数は $x=0, \infty, 1$ でそれぞれ位数

$$\alpha+\alpha'-1, \qquad \beta+\beta'+1 = 2-\alpha-\alpha'-\gamma-\gamma', \qquad \gamma+\gamma'-1$$

の無限小となり、しかもそこ以外では一価連続な状態である。その結果、

$$\left(P^\alpha \frac{dP^{\alpha'}}{dx} - P^{\alpha'}\frac{dP^\alpha}{dx}\right) x^{-\alpha-\alpha'+1}(1-x)^{-\gamma-\gamma'+1}$$

は、いたるところ一価連続な関数をなすため定数値をとる。必然的に、関数のこの定数値は 0 とは異なっている。そうでなければ $\log P^\alpha - \log P^{\alpha'} = \mathrm{const.}$ となることにより、仮定に反して $\alpha=\alpha'$ となるからである。一方では、$0, 1, \infty$ 以外の x の値に対して関数 $P^\alpha, P^{\alpha'}$ が同時に消えるならば、この関数は明らかに 0 となっているはずである。というのは、一価連続な状態である関数の導関数として $dP^{\alpha'}/dx, dP^\alpha/dx$ は無限大となるはずがないからである。

結果として、P^α と $P^{\alpha'}$ は $0, 1, \infty$ と異なるどんな x の値に対しても同時に 0 とはならず、一価な関数

$$\frac{P_1^\alpha}{P^\alpha} = \frac{P_1^{\alpha'}}{P^{\alpha'}} = \frac{P_1^\beta}{P^\beta} = \frac{P_1^{\beta'}}{P^{\beta'}} = \frac{P_1^\gamma}{P^\gamma} = \frac{P_1^{\gamma'}}{P^{\gamma'}}$$

は、いたるところ有限であり、したがって定数である。(証明終り)

たったいま証明された定理の結果として、一つの P 関数の、商が定数でない二つの分枝によって、同じ指数の組をもつような他のすべての P 関数が定数係数により線形的に表現され、そして第 1 節で要求された性質により、定義すべき関数は線形的に含む二つの定数を除いて完全に決定される。それらの定数は、どんな場合でも、変数の特殊な値に対する関数の値により容易にみつかるが、最も都合のよい方法は、変数を分岐値の一つに等しいとおくことである。

第 1 節の条件を満たす関数がつねに存在するかとの問題は、もちろんまだ決定されずに残っているが、それは後に定積分と超幾何級数を使って関数を実際に表示することにより解決されるので、別個の研究を必要とはしない。

第 2 節で述べた指数のあらゆる値について可能な変換以外に、さらに次の二つの変換が定義から生じる。

$$(\mathrm{A}) \qquad P\left\{\begin{matrix} 0 & \infty & 1 \\ 0 & \beta & \gamma \\ \frac{1}{2} & \beta' & \gamma' \end{matrix}\, x\right\} = P\left\{\begin{matrix} -1 & \infty & 1 \\ \gamma & 2\beta & \gamma \\ \gamma' & 2\beta' & \gamma' \end{matrix}\, \sqrt{x}\right\}^{《13》}$$

ただし，以前に述べた条件から $\beta+\beta'+\gamma+\gamma'=1/2$ でなければならない．

(B) $\quad P\left\{\begin{array}{ccc|c} 0 & \infty & 1 & \\ 0 & 0 & \gamma & x \\ \dfrac{1}{3} & \dfrac{1}{3} & \gamma' & \end{array}\right\} = P\left\{\begin{array}{ccc|c} 1 & \rho & \rho^2 & \\ \gamma & \gamma & \gamma & \sqrt[3]{x} \\ \gamma' & \gamma' & \gamma' & \end{array}\right\}$

ただし，$\gamma+\gamma'=1/3$ であり ρ は 1 の虚の立方根を表す．これらの変換を使って互いに還元し合えるすべての関数を使いやすくまとめ上げるためには[14]，指数の代わりにそれらの差を導入して，以前に提案したように，

$$P(\alpha-\alpha', \beta-\beta', \gamma-\gamma', x)$$

でもって

$$x^\delta(1-x)^\epsilon P\begin{pmatrix} \alpha & \beta & \gamma \\ \alpha' & \beta' & \gamma' \end{pmatrix} x$$

の形に含まれるすべての関数を表すのが合目的的である．その際，$\alpha-\alpha'$, $\beta-\beta'$, $\gamma-\gamma'$ は第一，第二，第三の指数差と名づけるのがよいであろう．

その結果，第2節の公式により，関数

$$P(\lambda, \mu, \nu, x)$$

において，量 λ, μ, ν それぞれの符号を自由に変えたり，それらを互いに自由に置換したりできることになる．この作用によって，変数は x, $1-x$, $1/x$, $1-1/x$, $x/(1-x)$, $1/(1-x)$ という6個の値の一つをとる．もっと詳しくいうと，このようにして生じる48個のP関数のうち，単に量 λ, μ, ν の符号の変更によって生じる関数8個ずつが，同じ変数をもっている．

この節で定めた変換 (A) と (B) のうちで，前者が適用できるのは，指数差の一つが1/2と等しいか，あるいは二つが互いに等しいときであり，後者が適用できるのは，これらの差のうち二つが1/3と等しいか三つとも互いに等しいときである．ゆえに，これらの変換を相次いで適用すると，以下の関数を互いに他のもので表現し合える．

I.[15] $\quad P\left(\mu, \nu, \dfrac{1}{2}, x_2\right), \quad P(\mu, 2\nu, \mu, x_1), \quad P(\nu, 2\mu, \nu, x_3)$

ただし，

$$\sqrt{1-x_2}=1-2x_1, \quad \sqrt{1-\dfrac{1}{x_2}}=1-2x_3$$

つまり，

$$x_2=4x_1(1-x_1)=\dfrac{1}{4x_3(1-x_3)}$$

である.

II.[《16》]　　　$P(\nu, \nu, \nu, x_3)$,　　$P\left(\nu, \dfrac{\nu}{2}, \dfrac{1}{2}, x_2\right)$,　　$P\left(\dfrac{\nu}{2}, 2\nu, \dfrac{\nu}{2}, x_1\right)$

$P\left(\dfrac{1}{3}, \nu, \dfrac{1}{3}, x_4\right)$,　　$P\left(\dfrac{1}{3}, \dfrac{\nu}{2}, \dfrac{1}{2}, x_5\right)$,　　$P\left(\dfrac{\nu}{2}, \dfrac{2}{3}, \dfrac{\nu}{2}, x_6\right)$

ただし,

$$1 - \dfrac{1}{x_4} = \left(\dfrac{x_3 + \rho}{x_3 + \rho^2}\right)^3$$

したがって,

$$\dfrac{1}{x_4} = \dfrac{3(\rho - \rho^2) x_3 (1 - x_3)}{(\rho^2 + x_3)^3}$$

$$x_4(1 - x_4) = \dfrac{(\rho + x_3)^3 (\rho^2 + x_3)^3}{27 x_3^2 (1 - x_3)^2} = \dfrac{[1 - x_3(1 - x_3)]^3}{27 x_3^2 (1 - x_3)^2}$$

さらに, I によると,

$$4 x_4 (1 - x_4) = x_5 = \dfrac{1}{4 x_6 (1 - x_6)}, \qquad 4 x_3 (1 - x_3) = x_2 = \dfrac{1}{4 x_1 (1 - x_1)}$$

III.　　　$P\left(\nu, \nu, \dfrac{1}{2}, x_2\right)$,　　$P(\nu, 2\nu, \nu, x_1)$

$P\left(\dfrac{1}{4}, \nu, \dfrac{1}{2}, x_3\right)$,　　$P\left(\dfrac{1}{4}, 2\nu, \dfrac{1}{4}, x_4\right)$

ただし,

$$x_3 = \dfrac{1}{4}\left(2 - x_2 - \dfrac{1}{x_2}\right) = 4 x_4 (1 - x_4), \qquad x_2 = 4 x_1 (1 - x_1)$$

これらすべての関数は一般変換[《17》]によってさらに変形できるので，それによって指数差の互いに自由な交換や，任意の符号の割り当てなどができる．II, III の両超越関数以外に，一つの指数差を任意なままに残しておこうとするならば，関数 $P(\nu, 1/2, 1/2) = P(\nu, 1, \nu)$ のみが変換 (A) と (B) のもっと多くの繰返しを許すが，

$$P\begin{pmatrix} 0 & 0 & 0 \\ \nu & -\nu & 1 \end{pmatrix} x = \text{const.} \, x^\nu + \text{const}'.$$

なので，それはまったく初等的な式となる．

実際，変換 (B) は $P(\nu, \nu, \nu)$ または $P(1/3, \nu, 1/3)$ に対してのみ，つまり II の超越関数にのみ適用できる．ところで，変換 (A) は場合 I におけるよりももっと頻繁に繰り返せるが，それは量 $\mu, \nu, 2\mu, 2\nu$ の一つが $1/2$ に等しいと設定されているか，あるいは等式 $\mu = \nu, \mu = 2\nu, \nu = 2\mu$ のどれか一つが成り立つと仮定されている場合のみである．これらの仮定において，$\mu = 2\nu$ または $\nu = 2\mu$ は II の超越関数に帰着し，仮定 $\mu = \nu$ や，$2\mu = 1/2$ または $2\nu = 1/2$ は III の超越関数に帰着し，最後に $\mu = 1/2$ または $\nu = 1/2$ は関数 $P(\nu, 1/2, 1/2)$ に帰着する．

I～IIIの超越関数のそれぞれに対する変換によって得られる異なる表示の数は，次のことを考察すれば明らかとなる：以上のP関数において，変数を決定する方程式のすべての根を変数として許容でき，また，それぞれの根は6個の値よりなる系の一つに属するが，それらの値は一般変換をするごとに1個ずつ変数として導入できる．

ところで場合Iでは，与えられた x_2 に対応する x_1 と x_3 の2個ずつの値は，両方ともそれぞれ6個の値よりなる同じ系に帰着しているので[18]，Iでの関数の各々は $6\cdot3=18$ 個の互いに異なる変数のP関数として表される．

場合IIでは，与えられた一つの値 x_5 に対応する変数の値のうち，x_6 と x_4 のそれぞれ2個ずつの値，x_3 の6個の値，そして x_1 の値6個の2個ずつの組合わせは，常に6個の値の同じ系に帰着している．一方では，x_2 の3個の値は，6個の値よりなる異なる3個の系に帰着している．このように，6個の値よりなる系を，x_1 と x_2 は三つずつ，x_3, x_4, x_5, x_6 は一つずつ供給するので，したがって全部で $6\cdot10=60$ 個の値となり，IIでの関数のそれぞれはこれらの値を変数としてもつP関数で表せる．

最後に場合IIIでは，x_3 とそれに対する x_2 の2個の値，x_4 の2個の値，そして x_1 の4個の値の2個ずつの組合わせは，それぞれが6個の値でできた系を供給するので，そのときIIIでの関数の各々は $6\cdot5=30$ 個の異なる変数をもつP関数で表せる．

いまP関数のそれぞれにおいて，指数の一般的な変換によって，変数を変えることなく，指数差は任意の符号をとることができる．そして，これらのいずれの指数差も0でないので，一つの同じ関数を同じ変数のP関数として八つの違った方法で表せる．したがって，その表現の総数は，場合Iでは $8\cdot6\cdot3=144$ 個，場合IIでは $8\cdot6\cdot10=480$ 個，場合IIIでは $8\cdot6\cdot5=240$ 個にのぼる．

—6—

あるP関数のすべての指数を整数だけ変化させても，第3節の等式(3)での量

$$\frac{\sin(\alpha+\beta+\gamma')\pi e^{-\alpha\pi i}}{\sin(\alpha'+\beta+\gamma')\pi e^{-\alpha'\pi i}}, \quad \frac{\sin(\alpha+\beta'+\gamma')\pi e^{-\alpha\pi i}}{\sin(\alpha'+\beta'+\gamma')\pi e^{-\alpha'\pi i}}$$

$$\frac{\sin(\alpha+\beta+\gamma)\pi e^{-\alpha\pi i}}{\sin(\alpha'+\beta+\gamma)\pi e^{-\alpha'\pi i}}, \quad \frac{\sin(\alpha+\beta'+\gamma)\pi e^{-\alpha\pi i}}{\sin(\alpha'+\beta'+\gamma)\pi e^{-\alpha'\pi i}}$$

は不変である．

したがって関数

$$P\begin{pmatrix} \alpha & \beta & \gamma \\ \alpha' & \beta' & \gamma' \end{pmatrix} x\Big), \quad P_1\begin{pmatrix} \alpha_1 & \beta_1 & \gamma_1 \\ \alpha'_1 & \beta'_1 & \gamma'_1 \end{pmatrix} x\Big)$$

の中で対応する指数 $\alpha_1, \alpha, \cdots$ が整数だけしか異ならないと，八つの量 $(\alpha_\beta)_1, (\alpha'_\beta)_1$,

$(a_{\beta'})_1, \cdots$ をそれぞれ八つの量 $a_\beta, a'_\beta, a_{\beta'}, \cdots$ に等しいと仮定できる，なぜなら，任意に選べる 5 個が等しければ，結果として残りの 3 個も等しいからである．

このことから，第 4 節で適用したのと同じ推論の仕方により，
$$P^\alpha P_1^{\alpha'_1} - P^{\alpha'} P_1^{\alpha_1} = \mathrm{Det}.(b)(P^\beta P_1^{\beta'_1} - P^{\beta'} P_1^{\beta_1}) = \mathrm{Det}.(c)(P^\gamma P_1^{\gamma'_1} - P^{\gamma'} P_1^{\gamma_1})$$
となり，もし量 $\alpha + \alpha'_1$ と $\alpha_1 + \alpha'$，$\beta + \beta'_1$ と $\beta_1 + \beta'$，$\gamma + \gamma'_1$ と $\gamma_1 + \gamma'$ それぞれの中で他方より**正の整数**[19]だけ小さい方の量を $\bar{\alpha}, \bar{\beta}, \bar{\gamma}$ と表すと，x の関数
$$(P^\alpha P_1^{\alpha'_1} - P^{\alpha'} P_1^{\alpha_1}) x^{-\bar{\alpha}} (1-x)^{-\bar{\gamma}}$$
は，$x = 0$, $x = 1$ と x のすべての他の有限な値で一価有限であるが，$x = \infty$ では位数 $-\bar{\alpha} - \bar{\gamma} - \bar{\beta}$ の無限大となるので，次数 $-\bar{\alpha} - \bar{\beta} - \bar{\gamma}$ の整式 F である．

さて，上述のように指数差 $\alpha - \alpha'$, $\beta - \beta'$, $\gamma - \gamma'$ を λ, μ, ν と表そう．それに関連して，すべての指数が整数だけ変化するとき，指数差の和は偶数だけ変化することがまず出てくる．なぜなら，その和は相変わらず 1 と等しいすべての指数の和を
$$-2(\alpha' + \beta' + \gamma')$$
だけ越すが，その量はそのとき偶数だけ変化している．しかしその際，指数差は，和が偶数ならばあらゆる整数による変化が可能である．さらに $\alpha_1 - \alpha'_1$, $\beta_1 - \beta'_1$, $\gamma_1 - \gamma'_1$ を λ_1, μ_1, ν_1 と表し，差 $\lambda - \lambda_1$, $\mu - \mu_1$, $\nu - \nu_1$ の絶対値を $\varDelta\lambda, \varDelta\beta, \varDelta\gamma$ で表すと，量 $\alpha + \alpha'_1$ と $\alpha' + \alpha_1$ のうち，正の数 $\varDelta\lambda$ だけ他方より小さいものは
$$\frac{\alpha + \alpha'_1 + \alpha' + \alpha_1}{2} - \frac{\varDelta\lambda}{2}$$
つまり，
$$-\bar{\alpha} = \frac{\varDelta\lambda}{2} - \frac{\alpha + \alpha'_1 + \alpha' + \alpha_1}{2}$$
であり，同様に，
$$-\bar{\beta} = \frac{\varDelta\mu}{2} - \frac{\beta + \beta'_1 + \beta' + \beta_1}{2}$$
$$-\bar{\gamma} = \frac{\varDelta\nu}{2} - \frac{\gamma + \gamma'_1 + \gamma' + \gamma_1}{2}$$
である．整式 F の次数は，これらの量の和に等しく，したがって
$$\frac{\varDelta\lambda + \varDelta\mu + \varDelta\nu}{2} - 1$$
であることが明らかとなる．

いま，

$$P\begin{pmatrix}\alpha & \beta & \gamma \\ \alpha' & \beta' & \gamma'\end{pmatrix}x\Big), \quad P_1\begin{pmatrix}\alpha_1 & \beta_1 & \gamma_1 \\ \alpha'_1 & \beta'_1 & \gamma'_1\end{pmatrix}x\Big), \quad P_2\begin{pmatrix}\alpha_2 & \beta_2 & \gamma_2 \\ \alpha'_2 & \beta'_2 & \gamma'_2\end{pmatrix}x\Big)$$

を対応する指数が整数だけ異なる三つの関数とし，恒等的に成り立つ式

$$P^\alpha(P_1^{\alpha_1}P_2^{\alpha'_2}-P_1^{\alpha'_1}P_2^{\alpha_2})+P_1^{\alpha_1}(P_2^{\alpha_2}P^{\alpha'}-P_2^{\alpha'_2}P^\alpha)+P_2^{\alpha_2}(P^\alpha P_1^{\alpha'_1}-P^{\alpha'}P_1^{\alpha_1})=0$$

を使うと，ついさっきの定理により，対応する項の間に係数が x の整式である斉次一次関係式が成り立つという重要な定理が出てくる．つまり，

　　対応する互いの指数が整数だけ異なるすべての P 関数は，それらの任意の
　　二つにより，x の有理関数を係数として線形的に表される．

この定理の証明の論拠から生じる独特の結果は，P 関数の二階の微分商は，一階のそれとその関数自身とによって，x の有理関数を係数として線形的に表され，したがって，その関数が二階の斉次線形微分方程式を満たすことである．

推論をできるだけ簡単にするために，$\gamma=0$ の場合のみに制限しよう．一般の場合は第2節から容易にその場合に帰着する．そして，$P=y$, $P^\alpha=y'$, $P^{\alpha'}=y''$ とおくと，三つの関数

$$y'\frac{dy''}{d\log x}-y''\frac{dy'}{d\log x}$$

$$\frac{d^2y'}{d\log x^2}y''-\frac{d^2y''}{d\log x^2}y'$$

$$\frac{dy'}{d\log x}\frac{d^2y''}{d\log x^2}-\frac{dy''}{d\log x}\frac{d^2y'}{d\log x^2}$$

は，それぞれに $x^{-\alpha-\alpha'}(1-x)^{-\gamma'+2}$ を乗じると，x の有限の値に対して有限で一価な状態となる．また，$x=\infty$ では一次の無限大で，さらにこの積の最初のものは $x=1$ で位数1の無限小となる．したがって

$$y=\text{const}'.y'+\text{const}''.y''$$

に対して，

$$(1-x)\frac{dy^2}{d\log x^2}-(A+Bx)\frac{dy}{d\log x}+(A'-B'x)y=0$$

の形の式が成り立つ．ここに，A, B, A', B' はそのうちに決定されるべき係数を表す．

未定係数法により，この微分方程式の解を，1 ずつ増加または減少している冪指数に従って，級数[20]

$$\sum a_n x^n$$

に展開できる．もっと詳しくいうと，前者の場合は初項の指数 μ，つまり最も小さな指数が等式

$$\mu\mu - A\mu + A' = 0$$

によって，後者の場合は最も大きな指数 μ が等式

$$\mu\mu + B\mu + B' = 0$$

によって決定される．前者の方程式の根は α と α' で，後者のそれは $-\beta$ と $-\beta'$《21》でなければならず，したがって

$$A = \alpha + \alpha', \quad A' = \alpha\alpha'$$
$$B = \beta + \beta', \quad B' = \beta\beta'$$

であり，関数

$$P\begin{pmatrix} \alpha & \beta & 0 \\ \alpha' & \beta' & \gamma' \end{pmatrix} x \bigg) = y$$

は微分方程式

$$(1-x)\frac{dy^2}{d\log x^2} - [\alpha + \alpha' + (\beta + \beta')x]\frac{dy}{d\log x} + (\alpha\alpha' - \beta\beta' x)y = 0$$

を満たす．

さらに冪級数の係数は，その一つがわかると，漸化式

$$\frac{a_{n+1}}{a_n} = \frac{(n+\beta)(n+\beta')}{(n+1-\alpha)(n+1-\alpha')}$$

によって決定されるが，次の式が上式を満たす．

$$a_n = \text{const.} \frac{\text{const.}}{\Pi(n-\alpha)\Pi(n-\alpha')\Pi(-n-\beta)\Pi(-n-\beta')}$$《22》

このように，級数

$$y = \text{const.} \sum \frac{x^n}{\Pi(n-\alpha)\Pi(n-\alpha')\Pi(-n-\beta)\Pi(-n-\beta')}$$

は，指数が α または α' からはじまって1ずつ増大するときも，同様に $-\beta$ または $-\beta'$ から1ずつ減少するときも，微分方程式の解を形づくるが，それぞれはもっと正確にいうと，以前に $P^\alpha, P^{\alpha'}, P^\beta, P^{\beta'}$ と表示されている特殊解である．

第 $(n+1)$ 項による次項の商が $(n+a)(n+b)x/[(n+1)(n+c)]$ に等しく，初項が1に等しい級数に $F(a,b,c,x)$ の記号を付けたガウスによると，最も簡単な $\alpha = 0$ の場合，次のように表示される．

$$P^\alpha \begin{pmatrix} 0 & \beta & 0 \\ \alpha' & \beta' & \gamma' \end{pmatrix} x \bigg) = \text{const.} F(\beta, \beta', 1-\alpha', x)$$

または，

$$F(a,b,c,x) = P^a \begin{pmatrix} 0 & a & 0 \\ 1-c & b & c-b-a \end{pmatrix} x \bigg)$$

同じ結果から，P 関数の定積分による表示をもたやすく得るが，それは，級数の一

般項中の Π 関数に代わって第二種のオイラー積分[23]を導入し，その後で和と積分の順序を交換することによる．このようにして次のことが見出される：四つの値 $0, 1, 1/x, \infty$ のどれか一つから，これら四つの値の一つまで任意の路に沿ってとられた積分

$$x^\alpha(1-x)^\gamma \int s^{-\alpha'-\beta'-\gamma'}(1-s)^{-\alpha'-\beta-\gamma}(1-xs)^{-\alpha-\beta'-\gamma}ds$$

が一つの関数

$$P\begin{pmatrix} \alpha & \beta & \gamma \\ \alpha' & \beta' & \gamma' \end{pmatrix} x$$

を表し，そして，積分路の端点とそれらの一方から他方への経路を適当に選ぶと，六つの関数 $P^\alpha, P^\beta, \cdots, P^{\gamma'}$ のそれぞれを表す[2]．しかし，この積分がそのような関数を特徴づける性質をもつことを直接示すのも容易である．そのことは次になされるのであるが，そこでは定積分による P 関数のこの表示が，$P^\alpha, P^{\alpha'}, \cdots$ 中のまだ任意のままになっている因数の決定に使われるはずである．けれどもここでは次のことを指摘するにとどめる：この表示を普遍的に応用できるようにするためには，積分記号内の関数が $0, 1, 1/x, \infty$ のある一つの値に対して，そこまでの積分を許さないほどの無限大となるときは，積分路を修正する必要がある[3]．

—8—

第2節と前節で得られた等式

$$P^\alpha\begin{pmatrix} \alpha & \beta & \gamma \\ \alpha' & \beta' & \gamma' \end{pmatrix} x = x^\alpha(1-x)^\gamma P^\alpha\begin{pmatrix} 0 & \beta+\alpha+\gamma & 0 \\ \alpha'-\alpha & \beta'+\alpha+\gamma & \gamma'-\gamma \end{pmatrix} x$$

$$= \text{const.}\; x^\alpha(1-x)^\gamma F(\beta+\alpha+\gamma, \beta'+\alpha+\gamma, \alpha-\alpha'+1, x)$$

の結果として，P 関数による一つの関数の各々の表示から，この P 関数が含む変数の冪指数を増加させながら進む超幾何級数へのその関数の展開が次々と生じてくる．第5節によると，一つの関数に対して，変数を同じくする P 関数による八つの表示がある．それらは対になっている指数を交換するごとに相別れて得られるので，例えば x を変数とする八つの表示がある．しかし，これらのうちで第2の対 β, β' の交換によって相別れて現れる両者は同じ展開を与える．結局，x の増加冪に従う展開を四つ得ることになるが，そのうち γ と γ' 相互の交換により相別れて現れる二つは関数 P^α を，他の二つは関数 $P^{\alpha'}$ を表す．これら四つの展開は，x の絶対値が <1 である限り収束し，それが1より大きいとき発散する．ところが，x の冪指数を減少させながら P^β と $P^{\beta'}$ を表す四つの級数は，前述の逆の場合に収束する．x の絶対値が1のときは，フーリエ級数論によると，その級数は $x=1$ で関数が次数1を超える無限大

となるならば収束することをやめるが，$x=1$ で関数が単に次数 1 未満の無限大となるか依然として有限ならば収束する[4]．結果としてこの場合も，x の冪に従う八つの展開は $\gamma-\gamma'$ の実数部が -1 と $+1$ の間に含まれないときは，その半数が収束するのみであるが，実数部がその間に含まれるやいなや，すべて収束する．

それゆえ，一つの P 関数の表示に対して，一般に三つの異なる量の増加または減少する冪指数に従って進む 24 の異なる超幾何級数があり，与えられた x の値一つに対して，この展開のうちで半分の 12 はいずれにせよ収束する．第 5 節の場合 I，場合 II，そして場合 III では，これらの数全部にそれぞれ 3, 10, 5 をかけなければならない．これらの級数のうちで数値計算のために最もふさわしいのは，普通は，四つ目の要素が最も小さい絶対値をもつものであろう．

定積分による P 関数の表示で，第 5 節の変換によって前節最後の積分から派生するものに関していうと，これらの表示はすべて互いに異なっている．つまり一般には 48 個，場合 I では 144 個，場合 II では 480 個，場合 III では 240 個の定積分を得るが，それらは一つの P 関数の同じ項を表し，したがって，それら相互間の比は x に依存しない[24]．これらの積分のうちで，指数の偶数回の交換によって相別れて出てくる 24 個よりなる組の間では，線形置換によって相互間で変換できるが，その置換は，積分変数 s の値 $0, 1, 1/x, \infty$ のどれか三つに対して新しい変数に値 $0, 1, \infty$ を採用させるようなものである．私がこの研究を遂行した限りでは，それ以外の等式を積分計算の方法によって確認するためには，重積分の変換を必要とする．

＊　　　　　＊
＊

追補：著者自身による前出論文の披露[25]
(ゲッティンゲン報告集，第 1 号，1857 年)

1856 年 11 月 6 日，王立協会にその会員の一人であるリーマン博士によって完成度の高い数学の研究論文が提出された．その内容は，

「ガウスの級数 $F(\alpha, \beta, \gamma, x)$ によって表示できる関数の理論への貢献」

である．

この論文が取り扱っている一群の関数は，数理物理学の種々な問題を解くのに使われている．この関数から形成される級数は，もっと単純な場合には，変化量を何倍かにした量の正弦や余弦に従って進行し今日こんなにも頻繁に応用されている級数[26]と，もっと難しい問題の中で，同じような役割を果たす[27]．特に天文学へのその応用が，オイラーがすでに理論的な興味からこの関数に何度も何度も没頭した後に，ガウスをそれに関する研究へと導いたようにみえる．彼が $F(\alpha, \beta, \gamma, x)$ と表している級数に関する，Kön. Soc (王立協会) に 1812 年に提出された論文で，その一部は公表

されている．

この級数は，第 $(n+1)$ 項による次項の商が
$$\frac{(n+\alpha)(n+\beta)}{(n+1)(n+\gamma)}x$$
に等しく，初項を 1 とする級数である．今日一般にそれに与えられている超幾何級数との命名は，以前にパフによって，ある項によるそれに次ぐ項の商が冪指数の有理関数であるようなもっと一般な級数に対してすでに提案されている．一方オイラーは，ワリスにちなんでその商が冪指数の一次の整式である[28]級数をそう理解した．この級数に関するガウスの研究の未発表部分が遺稿中に見出されているが，それは，1835 年 Journal von Crelle，第 15 巻に発表されたクンマーの仕事の欠けた部分をすでに補っているようなものであった．それはこの級数を，要素 x の代わりにこの量の代数関数が現れるような類似の級数で表示することに関係している．その変形の特殊な場合はすでにオイラーによってみつけられ，積分の計算やいくつかの論文（最も単純な形では，Nova Acta Acad. Petropol.，第 12 巻，p.58）の中で取り扱われている．また，その関係は後にパフ (Disquis. analyt. Helmstadii, 1797) やグーデルマン (Crelle J., 第 7 巻，p.306)，ヤコビなどによって様々な手段で証明されている．クンマーは，オイラーの方法を，すべての変換をみつけられるような手続きにまで発展させることに成功した．しかし，それを実際に遂行するためにはあまりにも長ったらしい議論を要するので，彼は三次の変換に関しては最後までやり通すのを諦めて，一次，二次およびそれらから組み立てられた変換のみを完全に引き出すことで満足した．

披露されている論文では，著者が学位論文（第 20 節）でその原理を言い尽くした手段がこの超越関数に適用され，そのおかげで，すでに得られているあらゆる結果がほとんど計算なしに明らかとなる．著者はこの手段によって得られる新しい結果のいくつかをまもなく王立協会に提出できることを希望している．

［寺田俊明 訳］

原　　注

(1) [p. 52]　1856 年 7 月のリーマンの手書きメモに次の公式があるが，それらは適当に選ばれた値を五つの任意定数に割り当てると，本文 (3) 式から引き出される．

$$a_\beta = \frac{\sin(\alpha+\beta'+\gamma')\pi}{\sin(\beta'-\beta)\pi}, \qquad a_{\beta'} = -\frac{\sin(\alpha+\beta+\gamma)\pi}{\sin(\beta'-\beta)\pi}$$

$$a'_\beta = \frac{\sin(\alpha'+\beta'+\gamma)\pi}{\sin(\beta'-\beta)\pi}, \qquad a'_{\beta'} = -\frac{\sin(\alpha'+\beta+\gamma')\pi}{\sin(\beta'-\beta)\pi}$$

$$a_\gamma = \frac{\sin(\alpha+\beta'+\gamma)\pi}{\sin(\gamma'-\gamma)\pi} e^{(\alpha'+\gamma)\pi i}, \qquad a_{\gamma'} = -\frac{\sin(\alpha+\beta'+\gamma')\pi}{\sin(\gamma'-\gamma)\pi} e^{(\alpha'+\gamma')\pi i}$$

$$a'_\gamma = \frac{\sin(\alpha'+\beta+\gamma)\pi}{\sin(\gamma'-\gamma)\pi} e^{(\alpha+\gamma)\pi i}, \qquad a'_{\gamma'} = -\frac{\sin(\alpha'+\beta+\gamma')\pi}{\sin(\gamma'-\gamma)\pi} e^{(\alpha+\gamma')\pi i}$$

(2) [p. 60]　単純化のため，

$$S = s^{-\alpha'-\beta'-\gamma'}(1-s)^{-\alpha'-\beta-\gamma}(1-xs)^{-\alpha-\beta'-\gamma}$$

とおいて定数因子を無視すると，

$$P^\alpha = x^\alpha(1-x)^\gamma \int_0^1 S ds, \quad P^\beta = x^\alpha(1-x)^\gamma \int_0^{1/x} S ds, \quad P^\gamma = x^\alpha(1-x)^\gamma \int_{-\infty}^0 S ds$$

$$P^{\alpha'} = x^\alpha(1-x)^\gamma \int_{1/x}^\infty S ds, \quad P^{\beta'} = x^\alpha(1-x)^\gamma \int_1^\infty S ds, \quad P^{\gamma'} = x^\alpha(1-x)^\gamma \int_1^{1/x} S ds$$

を得る．

これらの積分それぞれの中で，多価関数 S の意味は自由に設定できる．もしそれをある一定の方法で処理すると，定数因子の決定に関して次の式を得る．

$$(P^\alpha x^{-\alpha})_0 = \frac{\Pi(-\alpha'-\beta'-\gamma')\Pi(-\alpha'-\beta-\gamma)}{\Pi(\alpha-\alpha')}$$

$$(P^{\alpha'} x^{-\alpha'})_0 = -\frac{\Pi(-\alpha-\beta-\gamma')\Pi(-\alpha-\beta'-\gamma)}{\Pi(\alpha-\alpha')} e^{\pi i(\gamma-\gamma')}$$

$$(P^{-\beta} x^\beta)_\infty = \frac{\Pi(-\alpha'-\beta'-\gamma')\Pi(-\alpha-\beta'-\gamma)}{\Pi(\beta-\beta')} e^{\pi i \gamma}$$

$$(P^{-\beta'} x^{\beta'})_\infty = \frac{\Pi(-\alpha-\beta-\gamma')\Pi(-\alpha'-\beta-\gamma)}{\Pi(\beta'-\beta)} e^{-\pi i \gamma'}$$

$$(P^{-\gamma}(1-x)^{-\gamma})_1 = \frac{\Pi(-\alpha'-\beta'-\gamma')\Pi(-\alpha-\beta-\gamma')}{\Pi(\gamma-\gamma')} e^{-\pi i(\alpha'+\beta'+\gamma')}$$

$$(P^{-\gamma}(1-x)^{-\gamma'})_1 = \frac{\Pi(-\alpha-\beta'-\gamma)\Pi(-\alpha'-\beta-\gamma)}{\Pi(\gamma'-\gamma)} e^{-\pi i(\alpha'+\beta+\gamma)}$$

これらの公式はまた，リーマンのメモのあちこちで見出されている．

定数 $\alpha_\beta, \cdots$ は次のような手段で決めることもできる．図1のように四辺形 $0,1,\infty$, $1/x$ で関数 S を考えると，分枝 $P^\alpha, P^{\alpha'}, P^\beta, P^{\beta'}, P^\gamma, P^{\gamma'}$ は，その図中の矢印が意味する積分により定義される．図から直接，関係式

$$P^\alpha = P^\beta - P^{\gamma'} = -P^{\beta'} - P^\gamma$$
$$P^{\alpha'} = -P^\beta - P^\gamma = P^{\beta'} - P^{\gamma'}$$

が読み取れるが，それは第3節の公式 (3) と合わせると，係数 $\alpha_\beta, \alpha_{\beta'}, \alpha'_\beta, \alpha'_{\beta'}, \alpha_\gamma, \alpha_{\gamma'}$, $\alpha'_\gamma, \alpha'_{\gamma'}$ を決定するのに十分である．

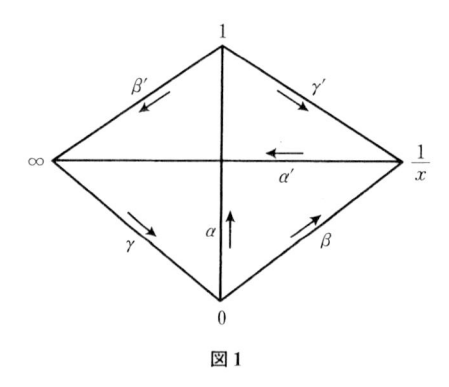

図1

(3) [p. 60] あらゆる場合に採用できるような積分路は，ポホハンマー (*Math. Annalen*, 第35巻) によると，図2が示しているような，二つの分岐点まわりの二重周回路によって得られる．もし積分が点 a や b まで許されるならば，その積分路は，a と b を結ぶ4本の線分からなるように縮めることができる．P でそれらの線分の一つに沿ってとられる積分を表すと，二重周回路上の積分は

$$(1-e^{2\alpha\pi i})(1-e^{-2\beta\pi i})P$$

である．

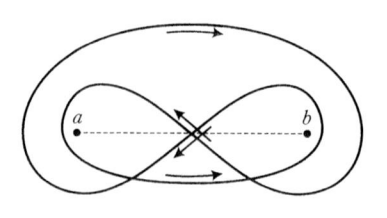

図2

クラインは，等質な変数を導入して，P関数のこれらの表示にもっとすっきりした表現様式を与えた (*Math. Annalen*, 第38巻).

(4) [p. 61] ディリクレが，球関数に関する論文の追加の中でフーリエ級数の収束証明 (*Crelle's Journal*, 第4巻；*Dove's Repertorium*, 第1巻；*Crelle's Journal*, 第17巻；『ディリクレ全集』, p. 117, 133, 305) を完成させるために与えた補足によると，1点で次数1未満の無限大となる実変数の周期関数は，フーリエ級数に展開できる．超幾何級数に展開できるP関数が原点を中心とする半径1の円周上でとる値にこの定理を適用すると一つの級数が得られるが，それはxの率(絶対値)を1とおいたときの超幾何級数にほかならない．

訳　　注

《1》[p. 45]　ガウスは a, β, γ, x を，それぞれ第一，第二，第三，第四番目の要素と名付けた．

《2》[p. 45]　"Grösse" を「量」と訳したが，実際は，「数」，「複素数」，「変数」などを意味する．

《3》[p. 46]　"stetig" をすべて「連続」と訳したが，ここでの実際の意味は「正則」，または「解析的」である．

《4》[p. 46]　a, b, c を通らない任意の曲線に沿っての解析接続が可能な二つの一次独立な関数要素の一次結合の集合である．

《5》[p. 47]　フックスの関係式と呼ばれ，以降何度も使われる．

《6》[p. 48]　それぞれの変数をもつ 6 個の関数を列挙する方が正確である．

《7》[p. 48]　この変形で指数の総和は不変．

《8》[p. 49]　行列の積と調和させるためには ${}^t(t, u)$ とする必要がある．これ以後も同様．

《9》[p. 49]　例えば，a を中心とする小円上を反時計まわりに進む．

《10》[p. 49]　それぞれ $P^{(a)}, P^{(a')}, P^{(\beta)}, P^{(\beta')}, P^{(\gamma)}, P^{(\gamma')}$ と等しい．以後上つき添え字の括弧が省かれている．

《11》[p. 50]　P^a などは定数倍の自由度をもつ．

《12》[p. 51]　これ以降の多くの部分では，$a+\beta+\gamma, a'+\beta+\gamma, a+\beta'+\gamma, a+\beta+\gamma'$ がいずれも整数ではないとの条件が必要である．

《13》[p. 53]　左辺を $\sqrt{x}$ の関数とみると，$\sqrt{x}=0$ は分岐点でなくなり ∞ での指数は $(2\beta, 2\beta')$, $\sqrt{1}=\pm 1$ では指数 (γ, γ') をもつ P 関数となる．(B) の場合も $\sqrt[3]{x}$ の関数として同様に考える．

《14》[p. 54]　この後 10 行ほどは一般論なので，文を切って改行すべきところである．

《15》[p. 54]　(A) の左辺は $P(1/2, \mu, \nu, x)$ $(\mu=\beta-\beta', \nu=\gamma-\gamma')$ と表され，$x_2=1/(1-x)$ とおくと $P(\mu, \nu, 1/2, x_2)$ となり，右辺は $x_1=(1-\sqrt{x})/2$ によって $P(\nu, 2\mu, \nu,$

x_3) となる. さらに, $P(\nu, 2\mu, \nu, x_3) \to P(\mu, \nu, 1/2, x_2) \to P(\nu, \mu, 1/2, 1/x_2) \to P(\mu, 2\nu, \mu, x_1)$ により残りの表示が出る.

《16》[p. 55] (B) の右辺は $x_3 = -\rho^2(\sqrt[3]{x}-1)/(\sqrt[3]{x}-\rho)$ によって $P(\nu, \nu, \nu, x_3)$ となり, 左辺は $1-1/x_4 = 1/x$ により $P(1/3, \nu, 1/3, x_4)$ と表される. さらに I の型の変換により他のものが得られる.

《17》[p. 55] 次の六つの変換を指す. x, $1-x$, $1/x$, $1-1/x$, $x/(1-x)$, $1/(1-x)$.

《18》[p. 56] $P(\mu, \nu, 1/2, x_2)$ は一般変換により異なる6個の変数の関数として表示される. x_2 に対して x_1 は二つ決まるので, それぞれ6個ずつ合計12個あるようにみえるが, 2個ずつが同じなので, 結局6個となる. 他の場合の数え方も同様.

《19》[p. 57] 負でない整数とすべきである. 同様な部分は以後にもあるが, 注は付けない.

《20》[p. 58] n は1ずつ増減するが, 一般には整数ではない.

《21》[p. 59] $x=\infty$ での局所座標 $1/x$ ではなく x に関する指数なのでこうなる.

《22》[p. 59] 仏訳の注によると $\Pi(x) = \Gamma(x+1)$ である.

《23》[p. 60] "Euler'sches Integral zweiter Gattung" はガンマ関数を表すが, これでは意味不明であり, 第一種のオイラー積分, つまりベータ関数の誤りと思われる. $\Gamma(s)\Gamma(1-s) = \pi/\sin \pi s$ と $B(p,q) = \Gamma(p)\Gamma(q)/\Gamma(p+q)$ により a_n の因数の一部を変換し, ベータ関数で表せばよい. ここ以後, $\gamma = 0$ とは仮定されていない.

《24》[p. 61] 誤解を招きやすい部分である. 第5節での48個の表示の比はすべてが定数なのではない. 原注(2)の積分表示で, 本文のこの後で説明されている24種の変数変換および対となっている指数の間での交換をすると, 同じ関数の48個の表示が6組得られる.

《25》[p. 61] 原文の直訳は「目前の論文の本人による披露・紹介・告示・広告」. 仏訳 Annonce du Précédent Mémoire Publiée par l'Auteur lui-même の直訳は「先行する論文の, 著者自身により公にされた告示・広告」.

《26》[p. 61] フーリエ級数を意味する.

《27》[p. 61] フーリエ級数は円周上の関数の研究に対して重要な役割を果たすが, 球面上の関数に対してはルジャンドル関数による級数展開が同様な働きをする. なおルジャンドル関数は(A)の変換をもつ.

《28》[p. 62] "ganze Funktion ersten Grades des Sternzeigers" は, 文字どおりの訳では意味が通じない. おそらく, 指数 n を変数とする有理式で分母と分子が同じ次数であるものを意味すると思われる.

解　説

　関数の分岐様式から微分方程式をつくるリーマンの問題や，モノドロミー群から出発するリーマン・ヒルベルトの問題の源流として著名なこの論文は，大局的にみると，具体的表示のない内在的あるいは抽象的な定義が珍しくない現代数学を，まさにそこに導く一つの端緒となったものである．19世紀半ばのこの時代，関数の研究には級数・積分・微分方程式の解などで定義された関数の値を用いるのが通例であって，例えば，二つの関数が等しいことの証明は，両者の値が変数のあらゆる値について等しいことに基づいていた．これに対し，リーマンは関数の基本的な特性を定義とし，表示や値ではなく一意性などにより種々の結果を出す，という手段を提案した．そして，まさにこの構想の一つの実現が本論文なのである．

　もう少し絞ると，変数値に関数値を対応させることなく，特異点での様子と線形性に着目してP関数の定義を行い，そこからのほとんど直接の帰結として，複雑な計算なしにP関数の48個の表示を明快に導き出し，さらに，クンマーなどが目標としながらも計算の煩雑さのため保留していた場合についてもすべての表示をまとめ上げたのである．

　さらに内容に近づくために，超幾何関数の基本的事項と歴史をいくつか列挙する．特別な場合には修正を要するが，そのつどの言及はしない．

　超幾何関数とは次の超幾何微分方程式

$$(HGDE) \qquad x(1-x)F'' + [c-(a+b+1)x]F' - abF = 0.$$

の解であり，簡単な変換と合わせると，二項関数，対数関数，逆三角関数，ルジャンドル関数，チェビシェフ関数など物理学や天文学で使われる多くの関数を含んでいる．$(HGDE)$ は $x=0, \infty, 1$ を確定特異点とするフックス型の微分方程式で，決定方程式の根，つまり指数はそれぞれ $0, 1-c; a, b; 0, c-a-b$ であり，解は

$$P\left\{\begin{matrix} 0 & \infty & 1 \\ 0 & a & 0 \\ 1-c & b & c-a-b \end{matrix} \; x \right\}$$

と表示される．解の一つは超幾何級数

$$(HGS) \qquad F(a,b,c;x) = \sum_{n=0}^{\infty} \frac{(a,n)}{(c,n)} \frac{(b,n)}{(1,n)} x^n$$

である．ただし，$(a,n) = a(a+1)(a+2)\cdots(a+n-1) = \Gamma(a+n)/\Gamma(a)$. 定積分によって，

$$(HGIR) \qquad F(a,b,c,x) = \frac{\Gamma(c)}{\Gamma(a)\Gamma(c-a)} \int_0^1 s^{a-1}(1-sx)^{-b}(1-s)^{c-a-1} ds$$

とも表示される．原注(2)の積分路を使うと，この積分はつねに収束するとしてよい．また，$0, 1, 1/x, \infty$ の任意の2点に対して，それらを端点とする積分路を適当に選ぶと，それぞれの指数に対応する6個の解が得られる．さらに，a,b を交換しても，また，積分の変数を

$$s = 1-t, \quad \frac{t}{1-x+tx}, \quad \frac{1-t}{1-tx}$$

などと変換しても，(HGS) の別の表示となるので，合計 $6\cdot 8 = 48$ 個の積分表示が得られる．また，48個のそれぞれより，一般変換と呼ばれる

$$x, \quad 1-x, \quad \frac{1}{x}, \quad \frac{1}{1-x}, \quad \frac{x}{x-1}, \quad \frac{x-1}{x}$$

のいずれかを変数とする冪級数展開が得られるが，a,b の交換で (HGS) は不変なので，結局，異なる級数は24個である．

歴史をさかのぼると，「超幾何」が最初に現れるのは，1665年ワリスが

$$\sum_{n=1}^{\infty} \frac{a(a+b)\cdots[a+(n-1)b]}{b\cdot 2b\cdots(n-1)b} = aF(a/b+1,1,1;1) = a(1-x)^{-1-a/b}|_{x=1}$$

を progressio hypergeometrica と名付けたときである．次いでオイラーは a, b, c の特別な値に対して，1769年に $(HGIR)$ を，1778年には $(HGS), (HGDE), (HGIR)$ すべてを発見した．1797年にパフもいくつかの異なる形の級数解を見出した．1813年にガウスがはじめて一般な場合の定義を厳密にして $F(a,b,c;x)$ の記号を用い，収束半径，隣接関係式，連分数展開などを得たので，1832年クンマーはガウスの超幾何級数と名付け，さらに，上記24個の級数を得た．ヤコビはそれを積分で表示した (1859年, 遺稿).

当時，超幾何関数の研究には級数が多用されていたが，収束域や収束速度の問題のため，種々な点での性質を調べるには多くの異なる級数が必要であった．これに応えるのがクンマーの24級数であり，それが得られる原理は，超幾何関数が変数の一般変換や $x^\delta(1-x)^\varepsilon$ との積を許すことにあった．ところで，a,b,c の値によっては，変数の $\sqrt{x}$ や $\sqrt[3]{x}$ への変換が可能なことは既知だったが，計算の困難のためきちんと整理するにはいたらなかった．そこで，この問題に新しい発想で取り組んで，すべての表示を見通しよくまとめ上げたのが本論文である．

次いで，内容を節を追って眺めよう．

序文では，ここで超幾何関数を研究する新しい方法は，すべての代数型線形微分方程式の解に適用でき，以前には煩雑な計算を必要とした結果の一部は，ほとんど定義からの帰結となることなどを述べた後に，この時代，まだリーマン面の概念が確立していなかったので，多価関数を扱うための準備をしている．

第1節では，P関数を定義している．級数・積分・微分方程式を使うことなく，分岐状態と線形性によって．第2節では，一次分数変換，指数の入替え，$x^\delta(1-x)^\epsilon$ との積で移り合う P 関数を同値として，8個の定数を3個に減らした標準型を求めている．各特異点での指数に対応する分枝の間の関係が大域的な性質を決定するが，第3節でその関係を表す接続公式をこの表示に内在する自由度を除いて，一意的に決定している．第4節は指数が同じ P 関数の一意性である．微分方程式をつくってしまえばあたりまえのことだが，リーマンは，あくまでも具体的表示を使うことなく新しい手段で解明しようとした．第5節がこの論文の狭い意味での目的と思われる．ここも，超幾何関数を念頭におくとわかりやすい．一つのP関数に対して48個の表示が生じることを簡潔に説明した上で，特別な場合に存在するさらに多くの表示を整理して鳥瞰図を示している．第6節では，次節の準備として，指数が整数だけ異なる2つのP関数間の関係について調べている．第7節が後にリーマン・ヒルベルトの問題に発展した部分である．多項式を係数とする二階線形常微分方程式を P 関数が満たすことを示し，係数を決定して，解の級数展開と積分公式を見出している．ここにはじめて超幾何関数が姿を表す．第8節では，P関数がもつ表示の多様性が超幾何関数がもつ種々の積分表示や級数展開の源泉であることを明らかにしている．

最後に付けられているのはリーマン自身による本論文の広告とでもいうべきもので，数理物理学の種々の問題を解くために使われることが，超幾何関数を主題とする動機であるとし，次いでこの関数の研究の歴史を，一般論からはじめてこの論文に直結する事実まで述べている．最後に，この研究が成功裏に進んだ，と高らかに宣言して締めくくっている．

[寺田俊明]

3
アーベル関数の理論
(「ボルヒャルトの数学誌」54, 第 2 分冊所収の 4 論文, 1857 年)

1.
第 11 論文
束縛のない変化量の関数の研究のための一般的諸前提と補助手段

　この「数学誌」[1] の読者を対象として，種々の超越関数，わけてもアーベル関数に関する研究を提示したいと思う．繰り返しを避けるため，私は特に一文を捧げて，そのような関数を取り扱う際の出発点となる一般的諸前提を，あらかじめ総括しておきたいという気持ちに誘われる．

　独立変化量を取り扱う際に，私はいつも，今日では一般的に知られているガウスの幾何学的表示を前提にする．それによれば，複素量 $z=x+yi$ は，直交座標 x, y をもつ無限平面の点で表されるのである．その場合，私は複素量とそれを表す点とを同じ文字で書き表すことにする．私が $x+yi$ の関数と考えるのは，方程式

$$i\frac{\partial w}{\partial x}=\frac{\partial w}{\partial y} \quad [2]$$

をみたしつつ，$x+yi$ とともに変化する量 w [3] のことである．その際，x と y による w の表示式[4] は前提にされていないのである．この微分方程式から，周知の一定理[5] によって明らかになるように，量 w は，a の近傍においていたるところで一つの定値をもち，その値は z とともに連続的に変化するという条件のもとでただちに，

$$\sum_{n=0}^{n=\infty} a_n(z-a)^n$$

という形の $z=a$ の整冪級数を用いて表示される．しかもこのような表示は，a からの距離，すなわち $z-a$ の絶対値の大きさを測定していくときに，はじめて [関数 w の] 不連続点に出会うまでの範囲内において有効である．ところが，未定係数法に基

づく考察を通じて，もし量 w が，a を始点とするある有限な線に沿って与えられたなら，その線分がどれほど短いものであっても，係数 a_n は完全に決定されることが判明する．これらの二通りの考察を結び合わせれば，下記の定理の正しさは容易にうなずかれると思う．

(x, y) 平面のある部分において与えられた $x+yi$ の関数は，たとえさらになお連続的に接続可能としても，そのような接続の可能性はただ一通りでしかありえない．

さて，究明を加えるべき関数は，z を包含する何らかの解析的な表示式や方程式によって定められると考えるのではなくて，関数の値は z 平面のある任意の区切られた部分において与えられていて，（偏微分方程式

$$i\frac{\partial w}{\partial x} = \frac{\partial w}{\partial y}$$

をみたすという状勢を保ちつつ）その区域から連続的に接続されていくというふうに定められると考えることにする．上記の諸定理によれば，この接続は，もし単に線に沿って行われるというのではなくて――この場合には，偏微分方程式の適用は不可能である――，有限の幅をもつ帯状の面に沿って行われるものとするなら，完全に確定する．ところで，接続を遂行する関数の性質のいかんに応じて，その関数は，どのような道に沿って接続が行われようとも，z の同一の値に対してそのつど同じ値を繰り返しとるか，あるいはそのような事態は見られないかのいずれかの場合が生起する．前者の場合，私はその関数を**一価**と呼ぶ．この場合，この関数は z のすべての値に対して完全に確定して，しかも，ある線に沿って不連続になるという事態は起こらない関数になる．後者の場合には，その関数は**多価**という名で呼ぶのがふさわしい．その挙動を把握するためには，何よりもまず z 平面のある種の特定の点[6]，すなわち，[多価]関数がそのまわりで他の関数に接続されていくという性格を備えている点に注意を向けなければならない．たとえば関数 $\log(z-a)$ に即して観察すれば，点 a がそのような点である．この点 a を始点として一本の線が引かれている状勢を心の中に思い描くと，点 a の近傍において，この関数の値を適切に選定することにより，その線以外のところでは，いたるところで連続的に変化するようにできる．しかしこの線の両側では，この関数は相異なる値をとり，負の側[*1] での値は正の側での値よりも $2\pi i$ だけ大きい．そうしてこの線の一方の側，たとえば負の側から，その線を越えて向こう側の領域に向かってこの関数を接続していくと，そのとき明らかに，その領域にすでに存在している関数とは異なる関数が与えられる．しかも，ここ

[*1] ガウスによって提案された名称，すなわち，$+i$ を正の側の単位と呼ぶ流儀にならって，私は与えられた方向について，$+i$ が 1 に対してとるのと同様の位置にある側を，その方向に対する正の側の向きと呼ぶ．

で考察されている場合に関して観察すれば，すでに存在している関数よりもいたるところで $2\pi i$ だけ大きい関数が与えられるのである．

このような状勢を描写する際，便宜をはかるために，z 平面の同一の部分における，ある一つの関数のさまざまな接続をその関数の**分枝**と呼び，ある関数のある分枝がその点のまわりで他の分枝に接続されていくという性質を備えている点のことを，その関数の**分岐点**[7]と呼ぶとよい．いかなる分岐も生起しない場所では，この関数は**単一変化的**もしくは**モノドローム**であるといわれる．

いくつかの独立変化量 $z, s, t, \cdots$ の関数[8]のある分枝は，ある定値系 $z=a$, $s=b$, $t=c$, $\cdots$ の近傍において，次のような状勢のもとで**単一変化的**である．すなわち，この値の系からの距離が，ある有限の大きさの範囲内にとどまるような（言い換えると，$z-a$, $s-b$, $t-c$, $\cdots$ の絶対値が，ある一定の大きさの有限量の範囲内にとどまるような）あらゆる値の組に対して，取り上げられている関数の分枝の，変化量とともに連続的に変化する定値が対応する．関数が分岐する点の集まり，すなわち，ある分枝をその点のまわりをまわりながら接続していくとき，その分枝は別の分枝に接続されていくという性質を備えている点の集まりは，多変数関数の場合には，独立変化量の値のうち，ある方程式をみたすものの全体からなる[9]．

上にあげた周知の一定理[10]によれば，ある関数の単一変化性は変化量の増分の正または負の整冪に関する展開の可能性と同等[11]であり，関数が分岐するという性質は，そのような展開が不可能であることと同等である．だが，表示様式に依存しない関数の性質を，関数の表示に備わっている特定の形状と結ばれている特殊な色合いを通じて語ろうとするのは適切とは思われない[12]．

多くの研究，わけても代数関数とアーベル関数[13]の研究のためには，多価関数の分岐様式を次のようにして幾何学的に描出するのが適切であろう[14]．(x, y) 平面において，(x, y) 平面とぴったり重なり合うもう一枚の面が（あるいは，ある限りなく薄い物体が (x, y) 平面の上に）広がっている状勢を心の中に描いてみよう．ただしその面は，関数が与えられている範囲にわたって，しかもその範囲に限定されて伸び広がっているものとする．したがって，この関数が接続されていくと，それに伴ってこの面もまた延長されていくことになる．(x, y) 平面の，この関数の二通り，またはいく通りもの接続が存在するような場所の上には，この面は二重（ふたえ）または幾重（いくえ）にも折り重なっている．そのような場所の上では，この面は二枚またはいく枚かの葉から構成されていて，それらの葉の各々は関数の一つの分枝を表している．この関数の分岐点[15]のまわりでは，この面のある一枚の葉は他のもう一枚の葉に接続されていく．それゆえそのような点の近傍では，この面はさながら，その点において (x, y) 平面に直立する軸と，限りなく小さな高さのねじれを有するらせん状の面

であるかのように想定することができる．もし z がその分岐点[16]のまわりをいく度かまわった後に，この関数が再び以前の値を獲得するとするなら（たとえば，m, n は互いに素な数として，z が a のまわりを n 回転した後の $(za)^{m/n}$ のように)，その場合にはもちろん，この面の最上位に位置する葉は，他のすべての葉を横切って，最下位に位置する葉に接続されていくものと仮想しなければならない．

多価関数は，その分岐様式を上記のように描き出す面の各々の点において，ただ一つの定値[17]をもつ．それゆえこの関数は，この面の場の，完全に確定する関数[18]とみなされるのである．

(ゲッティンゲン，1857年)

2.
第12論文
二項完全微分の積分の理論のための位置解析からの諸定理

完全微分の積分から生じる関数の研究では，位置解析[1]に所属するいくつかの定理がほとんど不可欠である．連続量に関する理論の一区域，すなわち諸量を位置に依存せずに存在するとみなしたり，相互に測定可能とみなしたりするのではなくて，量的な事柄は完全に度外視して，単に諸量の位置と，[諸量がおかれている]場との関係のみを究明する理論の一領域を，この「位置解析」という，ライプニッツ[2]によって用いられた名称で呼んでもさしつかえないであろう．ライプニッツはたぶん，まったく同じ意味でその呼称を使用したのではないかもしれないが．このテーマを，量に関する事項は完全に度外視して取り扱う作業はひとまずおき，私はここでは二項完全微分の研究の際に必要となる諸定理を幾何学的な装いをもって摘記するだけにとどめたいと思う．

(x, y) 平面を一重（ひとえ）または幾重（いくえ）にも覆って広がる面[3] T と，この面の場の連続関数[4] X, Y で，いたるところで $Xdx + Ydy$ が完全微分になるもの，したがって

$$\frac{\partial X}{\partial y} - \frac{\partial Y}{\partial x} = 0$$

となるものが与えられたとしよう．このとき，周知のように，積分

$$\int (Xdx + Ydy)$$

は，面 T のある部分域の周囲を正または負の向きに――すなわち，内部から外部へと向かう方向に対していたるところで正の向きに，またはいたるところで負の向きに，境界全体にわたって（前論文のp.102[5]の注記参照）――一周すると，0に等しくなる．なぜならこの積分は，前者の場合には，取り上げられている部分域の全域に

3. アーベル関数の理論

わたって遂行される面積分

$$\int \left(\frac{\partial Y}{\partial x} - \frac{\partial X}{\partial y}\right) dT$$

に等しく，後者の場合には，この面積分に反対符号を付したものに等しいからである．それゆえ積分

$$\int (X dx + Y dy)$$

を二つの固定点の間で，相異なる二通りの道に沿って遂行するとき，もしそれらの2本の道をつなぎ合わせると，面 T のある部分域の境界全体が形成されるとするなら，この［二通りの］積分は同一の値をとる．したがって，もし T の内部に描かれたどのような閉曲線も，T のある部分域の全境界を形成するとすれば，上記の積分をある固定された始点からある同一の終点まで［さまざまな路に沿って］遂行するとき，この積分はつねに同一の値をとる．こうしてこの積分は積分路によらず，T においていたるところで連続な，終点の位置の関数になる．このような状勢に起因して，単連結面，すなわち——たとえば円のように——，その面におけるどのような閉曲線も，その面のある部分域の完全境界になるという性質を備えた面と，多重連結面，すなわち——たとえば二つの同心円を境界とする環状面のように——そのような現象が起こらない面との区別が行われる．多重連結面は，切り開くことによって単連結面に変換される（この論文の末尾の図解例参照）．この手続きは代数関数の積分[6]の研究にあたって大きな力となる．そこで，この手続きに関連のある諸定理を簡潔にまとめておかなければならない．それらの定理は，空間内におかれている任意の面に対しても有効である．

面 F において，二通りの曲線系 a と b を合わせると，この面のある部分域の完全境界が形成されるとしよう．そのとき，a と合わせて F のある部分域の完全境界をつくるという性質を備えている他のどのような曲線も，b とともに，ある面分の境界全体を形成する．その面分は，a をその境界の一部とするはじめの二つの面分を用いて（第三の曲線が b から見て a の反対側に位置するか，または同じ側に位置するのに応じて，二つの面分を合併するか，または，一方の面分を他の面分から除去することによって）つくられる．それゆえこのような二通りの曲線系は，F のある部分域の完全境界の形成にあたって同じ役割を果たし，その要請に応えるべき場面において互いに他にとって代わることが可能である．

ある面 F において，n 本の閉曲線 $a_1, a_2, \cdots, a_n$ をこんなふうに描くことができるとしよう．すなわち，それらのどれ一つをとっても，あるいはいくつかを合わせても，いずれにしてもこの面のある部分域の完全境界が形成されることはない．しかし

これらの曲線に，それらとは別のどのような閉曲線を合わせても，面 F のある部分域の完全境界が形成される，というふうに．このとき面 F は，$(n+1)$ 重連結と呼ばれる．

このような面の性質は曲線系 $a_1, a_2, \cdots, a_n$ の選択には依存しない．なぜなら，他の n 本の閉曲線 $b_1, b_2, \cdots, b_n$ もまた，この面のある部分域の完全境界をつくるにはなお十分ではないとするとき，これらの曲線に他のどのような閉曲線を合わせてもやはり，F のある部分域の完全境界が形成されるからである．

実際，b_1 は諸曲線 a とともに F のある部分域の完全境界を形成するのであるから，これらの曲線 a の一つを b_1 と取り替えることができる．その際，残る諸曲線 a はそのまま保存しておく．こんなふうにして，他のどのような閉曲線も，したがって b_2 も，それを b_1 および残る $n-1$ 本の曲線 a と合わせるとき，F のある部分域の完全境界を形成するのに十分な働きを示すのである．よって，これら $n-1$ 本の曲線 a の一つを b_2 に取り替えることができる．その際，残りの $n-2$ 本の曲線 a はそのまま保存する．もし，ここで仮定されているように，諸曲線 b は F のある部分域の完全境界を形成するのに十分ではないとするなら，上記のような手順は明らかに，曲線 a のすべてが b で置き換えられてしまうまで続けていくことができる．

$(n+1)$ 重連結面 F は，ある切断，すなわちある境界点から出発し，面の内部を横切ってある境界点に達する切断線による切断を用いて，n 重連結面 F' に変換される．その際，ある切断の過程に伴って新たに発生する境界部分は，その切断がさらに進行していく途次，すでに境界とみなされている．したがって，切断線はいかなる点も重複して通過することはできないのではあるが，その切断線上の，すでに通過された点の一つを終点とすることは可能である．

線 $a_1, a_2, \cdots, a_n$ は F のある部分域の完全境界をなすには十分ではないのであるから，F がこれらの線に沿って切り開かれた状勢を思い浮かべると，a_n の右側に隣接する面分も左側に隣接する面分もともに，諸線 a とは異なる他の境界部分，したがって F の境界に所属する境界部分を包含していなければならない．それゆえ a_n 上のある点から出発し，a_n の左右両側に隣接する二つの面分の各々の内部において，曲線 a と交叉しない線を，F の境界に到達するまで描いていくことができる．そこで，これら二本の線 q' と q'' を一緒に合わせると面 F の一本の切断線がつくられるが，それは要請されている事柄に応えている．

実際，この切断線に沿って F を切り開いて生じる面 F' において，線 $a_1, a_2, \cdots, a_{n-1}$ は F' の内部に描かれている閉曲線である．それらは F の，したがってまた F' のある部分域の境界を形成するには不十分である．だが，F' の内部に描かれた他のどのような閉曲線 l も，これらの線と一緒になって，F' のある部分の完全境界をつ

くる．実際，この線 l は，線 $a_1, a_2, \cdots, a_n$ の集まりと一緒になって，F のある部分域 f の完全境界を形成する．ところが，その境界を構成する諸部分の間に，a_n は姿を見せないことが示される．なぜなら，もしそのようなことが起こるとするなら，f が a_n の左側に位置するか，あるいは右側に位置するのに応じて，q' あるいは q'' は f の内部を通り抜けて，F' のある境界点，したがって f の外部におかれている点まで通じていなければならない．したがって，q' または q'' は f の境界を横切らなければならないことになるが，これは，l と線 a が a_n と q の交叉点を除いてつねに F' の内部にとどまるという仮定に反してしまうのである．

したがって，切断線 q に沿って F を切り開いて生じる面 F' は，ここで要請されているように，n 重連結面である．

さて，面 F は，この面をばらばらになったいくつかの断片部分に分けることのないどのような切断線 p をとっても，線 p に沿って切り開くとき，n 重連結面 F' に変換される．これを証明しなければならない．切断線 p の両側に隣接する面分がつながっている場合には，この切断線の一方の側から出発して，F' の内部を通って，もう一方の側において出発点に立ち返ってくる線 b を描くことができる．この線 b は，F の内部でこれを観察すると自閉線を形成しているが，切断線 p はこの線 b [の上のある点] から出発して両側に向かって進んでいき境界点に到達する．したがってこの線 b は，それが F を切り分けて生じる二つの面分のどちらについても，その境界の全体を形成していないことになる．それゆえ，諸曲線 a の一つを曲線 b に取り替えることができる．そうして残る $n-1$ 本の曲線 a の各々を，F' の内部に描かれたある曲線と，もし必要なら，曲線 b とに取り替えることができる．このような状勢に基づいて，上記の論証と同じ論証を繰り返すことにより，F' が n 重連結であることの証明が遂行される．

それゆえ $(n+1)$ 重連結面は，それをばらばらの断片部分に切り離すことのないどのような切断線をとっても，その切断線に沿って切り開くことにより，n 重連結面に変換される．

一本の切断線に沿って切り開くことにより発生する面は，もう一本の新しい切断線に沿ってさらに歩を進めて切り開いていくことができる．このような操作を n 回にわたって繰り返すと，$(n+1)$ 重連結面は，それをばらばらの断片部分に切り離したりすることのない n 本の切断線を次々と描いていくことにより，単連結面に変換される．

このような考察を境界のない面，すなわち閉じた面[7]に適用できるようにするためには，ある任意の一点を除去してその面を境界つきの面に変換し，一番はじめになされる切り開きが，この点から出発して同じくこの点にもどってくるある切断線に

沿って，すなわち，ある閉曲線に沿って生起するようにしなければならない．たとえば，トーラスの表面は三重連結面であるが，これは，一本の閉曲線と一本の切断線に沿って切り開くことにより，単連結面に変換される．

さて，ここで論じられた多重連結面の切り開きは，本章の冒頭で取り上げられて考察を加えられた完全微分 $Xdx+Ydy$ の積分を対象にして，こんなふうに応用される．面 T は (x,y) 平面を覆う n 重連結面としよう．するとこの面は，$n-1$ 本の切断線に沿って切り開くと，単連結面 T' になる．X, Y は，面 T においていたるところで連続で，しかも方程式 $\partial X/\partial y - \partial Y/\partial x = 0$ をみたすような，面 T の場の関数[8]としよう．そのとき，ある固定された始点から出発して T' の内部を走る曲線に沿って $Xdx + Ydy$ を積分すると，終点の位置のみに依存する値が与えられる．その値は終点の座標の関数とみなされる．その座標を表示するのに量 x, y を用いると，x, y の関数

$$z = \int (Xdx + Ydy)$$

が得られる[9]．これは，T' の各点に対して完全に定められ，T' の内部においていたるところで連続的に変化するが，ある切断線を横切って接続される場合には，一般的にいうと，切断線網の一つの交差点からもう一つの交差点までの間で，ある一定の有限量だけ変化する．切断線を横切る場合の変分は，切断線の本数に等しい個数の，相互に独立な諸量に依存する．実際，切断線の系を逆向きに ―― 後ろの部分の方から先に ―― たどっていけば，この変分は，もし各々の切断線の始点においてその値が与えられたなら，いたるところで確定する．ところが，各切断線の始点において与えられる諸値は互いに独立なのである． (ゲッティンゲン，1857年)

前述の箇所 (p. 106 [10]) で n 重連結面という名のもとで理解されている面の印象をいっそう鮮明なものにするために，以下にスケッチを示して単連結面，二重連結面，それに三重連結面の例をあげたいと思う．

3. アーベル関数の理論

[単連結面]

この面は，どのような切断線を描いても断片に分かたれる．また，どのような閉曲線も，この面のある部分域の完全境界を形成する．

[二重連結面]

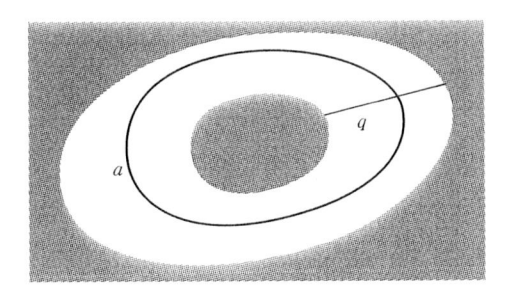

この面は，これをいくつかの断片に分けることのないどのような切断線 q に沿って切り開いても単連結面になる．この面では，どのような閉曲線も，曲線 a と一緒になってある部分域の境界全体を形成する．

[三重連結面]

この面では，どのような閉曲線も，曲線 a_1 および a_2 と一緒になって，この面のある部分域の境界全体を形成する．この面は，これをいくつかの断片に分けることのないどのような切断線に沿って切り開いても二重連結面になる．また，そのような二本の切断線 q_1 と q_2 に沿って切り開くと単連結面になる．

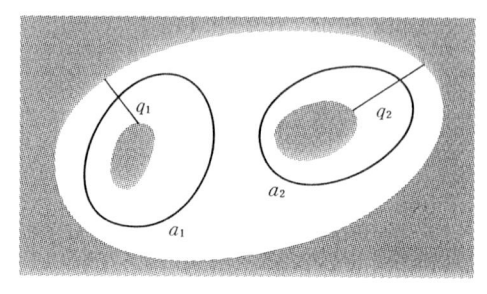

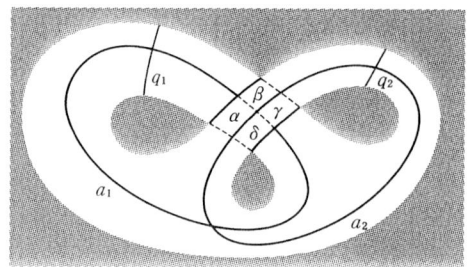

この面は，平面上の部分域 $\alpha\beta\gamma\delta$ の上で二重に重なっている．この面の，a_1 を含む枝はもう一つの枝の下部を走っているとみなされている．この状勢を明示するため，その部分は点線で描かれている．

3.
第 13 論文
一個の複素変化量の関数の，境界条件と不連続性条件による決定

平面上の点の直交座標を x, y で表そう．この平面において，ある有限な線に沿ってある $x+yi$ の関数[1]の値が与えられたとしよう．そのとき，たとえその関数はその線を越えてさらに連続的に接続可能であるとしても，そのような接続はただ一通りの仕方でしか可能ではありえない．したがって，この関数はそのようにして完全に決定される (p. 101 参照[2])．ところが，もしこの関数がその線を越えて，その両側に隣接する面分上に連続的に接続可能であるとするなら，この関数はその線に沿ってさえ，任意の値を受け入れるというわけにはいかない．なぜならこの関数は，この線のたとえどれほど短い有限部分であろうとも，その部分に沿って値が与えられたなら，それだけですでに，残りの部分における値も決定されてしまうからである[3]．したがって，このような決定様式の場合には，決定のために用いられる諸条件は相互に独立ではないことになる．

3. アーベル関数の理論

超越関数の研究の基礎として，何よりもまず超越関数を決定するのに十分な，相互に独立な一系の諸条件を提示する必要がある．この要請に応えるために，多くの場合，わけても代数関数の積分[4]とその逆関数[5]の場合に対しては，ある原理[6]を用いることができる．それはディリクレが——たぶん，ガウスの類似のアイディア[7]に誘われて——距離の平方の逆数に比例して作用する力に関する講義の中で，ラプラスの偏微分方程式をみたす三変数関数を対象にして上記の問題[8]を解決するために，長い年月にわたって常々表明してきた原理である．ところが，超越関数の理論への応用の際にはある一つの場合が特別に重要になるが，そのような場合に対しては，この原理をディリクレの講義に見られるような，きわめて単純な形で適用することはできないのである．また，ディリクレの講義では，完全に二次的な意味しかもたないと見て，その場合を考慮に入れずにすませてしまうことも可能である．それは，関数の決定が行われるべき領域のいくつかの特定の点において，あらかじめ指定された不連続性を受け入れなければならないという場合である．ここで語られている状況はこんなふうに諒解するのが至当である．すなわち，この関数はそのような各点において，その点において与えられたある不連続関数と同じ様式で不連続になる．言い換えると，そのような不連続関数と比較すると，その点で連続な何らかの関数だけの食い違いしか見られない[9]という条件に束縛されるのである．私はここで，この原理を，企図されている応用のために必要とされる形で提示する予定である．その際，二，三の副次的研究について，私の学位論文（「一個の複素変化量の関数の一般理論の基礎」[10]，ゲッティンゲン，1851年）で与えられたこの原理の叙述を参照してほしい．私はあえてこのような指示を与えておきたいと思う．

(x, y) 平面を一重（ひとえ）または幾重（いくえ）にも覆う任意の境界つき面 T と，その面において，各点に対応して一意的に確定する x, y の二つの実関数，すなわち関数 α と β[11] が与えられたとして，面 T の全域にわたって行われる積分

$$\int\left(\left(\frac{\partial\alpha}{\partial x}-\frac{\partial\beta}{\partial y}\right)^2+\left(\frac{\partial\alpha}{\partial y}+\frac{\partial\beta}{\partial x}\right)^2\right)dT$$

を $\Omega(\alpha)$ で表そう．その際，関数 α と β は，この積分が無限大にならないという範囲内で任意の不連続性をもってもよいものとする．このとき，もし λ はいたるところで連続で，しかも有限微分商をもつとするなら，$\Omega(\alpha-\lambda)$ もまた有限性を保持する．この連続関数 λ には，面 T のある非常に小さな部分においてのみ，ある不連続関数 γ と食い違うという条件が課されているとしよう．そのとき，もし γ がある線に沿って不連続なら，あるいはある点において不連続で，そのために積分

$$\int\left(\left(\frac{\partial\gamma}{\partial x}\right)^2+\left(\frac{\partial\gamma}{\partial y}\right)^2\right)dT$$

が無限大になるとするならば，$\Omega(\alpha-\lambda)$ は無限に大きくなる（私の学位論文の p. 23 参照[12]）．しかし，γ は二，三の点においてのみ不連続とし，しかもその不連続性の様式は面 T の全域にわたる積分

$$\int\left(\left(\frac{\partial \gamma}{\partial x}\right)^2+\left(\frac{\partial \gamma}{\partial y}\right)^2\right)dT$$

が有限になるというふうになっているとするなら，そのとき $\Omega(\alpha-\lambda)$ は，有限性を保持する．たとえば γ はある点の近傍において，その点からの距離 r に関して $(-\log r)^\varepsilon$，$0<\varepsilon<1/2$ に等しくなるというときがこの場合に該当する．ここで言葉を簡略にするため，$\Omega(\alpha-\lambda)$ の有限性を損なうことなしに λ がそこに移行していくことが可能な関数を第一種不連続関数と呼び，そのようなことがありえない関数を第二種不連続関数と呼ぶことにしよう．いま，$\Omega(\alpha-\mu)$ において，μ のところに境界上で値が 0 になるようなあらゆる連続関数，もしくは第一種不連続関数をあてはめていく状勢を思い浮かべてみよう．そのとき，この積分はつねに有限値をとるが，この積分の性質により，その値は決して負にならない．それゆえ，少なくとも一度は極小値が現れなければならない．そこで，$\alpha-\mu=u$ に対して極小値が実現される[13]としよう．すると u とごくわずかだけ食い違うどのような関数 $\alpha-\mu$ に対しても，Ω は $\Omega(u)$ より大きくなる．

σ は面 T の場の任意の連続関数，もしくは第一種不連続関数で，境界上のいたるところで 0 に等しくなるものを表すとしよう．また，h は x, y に依存しない量を表すとしよう．このとき $\Omega(u+h\sigma)$ は，十分に小さい正負の h に対して，$\Omega(u)$ よりも大きくならなければならない．それゆえ，この表示式の h の冪に関する展開式において，h の係数は 0 にならなければならない．その係数が 0 なら，

$$\Omega(u+h\sigma)=\Omega(u)+h^2\int\left(\left(\frac{\partial \sigma}{\partial x}\right)^2+\left(\frac{\partial \sigma}{\partial y}\right)^2\right)dT$$

となる．したがって Ω はつねに極小値である．この極小値は，ただ一つの関数 u に対してのみ実現される．実際，もし $u+\sigma$ に対しても極小値が実現されるとするなら，$\Omega(u+\sigma)>\Omega(u)$ ではありえない．というのは，もしそうでなければ，$h<1$ に対して

$$\Omega(u+h\sigma)<\Omega(u+\sigma)$$

となる．したがって，$\Omega(u+\sigma)$ は隣接する諸値よりも小さくなりえないことになってしまうのである．ところが，$\Omega(u+\sigma)=\Omega(u)$ であれば，σ は定量でなければならない．そうしてそれは境界上では 0 なのであるから，いたるところで 0 でなければならないことになる．それゆえ積分 Ω はただ一つの関数 u に対してのみ，極小になる．そうして $\Omega(u+h\sigma)$ における第一変分，すなわち h に比例する項は，

$$2h\int dT\left(\left(\frac{\partial u}{\partial x}-\frac{\partial \beta}{\partial y}\right)\frac{\partial \sigma}{\partial x}+\left(\frac{\partial u}{\partial y}+\frac{\partial \beta}{\partial x}\right)\frac{\partial \sigma}{\partial y}\right)=0$$

となる．

 この方程式から，面 T のある部分域の全境界にわたって行われる積分

$$\int\left(\left(\frac{\partial \beta}{\partial x}+\frac{\partial u}{\partial y}\right)dx+\left(\frac{\partial \beta}{\partial y}-\frac{\partial u}{\partial x}\right)dy\right)$$

はつねに 0 に等しくなることが明らかになる．さて，もし面 T が多重連結面なら，それを (前論文の手順に従って) 切り開いて単連結面 T' に変換しよう．このとき T' の内部において，ある固定された始点から点 (x,y) にいたるまで上記の積分を遂行すると，x, y の関数[14]

$$\nu=\int\left(\left(\frac{\partial \beta}{\partial x}+\frac{\partial u}{\partial y}\right)dx+\left(\frac{\partial \beta}{\partial y}-\frac{\partial u}{\partial x}\right)dy\right)+\text{定量}$$

が与えられる．この関数は T' においていたるところで連続であるか，あるいは第一種不連続であるかのいずれかである．そうして切断線を越える際に，ある有限量だけ変化する．その有限量は，切断線網の一つの交差点からもう一つの交差点までの間で一定である．そのうえ，$v=\beta-\nu$ は方程式

$$\frac{\partial v}{\partial x}=-\frac{\partial u}{\partial y}, \qquad \frac{\partial v}{\partial y}=\frac{\partial u}{\partial x}$$

をみたす．したがって $u+vi$ は微分方程式

$$\frac{\partial(u+vi)}{\partial y}-i\frac{\partial(u+vi)}{\partial x}=0$$

の解である．すなわち，$x+yi$ の関数[15] である．

 こんなふうにして，先ほど言及された論文[16] の p. 25 [17] で言明された定理が得られる．

 連結面 T は切断線に沿って切り開かれて単連結面 T' に変換されるとする．この連結面 T において，x,y の複素関数 $\alpha+\beta i$[18] が与えられたとして，この関数に対し，面全体にわたって遂行される積分

$$\int\left(\left(\frac{\partial \alpha}{\partial x}-\frac{\partial \beta}{\partial y}\right)^2+\left(\frac{\partial \alpha}{\partial y}+\frac{\partial \beta}{\partial x}\right)^2\right)dT$$

はある有限値をもつとしよう．このとき，下記の諸条件をみたす x,y の関数 $\mu+\nu i$[19] を差し引くことにより，つねに，しかもただ一通りの仕方で，この関数を $x+yi$ の関数[20] に変えることができる．

1) **μ は境界上で 0 に等しいか，あるいは，0 と異なるとしてもそれはいくつかの点においてのみのことにすぎない．**
2) **T における μ の変化，T' における ν の変化の様相を見ると，不連続に**

なるのはいくつかの点においてのみである．しかもその不連続性の度合いは，面全体にわたる積分

$$\int\left(\left(\frac{\partial\mu}{\partial x}\right)^2+\left(\frac{\partial\mu}{\partial y}\right)^2\right)dT$$

および

$$\int\left(\left(\frac{\partial\nu}{\partial x}\right)^2+\left(\frac{\partial\nu}{\partial y}\right)^2\right)dT$$

が有限にとどまるという程度にすぎない．また，ν は切断線に沿って，その両側において等しい．

関数 $\alpha+\beta i$ は，その微分商が無限大になる地点において，そこで不連続になるある与えられた $x+yi$ の関数[21]と同じ様式で不連続になるとしよう．また，孤立点における値の修正を通じて除去可能な不連続性はもたないとしよう．このとき，$\Omega(\alpha)$ は有限にとどまり，$\mu+\nu i$ は T' においていたるところで連続になる．なぜなら，$x+yi$ の関数は，たとえば第一種不連続性のようなある種の不連続性を受け入れることはまったく不可能なのであるから（私の学位論文の p.16[22]，第 12 章参照），そのような二つの関数の差は，それが第二種不連続ではない以上，即座に連続でなければならないことになるからである．

それゆえ先ほど証明されたばかりの定理により，ある $x+yi$ の関数がこんなふうに定められる．すなわち，その関数は T の内部において，切断線に沿う虚部の不連続性は別にして，与えられた不連続性を受け入れる．また，その関数の実部は，[面 T の]境界において，境界上のいたるところで任意に与えられた値をとる．ただし，その関数の微分商が無限大になるべきどの点においても，指定された不連続性は，その場所で不連続なある与えられた $x+yi$ の関数の不連続性[23]であるという条件のみを課すものとする．簡単にわかるように，境界における条件は，確立されたさまざまな結論に本質的に変更を加えることはなく，他の諸条件に取り替えることが可能である．

（ゲッティンゲン，1857 年）

4.
第 14 論文
アーベル関数の理論

これから叙述される論文において，私はアーベル関数[1]をある方法に依拠して取り扱った．その方法の原理は私の学位論文[2]において提起されたが，この論文では，いく分修正された形で描写される．全容を見わたすうえで便宜をはかるために，私はまずはじめに，手短に概要を報告しておきたいと思う．

3. アーベル関数の理論

第一部の内容は，同じ分岐をもつ代数関数とその積分の系の理論である．ただし，ここでは，θ 級数の考察がこの理論にとって決定的な役割を果たすことのない範囲内に限定されている．第1～5節では，分岐様式と不連続性を通じて代数関数を決定する問題が論じられ，第6～10節では，代数関数の，ある代数方程式で結ばれる二つの変化量による有理表示が論じられる．そして第11～13節では，そのような表示の，有理置換による変換が論じられる．この研究の際に，有理置換を通じて互いに変換されるような代数方程式のクラスの概念が現れるが，それはおそらく他の諸々の研究のためにも重要である．また，代数方程式の，それが所属するクラスの中で最低次数をもつ方程式への変換（第13節）は，別の機会にもきっと役立つであろう．最後にこの第一部では第14～16節において，引き続く事項の準備として，同じ分岐をもつ代数関数の，いたるところで有限な任意の積分系を対象とするアーベルの加法定理[3]の，微分方程式系の積分への応用が取り扱われる．

第二部では，同じ分岐をもつ $2p+1$ 重連結代数関数の，つねに有限な任意の積分系に対して，p 個の変化量のヤコビの逆関数[4]が，p 重無限 θ 級数，すなわち，

$$\theta(v_1, v_2, \cdots, v_p) = \left(\sum_{-\infty}^{\infty}\right)^p e^{\left(\Sigma\right)^2 a_{\mu,\mu'}m_\mu m_{\mu'} + 2\Sigma v_\mu m_\mu}$$

という形の級数を用いて表示される．ここで，冪指数における総和は μ と μ' に関して行われ，外側の総和は $m_1, m_2, \cdots, m_p$ に関して行われる．この問題を一般的に解決するためには ―― 特に，$p>3$ の場合には ―― ある種の一群の θ 級数だけで十分であることが明らかになる．そのような θ 級数では，$p(p+1)/2$ 個の量 a の間に

$$(p-2)(p-3)/(1\cdot 2)$$

個の関係式が成立し，その結果，束縛されないままの状態にとどまるのは，$3p-3$ 個の量のみにすぎないことになる．この論文の第二部では，同時に，このような特別な θ 関数族の理論が構築される．一般の θ 関数はここでは排除されるが，まったく同様の手法による取扱いが可能である．

ここで解決されることになるヤコビの逆問題[5]は，超楕円積分[6]を対象とする場合には，すでにいく通りかの方法により，ヴァイエルシュトラス[7]の，みごとな成功をおさめて賞を受けたねばり強い研究を通じて解決された．その概要は「数学誌，47」(p. 289 [8]) において報告された．だがこれまでのところ，実際に細部にわたった叙述が公表されたのは，この研究の一部分のみにすぎない（「数学誌52」，p. 285 [9]）．それは，ここに引用された論文[10]の第1節と第2節，および楕円関数に関する第3節の前半でスケッチされている．この研究の引き続く部分と，ここで提出される私の研究との間には，諸結果ばかりではなく，さまざまな結果へと導いてくれる方法について見ても，一致することはありうる．そのような現象がどれほど広い範囲にわたっ

てみられることになるのかという点に関しては，その大部分について，ヴァイエルシュトラスの研究の，予告された詳報[11]の公表を待ってはじめて明らかになるであろう．

　この論文は，最後の2節，すなわち第26節と第27節を除いて，1855年のミカエル祭[12]の日から1856年のミカエル祭の日まで，ゲッティンゲンで行れた私の講義の一部分の抜粋である．最後の二つの節は，当時は手短にスケッチすることができただけにすぎなかった．二，三の結果の発見に関連する事項を書き添えると，私は1851年の秋から1852年のはじめにかけて，多重連結面の等角写像に関する研究を通じ，第1～5，9および12節で報告された事柄と，そのために必要になる予備的諸定理へと導かれたのである．後者については，後にこの講義のためにさらに手を加え，この論文に登場したとおりの姿になった．しかし私はその後，ほかにも研究課題があったこともあり，この研究から手を引いた．まず1855年の復活祭[13]の頃，もう一度この研究を取り上げて，その年の復活祭とミカエル祭の間の期間に第21節までの部分を書いた．残りは1856年のミカエル祭までに書き加えた．また，推敲を進めている間に多くの箇所で二，三の補足的諸定理を書き添えた．

第一部
—1—

　s は，z の m 次整関数を係数にもつ，ある n 次既約方程式の根とすると，z の各々の値に対して s の n 個の値が対応する．それらの値は無限大にならない限り，いたるところで z とともに連続的に変化する．そこで（本誌の p. 103[1] により）この関数の分岐様式を z 平面上に広がる非有界面 T を用いて表示すると，この面は z 平面のどの部分域の上にも n 重に重なっている．そうして s はこの面の場の一価関数である．非有界面は無限遠境界をもつ面とみなされるか，または閉じた面とみなされるかのいずれかであるが，面 T に関していうと，後者のようでなければならない．それゆえもし $z=\infty$ において分岐が見られないとするなら，値 $z=\infty$ に対して，この面の n 枚の葉の各々において，**一つずつ**の点が対応する．

　s と z の有理関数はみな明らかに，やはり面 T の場の一価関数である．したがって，関数 s と同一の様式の分岐をもつ．以下の叙述において，この逆の事柄も成立することが明らかになるであろう．

　このような関数を積分して得られる関数の種々の接続の，面 T の同一の部分域における食い違いは，定量だけにすぎない．というのは，そのような関数の導関数はこの面の同一の点においてつねに，同じ値をとるからである．

まずはじめにわれわれの考察のテーマとなるのは，このような同じ様式で分岐するさまざまな代数関数とそれらの積分のつくる系である．しかしわれわれは，これらの関数のこのような様式の表示から出発するのではなく，ディリクレの原理（本誌のp. 111 [2] 参照）を適用して，これらの関数をその不連続性を通じて規定したいと思う[3]．

―**2**―

引き続く事柄の記述を簡易化するために，こんなふうにいうことにしよう．ある関数は，面 T のある点を取り囲む面分において有限で，しかも 0 と異なるものとする．そうしてその関数の対数は，そのような面分を正の向きに一周するとき，$2\pi i$ だけ増大するとする．このとき，この関数は，**面 T のこの点において一位の無限小になる**という．したがって，もし面 T がそのまわりに μ 回にわたって巻きついている点において，z は有限値 a をもつとするなら，$(z-a)^{1/\mu}$，したがって $(dz)^{1/\mu}$ は一位の無限小になる．しかしもしその点において $z=\infty$ なら，今度は $(1/z)^{1/\mu}$ が一位の無限小になることになる．ある関数が面 T のある点において ν 位の無限小または無限大になる場合には，以下の叙述の中でしばしば生起するように，あたかもその関数が，その点において重なり合う（あるいは無限に近接している）ν 個の点において一位の無限小または無限大になるかのように考えることができる．

ここで考察の対象として取り上げられる関数が不連続になる様式は，こんなふうに言い表される．もしそれらの関数の一つが面 T のある点において無限大になるとするなら，そのときつねに，関数の冪級数展開に関する ―― コーシー[4] によって証明された，あるいはフーリエ[5] 級数を用いて証明される ―― 周知の諸定理から明らかになるように，

$$A \log r + Br^{-1} + Cr^{-2} + \cdots$$

という形の有限式を差し引くことにより，取り上げられている関数を，その点において連続な関数に変えることができる．ここで，r はその点において一位の無限小になる任意の関数を表すのである．

―**3**―

いま，z 平面上にいたるところで n 重に広がる非有界面，したがって，上述の事柄により，閉じた面とみなすべき連結面 T が与えられているとしよう．しかもこの面は [いく本かの切断線に沿って] 切り開かれて，単連結面 T に変換されていると想定しよう．単連結面の境界は**一個の**部分からつくられているが，閉じた面は奇数回の切断により偶数個の境界部分を獲得し，偶数回の切断により奇数個の境界部分を獲得するのであるから，切り開いて単連結面を得るためには，偶数本の切断線が必要であ

る．そこでそれらの切断線の本数を $2p^{(6)}$ としよう．以下の事柄の記述を簡易化するために，このような切り開きにあたって，切断線はどれも一つ手前の切断線上のある点から出発し，その切断線の反対側に位置する始点の隣接点に到達するというふうになっているものとする．このような状勢のもとで，ある量が T' の全境界に沿って連続的に変化して，切断線系に所属するどの線においても，その両側で同じ様式で変化するとしよう．そのとき，その量が切断線網の同一の点においてとる二つの値の差は，**一本の切断線のあらゆる部分において，同一の定量になる．**

さて，$z=x+yi$ とおき，T において，x,y の関数 $\alpha+\beta i^{(7)}$ を次のように選定しよう．

点 $\varepsilon_1, \varepsilon_2, \cdots$ の各々の近傍において，これらの各点で無限大になるような $x+yi$ の関数[8]が与えられているとしよう．このとき関数 $\alpha+\beta i$ を，各点 ε_ν の近傍で，それらの与えられた関数に等しくなるように定める．もっと具体的にいうと，点 ε_ν において一位の無限小になるような，ある任意の z の関数を r_ν と表記するとき，ε_ν のまわりで，

$$A_\nu \log r_\nu + B_\nu r_\nu^{-1} + C_\nu r_\nu^{-2} + \cdots = \varphi_\nu(r_\nu)$$

という形の有限表示式に等しくなるように定めるのである．ここで，$A_\nu, B_\nu, C_\nu, \cdots$ はある任意の定量を表している．さらに，あらゆる点 ε のうち，量 A が 0 とは異なっている任意の点に向かって，T' の内部を通って互いに交叉しない線を引こう．ε_ν に関していえば，その線を l_ν と表記することにする．最後に，ここで定めようとしている関数は面 T の残る部分の全域において，線 l と切断線は別にしていたところで連続であり，線 l_ν の正の側（左側）では $-2\pi i A_\nu$ だけ，第 ν 番目の切断線の正の側では，与えられた定量 $h^{(\nu)}$ だけ，それぞれ他方の側におけるよりも大きいとする．しかも，面 T の全域にわたって遂行される積分

$$\int\left(\left(\frac{\partial\alpha}{\partial x}-\frac{\partial\beta}{\partial y}\right)^2+\left(\frac{\partial\alpha}{\partial y}+\frac{\partial\beta}{\partial x}\right)^2\right)dT$$

はある有限値をもつと仮定しよう．容易にわかるように，このような関数を定めるのが可能であるのは，すべての量 A の総和が 0 に等しいときであり，しかもこの条件のもとでのみ，つねに可能なのである．なぜならそのような場合に限って，この関数は，線系 l に沿って一周した後に，再び以前の値をとることができるからである．

上記のような関数は，切断線の正の側では，他方の側におけるよりも定量 $h^{(1)}, h^{(2)}, \cdots, h^{(2p)}$ だけ大きい．これらの定量は上記の関数の**周期モジュール**という名で呼ばれる．

さて，ディリクレの原理[9]により，関数 $\alpha+\beta i^{(10)}$ から，T' においていたるところで連続で，しかも純虚周期モジュールをもつ x,y のある類似の関数を差し引くことにより，この関数を $x+yi$ の関数 $\omega^{(11)}$ に変えることができる．差し引くべき関数

は，ある加法的定量は別にして完全に決定される．その場合，関数 ω は，T' の内部に位置する不連続点に関して，また周期モジュールの実部に関しても，$\alpha+\beta i$ と一致する．それゆえ ω に対して，関数 φ_v と，周期モジュールの実部を任意に与えることが可能である．これらの条件により，この関数は，ある加法的定量は別にして完全に決定される．したがって，その周期モジュールの虚部もまた完全に決定される．

この関数 ω には，第1節において特別の場合として表明された関数がすべて包摂されていることが示されるであろう．

—4—

いたるところで有限な関数 ω．（第一種積分）

さて，われわれは上記のような関数のうち，最も簡単なもの，しかもまず第一につねに有限にとどまるもの，したがって T' の内部においていたるところで連続であるものを考察したいと思う．$w_1, w_2, \cdots, w_p$ はそのような関数とすると，
$$w = \alpha_1 w_1 + \alpha_2 w_2 + \cdots + \alpha_p w_p + 定量$$
もまたそのような関数である．ここで，$\alpha_1, \alpha_2, \cdots, \alpha_p$ は任意の定量である．第 ν 番目の切断線に対応する関数 $w_1, w_2, \cdots, w_p$ の周期モジュールを $k_1^{(\nu)}, k_2^{(\nu)}, \cdots, k_p^{(\nu)}$ としよう．そのとき，その切断線に対応する w の周期モジュールは $\alpha_1 k_1^{(\nu)} + \alpha_2 k_2^{(\nu)} + \cdots + \alpha_p k_p^{(\nu)} = k^{(\nu)}$ である．そこで諸量 α を $\gamma + \delta i$ という形に設定すると，$2p$ 個の量 $k^{(1)}, k^{(2)}, \cdots, k^{(2p)}$ の実部は量 $\gamma_1, \gamma_2, \cdots, \gamma_p, \delta_1, \delta_2, \cdots, \delta_p$ の一次関数である．ところで，もし量 $w_1, w_2, \cdots, w_p$ の間にいかなる定係数一次方程式も成立しないとするならば，これらの一次式の［係数のつくる］行列式は0になりえない．実際，もしそうでなければ，諸量 α の間の関係を適切に設定して，w の実部の周期モジュールがすべて0になるようにすることができる．すると，w の実部，したがって w 自身もディリクレの原理[12]により定量でなければならないことになってしまうのである．それゆえ $2p$ 個の量 γ と δ を適切に定めて，w の周期モジュールの実部が，与えられた値をもつようにすることができる．したがって，もし $w_1, w_2, \cdots, w_p$ はいかなる定係数一次方程式もみたさないとするなら，w は，つねに有限にとどまるようないかなる関数をも表示することが可能なのである．ところで，これらの関数 $w_1, w_2, \cdots, w_p$ はつねに，ここでいわれている条件がみたされるように選定される．実際，$\mu < p$ である限り，
$$\alpha_1 w_1 + \alpha_2 w_2 + \cdots + \alpha_\mu w_\mu + 定量$$
の実部の周期モジュールの間には，一系の一次の条件方程式が成立する．そこで，これは上述の事柄によりつねに可能なことであるが，関数 $w_{\mu+1}$ の実部の周期モジュールを適切に定めてこれらの条件方程式がみたされないようにすれば，関数 $w_{\mu+1}$ はこの形状のもとには包摂されないのである．

面 T のある点において一位の無限大になる関数 ω. (第二種積分)

ω は面 T のある一点 ε においてのみ無限大になり，しかもその点において，B を除いて，φ における係数はすべて 0 に等しいとしよう．そのときそのような関数は，量 B と周期モジュールの実部により，加法的定量は別にして決定される．$t^0(\varepsilon)$ は何らかのそのような関数を表すとしよう．すると表示式

$$t(\varepsilon) = \beta t^0(\varepsilon) + \alpha_1 w_1 + \alpha_2 w_2 + \cdots + \alpha_p w_p + \text{定量}$$

において，定量 $\beta, \alpha_1, \alpha_2, \cdots, \alpha_p$ を適切に定めることにより，つねに，諸量 B と周期モジュールの実部が任意の与えられた値をもつようにすることができる．したがって，上記の表示式は，ここで考えられているどのような関数をも表示する．

面 T の二つの点において対数的に無限大になる関数 ω. (第三種積分)

第三番目に，関数 ω が単に対数的に無限大になるにすぎないという場合を考えよう．すると，諸量 A の総和は 0 に等しくなければならないのであるから，そのような事態が起こるのは面 T の少なくとも二点 ε_1 と ε_2 においてのことであり，そのうえ $A_2 = -A_1$ でなければならない．このような事態が起こって，しかも後者の二つの量が 1 に等しい関数の一つを $\widetilde{\omega}^0(\varepsilon_1, \varepsilon_2)$ としよう．すると，上記と同様の論証により，他のあらゆる関数は

$$\widetilde{\omega}(\varepsilon_1, \varepsilon_2) = \widetilde{\omega}^0(\varepsilon_1, \varepsilon_2) + \alpha_1 w_1 + \alpha_2 w_2 + \cdots + \alpha_p w_p + \text{定量}$$

という形状に包摂されることがわかる．

以下の所見については，叙述を簡潔なものにするため，点 ε は分岐点でないとし，また無限遠に位置することもないという前提をおくことにする．このとき，ε_ν における z の値を z_ν と表記すると，$r_\nu = z - z_\nu$ と設定することが可能になる．そこで $\widetilde{\omega}(\varepsilon_1, \varepsilon_2)$ を z_1 に関して微分しよう．そのようにしても周期モジュールの実部 (あるいはさまざまな周期モジュールのうち，p 個の周期モジュール) と，面 T のある任意の点における $\widetilde{\omega}(\varepsilon_1, \varepsilon_2)$ の値は一定に保たれる．この微分の結果，ε_1 において $1/(z-z_1)$ と同じ様式で不連続になる関数 $t(\varepsilon_1)$ が得られる．逆に，$t(\varepsilon_1)$ はそのような関数とすると，T において ε_2 から ε_3 に向かう任意の線に沿って積分 $\int_{z_2}^{z_3} t(\varepsilon_1) dz_1$ を遂行するとき，この積分はある関数 $\widetilde{\omega}(\varepsilon_2, \varepsilon_3)$ を表す．同様に，このような関数 $t(\varepsilon_1)$ を z_1 に関して n 回にわたって次々と微分していくと，点 ε_1 において $n!(z-z_1)^{-n-1}$ と同じ様式で不連続になり，しかも他の場所では有限にとどまる関数 ω が得られる．

点 ε の位置に関していうと，排除された位置もあるが，そのような位置については上記の諸定理はわずかな修正を必要とする．

ところで明らかに，関数 w，関数 $\widetilde{\omega}$ とその不連続値に関する導関数からつくられ

る定係数一次式を適切に定めることにより，その一次式は T' の内部において ω と同様の形状の任意の与えられた不連続性をもち，しかもその周期モジュールの実部は任意の与えられた値をとるようにすることができる．したがって，与えられた関数 ω はどれも，上記のような式で表示される．

― 5 ―

面 T の m 個の点 $\varepsilon_1, \varepsilon_2, \cdots, \varepsilon_m$ において，一位の無限大になる関数 ω の一般表示式は，上述の事柄により，

$$s = \beta_1 t_1 + \beta_2 t_2 + \cdots + \beta_m t_m + \alpha_1 w_1 + \alpha_2 w_2 + \cdots + \alpha_p w_p + 定量$$

というふうになる．ここで，t_v はある任意の関数 $t(\varepsilon_v)$ であり，諸量 α と β は定量である．m 個の点 ε のうち，ρ 個の点が面 T の同一の点 η において重なり合うとするなら，これらの点に所属する ρ 個の関数 t を，ある関数 $t(\eta)$ と，その関数の不連続値に関する第一階から第 $\rho-1$ 階までの導関数で置き換えなければならない（第 2 節）．

この関数 s の $2p$ 個の周期モジュールは，$p+m$ 個の量 α と β の一次同次関数である．したがって，もし $m \geqq p+1$ ならば，量 α と β のうち $2p$ 個を，残る諸量の一次同次関数として適切に定めて，周期モジュールがすべて 0 になるようにすることができる．そのようにするとき，この関数にはなお $m-p+1$ 個の任意定量[13]が含まれている．この関数はそれらの定量の一次同次関数であり，$m-p$ 個の関数，すなわちどれもみな $p+1$ 個の値においてのみ一位の無限大になるような $m-p$ 個の関数の一次式と見ることができる．

もし $m=p+1$ ならば，$2p+1$ 個の量 α と β の関係は $p+1$ 個の点 ε の位置によって完全に決定される．しかし，これらの点の特別の位置によっては，諸量 β のうちのいくつかが 0 に等しくなることがある．それらの量の個数を $m-\mu$ とすると，関数 s は μ 個の点においてのみ一位の無限大になる．この場合，これらの μ 個の点は，なお残されている $p+\mu$ 個の量 β と α の間の $2p$ 個の条件方程式のうち，$p+1-\mu$ 個の方程式が，残る方程式からの恒等的な帰結になるような位置をもたなければならない．それゆえそれらの点のうち，$2\mu-p-1$ 個だけが任意に選択可能である．関数にはなお二個の任意定量が含まれている．

さて，s を，μ が可能な限り小さくなるように定めることにしてみよう．もし s が μ 回にわたって一位の無限大になるのであれば，s のどのような一次有理関数に対しても，同じ状勢が認められる．それゆえこの問題の解決にあたって，μ 個の点のうちの一つは任意に選定可能である．そのようにするとき，残る諸点の位置は，量 α と β の間の条件方程式のうち，$p+1-\mu$ 個が他の方程式からの恒等的な帰結として得ら

れるように定めなければならないことになる．したがって，面 T の分岐値がいくつかの特別な条件方程式をみたすのではない限り，$p+1-\mu \leqq \mu-1$，すなわち $\mu \geqq (1/2)p+1$ でなければならない．

面 T の m 個の点においてのみ一位の無限大になって，他の場所では連続な関数 s に包含されている任意定量の個数は，あらゆる場合において $2m-p+1$ に等しい．

このような関数は，z の m 次整関数を係数にもつ，ある n 次方程式の根である．

$s_1, s_2, \cdots, s_n$ は同一の z に対応する関数 s の n 個の値とし，σ はある任意の量を表すとしよう．このとき $(\sigma-s_1)(\sigma-s_2)\cdots(\sigma-s_n)$ は z の一価関数であり，ある点 ε と合致するような z 平面の点においてのみ，無限大になる．しかも，いくつかの点 ε がその点の上に重なっているときには，この関数はそれに見合う高さの位数をもって無限大になる．実際，その z 平面の点の上に重なっているどの点 ε においても，それは分岐点ではないものとするとき，上記の積の**ただ一つの**因子だけが位数 1 の高さで無限大になる．また，面 T がそのまわりに μ 回にわたって巻きついているような点 ε においては，μ 個の因子が位数 $1/\mu$ の高さで無限大になるのである．z は点 ε において無限大にならないとして，そのような**あらゆる**点における z の値を $\zeta_1, \zeta_2, \cdots, \zeta_v$ で表し，$(z-\zeta_1)(z-\zeta_2)\cdots(z-\zeta_v)$ を a_0 で表そう．すると $a_0(\sigma-s_1)\cdots(\sigma-s_n)$ は z の一価関数であり，z のすべての有限値に対して有限であり，しかも $z=\infty$ において m 位の無限大になる．したがってこの関数は z の m 次整関数である．同時にこの関数は，$\sigma=s$ に対して 0 になるという性質をもつ σ の n 次整関数でもある．これを F で表そう．そうして，σ に関して n 次で，z に関して m 次の整関数 F を $F(\sigma^n, z^m)$ で表すことにすると，s は方程式 $F(\sigma^n, z^m)=0$ の根である．われわれは，引き続きこのような整関数の表記法を使用する．

関数 F は，ある分解不能な関数，すなわちいくつかの σ と z の整関数の積として表すことのできない関数の冪である．実際，$F(\sigma, z)$ のどの整有理因子も，値 $s_1, s_2, \cdots, s_n$ のうちのいくつかに対して 0 にならなければならない．よって $\sigma=s$ とすると，面 T のある部分において 0 になる z の関数がつくられる．するとその結果，この面は連結なので，その関数は面 T 全体において 0 にならなければならないことになる．ところが，$F(\sigma, z)$ の二つの分解不能因子が同時に 0 になりうるのは，一方が他方に定量を乗じることによって得られるというふうになっているのでない限り，有限組の値の組に対してのみにすぎない．したがって F は，ある分解不能な関数の冪でなければならないのである．

もしこの冪の冪指数 ν が 1 より大きいなら，関数 s の分岐の様式は面 T では表示されず，z 平面の上にいたるところで n/ν 重に広がる面 τ によって表示される．面 T は，面 τ の上にいたるところで ν 重に広がっている．この場合，s を T と同じ様

式で分岐する関数とみることは可能であるが，逆に，T を s と同じ様式で分岐するとみなすことは許されない．

$\partial\omega/\partial z$ もまた，s と同様に，T のいくつかの点においてのみ不連続な関数である．なぜなら，切断線と線 l における ω の二つの値の差は各々の線に沿って一定なので，関数 $\partial\omega/\partial z$ は各々の線の両側で同じ値をとるからである．この関数は，ω が無限大になる点と面の分岐点においてのみ無限大になりうるが，それ以外にはいたるところで連続である．というのは，単一変化的でしかも有限性を保持する関数の導関数はやはり単一変化的であり，しかも有限のままにとどまるからである．

それゆえ関数 ω はすべて，T と同じ様式で分岐する z の代数関数であるか，あるいはそのような関数の積分であるかのいずれかである．このような関数系は面 T が与えられると定められて，面の分岐点の位置にのみ依存する．

—6—

いま，既約方程式 $F(s^n, z^m)=0$ が与えられたとして，関数 s の，言い換えると，それを表現する面 T の分岐の様式を決定しなければならないものとしてみよう．z のある値 β において，この関数の μ 個の分枝が結合しているとしよう．したがって，これらの分枝の一つは，z が β のまわりを μ 回にわたって回転した後にはじめて，自分自身に接続されるという状勢が認められるものとする．これらの μ 個の分枝は（コーシーにより，あるいはフーリエ級数を用いて容易に証明されるように），最小共通分母 μ の冪指数をもつ $z-\beta$ の有理昇冪級数で表示される．この逆の事柄も成立する．

面 T のある点において，ある関数のただ二つの分枝だけが結合しているとしよう．したがってその点のまわりで第一の分枝は第二の分枝に接続され，第二の分枝は第一の分枝に接続されるとしよう．そのような点は **単純分岐点** と呼ばれる．

次に，面 T がある点のまわりに $(\mu+1)$ 回にわたって巻きついているとき，そのような点は μ 個の重なり合う（あるいは無限に接近している）単純分岐点とみなしうる．

これを示すために，この点を囲む z 平面のある部分域において，関数 s の単一変化分枝を $s_1, s_2, \cdots, s_{\mu+1}$ としよう．また，その部分域の境界上を正の向きにひとまわりしていく際に，次々と登場する単純分岐点を $a_1, a_2, \cdots, a_\mu$ としよう．a_1 のまわりを正の向きにひとまわりすると s_1 は s_2 に変わり，a_2 のまわりでは s_1 が s_3 に，$\cdots$，a_μ のまわりでは s_1 が $s_{\mu+1}$ に変わる．そこでこれらのすべての点を含む（しかも他のいかなる点も含まない）域のまわりを正の向きにひとまわりすると，

$$s_1, s_2, \cdots, s_\mu, s_{\mu+1}$$

は

$$s_2, s_3, \cdots, s_{\mu+1}, s_1$$

に移行する．それゆえ，もしそれらの点が重なり合うなら，そのとき μ 重の巻点が生じるのである．

　関数 ω の性質は本質的に，面 T がどれだけの度合いで多重連結になっているかという状勢に依存する．これを確定するために，われわれはまず関数 s の単純分岐点の個数を決定したいと思う．

　ある分岐点において結合している関数の諸分枝は，その分岐点において同一の値をとる．それゆえ方程式

$$F(s) = a_0 s^n + a_1 s^{n-1} + \cdots + a_n = 0$$

の二個，またはもっと多くの個数の根が互いに等しくなる．このような事態が起こりうるのは，

$$F'(s) = a_0 n s^{n-1} + a_1 \overline{n-1} s^{n-2} + \cdots + a_{n-1}$$

が 0 になるとき，あるいは，言い換えると，z の一価関数 $F'(s_1) F'(s_2) \cdots F'(s_n)$ が 0 になるときに限られている．この後者の関数が z の有限値に対して無限大になるのは，$s = \infty$ のとき，したがって $a_0 = 0$ のときのみである．よってこの関数が有限にとどまるようにするには，a_0^{n-2} を乗じておかなければならない．そのときこの関数は，有限な z に対しては有限で，しかも $z = \infty$ に対して $2m(n-1)$ 位の無限大になるような z の一価関数になる．したがって $2m(n-1)$ 次の整関数である．よって，$F'(s)$ と $F(s)$ の値が同時に 0 になるような z の値は，$F'(s) = 0$ と $F(s) = 0$ から s を消去してつくられる $2m(n-1)$ 次方程式

$$Q(z) = a_0^{n-2} \prod_i F'(s_i) = 0$$

の根である．あるいは，

$$F'(s_i) = a_0 \prod_{i'} (s_i - s_{i'}) = 0 \qquad (i \gtreqless i')$$

であるから，

$$Q(z) = a_0^{2(n-1)} \prod_{i,i'} (s_i - s_{i'}) = 0 \qquad (i \gtreqless i')$$

の根である．

　$s = \alpha$, $z = \beta$ に対して $F(s, z) = 0$ となるとすると，

$$F(s, z) = \frac{\partial F}{\partial s}(s-\alpha) + \frac{\partial F}{\partial z}(z-\beta)$$
$$+ \frac{1}{2}\left[\frac{\partial^2 F}{\partial s^2}(s-\alpha)^2 + 2\frac{\partial^2 F}{\partial s \partial z}(s-\alpha)(z-\beta) + \frac{\partial^2 F}{\partial z^2}(z-\beta)^2\right]$$
$$+ \cdots\cdots$$

$$F'(s) = \frac{\partial F}{\partial s} + \frac{\partial^2 F}{\partial s^2}(s-\alpha) + \frac{\partial^2 F}{\partial s \partial z}(z-\beta) + \cdots$$

となる.そこで,$(s=\alpha, z=\beta)$ に対して $\partial F/\partial s=0$ となるが,$\partial F/\partial z, \partial^2 F/\partial s^2$ は 0 にならないとすれば,そのとき $s-\alpha$ は $(z-\beta)^{1/2}$ と同じ様式で無限小になる.よって単純分岐点が生じる.それと同時に,積 $\prod_i F'(s_i)$ において,二つの因子が $(z-\beta)^{1/2}$ と同じ様式で無限小になり,そのために $Q(z)$ は因子 $z-\beta$ を獲得する.したがって,$\partial F/\partial z$ と $\partial^2 F/\partial s^2$ が決して 0 にならない場合,もし同時に $F=0$ かつ $\partial F/\partial s=0$ となるとするなら,そのとき $Q(z)$ のどの一次因子に対しても,**一つ**の単純分岐点が対応することになる.よって,単純分岐点の個数は $2m(n-1)$ に等しい.

分岐点の位置は関数 a における z の冪の係数に依存し,それらの係数とともに連続的に変化する.

もしこれらの係数がとる何らかの値に対して,同じ分枝の組に所属する二つの単純分岐点が重なり合うとするなら,そのときそれらの単純分岐点は相殺されて,分岐が発生せずに,しかも $F(s)$ の二根が互いに等しくなるという状勢が現れる.それらの単純分岐点の各々のまわりで s_1 は s_2 に接続され,s_2 は s_1 に接続されるとすると,z 平面の,両方の点を含む部分域を一周するとき,s_1 は s_1 に,s_2 は s_2 に移行する.そうして,もしそれらが重なり合うなら,二つの分枝は単一変化的になる.したがってその場合,導関数 $\partial s/\partial z$ もまた単一変化的で,しかも有限性を保持する.よって $\partial F/\partial z=-(\partial s/\partial z)(\partial F/\partial s)=0$ となる.

もし $s=\alpha, z=\beta$ に対して $F=\partial F/\partial s=\partial F/\partial z=0$ となるとするなら,$F(s,z)$ の展開式の引き続く三つの項から,$(s-\alpha)/(z-\beta)=\partial s/\partial z$ $(s=\alpha, z=\beta)$ の二つの値が生じる.それらの値が異なっているとして,しかも有限なら,関数 s の,それらの値に所属する二つの分枝がその地点で重なり合うことはありえないし,分岐することもありえない.この場合,$\partial F/\partial s$ は二つの分枝の双方において $z-\beta$ と同じ様式で無限小になり,そのために $Q(z)$ は因子 $(z-\beta)^2$ を獲得する.したがって,単に二つの単純分岐点が重なり合っているだけにすぎないのである.

$z=\beta$ に対して,方程式 $F(s)=0$ の諸根のうちのいくつかが α と等しくなる場合,$(s=\alpha, z=\beta)$ においてどれだけの単純分岐点が重なり合い,どれだけの単純分岐点が相殺されるのかという論点を確定するためには,それらの根を(ラグランジュの方法により[*2])$z-\beta$ の昇冪の順に展開して,それらの展開式がすべて相互に異なるようになるまで続けていかなければならない.そのようにすることにより,実際に生起する分岐が判明する.そうして次に,それらの分岐に所属する $Q(z)$ の一次因子の個数,言い換えると,$(s=\alpha, z=\beta)$ において重なり合う単純分岐点の個数を決定するためには,それらの根の各々に対して,$F'(s)$ がどの程度の位数で無限小になるのか

[*2)] ラグランジュ「級数による文字方程式の新しい解法」.ベルリン科学学士院紀要,第 24 巻,1780 年.[訳注]『ラグランジュ全集』第 3 巻,pp. 5-73.

を調べなければならない.

面 T が点 (s, z) のまわりに巻きついている回数を数 ρ で表すことにすると,点 z において,$F'(s)$ は,単純分岐点がそこで重なり合う回数と同じ頻度で一位の無限大になる.$dz^{1-(1/\rho)}$ は単純分岐点が実際に生起する回数と同じ頻度で一位の無限小になる.したがって $F'(s)dz^{1/\rho-1}$ は,単純分岐点のうち,相殺されるものの個数と同じ頻度で一位の無限小になる.

実際に生起する単純分岐点の個数を w,相殺される単純分岐点の個数を $2r$ とすると,

$$w+2r=2(n-1)m$$

となる.さまざまな [相殺される] 分岐点は単に二つずつ対になって,相殺されながら重なり合っているだけにすぎないとしよう.このとき,r 組の値の組 ($s=\gamma_\rho$, $z=\delta_\rho$) に対して,

$$F=\frac{\partial F}{\partial s}=\frac{\partial F}{\partial z}=0$$

となる.しかも

$$\frac{\partial^2 F}{\partial z^2}\frac{\partial^2 F}{\partial s^2}-\left(\frac{\partial^2 F}{\partial s\partial z}\right)^2$$

は 0 ではない.また,s と z の w 組の値の組に対して $F=0$,$\partial F/\partial s=0$ となり,しかも $\partial F/\partial z$ は 0 ではなく,$\partial^2 F/\partial s^2$ も 0 ではない.

われわれはたいてい,このような場合を取り扱うだけに甘んじる.というのは,このようにして得られる種々の結果は,このような場合の極限状態として観察される場合を考えることにより,たやすく他の場合へと及ぼされるからである.そうしてわれわれは関数の理論を,関数を表示する式の形状に依存せず,しかもいかなる例外の場合をも許さない土台の上に打ち立てたのであるから,ここではなおのことそのように [考察の範囲を限定] してもさしつかえないのである.

—7—

さて,z 平面のある有限部分の上に広がる単連結面に対して,その単純分岐点の個数と,その境界線に沿って進んでいくときに引き起こされる回転の回数との間には,後者が前者よりも 1 だけ大きいという関係が生起する.このことに起因し,多重連結面に対し,単純分岐点の個数と,この面を単連結面に変える働きを示す切断線の本数との間に,ある関係が生じることになる.それは根本的に量に関する状勢とは無縁であり,**位置解析**に所属する関係である.ここでは,この関係は面 T に対して,次のように導出される.

ディリクレの原理[14]により，単連結面 T' において，z の関数 $\log\zeta$ がこんなふうに定められる．すなわち，ζ は T' の内部に位置するある任意の点において一位の無限小になる．また $\log\zeta$ は，その点から出発して境界に向かって描かれた，自分自身と交叉しない任意の線に沿って，正の側では負の側におけるよりも $-2\pi i$ だけ大きいが，他の地点ではいたるところで連続である．しかも T' の境界に沿って純虚である．このとき関数 ζ は，その絶対値が 1 よりも小さい値をどれも一度だけとる．したがってそれらの値の全体は，ζ 平面におけるある円板上に単葉に広がる面で代替される．T' の各点に対して，その円板の一点が対応する．その逆の事柄も成立する．そこでこの面の上にある一つの任意の点をとり，その点では $z=z'$，$\zeta=\zeta'$ とするとき，関数 $\zeta-\zeta'$ はその点において一位の無限小になる．したがって，もし面 T' がその点のまわりに $(\mu+1)$ 回にわたって巻きついているなら，有限の z' の場合には

$$(\mu+1)\frac{z-z'}{(\zeta-\zeta')^{\mu+1}}=\frac{\partial z}{\partial\zeta(\zeta-\zeta')^\mu}$$

がその点において有限性を保持し，無限の z' の場合には

$$(\mu+1)\frac{z^{-1}}{(\zeta-\zeta')^{\mu+1}}=-\frac{\partial z}{zz\partial\zeta(\zeta-\zeta')^\mu}$$

が，その点において有限性を保持する．積分 $\int\partial\log(\partial z/\partial\zeta)$ を上記の円の円周全体にわたって正の向きに一周して遂行するとき，この積分は，$\partial z/\partial\zeta$ がそこで無限大になる点，あるいは 0 になる点のまわりでの積分の和に等しい．したがって $2\pi i(w-2n)$ に等しい．T' の境界上に位置するある同一の定点から境界上の変化点までの部分を s で表し，それに対応する円周上の部分を σ で表すと，

$$\log\frac{\partial z}{\partial\zeta}=\log\frac{\partial z}{\partial s}+\log\frac{\partial s}{\partial\sigma}-\log\frac{\partial\zeta}{\partial\sigma}$$

となる．そうして全境界にわたって，

$$\int\partial\log\frac{\partial z}{\partial s}=(2p-1)2\pi i,\quad\int\partial\log\frac{\partial s}{\partial\sigma}=0,\quad-\int\partial\log\frac{\partial\zeta}{\partial\sigma}=-2\pi i$$

となる．したがって，

$$\int\partial\log\frac{\partial z}{\partial\zeta}=(2p-2)2\pi i$$

それゆえ $w-2n=2(p-1)$ となることが判明する．ところで，

$$w=2[(n-1)m-r]$$

であるから，

$$p=(n-1)(m-1)-r$$

となる．

T と同じ様式で分岐する z の関数 s' で，T の m' 個の任意の与えられた点において一位の無限大になり，他の地点では連続に保たれるという性質を備えているものの一般表示式には，上述の事柄により，$m'-p+1$ 個の任意定量が含まれている．しかもそれらの定量の一次関数になっている（第 5 節）．したがって，いまから示されるように，もし s と z の有理式であって，方程式 $F=0$ をみたす s と z の m' 組の任意の与えられた値の組に対して一位の無限大になり，しかも $m'-p+1$ 個の任意定量の一次関数になっているものがつくられたなら，そのときどの関数 s' もその式を用いて書き表される．

　二つの整関数 $\chi(s,z)$ と $\psi(s,z)$ の商が $s=\infty$ と $z=\infty$ に対して任意の有限値をとりうるためには，これらの整関数は等次数でなければならない．そこで，s' を書き表すのに用いられるべき式は $\psi(s^\nu,s^\mu)/\chi(s^\nu,z^\mu)$ という形であるものとしよう．さらに，$\nu \geq n-1$, $\mu \geq m-1$ としよう．関数 s の二つの分枝が連接することなく，しかも互いに等しくなるとしよう．したがって，面 T の相異なる 2 点において $z=\gamma$ かつ $s=\delta$ となるとしよう．そのとき，一般的にいって，s' はこれらの 2 点において相異なる値をとるであろう．したがって，もし $\psi-s'\chi$ はいたるところで 0 に等しくなるべきであるとするなら，s' の相異なる二つの値に対して $\psi(\gamma,\delta)-s'\chi(\gamma,\delta)=0$, したがって $\chi(\gamma,\delta)=0$ かつ $\psi(\gamma,\delta)=0$ でなければならない．よって関数 χ と ψ は r 組の値の組 $(s=\gamma_\rho, z=\delta_\rho)$ において 0 にならなければならない (p. 127 [15])[*3]．

　関数 χ は，有限な z に対して有限になる z の一価関数
$$K(z)=a_0^\nu \chi(s_1)\chi(s_2)\cdots\chi(s_n)$$
の値を 0 にするような，z のある値に対して 0 になる．この関数 $K(z)$ は無限大の z に対して位数 $m\nu+n\mu$ で無限大になる．したがって $(m\nu+n\mu)$ 次の整関数である．値の組 (γ,δ) に対して，積 $\prod_i \chi(s_i)$ の二つの因子が一位の無限小になる．したがって $K(z)$ は二位の無限小になるから，χ はそのほかにもなお s と z の
$$i=m\nu+n\mu-2r$$
組の値の組に対して，言い換えると，T の i 個の点において，一位の無限小になる．

　もし $\nu>n-1$, $\mu>m-1$ なら，ρ は任意として，$\chi(s^\nu,z^\mu)$ を

[*3] ここで考慮が払われたのは，上述のように，関数 s の分岐点が単に二つずつ組になって，相殺されつつ重なり合っている場合のみである．一般に，T のある点において，第 6 節での解釈に即して相殺されるいくつかの分枝点が重なり合っているとして，T はその点のまわりに ρ 回にわたって巻きついているとしよう．そのとき，表示するべき関数の，$(\Delta z)^{1/\rho}$ の整冪に関する展開式における初項が任意の値をとりうるようにするためには，χ と ψ は $F'(s)dz^{1/\rho-1}$ と同じ様式で無限小にならなければならない．

3. アーベル関数の理論

$$\chi(s^\nu, z^\mu) + \rho(s^{\nu-n}, z^{\mu-m}) F(s^n, z^m)$$

で置き換えても，関数 χ の値は不変である．よって，この式の係数のうち，

$$(\nu - n + 1)(\mu - m + 1)$$

個の係数は任意にとれる．いま，

$$(\mu + 1)(\nu + 1) - (\nu - n + 1)(\mu - m + 1)$$

個の係数のうち，なお r 個の係数が残る係数の一次関数として適切に定められて，その結果，χ は r 組の値の組 (γ, δ) に対して 0 になるという状勢が見られるとしよう．そのとき，関数 χ にはなお

$$\begin{aligned}\varepsilon &= (\mu+1)(\nu+1) - (\nu-n+1)(\mu-m+1) - r \\ &= n\mu + m\nu - (n-1)(m-1) - r + 1\end{aligned}$$

個の任意定量が含まれている．したがって，

$$i - \varepsilon = (n-1)(m-1) - r - 1 = p - 1$$

となる．

μ と ν を $\varepsilon > m'$ となるようにとると，χ を適切に定めて，m' 組の任意の与えられた値の組に対して一位の無限小になるようにすることができる．次に，もし $m' > p$ ならば，ψ を調整して，ψ/χ が他のすべての値に対して有限性を保持するようにすることができる．実際，ψ はやはり ε 個の任意定量の一次同次関数である．よって，もし $\varepsilon - i + m' > 1$ なら，それらの定量のうち $i - m'$ 個の量が残る定量の一次関数として適切に定められて，その結果，χ が s と z の $i - m'$ 組の値の組に対して一位の無限小になるとき，そのような値の組に対して ψ もまた 0 になるという状勢が実現されるのである．よって，関数 ψ には $\varepsilon - i + m' = m' - p + 1$ 個の任意定量が含まれている．したがって，ψ/χ はどの関数 s' をも表示することができるのである．

—9—

関数 $\partial w/\partial z$ は s と同じ様式で分岐する z の代数関数である（第 5 節）から，いましがた証明されたばかりの定理により，s と z に関して有理的に表示される．そうしてすべての関数 w は s と z の有理関数の積分として書き表されることになる．

w はいたるところで有限な関数 w とすると，$\partial w/\partial z$ は面 T の各々の単純分岐点において一位の無限大になる．なぜなら，dw と $(dz)^{1/2}$ はそのような分岐点において一位の無限小になるが，それを除くといたるところで連続に保たれているし，しかも $z = \infty$ に対しては二位の無限小になるからである．逆に，そのように振る舞う関数の積分はいたるところで有限である．

この関数 $\partial w/\partial z$ を s と z の二つの整関数の商として表示するためには，（第 8 節により）分岐点において，および r 組の値の組 (γ, δ) に対して 0 になるような何らかの

関数を分母に採用しなければならない．この条件は，これらの値に対してのみ0になるような関数を用いることにより，一番簡単にみたされる．このような関数の一つは，

$$\frac{\partial F}{\partial s} = a_0 n s^{n-1} + a_1(n-1)s^{n-2} + \cdots + a_{n-1}$$

である．これは，無限に大きい s に対して $(n-2)$ 位の無限大になり（というのは，a_0 はそのとき一位の無限小になるから），無限に大きい z に対しては m 位の無限大になる．したがって，$\partial w/\partial z$ が分岐点以外のところでは有限になり，しかも無限に大きい z に対しては二位の無限小になるためには，分子は，r 組の値の組 (γ, δ) に対して 0 になるという性質をもつ整関数 $\varphi(s^{n-2}, z^{m-2})$ でなければならない（p. 127 [16]）．したがって，

$$w = \int \frac{\varphi(s^{n-2}, z^{m-2})dz}{\frac{\partial F}{\partial s}} = -\int \frac{\varphi(s^{n-2}, z^{m-2})ds}{\frac{\partial F}{\partial z}}$$

となる．ここで，$s = \gamma_\rho, z = \delta_\rho, \rho = 1, 2, \cdots, r$ に対して $\varphi = 0$ となる．

関数 φ には，$(n-1)(m-1)$ 個の定係数が含まれている．それらのうち r 個の係数は残りの係数の一次関数として適切に定められ，その結果，r 組の値の組 $(s = \gamma, z = \delta)$ に対して $\varphi = 0$ となるとしよう．そのとき，$(n-1)(m-1)-r$ 個，すなわち p 個の係数は依然として任意のままであり，φ は

$$a_1\varphi_1 + a_2\varphi_2 + \cdots + a_p\varphi_p$$

という形をもつ．ここで，$\varphi_1, \varphi_2, \cdots, \varphi_p$ は特別の関数 φ であり，それらのうちのどれにも，残りの関数の一次関数にはならないという性質が備わっている．また，$a_1, a_2, \cdots, a_p$ は任意の定量である．w の一般表示式として，以前のように，他の道筋を通って

$$a_1 w_1 + a_2 w_2 + \cdots + a_p w_p + 定量$$

が生じることになる．

いたるところで有限性を保持するというふうにはなっていない関数 ω，すなわち第二種積分と第三種積分は，同じ原理により，s と z に関して有理的に書き表される．だが，われわれはこれには立ち入らない．というのは，これまでの諸節の一般的諸規則についてはこれ以上何も解説を必要としないし，そのうえこれらの積分の定まった形状の考察へと向かうには，そのきっかけをまずはじめに与えてくれるのは θ 関数の理論であるという事情があるからである．

—10—

関数 φ は，r 組の値の組 (γ, δ) のほかにもなお $m(n-2)+n(m-2)-2r$ 組，すな

わち $2(p-1)$ 組の，方程式 $F=0$ をみたす s と z の値の組に対して一位の無限小になる．いま，

$$\varphi^{(1)} = a_1^{(1)}\varphi_1 + a_2^{(1)}\varphi_2 + \cdots + a_p^{(1)}\varphi_p$$

と

$$\varphi^{(2)} = a_1^{(2)}\varphi_1 + a_2^{(2)}\varphi_2 + \cdots + a_p^{(2)}\varphi_p$$

は二つの任意の関数 φ としよう．このとき，式 $\varphi^{(2)}/\varphi^{(1)}$ において，分母を適切に定め，方程式 $F=0$ をみたす s と z の $p-1$ 組の任意の与えられた値の組に対して，分母の値が0に等しくなるようにすることができる．次に，$\varphi^{(1)}$ の値がそれらに対して0に等しくなるという性質をもつ値の組はまだ残っている．そこで次に分枝を適切に定めて，それらの値の組のうち $p-2$ 組に対して分子の値もまた0になるようにすることができる．そのようにするとき，式 $\varphi^{(2)}/\varphi^{(1)}$ はなお二つの任意定量の一次関数になっている．したがってこの式は，面 T の p 個の点においてのみ一位の無限大になる関数の，一般表示式なのである．p 個よりも少ない個数の点において無限大になる関数は，このような関数の特別の場合を形づくる．それゆえ面 T の $p+1$ 個よりも少ない個数の点において一位の無限大になるようなあらゆる関数は，$\varphi^{(2)}/\varphi^{(1)}$ という形に表示される．言い換えると，$w^{(1)}$ と $w^{(2)}$ は s と z の有理関数のいたるところで有限な二つの積分とするとき，$dw^{(2)}/dw^{(1)}$ という形に表示される．

—11—

T と同じ様式で分岐する z の関数 z_1 で，この面の n_1 個の点において一位の無限大になるものは，前記の事柄 (p. 123 [17]) により，

$$G(z_1^n, z^{n_1}) = 0$$

という形の方程式の根である．それゆえどのような値であっても，z_1 は面 T の n_1 個の点においてその値をとる．そこで T の各点が，その点における z_1 の値を幾何学的に表示する平面上の一点により写し取られるという状勢を心に描くと，それらの [z_1 平面上の] 点の全体は，z_1 平面のいたるところで n_1 重に広がり，しかも面 T を——よく知られているように，極小部分において相似になるような様式で——写し取る面 T_1 を形づくる．このとき，一方の面における各々の点に対して，もう一方の面における**一つ**の点が対応する．それゆえ関数 ω，すなわち T と同じ様式で分岐する z の関数の積分は，独立変化量として z の代わりに z_1 を導入すると，面 T_1 においていたるところで**一つ**の定まった値をもち，しかも T の対応する点における関数 ω と同一の不連続性をもつ関数，したがって T_1 と同じ様式で分岐する z_1 の関数の積分になっている関数に移行する．

s_1 は T と同じ様式で分岐するもう一つの z の関数で，T の，したがってまた T_1

の m_1 個の点において一位の無限大になるものを表すとしよう．このとき，s_1 と z_1 の間には，

$$F_1(s_1^{n_1}, z_1^{m_1}) = 0$$

という形の方程式が成立する（第5節）．ここで，F_1 は s_1 と z_1 のある分解不能な整関数の冪である．もしこの冪が一次なら，T_1 と同じ様式で分岐する z_1 の関数，したがって s と z の有理関数はすべて，s_1 と z_1 に関して有理的に書き表される（第8節）．

したがって，方程式 $F(s^n, z^m)=0$ はある有理置換により方程式 $F_1(s_1^{n_1}, z_1^{m_1})=0$ に変換され，後者の方程式は前者の方程式に［やはりある有理置換により］変換されるのである．

量域 (s, z) と量域 (s_1, z_1) は連結度が等しい．というのは，一方の量域の各々の点に対して，もう一方の量域の一つの点が対応するからである．そこで量域 (s_1, z_1) の相異なる二点において s_1 と z_1 が両方とも同一の値をとる場合，したがって F_1，$\partial F_1/\partial s_1$ および $\partial F_1/\partial z_1$ が同時に 0 に等しくなり，しかも

$$\frac{\partial^2 F_1}{\partial s_1^2} \frac{\partial^2 F_1}{\partial z_1^2} - \left(\frac{\partial^2 F_1}{\partial s_1 \partial z_1}\right)^2$$

は 0 ではないという場合の個数を r_1 で表すと，

$$(n_1-1)(m_1-1) - r_1 = p = (n-1)(m-1) - r$$

とならなければならない．

—12—

さて，有理置換によって相互に変換されるような，二個の変化量の間に成立する**あらゆる既約代数方程式**は，ある一つのクラスに所属するものと考えることにしよう[18]．したがって，s と z のところに s_1 と z_1 の有理関数を代入すると方程式 $F(s, z)=0$ は $F_1(s_1, z_1)=0$ に移行するとし，しかも同時に s_1 と z_1 は s と z の有理関数になっているとするならば，［二つの方程式］$F(s, z)=0$ と $F_1(s_1, z_1)=0$ は同一のクラスに所属することになるのである．

s と z の有理関数の全体は，それらをそれらのうちのどれかひとつの関数とみるとき，一つの等分岐する代数関数系[19]を形成する．こうしてどの方程式も明らかに，等分岐する代数関数系がつくる一つのクラスにつながっている．そのクラスに入る各々の代数関数系は，各々に属するある一つの関数を独立変化量として導入することにより，相互に変換される[20]．しかもある一つのクラスに所属するあらゆる方程式は，等分岐する代数関数系がつくるある同一のクラスにつながっている．逆に，代数関数系がつくるどのクラスも，方程式がつくるある一つのクラスにつながっているのである（第11節）[21]．

量域 (s,z) は $2p+1$ 重連結とし，関数 ζ はこの量域の μ 個の点において一位の無限大になるとしよう．このとき，s と z の他の有理関数の形でつくられる ζ の等分岐関数の分岐値の個数は $2(\mu+p-1)$ であり，関数 ζ に見られる任意定量の個数は $2\mu-p+1$ である (第5節)．これらの定量を適切に定めることにより，$2\mu-p+1$ 個の分岐値が，与えられた値をとるようにすることができる．ただしこれは，分岐値が定量の相互に独立な関数になっている場合の話である．しかもその場合，諸々の条件方程式は代数的なのであるから，定め方のバリエーションは有限にすぎない．それゆえ，等分岐する $2p+1$ 重連結関数系がつくるどのクラスの中にも，有限個の μ 価関数系が存在し，それらの系では $2\mu-p+1$ 個の分岐値が，与えられた値をとる．他方，もし ζ 平面をいたるところで μ 重に覆うある $2p+1$ 重連結面の $2(\mu+p-1)$ 個の分岐点が任意に与えられたなら，そのときつねに，この面と同じ様式で分岐する ζ の代数関数系が存在する (第3〜5節)．それゆえ，先ほどの等分岐する μ 価関数系において，残る $3p-3$ 個の分岐値は任意の値をとることができる．よって，等分岐する $2p+1$ 重連結関数系のクラス，およびそのクラスに所属する代数方程式のクラスは $3p-3$ 個の連続変化量[22]に依存することになる．それらの変化量は，このクラスのモジュールという名で呼ぶのがふさわしい．

しかし $2p+1$ 重連結代数関数のクラスのモジュールの個数のこのような確定は，関数 ζ に見られる任意定量の，互いに独立な関数になっている $2\mu-p+1$ 個の分岐値が存在するという前提のもとでのみ成立する．この前提は $p>1$ のときにのみ正しく，モジュールの個数はその場合に限って $3p-3$ に等しい．$p=1$ に対しては，モジュールの個数は1に等しい．しかしこれを直接研究するのは，ζ にみられる任意定量がどのような仕方で入っているのかを表示する様式に起因して困難である．そこで，等分岐する $2p+1$ 重連結関数系においてモジュールの個数を決定するためには，独立変化量としてそのような関数の一つをとるのではなくて，何らかのそのような関数の，いたるところで有限な積分を導入することにするのである．

この z の関数 w が面 T' の内部でとる価は，w 平面のある有限部分を一重 (ひとえ) もしくは幾重 (いくえ) にも重なって覆い，しかも面 T' を (極小部分において相似に) 写し取る面を通じて幾何学的に表示される．その面を S で表すことにする．w は第 ν 番目の切断線の正の側において，負の側におけるよりも定量 $k^{(\nu)}$ だけ大きいから，S の境界は平行な曲線の組でつくられている．それらの組をなす平行曲線は，T' の境界をつくる切断線系の同一の部分を写し取っている．第 ν 番目の切断線を写し取る，S の平行な境界部分における対応する点の位置の相違は，複素量 $k^{(\nu)}$ で表示される．面 S の単純分岐点の個数は，$2p-2$ である．というのは，dw は面 T の $2p-2$ 個の点において二位の無限小になるからである．このように状勢を設定すると

き，s と z の有理関数は w の関数であり，無限大にならない限り，S 上の各点において一つの確定値をとり，その値は連続的に変化する．また，平行な位置にある境界部分の対応する点において同一の値をとる．それゆえ，s と z の有理関数の全体は，w の等分岐する $2p$ 重周期関数の系をつくる．ところで，面 S の $2p-2$ 個の分岐点と，平行な境界部分の $2p$ 通りの位置の食い違いが任意に与えられているとしよう．そのときつねに，(第 3～5 節における方法と同様の方法で) この面と同じ様式で分岐する関数の系で，次のような性質を備えているものの存在が示される．すなわち，その系に所属する関数は，[面 S の] 平行な境界部分の対応する点において同一の値をとる．したがって，$2p$ 重周期的である．しかもそれらの関数は，それらをそれらのうちのどれか一つの関数と見るとき，等分岐する $2p+1$ 重連結代数関数系をなす．したがって，$2p+1$ 重連結代数関数の一つのクラスにつながっている．実際，ディリクレの原理[23] により，面 S において次のような条件のもとで，ある w の関数が加法的定量を除いて定められることが明らかになる．その条件というのは，S の内部において，T' における ω と同じ形状の，任意の与えられた不連続性を受け入れること，しかも平行な境界部分の対応する点において，ある定量 (その実部は与えられている) だけの食い違いしか見られない値を獲得することという条件である．この事実に基づいて，第 5 節においてそうしたのと同様の手順を踏んで，S のいくつかの点においてのみ不連続になり，しかも平行な境界部分の対応する点において同一の値をとるという性質を備えた関数の存在の可能性が帰結する．z はそのような何らかの関数としよう．この関数は，S の n 個の点において一位の無限大になるとし，しかも他の地点では不連続にならないとしよう．そのときこの関数はどのような複素数値をも，S の n 個の点においてとる．実際，a は任意の定量とすると，積分 $\int \partial \log(z-a)$ は平行な境界部分では相殺されるので，この積分を S の境界上で遂行すると，その結果は 0 に等しい．それゆえ，$z-a$ は S において，一位の無限大になるのと同じ頻度で無限小になるのである．したがって，z がとる値の全体は z 平面上にいたるところで n 重に広がる面によって表示される．それゆえ，他の同じ様式で分岐する w の周期関数の全体は，この面と同じ様式で分岐する z の $2p+1$ 重連結代数関数の系をつくる．これが，証明しなければならないことであった．

　さて，ある与えられた任意の $2p+1$ 重連結代数関数のクラスに対して，独立変化量として導入するべき関数

$$w = \alpha_1 w_1 + \alpha_2 w_2 + \cdots + \alpha_p w_p + c$$

において量 α を適切に定めて，$2p$ 個の周期モジュールのうち p 個が，与えられた値をとるようにすることができる．また，$p>1$ のときには，c を適切に定めて，w の周期関数の $2p-2$ 個の分岐値のうちの一つが，ある与えられた値をもつようにする

ことができる．w はこれで完全に確定する．したがって，残る $3p-3$ 個の量もまたこれで完全に確定する．w の周期関数の分岐様式と周期性はそれらの $3p-3$ 個の量に依存する．そうしてそれらの $3p-3$ 個の量の各々の値に対して，$2p+1$ 重連結代数関数の一つのクラスが対応するのである．そのようなクラスは $3p-3$ 個の独立変化量に依存することになる．

もし $p=1$ なら，分岐点は存在しない．そうして
$$w = \alpha_1 w_1 + c$$
において量 α を適切に定め，一つの周期モジュールが，ある与えられた値をとるようにすることができる．もう一つの周期モジュールもこれで確定する．したがってこの場合，クラスのモジュールの個数は 1 に等しい．

―13―

上記の（第 11 節で説明された）変換原理に基づいて，ある任意の与えられた方程式 $F(s,z)=0$ を，有理置換により，同じクラスに所属する可能な限り低次数の方程式
$$F_1(s_1^{n_1}, z_1^{m_1}) = 0$$
に変換するためには，まずはじめに z_1 として s と z に関する有理式 $r(s,z)$ を適切に定めて，n_1 が可能な限り小さくなるようにしなければならない．次に，s_1 を他の有理式 $r'(s,z)$ と等置して，m_1 が可能な限り小さくなるようにしなければならない．しかもそれと同時に，z_1 のある任意の値に所属する s_1 のさまざまな値が，互いに等しい値からなるいくつかのグループに分かたれて，その結果，$F_1(s_1^{n_1}, z_1^{m_1})$ がある分解不能な関数の高次の冪になるという事態が起こりえないようにしなければならない．

量域 (s,z) は $2p+1$ 重連結とすると，n_1 が取りうる最小値は一般的にいって $\geq p/2+1$ である（第 5 節）．また，s_1 と z_1 がこの量域の相異なる 2 点において，ともに同一の値をとるという場合の数は，
$$(n_1-1)(m_1-1)-p$$
に等しい．

したがって二つの変化量の間に成立する代数方程式がつくるあるクラスにおいて，もしそのクラスのモジュールが特別の条件方程式をみたすということがなければ，[このクラスに所属する方程式の中で] 最低次数の方程式は次のような形をもつ．

$p=1$ に対しては　　　　$F(s^2, z^2)=0, \ r=0$

$p=2$ に対しては　　　　$F(s^2, z^3)=0, \ r=0$

$p=2\mu-3$ に対しては　　$F(s^\mu, z^\mu)=0, \ r=(\mu-2)^2$

$p>2$ のとき，

$p=2\mu-2$ に対しては $F(s^{\mu}, z^{\mu})=0$, $r=(\mu-1)(\mu-3)$

　整関数 F における s と z の冪の係数のうち，r 個の係数を，残りの係数の一次同次関数として適切に定めて，$\partial F/\partial s$ と $\partial F/\partial z$ が方程式 $F=0$ をみたす r 組の値の組に対して，同時に 0 になるようにしておかなければならない．そのようにしておくとき，s と z の有理関数の全体は，それらの関数をそのうちのある一つの関数の関数と見るとき，$2p+1$ 重連結代数関数のつくるすべての系を表示する．

—14—

　さて，私はヤコビ（クレルレ誌，第 9 巻，第 32 論文，第 8 節[24]）にならって，微分方程式系を積分するために，アーベルの加法定理[25]を利用したいと思う．ただし，[アーベルの加法定理に包摂されている事柄のうち] この論文で後に必要とされることになる部分[26]のみに限定して利用することにする．

　s と z のある有理関数の，いたるところで有限な積分 w において，独立変化量とし，s と z の m 組の値の組に対して一位の無限大になるという性質をもつ，s と z の有理関数 ζ を採用しよう．そのとき，$\partial w/\partial z$ は ζ の m 価関数である．同一の ζ に対する w の m 個の値を $w^{(1)}, w^{(2)}, \cdots, w^{(m)}$ で表すと，

$$\frac{\partial w^{(1)}}{\partial \zeta}+\frac{\partial w^{(2)}}{\partial \zeta}+\cdots+\frac{\partial w^{(m)}}{\partial \zeta}$$

は ζ の一価関数であり，その積分はいたるところで有限である．よって

$$\int \partial(w^{(1)}+w^{(2)}+\cdots+w^{(m)})$$

もまたいたるところで一価かつ有限である．したがって，ある定量に等しい[27]．同様に，$\omega^{(1)}, \omega^{(2)}, \cdots, \omega^{(m)}$ は s と z のある有理関数の任意の積分 ω の，同一の ζ に対応する値を表すとすると，$\int \partial(\omega^{(1)}+\omega^{(2)}+\cdots+\omega^{(m)})$ は，ある加法的定量は別にして，ω の不連続点の情報を通じて認識される．具体的にいうと，この積分はある有理関数と，ζ のいくつかの有理関数の対数に定係数をつけてつくられる総和として表示されるのである[28]．

　この定理を用いると，いまここで明らかにされなければならないように，方程式 $F(s,z)=0$ をみたす s と z の $p+1$ 組の値の組 $(s_1, z_1), (s_2, z_2), \cdots, (s_{p+1}, z_{p+1})$ の間に成立する次のような p 個の同時微分方程式

$$\frac{\varphi_{\pi}(s_1, z_1)\partial z_1}{\frac{\partial F(s_1, z_1)}{\partial s_1}}+\frac{\varphi_{\pi}(s_2, z_2)\partial z_2}{\frac{\partial F(s_2, z_2)}{\partial s_2}}+\cdots+\frac{\varphi_{\pi}(s_{p+1}, z_{p+1})\partial z_{p+1}}{\frac{\partial F(s_{p+1}, z_{p+1})}{\partial s_{p+1}}}=0$$

$$(\pi=1, 2, \cdots, p)$$

は一般的に積分される．言い換えると，完全に積分される[29]．

これらの微分方程式により，量の組 (s_μ, z_μ) のうちの p 組は，残る一組の量の組のある任意の値に対応する値が与えられたなら，そのときその一組の量の組の関数として完全に確定する．そこで，これらの $p+1$ 組の量の組を**ある一つの変化量** ζ **の関数**として適切に定めて，この量 ζ の同一の値 0 に対して**任意の**与えられた初期値 $(s_1^0, z_1^0), (s_2^0, z_2^0), \cdots, (s_{p+1}^0, z_{p+1}^0)$ をとるようにして，しかも提示された微分方程式をみたすようにすれば，提示された微分方程式はそれで一般的に積分されたことになるのである．さて，量 $1/\zeta$ を (s, z) の一価関数，したがって $[s \text{ と } z \text{ の}]$ 有理関数として適切に定めて，$p+1$ 組の値の組 (s_μ^0, z_μ^0) のすべて，もしくはいくつかに対してのみ無限大になり，しかもその際，単に一位の無限大になるにすぎないようにすることができる．これはつねに可能である．なぜなら，表示式

$$\sum_{\mu=1}^{\mu=p+1} \beta_\mu t(s_\mu^0, z_\mu^0) + \sum_{\mu=1}^{\mu=p} \alpha_\mu w_\mu + 定量$$

において，量 α と β の関係を適切に定めて，周期モジュールがすべて 0 になるようにすることはつねに可能だからである．そのようにするとき，もしどの β も 0 ではないならば，ζ の $(p+1)$ 価等分岐関数 s と z の $p+1$ 個の分枝 $(s_1, z_1), (s_2, z_2), \cdots, (s_{p+1}, z_{p+1})$ で，$\zeta=0$ に対して値 $(s_1^0, z_1^0), (s_2^0, z_2^0), \cdots, (s_{p+1}^0, z_{p+1}^0)$ をとるものが，解くべき微分方程式をみたすのである．だが，量 β のうちのいくつか，たとえば後半の $p+1-m$ 個が 0 になるとするならば，解くべき微分方程式は，ζ の m 価関数 s と z の m 個の分枝 $(s_1, z_1), (s_2, z_2), \cdots, (s_m, z_m)$ で，$\zeta=0$ に対して $(s_1^0, z_1^0), (s_2^0, z_2^0), \cdots, (s_m^0, z_m^0)$ に等しくなるものと定量，すなわち，量 $s_{m+1}, z_{m+1}; \cdots; s_{p+1}, z_{p+1}$ の初期値に等しい値 $s_{m+1}^0, \cdots, z_{p+1}^0$ によってみたされる．この場合，諸量

$$\frac{\partial z_\mu}{\dfrac{\partial F(s_\mu, z_\mu)}{\partial s_\mu}}$$

の間に成立する p 個の一次同次方程式

$$\sum_{\mu=1}^{\mu=m} \frac{\varphi_\pi(s_\mu, z_\mu) \partial z_\mu}{\dfrac{\partial F(s_\mu, z_\mu)}{\partial s_\mu}} = 0 \qquad (n=1, 2, \cdots, p)$$

のうち，$p+1-m$ 個の方程式は，他の方程式からの帰結として得られる．これより $p+1-m$ 個の条件方程式が生じるが，このような場合が実際に生起するためには，それらの条件方程式は関数 $(s_1, z_1), \cdots, (s_m, z_m)$ の間で，したがってその初期値 $(s_1^0, z_1^0), \cdots, (s_m^0, z_m^0)$ の間でもまたみたされなければならない．それゆえこれらの関数のうち，すでに見た（第 5 節）ように，任意に与えることができるのは $2m-p-1$ 個のみなのである．

さて，積分

$$\int \frac{\varphi_\pi(s, z)\partial z}{\frac{\partial F(s, z)}{\partial s}} + 定量$$

は，T' の内部を通って行われるものとして，これを w_π と等置しよう．また，第 ν 番目の切断線に対する w_π の周期モジュールを $k_\pi^{(\nu)}$ と等置しよう．すると，量の組 (s, z) の関数 $w_1, w_2, \cdots, w_p$ は，点 (s, z) が第 ν 番目の切断線の負の側から正の側へ移行する際に，$k_1^{(\nu)}, k_2^{(\nu)}, \cdots, k_p^{(\nu)}$ だけ変化する．いま，p 個の量の系 $(b_1, b_2, \cdots, b_p)$ は，もう一つの量の系 $(a_1, a_2, \cdots, a_p)$ におけるすべての量を，一揃いのモジュールの分だけ同時に変化させることによって得られるとしよう．このとき，表記を簡単にするため，$(b_1, b_2, \cdots, b_p)$ は**一揃いの $2p$ 個のモジュールの系に関して** $(a_1, a_2, \cdots, a_p)$ と**合同**であるということにする．したがって，第 ν 番目のモジュールの系における第 π 番目の量を $k_\pi^{(\nu)}$ とすると，$\pi = 1, 2, \cdots, p$ に対して，$m_1, m_2, \cdots, m_{2p}$ は整数として，

$$b_\pi = a_\pi + \sum_{\nu=1}^{\nu=2p} m_\nu k_\pi^{(\nu)}$$

というふうになるとき，

$$(b_1, b_2, \cdots, b_p) \equiv (a_1, a_2, \cdots, a_p)$$

と称されるのである．

p 個の任意の量 $a_1, a_2, \cdots, a_p$ を $a_\pi = \sum_{\nu=1}^{\nu=2p} \xi_\nu k_\pi^{(\nu)}$ という形に適切に書き表して，$2p$ 個の量 ξ が実量であるようにすることができる．これはつねに，しかもただ一通りの仕方で可能である．そうして，これらの量 ξ を整数の分だけ変えることにより，あらゆる合同系が生じる．しかも合同な系だけが生じる．それゆえ，もしこれらの式において，どの量 ξ についても，それを変動させて，ある任意の値からそれよりも 1 だけ大きい値までのすべての値の上を，両端の値も含めて連続的に走らせれば，どの系列からも合同系が一つ，しかもただ一つだけ得られるのである．

このように設定するとき，上記の微分方程式から，言い換えると，p 個の方程式

$$\sum_{\mu=1}^{\mu=p+1} dw_\pi^{(\mu)} = 0 \quad (\pi = 1, 2, \cdots, p)$$

から積分することにより，

$$(\sum w_1^{(\mu)}, \sum w_1^{(\mu)}, \cdots, \sum w_1^{(\mu)}) \equiv (c_1, c_2, \cdots, c_p)$$

が導かれる．ここで，$c_1, c_2, \cdots, c_p$ は値 (s^0, z^0) に依存する定量である．

—16—

ζ を s と z の二つの整関数の商として χ/ψ というふうに表示すると, 量の組 $(s_1, z_1), \cdots, (s_m, z_m)$ は方程式 $F=0$ と $\chi/\psi=\zeta$ との共通根である. 整関数

$$\chi - \zeta\psi = f(s, z)$$

は, χ と ψ の値を同時に 0 にするという性質をもつすべての値の組に対して, ζ が何であってもやはり 0 になる. よって, 量の組 $(s_1, z_1), \cdots, (s_m, z_m)$ は方程式 $F=0$ と, ある方程式 $f(s, z)=0$ との共通根として規定することも可能である. その際, 方程式 $f(s, z)=0$ の係数を適切に変化させて, 他のすべての共通根が一定の値を保持するようにするのである. もし $m < p+1$ ならば, ζ は $\varphi^{(1)}/\varphi^{(2)}$ という形に表示され(第10節), f は

$$\varphi^{(1)} - \zeta\varphi^{(2)} = \varphi^{(3)}$$

という形になる. それゆえ p 個の方程式

$$\sum_{\mu=1}^{\mu=p} dw_\pi^{(\mu)} = 0 \qquad (\pi = 1, 2, \cdots, p)$$

をみたす関数の組 $(s_1, z_1), \cdots, (s_p, z_p)$ の最も一般的な値は, 方程式 $F=0$ と $\varphi=0$ の p 個の共通根としてつくられる. その際, それらの p 個の共通根は適宜変化するが, その変化の様式は, 残る共通根が一定値を保持するというふうになっている. これより容易に, 後に必要になる定理が導かれる. すなわち, $2p-2$ 組の量の組 $(s_1, z_1), \cdots, (s_{2p-2}, z_{2p-2})$ のうちの $p-1$ 組を, 残る $p-1$ 組の量の組の関数として適切に定めて, p 個の方程式

$$\sum_{\mu=1}^{\mu=2p-2} dw_\pi^{(\mu)} = 0 \qquad (\pi = 1, 2, \cdots, p)$$

がみたされるようにするという問題は, これらの $2p-2$ 組の量の組として, 方程式 $F=0$ と $\varphi=0$ の共通根のうち, r 個の根 $s=\gamma_\rho$, $z=\delta_\rho$ (第6節) とは異なる根, 言い換えると, dw の値を二位の無限小にするような $2p-2$ 組の値の組をとれば, 完全に一般的に解決されるのである[30]. それゆえ, この問題はただ**一つの解**を許容することになる. このような量の組は, **方程式 $\varphi=0$ を通じて結び合わされている**と称されるのがふさわしい. 方程式

$$\sum_{1}^{2p-2} dw_\pi^{(\mu)} = 0$$

により, このような量の組にわたる和

$$\left(\sum_{1}^{2p-2} w_1^{(\mu)}, \sum_{1}^{2p-2} w_2^{(\mu)}, \cdots, \sum_{1}^{2p-2} w_p^{(\mu)} \right)$$

は, ある定量系 $(c_1, c_2, \cdots, c_p)$ と合同になる. ここで, c_π は関数 w_π における加法的

定量にのみ，すなわち，その関数を表示する積分の初期値にのみ依存する．

第二部
―17―

$(2p+1)$ 重連結代数関数[1] の積分に関するいっそう立ち入った研究のためには，無限 p 重 θ 級数，すなわち，その一般項の対数が総和指数の二次整関数になるような p 重無限級数の考察がきわめて有益である．その二次整関数において，$m_1, m_2, \cdots, m_p$ を総和指数とする項を観察すると，平方項 m_μ^2 の係数は $a_{\mu,\mu}$ に等しく，二重積 $m_\mu m_{\mu'}$ の係数は $a_{\mu,\mu'} = a_{\mu',\mu}$ に等しく，量 m_μ の 2 倍の係数は v_μ に等しいというふうになっているものとしよう．この級数の総和は，諸量 m の正または負のあらゆる整数値の上にわたって行われるが，その和は p 個の量 v の関数とみなされて，$\theta(v_1, v_2, \cdots, v_p)$ と表記される．したがって，

$$(1) \qquad \theta(v_1, v_2, \cdots, v_p) = \left(\sum_{-\infty}^{\infty}\right)^p e^{\left(\sum_{1}^{p}\right)^2 a_{\mu,\mu'} m_\mu m_{\mu'} + 2\sum_{1}^{p} v_\mu m_\mu}$$

というふうになる．ここで，冪指数における総和は μ と μ' に関して行われ，外側の総和は $m_1, m_2, \cdots, m_p$ に関して行われる．この級数が収束するためには，$(\sum_{1}^{p})^2 a_{\mu,\mu'} m_\mu m_{\mu'}$ の実部は本質的に負でなければならない．言い換えると，この和を諸量 m の互いに独立な実一次関数の正または負の平方項の和として表示するとき，それは p 個の負の平方項からつくられていなければならないのである．

関数 θ にはこんなふうな性質が備わっている．すなわち，p 個の量 v のいくつかの同時変化系が存在して，それらの同時変化の際に，$\log \theta$ はたかだか諸量 v のある一次関数の分だけ変化する．しかも，$2p$ 個の互いに独立な変化系 (すなわち，それらのうちのどれ一つも，残る系の帰結として得られたりすることのないような系) が存在する．実際，関数記号 θ のもとで，

$$(2) \qquad \theta = \theta(v_\mu + \pi i)$$

となる．また，θ を表示する級数において総和指数 m_μ を $m_\mu + 1$ に変えれば即座に明らかになるように，

$$(3) \qquad \theta = e^{2v_\mu + a_{\mu,\mu}} \theta(v_1 + a_{1,\mu}, v_2 + a_{2,\mu}, \cdots, v_p + a_{p,\mu})$$

となる．ここで，不変に保たれる諸量 v については，書き添えるのを省略した．m_μ を $m_\mu + 1$ に変えても θ の値は不変に保たれるが，その表示式の形状は右辺に移行するのである．

関数 θ はこれらの関係式と，いたるところで有限性を保持するという性質とによって，定因子は別にして確定する．実際，後者の性質と関係式 (2) から帰結するよ

うに，θ は $e^{2v_1}, e^{2v_2}, \cdots, e^{2v_p}$ の，有限な v に対応して有限値をとる一価関数である．したがって θ は，

$$\left(\sum_{-\infty}^{\infty}\right)^p A_{m_1,m_2,\cdots,m_p} e^{2\sum_1^p v_\mu m_\mu}$$

という形の，定係数 A をもつ p 重無限級数に展開される．ところが，関係式 (3) から明らかになるように，

$$A_{m_1,\cdots,m_\nu+1,\cdots,m_p} = A_{m_1,\cdots,m_\nu,\cdots,m_p} e^{2\sum_1^p a_{\mu,\nu} m_\mu + a_{\nu,\nu}}$$

となる．したがって，

$$A_{m_1,\cdots,m_p} = (定量) \cdot e^{\left(\sum_1^p\right)^2 a_{\mu,\mu'} m_\mu m_{\mu'}}$$

となるのである．これが，証明しなければならないことであった．

それゆえこれらの性質を利用して，関数 θ を規定することが可能である．諸量 v の同時変化系のうち，それらによる $\log \theta$ の変化がたかだか諸量 v の一次関数にすぎないという性質を備えているものは，この θ 関数における**独立変化量の一揃いの周期モジュール系**と呼ぶのがふさわしい．

—18—

さて，私は p 個の量 $v_1, v_2, \cdots, v_p$ として，ある変化量 z と，その変化量のある $(2p+1)$ 重連結代数関数 s との有理関数の，つねに有限性を保持する p 個の積分[2] $u_1, u_2, \cdots, u_p$ を取り上げたいと思う．また，諸量 v の一揃いの周期モジュールとして，これらの積分の一揃いの（すなわち，同一の切断線に起因して生じる）周期モジュールを採用する．するとその結果，$\log \theta$ は**一つの変化量 z の関数**に移行することになる．この関数は，z が任意に連続的に変化していった後に，s と z が再び，以前すでに獲得したことのある値をとるとき，諸量 u の一次関数の分だけ変化する．

まず第一に，どのような $(2p+1)$ 重連結 [代数] 関数 s に対しても，上記のような採択が可能であることを示さなければならない．そのためには，面 T の切断は $2p$ 本の自己回帰する切断線 $a_1, a_2, \cdots, a_p, b_1, b_2, \cdots, b_p$ に沿って切ることにより生起するものとして，しかも下記の諸条件が満たされるようにしなければならない．すなわち，$u_1, u_2, \cdots, u_p$ を適当に選定して，切断線 a_μ における u_μ の周期モジュールは πi に等しく，他の切断線 a における周期モジュールは 0 に等しくなるようにする．また，切断線 b_ν における u_μ の周期モジュールを $a_{\mu,\nu}$ で表すとき，$a_{\mu,\nu} = a_{\nu,\mu}$ とならなければならない．しかも $\sum_{\mu,\mu'} a_{\mu,\mu'} m_\mu m_{\mu'}$ の実部は，p 個の量 m のあらゆる実（整数）値に対して負でなければならない．

面 T の切り開きは、これまでのように単に自己回帰する切断線に沿って行われるというだけではなく、こんなふうに遂行されるものとする。まず、面をいくつかの断片に切り離さずに自己回帰する切断 a_1 を遂行し、続いて切断線 b_1 を、a_1 の正の側から負の側に向かって、出発点に立ち返ってくるように描こう。その際、境界は**ただ一本**の境界線から形成されるようにする。次に、(もし面がまだ単連結にならないなら)面をいくつかの断片に切り離すことのない第三の切断線を、この境界線上のある任意の点から、ある任意の境界点にいたるまで——したがってその切断線上のある先行点まででもかまわないことになるが——引くことができる。そこでその切断を遂行すると、この切断線は自己回帰する線 a_2 と、a_2 に先行する線 c_1 とで構成されている。c_1 は、先ほどの切断線系を a_2 と結ぶ線である。続く切断線 b_2 を、a_2 の正の側から負の側に向かって、始点に立ち返ってくるようにして描こう。その際、境界は今度もまた**ただ一本**の境界線から形成されるようにする。さらに、もし必要なら再度、同一の点を始点かつ終点とする二本の切断線 a_3 と b_3、および線 a_2 と b_2 からなる系を a_3 と b_3 の系と結ぶ線 c_2 とを用いて、新たな切断が生起する可能性もある。面が単連結になるまでこの手順を継続していけば、それぞれある同一の点を始点かつ終点とする二本の線からなる p 組の線 a_1 と b_1、a_2 と b_2、$\cdots$、a_p と b_p と、それらの各々の線の組を、それに続く線の組に結ぶ $p-1$ 本の線 $c_1, c_2, \cdots, c_{p-1}$ から構成される切断線の網が得られる。c_ν は b_ν 上のある点から出発して、$a_{\nu+1}$ 上のある点に向かって進んでいくものとしてよい。この切断線網はこんなふうにして生じると考えられる。すなわち、第 $(2\nu-1)$ 番目の切断線は $c_{\nu-1}$ と、$c_{\nu-1}$ の終点から出発してその終点に立ち返ってくる線 a_ν からなる。また、第 2ν 番目の切断線は a_ν の**正**の側から**負**の側に向かって描かれた線 b_ν からなる。このような切断を遂行していくと、面の境界は、偶数回の切断の後には**一本**の境界線からなり、奇数回の切断の後には**二本**の境界線からなる。

このような切断を遂行すると、s と z の有理関数の、いたるところで有限な積分 w は線 c の両側で同一の値をとる。なぜなら、線 c に先行して生じる境界の全体は**一本**の境界線でつくられているが、その境界線に沿って線 c の一方の側から他方の側にいたるまで積分を行うとき、積分 $\int dw$ の積分域は、線 c に先行して生じる切断線の構成要素の各々の上に、方向を反対にしながら二度にわたって広がっているからである。それゆえこのような関数は、線 a と b は除外して、面 T においていたるところで連続である。面 T をこれらの線に沿って切り開き、そのようにして得られる面を T'' で表そう。

—20—

さて，$w_1, w_2, \cdots, w_p$ は上述したような互いに独立な関数としよう．また，w_μ の周期モジュールは，切断線 a_ν に沿うときは $A_\mu^{(\nu)}$ に等しく，切断線 b_ν に沿うときは $B_\mu^{(\nu)}$ に等しいとしよう．このとき，面 T'' を正の向きに一周して遂行される積分 $\int w_\mu dw_{\mu'}$ は 0 に等しい．なぜなら，この積分記号下の関数はいたるところで有限であるから．この積分では，諸線 a と b のどれに沿っても，一回は正の方向に，一回は負の方向に，二度にわたって積分が行われている．前者の積分の過程では，その線は正の側に位置する領域の境界線としての役割を果たしている．この場合，w_μ としては，正の側での値，すなわち w_μ^+ を採用しなければならない．一方，後者の積分の過程では，w_μ としては負の側での値，すなわち w_μ^- を採用しなければならない．したがって，この積分は線 a と b に沿って行われるあらゆる積分 $\int (w_\mu^+ - w_\mu^-) dw_{\mu'}$ の総和に等しい．線 b は線 a の正の側から負の側に向かって描かれている．したがって，線 a は線 b の負の側から正の側に向かって描かれていることになる．それゆえ線 a_ν に沿う積分は

$$\int A_\mu^{(\nu)} dw_{\mu'} = A_\mu^{(\nu)} \int dw_{\mu'} = A_\mu^{(\nu)} B_{\mu'}^{(\nu)}$$

に等しく，線 b_ν に沿う積分は

$$\int B_\mu^{(\nu)} dw_{\mu'} = -B_\mu^{(\nu)} A_{\mu'}^{(\nu)}$$

に等しい．したがって，面 T'' を正の向きに一周して遂行される積分 $\int w_\mu dw_{\mu'}$ は

$$\sum_\nu (A_\mu^{(\nu)} B_{\mu'}^{(\nu)} - B_\mu^{(\nu)} A_{\mu'}^{(\nu)})$$

に等しい．したがって，この和は 0 になる．この方程式は関数 $w_1, w_2, \cdots, w_p$ のうちの二つずつに対して成立する．したがって，これらの関数の周期モジュールの間に $p(p-1)/(1 \cdot 2)$ 個の関係式が与えられることになる．

関数 w として関数 u を取り上げよう．言い換えると，$A_\mu^{(\nu)}$ は μ と異なる v に対しては 0 に等しくなり，しかも $A_\nu^{(\nu)} = \pi i$ となるように選定しよう．そのとき上記の関係式は $B_{\mu'}^{(\mu)} \pi i - B_\mu^{(\mu')} \pi i = 0$，すなわち $a_{\mu, \mu'} = a_{\mu', \mu}$ に移行する．

—21—

さらに諸量 a には，先ほど必要であることが判明した第二の性質が備わっていることを示さなければならない．

$w = \mu + \nu i$ とおこう．また，この関数の，切断線 a_ν に沿う周期モジュールを $A^{(\nu)} = \alpha_\nu + \gamma_\nu i$ とおき，切断線 b_ν に沿う周期モジュールを $B^{(\nu)} = \beta_\nu + \delta_\nu i$ とおこう．このと

き,面 T'' の全域にわたって遂行される積分

$$\int\left(\left(\frac{\partial\mu}{\partial x}\right)^2+\left(\frac{\partial\mu}{\partial y}\right)^2\right)dT$$

すなわち

$$\int\left(\frac{\partial\mu}{\partial x}\frac{\partial\nu}{\partial y}-\frac{\partial\mu}{\partial y}\frac{\partial\nu}{\partial x}\right)dT \text{ *4)}$$

は,T'' を正の向きに一周して行われる境界積分 $\int\mu d\nu$ に等しい.したがって,線 a と b に沿う積分 $\int(\mu^+-\mu^-)d\nu$ の総和に等しい.線 a_ν に沿う積分は $a_\nu\int d\nu=a_\nu\delta_\nu$ に等しく,線 b_ν に沿う積分は $\beta_\nu\int d\nu=-\beta_\nu\gamma_\nu$ に等しい.したがって,

$$\int\left(\left(\frac{\partial\mu}{\partial x}\right)^2+\left(\frac{\partial\mu}{\partial y}\right)^2\right)dT=\sum_{\nu=1}^{\nu=p}(\alpha_\nu\delta_\nu-\beta_\nu\gamma_\nu)$$

となる.それゆえこの和はつねに正である.

そこで,w として $u_1m_1+u_2m_2+\cdots+u_pm_p$ を採用すれば,量 a の,証明すべき性質が明るみに出される.実際,その場合,$A^{(\nu)}=m_\nu\pi i$,$B^{(\nu)}=\sum_\mu a_{\mu,\nu}m_\mu$ となる.したがって,a_ν はつねに 0 に等しい.そうして,

$$\int\left(\left(\frac{\partial\mu}{\partial x}\right)^2+\left(\frac{\partial\mu}{\partial y}\right)^2\right)dT=-\sum\beta_\nu\gamma_\nu=-\pi\sum m_\nu\beta_\nu$$

となる.すなわち,この積分は $-\pi\sum_{\mu,\nu}a_{\mu,\nu}m_\mu m_\nu$ の実部に等しい.したがって,その実部は諸量 m のあらゆる実数値に対して正になるのである.

—22—

さて,第 17 節の θ 級数 (1) において,$a_{\mu,\mu'}$ として,切断線 $b_{\mu'}$ における関数 u_μ の周期モジュールを用いよう.また,v_μ として $u_\mu-e_\mu$ を用いよう.ここで,$e_1, e_2, \cdots, e_p$ は任意の定量を表すものとする.このようにすると,T の各点において一意的に確定する z の関数

$$\theta(u_1-e_1, u_2-e_2, \cdots, u_p-e_p)$$

が得られる.関数 u の線 b に沿う値として,b の両側での値の平均値を与えるとき,上記の関数は線 b は別にして連続かつ有限である.また,線 b_ν の正の側での値は,負の側における値の $e^{-2(u_\nu-e_\nu)}$ 倍になっている.この関数がどれだけ多くの T' の点において,言い換えると,どれだけ多くの s と z の値の組に対して一位の無限小になるかという状勢を知るには,T' を正の向きに一周して遂行される境界積分 $\int d\log\theta$ を考察すればよい.なぜなら,この積分はそのような点の個数に $2\pi i$ を乗じたものに等しいからである.他方,この積分はあらゆる切断線 a, b および c に沿う積分

---

*4) この積分は,w が T'' の内部でとる価の全体を,w 平面上に表示する面の面積を表している.

3. アーベル関数の理論

$$\int (d\log\theta^+ - d\log\theta^-)$$

の総和に等しい．この積分の線 a と c に沿う値は 0 に等しいが，b_ν に沿う積分は $-2\int du_\nu = 2\pi i$ に等しい．したがって，あらゆる積分の総和は $p2\pi i$ に等しくなる．それゆえ関数 θ は面 T' の p 個の点において一位の無限小になる．それらの点を $\eta_1, \eta_2, \cdots,$ η_p で表そう．

これらの点の一つのまわりを点 (s,z) が正の方向に一回転するとき，$\log\theta$ は $2\pi i$ だけ増加する．また，切断線の組 a_ν と b_ν を正の方向に一周するときには，$\log\theta$ は $-2\pi i$ だけ増加する．そこで，関数 $\log\theta$ をいたるところで一意的に決定するために，各点 η からある一組の線に向かって，面の内部を通って切断線を引くことにしよう．すなわち，η_ν から a_ν と b_ν に向かって，しかもそれらの共通の始点でもあり，終点でもある点に向けて切断線 l_ν を引こう．すると，そのようにして生じる面 T^* において，関数 $\log\theta$ はいたるところで連続になる．そのとき，この関数は線 l の正の側では $-2\pi i$ だけ，線 a_ν の正の側では $g_\nu 2\pi i$ だけ，そして線 b_ν の正の側では $-2(u_\nu - e_\nu) - h_\nu 2\pi i$ だけ，それぞれ負の側におけるよりも大きい．ここで，g_ν と h_ν は整数を表している．

点 η の位置と数 g と h の値は量 e に依存する．この依存の仕方は次のようにして精密に規定される．T^* を正の向きに一周して遂行される積分 $\int \log\theta du_\mu$ は 0 に等しい．なぜなら，関数 $\log\theta$ は T^* において連続だからである．ところがこの積分は，あらゆる切断線 l, a, b および c に沿って行われる積分 $\int (\log\theta^+ - \log\theta^-) du_\mu$ の総和にも等しい．よって，点 η_ν における u_μ の値を $a_\mu^{(\nu)}$ で表すとき，

$$2\pi i \left(\sum_\nu a_\mu^{(\nu)} + h_\mu \pi i + \sum_\nu g_\nu a_{\nu,\mu} - e_\mu + k_\mu \right)$$

に等しいことが判明する．ここで，k_μ は量 e, g, h に依存せず，点 η の位置にも依存しない．こうしてこの式は 0 に等しいことになる．

量 k_μ は関数 u_μ の選択に依存する．関数 u_μ は，切断線 a_μ に沿って周期モジュール πi をとり，他の切断線 a に沿って周期モジュール 0 をとるという条件を課すと，加法的定量のみは別にして決定される．そこで，u_μ として新たに定量 c_μ だけ大きい関数をとり，それと同時に e_μ として新たに c_μ だけ大きい量をとってみよう．そのようにしても関数 θ は不変であるから，点 η と量 g と h もまた不変である．だが，点 η_ν における u_μ の値は $a_\mu^{(\nu)} + c_\mu$ になる．それゆえ，k_μ は $k_\mu - (p-1)c_\mu$ に移行するが，これは，定量 c_μ として $c_\mu = k_\mu/(p-1)$ を採用すれば 0 になる．

こうして，上記の考察の帰結として明らかになるように，関数 u における加法的定量，言い換えると，これらの関数を表示する積分における初期値を適当に定めて，

$\log \theta(v_1, \cdots, v_p)$ において v_μ のところに $u_\mu - \sum a_\mu^{(\nu)}$ を代入することにより，こんなふうな関数が得られる．すなわち，その関数は点 η において対数的に無限大になる．また，T^* を通じて連続的に接続され，線 l の正の側では $-2\pi i$ だけ，線 a の正の側では 0 だけ，そうして線 b_ν の正の側では $-2(u_\nu - \sum a_\nu^{(\mu)})$ だけ，それぞれ負の側におけるよりも大きいという性質が備わっている．これらの初期値を決定するため，後に，上記のように k_μ に対する積分表示を利用するよりも簡単な方法が提示されるであろう．

—23—

関数 u の $2p$ 個のモジュール系（第 15 節）に関して
$$(u_1, u_2, \cdots, u_p) \equiv (a_1^{(p)}, a_2^{(p)}, \cdots, a_p^{(p)})$$
したがって，
$$(v_1, v_2, \cdots, v_p) \equiv \left(-\sum_1^{p-1} a_1^{(\nu)}, -\sum_1^{p-1} a_2^{(\nu)}, \cdots, -\sum_1^{p-1} a_p^{(\nu)}\right)$$
とおくと，$\theta=0$ となる．逆に，もし $v_\mu = r_\mu$ とするとき $\theta=0$ となるなら，$(r_1, r_2, \cdots, r_p)$ は
$$\left(-\sum_1^{p-1} a_1^{(\nu)}, -\sum_1^{p-1} a_2^{(\nu)}, \cdots, -\sum_1^{p-1} a_p^{(\nu)}\right)$$
という形の量系と合同になる．実際，η_p を任意に選んで $v_\mu = u_\mu - a_\mu^{(p)} + r_\mu$ とおくと，関数 θ は，η_p において一位の無限小になるほか，他の $p-1$ 個の点においても一位の無限小になる．そこでそれらの点を $\eta_1, \eta_2, \cdots, \eta_{p-1}$ で表すと，
$$\left(-\sum_1^{p-1} a_1^{(\nu)}, -\sum_1^{p-1} a_2^{(\nu)}, \cdots, -\sum_1^{p-1} a_p^{(\nu)}\right) \equiv (r_1, r_2, \cdots, r_p) \qquad (3)$$
となるのである．

関数 θ は，すべての量 v を反対符号の量に変えても不変である．実際，$\theta(v_1, v_2, \cdots, v_p)$ を表示する級数においてすべての総和指数 m を反対符号に変えると，$-m_\nu$ は m_ν と同一の諸値の上を渡り歩いていくので，そのようにしてもこの級数の値は不変である．だが，$\theta(v_1, v_2, \cdots, v_p)$ は $\theta(-v_1, -v_2, \cdots, -v_p)$ に移行するのである．

さて，点 $\eta_1, \eta_2, \cdots, \eta_{p-1}$ を任意にとると，
$$\theta\left(-\sum_1^{p-1} a_1^{(\nu)}, -\sum_1^{p-1} a_2^{(\nu)}, \cdots, -\sum_1^{p-1} a_p^{(\nu)}\right) = 0$$
となる．したがって，いましがた注意を喚起されたように関数 θ は偶関数であるから，
$$\theta\left(\sum_1^{p-1} a_1^{(\nu)}, \sum_1^{p-1} a_2^{(\nu)}, \cdots, \sum_1^{p-1} a_p^{(\nu)}\right) = 0$$
ともなる．よって，$p-1$ 個の点 $\eta_p, \eta_{p-1}, \cdots, \eta_{2p-2}$ を適切に定めて，

$$\left(\sum_1^{p-1} a_1^{(\nu)}, \cdots, \sum_1^{p-1} a_p^{(\nu)}\right) \equiv \left(-\sum_p^{2p-2} a_1^{(\nu)}, \cdots, -\sum_p^{2p-2} a_p^{(\nu)}\right)$$

したがって,

$$\left(\sum_1^{2p-2} a_1^{(\nu)}, \cdots, \sum_1^{2p-2} a_p^{(\nu)}\right) \equiv (0, \cdots, 0)$$

となるようにすることができる.この場合,後半の $p-1$ 個の点の位置は前半の $p-1$ 個の点の位置に依存するが,その依存の仕方は,それらの点の連続的変化に伴って $\sum_1^{2p-2} da_\pi^{(\nu)} = 0 \, (\pi=1, 2, \cdots, p)$ となるというふうになっている.したがって点 η は,ある dw がそこにおいて一位の無限小になるという性質を備えた $2p-2$ 個の点なのである(第16節).言い換えると,点 η_ν における量の組 (s, z) の値を (σ_ν, ζ_ν) で表すと,$(\sigma_1, \zeta_1), \cdots, (\sigma_{2p-2}, \zeta_{2p-2})$ は方程式 $\varphi=0$ で結ばれる値の組になっている(第16節).

したがって積分 u の,ここで選ばれた初期値に対して,

$$\left(\sum_1^{2p-2} u_1^{(\nu)}, \cdots, \sum_1^{2p-2} u_p^{(\nu)}\right) \equiv (0, \cdots, 0)$$

となる.ここで,さまざまな総和が行われる場は,方程式 $F=0$ と方程式 $c_1\varphi_1 + c_2\varphi_2 + \cdots + c_p\varphi_p = 0$ の,**量の組 (γ_p, δ_p) (第6節)とは異なる共通根の全体である.定量 c は任意である.**

ある s と z の有理関数 ξ は m 回にわたって一位の無限小になるとし,この関数がある同一の値をとる m 個の点を $\varepsilon_1, \varepsilon_2, \cdots, \varepsilon_m$ としよう.また,$u_\pi^{(\mu)}, s_\mu, z_\mu$ は点 ε_μ における u_π, s, z の値としよう.このとき,$(\sum_1^m u_1^{(\mu)}, \sum_1^m u_1^{(\mu)}, \cdots, \sum_1^m u_p^{(\mu)})$ はある一定の,すなわち量 ξ の値に依存しない量系 $(b_1, b_2, \cdots, b_p)$ と合同である(第15節).この場合,ある一つの点 ε の位置がどのようであっても,他の諸点の位置を適切に定めて,

$$\left(\sum_1^m u_1^{(\mu)}, \cdots, \sum_1^m u_p^{(\mu)}\right) \equiv (b_1, \cdots, b_p)$$

となるようにすることができる.それゆえ,点 (s, z) と $p-m$ 個の点 η の位置がどのようであっても,点 ε の一つを (s, z) と一致させることにより,もし $m=p$ なら $(u_1-b_1, u_2-b_2, \cdots, u_p-b_p)$ を,また,もし $m<p$ ならば

$$\left(u_1 - \sum_1^{p-m} a_1^{(\nu)} - b_1, \cdots, u_p - \sum_1^{p-m} a_p^{(\nu)} - b_p\right)$$

を,$(-\sum_1^{p-1} a_1^{(\nu)}, \cdots, -\sum_1^{p-1} a_p^{(\nu)})$ という形に帰着させることができる.したがって,

$$\theta\left(u_1 - \sum_1^{p-m} a_1^{(\nu)} - b_1, \cdots, u_p - \sum_1^{p-m} a_p^{(\nu)} - b_p\right)$$

は,量の組 (s, z) と $p-m$ 組の量の組 (σ_ν, ζ_ν) のどのような値に対しても0に等しい.

第22節の探究から，派生的命題として，任意の与えられた量系 $(e_1, \cdots, e_p)$ は，もし関数 $\theta(u_1-e_1, \cdots, u_p-e_p)$ が恒等的に 0 にならないなら，つねに一つ，しかもただ一つの $(\sum_1^p \alpha_1^{(\nu)}, \cdots, \sum_1^p \alpha_p^{(\nu)})$ という形の量系と合同になることが明らかになる．というのは，諸点 η は，この関数がそこにおいて 0 になるような p 個の点でなければならないはずだからである．他方，もし $\theta(u_1^{(p)}-e_1, \cdots, u_p^{(p)}-e_p)$ が (s_p, z_p) のどの値に対しても 0 になるとするなら，

$$(u_1^{(p)}-e_1, \cdots, u_p^{(p)}-e_p) \equiv \left(-\sum_1^{p-1} u_1^{(\nu)}, \cdots, -\sum_1^{p-1} u_p^{(\nu)}\right)$$

と設定することができる（第23節）．したがって，量の組 (s_p, z_p) のどの値に対しても，量の組 $(s_1, z_1), \cdots, (s_{p-1}, z_{p-1})$ を適切に定めて，

$$\left(\sum_1^p u_1^{(\nu)}, \cdots, \sum_1^p u_p^{(\nu)}\right) \equiv (e_1, \cdots, e_p)$$

となるようにすることができる．よって，(s_p, z_p) が連続的に変化する際に，$\sum_1^p du_\pi^{(\nu)}=0$ ($\pi=1,2,\cdots,p$) となる．それゆえ，p 組の量の組 (s_ν, z_ν) は，ある方程式 $\varphi=0$ の，量の組 $(\gamma_\rho, \delta_\rho)$ とは異なる p 個の根になるのである．この場合，この方程式の係数は，他の $p-2$ 個の根が一定値を保持するような様式で変化する．それらの $p-2$ 組の s と z の値の組に対する u_π の値を $u_\pi^{(p+1)}, u_\pi^{(p+2)}, \cdots, u_\pi^{(2p-2)}$ で表すと，

$$\left(\sum_1^{2p-2} u_1^{(\nu)}, \cdots, \sum_1^{2p-2} u_p^{(\nu)}\right) \equiv (0, \cdots, 0)$$

となる．したがって，

$$(e_1, \cdots, e_p) \equiv \left(-\sum_{p+1}^{2p-2} u_1^{(\nu)}, \cdots, -\sum_{p+1}^{2p-2} u_p^{(\nu)}\right)$$

となる．逆に，もしこの合同式が成立するなら，

$$\theta(u_1^{(p)}-e_1, \cdots, u_p^{(p)}-e_p) = \theta\left(\sum_p^{2p-2} u_1^{(\nu)}, \cdots, \sum_1^{2p-2} u_p^{(\nu)}\right) = 0$$

となる．

　したがって任意の与えられた量系 $(e_1, \cdots, e_p)$ は，もし $(-\sum_1^{p-2} \alpha_1^{(\nu)}, \cdots, -\sum_1^{p-2} \alpha_p^{(\nu)})$ という形の量系と合同にならないなら，$(\sum_1^p \alpha_1^{(\nu)}, \cdots, \sum_1^p \alpha_p^{(\nu)})$ という形のただ一つの量系と合同である．もしそのようなことが起こるなら，無限に多くの量系と合同になる[4]．

　さて，

$$\theta\left(u_1-\sum_1^p \alpha_1^{(\mu)}, \cdots, u_p-\sum_1^p \alpha_p^{(\mu)}\right) = \theta\left(\sum_1^p \alpha_1^{(\mu)}-u_1, \cdots, \sum_1^p \alpha_p^{(\mu)}-u_p\right)$$

であるから，θ は (s, z) の関数であるとともに，p 組の量の組 (σ_μ, ζ_μ) の各々の関数

でもある.しかも,(s, z) の関数である様式と (σ_μ, ζ_μ) の各々の関数である様式は完全に類似している.この (σ_μ, ζ_μ) の関数は,値の組 (s, z) に対して,また,方程式 $\varphi=0$ を通じて残る $p-1$ 組の量の組 (σ, ζ) と結ばれる $p-1$ 個の点に対して,0 に等しくなる.実際,それらの点における u_π の値を $\beta_\pi^{(1)}, \beta_\pi^{(2)}, \cdots, \beta_\pi^{(p-1)}$ で表すと,

$$\left(\sum_1^p a_1^{(\mu)}, \cdots, \sum_1^p a_p^{(\mu)}\right) \equiv \left(a_1^{(\mu)} - \sum_1^{p-1} \beta_1^{(\nu)}, \cdots, a_p^{(\mu)} - \sum_1^{p-1} \beta_p^{(\nu)}\right)$$

となる.したがって,η_μ がこれらの点の一つ,もしくは点 (s, z) と一致するとき,$\theta = 0$ となるのである.

—25—

これまでのところで説明を加えてきた関数 θ の諸性質から,$(s, z), (\sigma_1, \zeta_1), \cdots, (\sigma_p, \zeta_p)$ の代数関数の積分による $\log \theta$ の表示式が生じる.

量

$$\log \theta\left(u_1^{(2)} - \sum_1^p a_1^{(\mu)}, \cdots\right) - \log \theta\left(u_1^{(1)} - \sum_1^p a_1^{(\mu)}, \cdots\right)$$

は,これを (σ_μ, ζ_μ) の関数とみると,点 η_μ の位置の関数である.この関数は点 ε_1 では $-\log(\zeta_\mu - z_1)$ と同じ様式で不連続になり,点 ε_2 では $\log(\zeta_\mu - z_2)$ と同じ様式で不連続になる.また,ε_1 から ε_2 に向かって引かれた線の正の側では $2\pi i$ だけ,線 b_v の正の側では $2(u_v^{(1)} - u_v^{(2)})$ だけ,それぞれ負の側におけるよりも大きい.だが,線 b および ε_1 と ε_2 を結ぶ上記の線は別にすると,いたるところで連続である.さて,$\pi^{(\mu)}(\varepsilon_1, \varepsilon_2)$ は (σ_μ, ζ_μ) のある関数を表すとして,この関数は諸線 b は別にすると上記の関数と類似の様式で不連続であり,しかもそのような線の一方の側においてやはりある定量だけ,もう一方の側におけるよりも大きいという性質を備えているとしよう.すると,先ほどの関数はこの関数と比べて,ある (σ_μ, ζ_μ) に依存しない量だけの食い違いしかみられない(第3節).したがって,先ほどの関数は $\sum_1^p \pi^{(\mu)}(\varepsilon_1, \varepsilon_2)$ と比べて,すべての量 (σ, ζ) に依存しない量,したがって (s_1, z_1) と (s_2, z_2) だけに依存する量だけしか食い違っていない.$\pi^{(\mu)}(\varepsilon_1, \varepsilon_2)$ は,第4節の関数 $\pi(\varepsilon_1, \varepsilon_2)$ のうち,切断線 a における周期モジュールが 0 に等しいという性質を備えているものの,$(s, z) = (\sigma_\mu, \zeta_\mu)$ に対する値を表している.この関数を定量 c だけ変えると,$\sum_1^p \pi^{(\mu)}(\varepsilon_1, \varepsilon_2)$ は pc だけ変化する.それゆえ関数 $\pi(\varepsilon_1, \varepsilon_2)$ における加法的定量,言い換えると,この関数を表示する第三種積分における初期値を適切に定めて,

$$\log \theta^{(2)} - \log \theta^{(1)} = \sum_1^p \pi^{(\mu)}(\varepsilon_1, \varepsilon_2)$$

となるようにすることができるのである.これは,帰結として生起するべく期待されていた事柄である.θ が量の組 (σ, ζ) の各々に依存する様式は,(s, z) に依存するの

と同様である．そこで，量の組 $(s, z), (\sigma_1, \zeta_1), \cdots, (\sigma_p, \zeta_p)$ の一つがある有限変化を受けるが，他の組は一定に保たれているという状勢を考えると，そのような場合における $\log \theta$ の変化は関数 $\widetilde{\omega}$ の和で表示される．したがって明らかに，個々の量の組 (s, z), $(\sigma_1, \zeta_1), \cdots, (\sigma_p, \zeta_p)$ を一つずつ順々に変化させていくことにより，$\log \theta$ を諸関数 π の和と，

$$\log \theta(0, 0, \cdots, 0)$$

もしくは，ある任意の他の値の系に対する $\log \theta$ の値により表示することができる．s と z の有理関数系の $3p-3$ 個のモジュール（第 12 節）の関数として $\log \theta(0, 0, \cdots, 0)$ を決定するには，楕円関数に関するヤコビの諸論文[5]の中で，$\Theta(0)$ を決定するためにヤコビの手で推進された考察と類似の考察が必要になる．方程式

$$4\frac{\partial \theta}{\partial a_{\mu,\mu}} = \frac{\partial^2 \theta}{\partial v_\mu^2}$$

それに μ が μ' と異なるときは，方程式

$$2\frac{\partial \theta}{\partial a_{\mu,\mu'}} = \frac{\partial^2 \theta}{\partial v_\mu \partial v_{\mu'}}$$

の助けを借りて，

$$d \log \theta = \sum \frac{\partial \log \theta}{\partial a_{\mu,\mu'}} da_{\mu,\mu'}$$

における，量 a に関する $\log \theta$ の微分商を代数関数の積分を用いて表すことにより，目的地に到達することが可能になる．だが，この計算の遂行のためには，代数的係数をもつ線形微分方程式をみたす関数に関するいっそう精密な理論が必要であるように思われる．私はその理論を，ここで用いられた諸原理に基づいて，近々提示したいと考えている．

(s_2, z_2) は (s_1, z_1) と無限小だけ相違するとすると，$\pi(\varepsilon_1, \varepsilon_2)$ は $\partial z_1 t(\varepsilon_1)$ に移行する．ここで，$t(\varepsilon_1)$ はある s と z の有理関数の第二種積分であり，ε_1 において $1/(z-z_1)$ と同じ様式で不連続になり，切断線 a に沿って周期モジュール 0 をもつ．このような積分の切断線 b_v における周期モジュールは $2(\partial u_v^{(1)}/\partial z_1)$ であること，およびその積分定数を適切に定めて，p 組の値の組 $(\sigma_1, \zeta_1), \cdots, (\sigma_p, \zeta_p)$ に対する $t(\varepsilon_1)$ の値の和が $\partial \log \theta^{(1)}/\partial z_1$ に等しくなるようにできることが明らかになる．この場合，$\partial \log \theta^{(1)}/\partial \zeta_\mu$ は，(σ_μ, ζ_μ) とは異なる $p-1$ 組の量の組 (σ, ζ) に方程式 $\varphi=0$ を通じて結ばれる $p-1$ 組の量の組，および値の組 (s, z) に対する $t(\eta_\mu)$ の値の総和に等しい．すると，

$$\frac{\partial \log \theta^{(1)}}{\partial z_1}dz_1 + \sum_1^p \frac{\partial \log \theta^{(1)}}{\partial \zeta_\mu}d\zeta_\mu = d \log \theta^{(1)}$$

を表示する式が得られるが，それは，s が z の二価関数にすぎない場合，ヴァイエルシュトラスが与えた表示式なのである（クレルレ誌，47, p. 300, 式 35 [6]）．

(s_1, z_1) と (s_2, z_2) の関数としての $\pi(\varepsilon_1, \varepsilon_2)$ と $t(\varepsilon_1)$ の諸性質は，方程式
$$\pi(\varepsilon_1, \varepsilon_2) = \frac{1}{p}[\log \theta(u_1^{(2)} - pu_1, \cdots) - \log \theta(u_1^{(1)} - pu_1, \cdots)] \quad (7)$$
と
$$t(\varepsilon_1) = \frac{1}{p} \frac{\partial \log \theta(u_1^{(1)} - pu_1, \cdots)}{\partial z_1} \quad (8)$$
から明らかになる．これらの方程式は，$\log \theta^{(2)} - \log \theta^{(1)}$ と $\partial \log \theta^{(1)} / \partial z_1$ に対する上記の表示式の中に，特別の場合として包摂されている．

—26—

さて，z の代数関数を等個数の関数 $\theta(u_1 - e_1, \cdots)$ と量 e^u の冪からつくられる二つの積の商として書き表す，という問題を取り上げなければならない．

このような表示式は，(s, z) が切断線を越えて移動していく際に，定因子を獲得する．その表示式は z に代数的に依存するとしよう．したがって，その表示式を連続的に接続していくとき，それは，同じ z に対してたかだか有限個の値をとるにすぎないとしよう．そのとき，ここで言及された定因子は 1 の冪根でなければならない．もしそれらの因子がすべて 1 の μ 次の冪根なら，この表示式の μ 次の冪は s と z の一価関数，したがって有理関数である．

逆に，z の代数関数 r は面 T' 全体の内部で連続的に接続されていくとき，いたるところでただ一つの定まった値をとるとしよう．また，切断線を越える際に定因子を獲得するとしよう．このとき，容易に示されるように，そのような関数 r はどれもみな，θ 関数と量 e^u の冪との二つの積の商として多様な仕方で表される．$r = \infty$ に対する u_μ の値を β_μ で表し，$r = 0$ に対する u_μ の値を γ_μ で表そう．また，r が一位の無限大になる点の各々から，r が一位の無限小になる点に向かって T' の内部を通って線を引き，それらの線は別にして，$\log r$ は T' においていたるところで連続と考えることにする．そのとき，もし $\log r$ は線 b_ν の正の側で $g_\nu 2\pi i$ だけ，線 a_ν の正の側では $-h_\nu 2\pi i$ だけ，それぞれ負の側におけるよりも大きいとするなら，境界積分 $\int \log r \, du_\mu$ の考察を通じて，
$$\sum \gamma_\mu - \sum \beta_\mu = g_\mu \pi i + \sum_\nu h_\nu a_{\mu,\nu} \quad (\mu = 1, 2, \cdots, p)$$
が生じる．ここで，g_ν と h_ν は，上記の注意事項により，有理数でなければならない．また，この方程式の左辺の総和は，r が一位の無限小もしくは無限大になるようなすべての点にわたって遂行しなければならない．その際，r が高位の無限小もしくは無限大になる点は，r が一位の無限小もしくは無限大になる点がいくつか集まってつくられているとみなすのである（第 2 節）．そのような点が p 個を除いて与えられ

たとき，除外された p 個の点を適切に定めることによりつねに，しかも一般的にいってただ一通りの仕方で定めることにより，$2p$ 個の因子 $e^{g_\nu 2\pi i}$, $e^{-h_\nu 2\pi i}$ が与えられた値をとるようにすることができる (第 15, 24 節)．

さて，表示式

$$\frac{P}{Q}e^{-2\Sigma h_\nu u_\nu}$$

を考えよう．ここで，P と Q は，同じ (s, z) と異なる (σ, ζ) をもつ等個数の関数 $\theta(u_1 - \sum \alpha_1^{(\pi)}, \cdots)$ の積である．r の値を無限大にする s と z の値の組を，[この表示式の] 分母の θ 関数における量の組 (σ, ζ) のところに代入し，r の値を 0 にする s と z の値の組を [この表示式の] 分子の θ 関数における量の組 (σ, ζ) のところに代入しよう．また，[この表示式における] 分母と分子において残されている量の組を等しくとると，この表示式の対数は T' の内部において不連続点に関して $\log r$ と一致する．そうして線 a と b を越える際に，$\log r$ と同様に，これらの線に沿って一定値を保持する純虚量だけ変化する．したがってディリクレの原理[9] により，それは $\log r$ と比べてある定量だけ食い違うにすぎない．その表示式それ自身は，r と比べてある定因子だけ食い違う．いうまでもないことであるが，この代入を行う際に，どの θ 関数も，z のすべての値に対して恒等的に 0 になるというようなことがあってはならない．このような事態が起こるのは，(s, z) のある一価関数の値を 0 にする値の組をすべて，ある同一の θ 関数における量の組 (σ, ζ) のところに代入する場合である (第 23 節)．

―27―

したがって (s, z) の一価関数，すなわち有理関数は，**二つの** θ 関数の商に量 e^u の冪を乗じたものとしては表示されない．しかし，s と z の同一の値の組に対していくつもの値をとり，しかも p 組，もしくはもっと少ない値の組に対してのみ一位の無限大になるという性質を備えている関数 r はすべて，この形に表示可能である．そのうえそのような関数は，この形に表示可能な z の代数関数をことごとくみな包摂している．

$$\frac{\theta(v_1 - g_1\pi i - \sum_\nu h_\nu a_{1,\nu}, \cdots)}{\theta(v_1, \cdots, v_p)} e^{-2\Sigma v_\nu h_\nu} \quad (10)$$

において，h_ν と g_ν のところに真分数を代入し，v_ν のところには $u_\nu - \sum_1^p \alpha_\nu^{(\pi)}$ を代入すれば，上述のような関数の各々が，定因子は別にしてただ一度だけ得られる．

この量は同時に量 ζ の各々の代数関数でもあるが，(前節において) 説明がなされた諸原理は，この量を量 z, $\zeta_1, \cdots, \zeta_p$ を用いて代数的に表示するうえでまったく不満

のない働きを示す.

実際, (s, z) の関数として見ると, この量は面 T' 全体にわたって連続的に接続されていき, いたるところで**一つの**定まった値をとり, 値の組 $(\sigma_1, \zeta_1), \cdots, (\sigma_p, \zeta_p)$ に対して一位の無限大になり, さらに切断線 a_ν において正の側から負の側に向かって移行していく際に, 因子 $e^{h_\nu 2\pi i}$ を獲得し, 切断線 b_ν において因子 $e^{-g_\nu 2\pi i}$ を獲得する. そうして同じ諸条件を満たす他のどのような (s, z) の関数も, この関数に比べて, ある (s, z) に依存しない因子だけの食い違いしかないのである. (σ_μ, ζ_μ) の関数として見ると, この量は面 T' 全体にわたって連続的に接続されていき, いたるところで**一つの**定まった値をとり, 値の組 (s, z) と, 残る $p-1$ 組の量の組 (σ, ζ) に方程式 $\varphi = 0$ を通じて結ばれる $p-1$ 組の値の組 $(\sigma_1^{(\mu)}, \zeta_1^{(\mu)}), \cdots, (\sigma_{p-1}^{(\mu)}, \zeta_{p-1}^{(\mu)})$ に対して一位の無限大になり, さらに切断線 a_ν において因子 $e^{-h_\nu 2\pi i}$ を獲得し, 切断線 b_ν において因子 $e^{g_\nu 2\pi i}$ を獲得する. そうして同じ諸条件をみたす他のどのような (σ_μ, ζ_μ) の関数も, この関数に比べて, ある (σ_μ, ζ_μ) に依存しない因子だけの食い違いしかない. そこで, $z, \zeta_1, \cdots, \zeta_p$ の代数関数

$$f((s, z); (\sigma_1, \zeta_1), \cdots, (\sigma_p, \zeta_p))$$

を適切に定めて, これらの量の各々の関数と見るとき同じ諸性質が備わるようにすれば, 上記の関数は関数 f と比べて, 量 $z, \zeta_1, \cdots, \zeta_p$ のどれにも依存しない因子だけの食い違いしかない. そこでその因子を A で表すと, 上記の関数は Af と等置される. この因子を決定するために, f において, (σ_μ, ζ_μ) と異なる量の組 (σ, ζ) を $(\sigma_1^{(\mu)}, \zeta_1^{(\mu)}), \cdots, (\sigma_{p-1}^{(\mu)}, \zeta_{p-1}^{(\mu)})$ で表そう. そのようにすると, f は

$$g((\sigma_\mu, \zeta_\mu); (s, z), (\sigma_1^{(\mu)}, \zeta_1^{(\mu)}), \cdots, (\sigma_{p-1}^{(\mu)}, \zeta_{p-1}^{(\mu)}))$$

に移行する. そのとき明らかに, 表示すべき関数の逆値が得られる. したがってこのようにして得られる表示式は, Ag において (σ_μ, ζ_μ) のところに量の組 (s, z) を代入し, 量の組 $(s, z), (\sigma_1^{(\mu)}, \zeta_1^{(\mu)}), \cdots, (\sigma_{p-1}^{(\mu)}, \zeta_{p-1}^{(\mu)})$ のところには, 表示すべき関数, したがって f の値を 0 にするような (s, z) の値の組を代入するとき, $1/Af$ に等しくならなければならない式である. これより, A^2 が生じる. したがって, 符号は別にして, A が生じる. その符号は, 表示すべき θ 級数を直接考察することによって認識することができる.

(ゲッティンゲン, 1857 年)

［高瀬正仁 訳］

訳　　注

1. 第 11 論文

《1》[p.71]　「ボルヒャルトの数学誌」54 (1857 年) を指す.「純粋数学と応用数学のための雑誌」, 1826 年, クレルレ (August Leopold Crelle＝アオグスト・レオポルト・クレルレ, 1780-1855. プロシアの枢密顧問官, 建設技官, 数学愛好者) が創刊した. 編集者は 1826 年から 1856 年までクレルレ, 1857 年の第 53 巻から 1880 年の第 89 巻まではボルヒャルト (Carl Wilhelm Borchardt＝カール・ヴィルヘルム・ボルヒャルト, 1817-80. ドイツの数学者) である. 編集者の名をとって「クレルレの数学誌」「ボルヒャルトの数学誌」と呼ばれるが, 創刊者の名にちなみ, 1856 年以降もやはり「クレルレの数学誌」という呼称が使われることがある.

1880 年以降はシェルバッハ, クンマー (Ernst Eduard Kummer＝エルンスト・エドゥアルト・クンマー, 1810-93. ドイツの数学者), クロネッカー (Leopold Kronecker＝レオポルト・クロネッカー, 1823-91. ドイツの数学者), ヴァイエルシュトラスが編集を引き継いだ.

《2》[p.71]　コーシー・リーマンの微分方程式.

《3》[p.71]　1823 年のコーシーの著作『無限小計算に関して王立諸工芸学校で行われた講義の要約』(邦訳『微分積分学要論』, 小堀　憲訳, 共立出版, 1969) の第 2 章の冒頭に, 関数の概念が出ている.

「いくつかの変化量が相互に適切な仕方で結ばれていて, それらの一つの値が与えられたとき, その値から他のすべての変化量の値が帰結するというふうになっているとしよう. その場合, それらのさまざまな量が, それらのうちの一つで書き表された状態を心に思い浮かべるのが常である. その一つの変化量は**独立変化量**の名で呼ばれ, その独立変化量を用いて書き表される他の量は, その独立変化量の**関数**と呼ばれる.」(『コーシー全集』第 2 集, 第 4 巻, p.17)

リーマンは, 複素変化量 $z=x+yi$ の変動に伴って変化する複素変化量 $w=u+vi$ を考えるというのであるから, コーシーの関数概念が踏襲されているように思う. しかもその変化の様式に「コーシー・リーマンの微分方程式がつねにみたされる」という

条件を課し，これがみたされるときはじめて，w を z の**関数**と呼ぶと規定するのである．

この条件の由来は，リーマンの学位論文「一個の複素変化量の関数の一般理論の基礎」(1990年版『リーマン全集』（シュプリンガー--フェアラーク），pp. 35-80（本文41ページ，目次2ページ，注釈3ページ）；本訳書第1章「複素一変数関数の一般論の基礎」)に述べられている．すなわち，もし w が「簡単な量演算の組合わせ」(1990年版『リーマン全集』，p.36；本訳書では p.2) を通じて z の関数として表示されるなら，微分商 dw/dz は dz の値に依存せずに確定するというのである．ここでリーマンの念頭にあるのは，「解析的表示式」という，オイラーの関数概念であろう．リーマンはこの性質に着目し，「微分商 dw/dz が微分 dz の値に依存しない」という条件を課して，「関数」概念を規定した．この関数には，**解析関数**という呼称がふさわしい．

一般的にいうと，微分商 dw/dz は dz の値に依存する．実際，これはリーマンの学位論文に出ている計算であるが，$dz=dx+dyi=\varepsilon e^{\varphi i}$ とおくと，等式

$$\frac{dw}{dz}=\frac{du+dvi}{dx+dyi}$$
$$=\frac{1}{2}\left(\frac{\partial u}{\partial x}+\frac{\partial v}{\partial y}\right)+\frac{1}{2}\left(\frac{\partial v}{\partial x}-\frac{\partial u}{\partial y}\right)i+\frac{1}{2}\left[\frac{\partial u}{\partial x}-\frac{\partial v}{\partial y}+\left(\frac{\partial v}{\partial x}+\frac{\partial u}{\partial y}\right)i\right]\frac{dx-dyi}{dx+dyi}$$
$$=\frac{1}{2}\left(\frac{\partial u}{\partial x}+\frac{\partial v}{\partial y}\right)+\frac{1}{2}\left(\frac{\partial v}{\partial x}-\frac{\partial u}{\partial y}\right)i+\frac{1}{2}\left[\frac{\partial u}{\partial x}-\frac{\partial v}{\partial y}+\left(\frac{\partial v}{\partial x}+\frac{\partial u}{\partial y}\right)i\right]e^{-2\varphi i}$$

が成立する．この計算によれば，w が z の解析関数になる(すなわち微分商 dw/dz が微分 dz の値に依存しない）ための条件は，微分方程式

$$\frac{\partial u}{\partial x}-\frac{\partial v}{\partial y}=0, \quad \frac{\partial v}{\partial x}+\frac{\partial u}{\partial y}=0$$

がみたされることであることがわかる．この連立偏微分方程式は，コーシー・リーマンの微分方程式 $i(\partial w/\partial x)=\partial w/\partial y$ と同じものである．

《4》[p. 71] 「表示式」という言葉で想起されるのは，解析的表示式というオイラーの関数概念である．コーシー・リーマンの微分方程式をみたすという性質は表示式に備わっている性質の一つであるが，リーマンはその性質を定義に転用して，新たに解析関数（リーマンのいう「関数」）の概念を規定した．

《5》[p. 71] コーシーの積分定理．

《6》[p. 72] 分岐点．分岐点は代数的な分岐点と超越的な分岐点に分けられる．ここで例示されている関数 $\log(z-a)$ の分岐点 $z=a$ は超越的であり，関数 $\log(z-a)$ はこの分岐点のまわりで無限多価になる．このような点は関数 $\log(z-a)$ のリーマン面の内点にはせず，境界点として取り扱われる．

代数的分岐点のまわりでは関数の多価性は有限である．そのような点は，関数の

リーマン面の内点として取り込まれる．

《7》[p. 73] 原語は "Verzweigungsstelle". "Verzweigungspunkt" や "Verzweigungswerth" という語が用いられこともある．学位論文「一個の複素変化量の関数の一般理論の基礎」では，"Windungspunkt (巻点)" という用語が用いられた．

《8》[p. 73] 多変数の解析関数が考察される．ヤコビの逆問題を解決しようとすると，必然的に多変数解析関数論へと導かれていくが，論文「アーベル関数の理論」の段階ではまだ多変数解析関数が登場する段階には達していない．また，1851年の学位論文「一個の複素変化量の関数の一般理論の基礎」には，多変数解析関数への言及は見られない．

《9》[p. 73] 多変数解析関数の分岐点が考察され，そのような点の集まりはある特定の形状になるといわれている．論文「アーベル関数の理論」の中で多変数の解析関数が語られるのはこの場所だけである．

『リーマン全集』には，リーマンによる多変数解析関数への言及がもう一つ紹介されている．それは1859年10月26日付のヴァイエルシュトラス宛書簡の抜粋で，

「n個の変数の，$2n$個より多くの周期をもつ一価多重周期関数は存在しえないという定理の証明」

という標題で収録されている．1990年版の『リーマン全集』, pp. 326-329 参照．はじめ，「ボルヒャルトの数学誌」71 (1870年), pp. 197-200 に掲載された．

《10》[p. 73] コーシーの積分定理．

《11》[p. 73] コーシーの積分定理からコーシーの積分表示式が出て，そこからさらに無限級数展開(テーラー展開)が導かれる．

《12》[p. 73] 解析関数論におけるリーマンの基本的な立場が表明された．

《13》[p. 73] リーマンのいうアーベル関数というのは，アーベル積分，すなわち一変数代数関数の積分のことである．

《14》[p. 73] この思想に基づいて，以下，リーマン面の概念が描写される．

《15》[p. 73] この「分岐点」の原語は "Verzweigungspunkt" である．

《16》[p. 74] この「分岐点」の原語は "Verzweigungswerth" である．

《17》[p. 74] 多価関数はそのリーマン面上で一価関数になるといわれている．

《18》[p. 74] リーマン面は純粋に幾何学的な様式で描かれた場所であり，その上の関数というのは「場の関数」，すなわち面上の点と複素量との間の抽象的な対応関係であるから，もうオイラーやコーシーの意味での関数ではない．すなわち，「多価関数はそのリーマン面上で一価関数になる」といわれる場合の関数は，「一価対応」という，ディリクレの関数概念の延長線上で考えられている．

2. 第12論文

《1》[p. 74] 「位置解析」はさまざまな「解析」の一分野である．他の「解析」としては，「無限解析」「無限小解析」「代数解析」「定解析」「不定解析」などがある．

《2》[p. 74] ライプニッツ (Gottfried Wilhelm von Leibniz＝ゴットフリート・ヴィルヘルム・ライプニッツ，1646-1716) はドイツの数学者．ライプチヒに生まれた．フェルマ (Pierre de Fermat＝ピエール・ド・フェルマ，1601-65．フランスの数学者)，ニュートン (Isaac Newton＝アイザック・ニュートン，1642-1727．イギリスの数学者・物理学者) とともに微分積分学の発見者の一人に数えられている．

《3》[p. 74] リーマン面を意味する．リーマンはここに注記を施して，「前論文のp. 103」を参照するように指示している．本書では p. 73 が該当し，そこでリーマン面が描写されている．

《4》[p. 74] X, Y はリーマン面 T 上の実関数であり，解析関数ではない．リーマン面 T を純粋に幾何学的に描写された場所と見て，その面の上の「場の関数」，すなわち面 T の各点に対して一つの数値が対応する対応，すなわち「一価対応」が考えられている．

「一価対応」はディリクレに由来する関数概念である．初出は1837年のディリクレの論文

「まったく任意の関数の，正弦級数と余弦級数による表示について」(『ディリクレ全集』第1巻，pp. 135-160)

で，この論文の標題に見られる「まったく任意の関数」というのが，「一価対応」を意味する言葉である．

《5》[p. 74] このページ番号は「ボルヒャルトの数学誌」54 に出ているものである．本書 p. 72 の脚注参照．

《6》[p. 75] 「代数関数の積分」というのはアーベル積分を指す言葉であるが，リーマンがこれに特別の名称を与えている場面は見当たらない．論文「アーベル関数の理論」の標題には「アーベル関数」の一語が出ているが，この論文全体を通じて「アーベル関数」という言葉が見られるのはこの標題においてのみである．第14論文の第4節で三種類のアーベル積分が導入されるが，それらはそれぞれ特定の条件を課された「関数」であり，単に「積分」と呼ばれている．たとえば，第一種アーベル積分は「いたるところで有限な関数」として規定され，「第一種積分」と呼ばれる，というふうに．

明確な概念規定は見られないが，リーマンのいう「アーベル関数」はアーベル積分を意味している．

《7》[p. 77] ここでは代数関数論が念頭におかれている．代数関数のリーマン面は「閉じた面」である．

《8》[p.78]　訳注《4》参照.

《9》[p.78]　リーマンは,「$x+yi$ の関数」と「x,y の関数」を厳密に使い分けている. 前者は解析関数であるが, 後者は単なる二変数関数にすぎず, 解析関数ではない. **リーマンの論文において,「関数」はいつでも解析関数を意味するというわけではない.**

《10》[p.78]　このページ番号はボルヒャルトの数学誌 54 に出ているものである. 本書では pp.75-76.

3. 第13論文

《1》[p.80]　「$x+yi$ の関数」は, 一個の複素変化量 $z=x+yi$ の解析関数を意味する.

《2》[p.80]　このページ番号は「ボルヒャルトの数学誌」54 に出ているものである. 本書では pp.71-72.

《3》[p.80]　一致の定理.

《4》[p.81]　リーマンの論文では, 代数関数はつねに一変数の代数関数が考えられている. 今日では, 代数関数の積分はアーベル積分という名で呼ばれるのが普通であるが, リーマンはこれをアーベル関数と呼ぶ流儀を採用し, 第14論文の標題を「アーベル関数論」とした. 第12論文の訳注《6》参照.

《5》[p.81]　特別なアーベル積分として楕円積分を取り上げると, 第一種楕円積分の逆関数は一価関数として確定し, 楕円関数と呼ばれる. この呼称はヤコビの提案である. アーベル積分の逆関数は一般に多価関数になる.

《6》[p.81]　「ディリクレの原理」が語られる.

《7》[p.81]　ディリクレを「ディリクレの原理」に誘ったと語られている「ガウスの類似のアイディア」は, ガウスの論文「距離の平方の逆数に比例して働く引力と反発力に関する一般的諸定理」(『ガウス全集』5, 表紙つき, 本文は pp.197-242) に出ている.

《8》[p.81]　「超越関数を決定するのに十分な, 相互に独立な一系の諸条件を提示する」という問題.

《9》[p.81]　局所的に特異点の分布を指定して, それを受け入れる解析関数を大域的に構成するという問題が語られた.

《10》[p.81]　1990年版『リーマン全集』, pp.35-80 (本訳書第1章) 参照. ゲッティンゲン大学に提出された.

《11》[p.81]　関数 α と β は二つの実変化量 x,y の実関数であり, 複素変化量 $z=x+iy$ の解析関数ではない.

訳　　注　　　　　　　　129

《12》[p.82]　このページ番号は「ボルヒャルトの数学誌」54に出ているものである．該当する記述はリーマンの学位論文の第17節(1990年版『リーマン全集』, pp. 63-65；本訳書では pp. 24-26)に出ている．

《13》[p.82]　この言明はディリクレの原理の根幹をなす部分であるが，必ずしも正しくないとして，後にヴァイエルシュトラスの批判を受けた．

《14》[p.83]　「x, y の関数」というのは文字どおり「二つの実変化量 x, y の関数」というだけの意味しかもたず，解析関数ではない．リーマンのいう関数はつねに解析関数を意味するわけではなく，「x, y の関数」と「$x+yi$ の関数」ははっきり使い分けられている．

《15》[p.83]　これは一個の複素変化量 $x+yi$ の解析関数である．

《16》[p.83]　学位論文「一個の複素変化量の関数の一般理論の基礎」(1851年)．

《17》[p.83]　このページ番号は「ボルヒャルトの数学誌」54に出ているものである．該当する記述はリーマンの学位論文の第18章(1990年版『リーマン全集』, pp. 65-67；本訳書では pp. 26-27)に出ている．

《18》[p.83]　この $\alpha+\beta i$ は複素数値をとる二変数関数にすぎず，解析関数ではない．

《19》[p.83]　これも解析関数ではない．

《20》[p.83]　これは一個の複素変化量 $x+yi$ の解析関数である．

《21》[p.84]　ここでは不連続点をもつ解析関数，すなわち有理型関数が念頭におかれている．

《22》[p.84]　このページ番号は「ボルヒャルトの数学誌」54に出ているものである．リーマンの学位論文の第12章は，1990年版『リーマン全集』, pp. 55-56；本訳書では pp. 18-19 に出ている．

《23》[p.84]　局所的に有理型関数の分布が指定され，各地でそれらと同じ特異点をもつ大域的な解析関数の存在が主張されている．リーマン面上で解析関数をつくり出す様式が明示され，解析関数論の根底が確立した．これがディリクレの原理の成果である．

4.　第14論文

[序文]

《1》[p.84]　リーマンのいう「アーベル関数」というのは，代数関数の積分を指す言葉である．いまでは「アーベル積分」という呼称が定着している．

ルジャンドルは楕円積分を楕円関数と呼び，アーベルもまたルジャンドルの流儀を踏襲した(アーベルの論文「楕円関数研究」の標題にみられる「楕円関数」は楕円積分

の逆関数ではなくて，楕円積分そのものを意味する)．また，ルジャンドルは超楕円積分を超楕円関数と呼んだが，ヤコビは新たに「アーベルの超越関数」という呼称を提案した．リーマンはこのヤコビの用語法を継承して，一般の代数関数の積分にアーベルの名を冠し，アーベル関数と呼んだのである．第12論文の訳注《6》および第13論文の訳注《4》参照．

《2》[p. 84] 「一個の複素変化量の関数の一般理論の基礎」(1851年)(本訳書第1章)．

《3》[p. 85] アーベルの加法定理は，リーマンによるヤコビの逆問題の解決の構想において根幹となる定理である．この定理の適用範囲はきわめて広いが，リーマンは「いたるところで有限な任意の積分系」，すなわち第一種アーベル積分の系に対する部分だけを利用した．

《4》[p. 85] 原語は"Jacobi'schen Umkehrungsfunctionen"．これはリーマンによる呼称である．

《5》[p. 85] "Jacobi'schen Umkehrungsproblem"．これもリーマンによる呼称である．この言葉はヴァイエルシュトラスの三部作(超楕円積分に対するヤコビの逆問題の解決を目指して書かれた三篇の論文)には見られないが，講義緑には出ている(1875～1876年の冬学期の講義録が，『ヴァイエルシュトラス全集』第4巻に収録されている．同書p. 9 および p. 444 参照)．

リーマン以降の文献では，"Jacobi'schen Umkehrsproblem"という言葉が用いられるようになった．ヘルマン・ワイルの著作(1913年，ドイツのライプチヒのトイブナー書店から刊行された)でもそうなっている．

《6》[p. 85] 楕円積分と超楕円積分の一般形は，アーベルの表記法を用いると，

$$\psi x = \int \frac{rdx}{\sqrt{R}}$$

というふうである．ここで，r は x の任意の有理関数である．R は x の整関数であるが，その次数が4をこえない場合には，積分 ψx は楕円積分と呼ばれ，次数が4をこえる場合には，積分 ψx は超楕円積分と呼ばれる．

《7》[p. 85] ヴァイエルシュトラス(Karl Theodor Wilhelm Weierstrass＝カール・テオドル・ヴィルヘルム・ヴァイエルシュトラス，1815-97)はドイツの数学者．

《8》[p. 85] 「数学誌」はクレルレが創刊したベルリンの数学誌「純粋数学と応用数学のための雑誌」，通称「クレルレの数学誌」を指す．第1巻第1分冊(第1巻は全部で4分冊)が刊行されたのは1826年2～3月頃で，クレルレが書いた序文に附された日付は「1825年12月」である．

「クレルレの数学誌」47 (1854年), pp. 289-306 には，ヴァイエルシュトラスの論文

「アーベル関数の理論への寄与」(『ヴァイエルシュトラス全集』第1巻, pp. 133-152)

が掲載された．

ヴァイエルシュトラスはヤコビの逆問題の解決を目指して三つの論文を書いた．「クレルレの数学誌」47に出した論文は第2論文である．

《9》[p. 85] 「クレルレの数学誌」52 (1856年), pp. 285-380には, ヴァイエルシュトラスの論文

「アーベル関数の理論」(『ヴァイエルシュトラス全集』第1巻, pp. 297-355. ただし, 全集に収録されたのは一部分のみ)

が掲載された．これが，ヤコビの逆問題の解決のために書かれたヴァイエルシュトラスの第3論文である．

《10》[p. 85] ヤコビの逆問題に寄せるヴァイエルシュトラスの第2論文「アーベル関数の理論への寄与」を指す．

《11》[p. 86] ヴァイエルシュトラスは第2論文「アーベル関数の理論への寄与」の冒頭で,

「私はいく年にもわたってアーベル超越関数の研究に打ち込んできたが，その結果，数学者の関心を引く値打ちがないわけでもないと思われる成果に到達した．私はそれらを一連の論文の中で詳細に述べるつもりである．」

と語っている．ここで予告されている一連の論文のうち，実現したのは第3論文（訳注《9》参照）のみにとどまったが，『ヴァイエルシュトラス全集』(全8巻)第4巻の全体を占める講義録「アーベル関数の理論」が遺されていて，ヴァイエルシュトラスの理論の全容を目の当たりにすることができる．

《12》[p. 86] 天使長ミカエル（旧約聖書「ダニエル書」）を祝う祭典．9月29日．

《13》[p. 86] キリストの復活を祝う祭典，イースター．春分の日（3月21日頃）以後の最初の満月の後の日曜日．

［第一部］

《1》[p. 86] このページ番号は「ボルヒャルトの数学誌」54に出ているものである．本書では p. 73．

《2》[p. 87] このページ番号も「ボルヒャルトの数学誌」54に出ているものである．本書では p. 81．

《3》[p. 87] リーマンの関数論の根底をなすのは，ディリクレの原理であることが明確に表明された．ディリクレの原理により，解析関数の全容を，その特異点における状勢を通じて規定しようというのが，リーマンの関数論の基本構想である．

「ディリクレの原理」という言葉が明示されている点も注目に値する．これはリー

マンの造語である.

《4》[p. 87]　コーシー (Augustin Louis Cauchy＝オーギュスタン・ルイ・コーシー, 1789-1857) はフランスの数学者.

《5》[p. 87]　フーリエ (Jean Baptiste Joseph Fourier＝ジャン・バプチスト・ジョゼフ・フーリエ, 1768-1830) はフランスの数学者. フーリエ級数の理論を創始した. 1854 年のリーマンの論文

> 「三角級数による関数の表示可能性について」(1990 年版『リーマン全集』, pp. 259-303 (本文 38 ページ, 目次 1 ページ, 注釈 6 ページ); 本訳書第 6 章「任意関数の三角級数による表現の可能性について」)

は「三角級数による関数の表示可能性に関する問題の歴史」という標題をもつ一文にはじまり, この理論の歴史的経緯が詳細に回想されている.

《6》[p. 88]　p はリーマン面 T の種数と呼ばれる数である.

《7》[p. 88]　$\alpha+\beta i$ は二つの実変化量 x, y の複素数値関数であるが, 一個の複素変化量 $z=x+yi$ の解析関数ではない.

《8》[p. 88]　この「関数」は複素変化量 $z=x+yi$ の解析関数である.

《9》[p. 88]　ディリクレの原理が適用される.

《10》[p. 88]　$\alpha+\beta i$ は二つの実変化量 x, y の複素数値関数であるが, 複素変化量 $z=x+yi$ の解析関数ではない.

《11》[p. 88]　ω は複素変化量 $z=x+yi$ の解析関数である.

《12》[p. 89]　ディリクレの原理が適用される.

《13》[p. 91]　リーマンの定理. 後にドイツの数学者ロッホ (Gustav Roch＝ギュスタフ・ロッホ, 1839-66. ドレスデンに生まれ, ゲッティンゲン大学でリーマンに学んだ) により補足され, リーマン・ロッホの定理が成立した. ロッホの論文

> 「代数関数における任意定量の個数について」(「ボルヒャルトの数学誌」64 (1865 年), pp. 372-376)

参照.

《14》[p. 97]　ディリクレの原理が適用される.

《15》[p. 98]　このページ番号は「ボルヒャルトの数学誌」54 に出ているものである. 本訳書では p. 96.

《16》[p. 100]　このページ番号は「ボルヒャルトの数学誌」54 に出ているものである. 本訳書では p. 96.

《17》[p. 101]　このページ番号は「ボルヒャルトの数学誌」54 に出ているものである. 本訳書では p. 92.

《18》[p. 102]　代数方程式は代数曲線を定めることに留意すると, 相互に有理変換

で移り合う二つの代数曲線を同値(「双有理同値」といわれる)と見る視点がここで提示されたことになる．この視点に立つと，リーマンのアーベル関数論を代数曲線論への寄与と見ることも可能である．この可能性は実現された．さらに次元を一つ上げて，代数曲線論を代数曲面論へと展開する試みがイタリアではじまり，いわゆる「イタリア学派」の代数曲面論が成立した．

《19》[p.102]　二個の変化量の間に成立する代数方程式はリーマン面を定め，そのリーマン面の上で代数関数が確定する．あるリーマン面上の代数関数の全体を，一つのまとまりのある系として観察する視点がここで提示された．

複素変化量 z の代数関数 s のリーマン面を $R(s)$ で表すと，$R(s)$ は z の「拡大された変域」と見られ，関数 s と同じ様式で分岐する z の代数関数は s と z の有理関数として把握される．それと同時に，$R(s)$ を「抽象的な幾何学的な場所」と見ることも可能である．z の代数関数 ζ はそれ自身，s と z の有理関数として表示されるが，その場合，ζ は $R(s)$ 上のディリクレの意味での関数，すなわち複素数値をとる一価対応と見られていることになる．ところがその関数 ζ は同時に独立変化量として作用して，s と z の他の有理関数はどれも ζ の代数関数として認識される．$R(s)$ は今度は変化量 ζ の拡大変域として生成されるのである．

リーマン面 $R(s)$ は同時にさまざまな複素変化量の拡大変域と見られ，無数の等分岐代数関数系の形成場でありえている．この観点を抽象すると，複素多様体としてのリーマン面の概念が抽出される．ヘルマン・ワイル著『リーマン面の理念』参照．

《20》[p.102]　相互に変換される二つの等分岐代数関数系を同値と見る視点が提示された．

《21》[p.102]　代数方程式のクラスと等分岐代数関数系のクラスの間の対応関数が明示された．

《22》[p.103]　種数 p の代数関数系のクラスの全体がそれ自身，$3p-3$ 個のパラメーターでパラメーター表示される連続体をつくるという言明が行われ，「リーマン面のモジュライ」の理論の端緒が開かれた．タイヒミュラー(Paul Julius Oswald Teichmüller＝パウル・ユリウス・オスヴァルト・タイヒミュラー，1913-43．ドイツの数学者)の次の2論文参照．

　「極値的擬等角写像と二次微分」(「プロイセン科学学士院数学自然科学部門論文集」22 (1939年), p.197；『タイヒミュラー全集』, pp.335-531 (表紙つき，本文は p.337 から))．

　「向きづけられた閉リーマン面の場合における極値的擬等角写像の決定」(「プロイセン科学学士院数学自然科学部門論文集」4 (1943年), p.42；『タイヒミュラー全集』, pp.635-676 (表紙つき，本文は p.637 から))．

《23》[p.104]　ディリクレの原理が適用される．

《24》[p.106]　ここで指示されているのは，ヤコビの論文
「アーベル超越関数の一般的考察」(「クレルレの数学誌」9 の第 32 論文，pp. 394-403；『ヤコビ全集』第 2 巻, pp.5-16)
である．第 8 節は最終章．

《25》[p.106]　アーベルの定理にはそれ自身，加法定理の名にふさわしい性格が備わっている．「アーベルの定理」から「アーベルの加法定理」が導かれるが，ヤコビは 1832 年の論文「アーベル超越関数の一般的考察」において，その加法定理を指して「アーベルの定理」と呼ぶことを提案した．リーマンはこのヤコビの用語法を踏襲したと思われる．

ヤコビはアーベルの「パリの論文」を目にすることはできなかったが，同じアーベルの 1828 年の論文「ある種の超越関数の二，三の一般的性質に関する諸注意」に触発されて，アーベルの定理の本性の解明に関心を寄せた．ヤコビの解釈の根幹をなすのは，「微分方程式系の積分を与える定理」という視点である．

種数 2 の第一種超楕円積分の世界には，

$$\Phi(x) = \int_0^x \frac{dx}{\sqrt{X}}, \qquad \Phi_1(x) = \int_0^x \frac{xdx}{\sqrt{X}} \qquad \text{(ヤコビの表記法)}$$

という形の 2 個の独立な積分 (X は x の五次または六次の整関数) が存在する．アーベルの定理から出る加法定理によれば，量 x, y, z が任意に与えられたとき，連立積分方程式

$$\Phi(x) + \Phi(y) + \Phi(z) = \Phi(a) + \Phi(b)$$
$$\Phi_1(x) + \Phi_1(y) + \Phi_1(z) = \Phi_1(a) + \Phi_1(b)$$

をみたす量 a, b を，x, y, z を用いて代数的に決定することができる．すなわち，五個の変化量 x, y, z と a, b の間に成立する二個の代数的関係式がみいだされる．そこで，a, b を不定定量と見て上の積分方程式の微分をつくると，変数分離型の連立一階線形微分方程式

$$\frac{dx}{\sqrt{X}} + \frac{dy}{\sqrt{Y}} + \frac{dz}{\sqrt{Z}} = 0, \qquad \frac{xdx}{\sqrt{X}} + \frac{ydy}{\sqrt{Y}} + \frac{zdz}{\sqrt{Z}} = 0$$
$$(f(x) = X \text{ として } f(y) = Y, \ f(z) = Z \text{ とおく})$$

が得られる．アーベルの加法定理が教える上記の代数的関係式には，この微分方程式系の二つの完全代数的積分 (すなわち，変化量 x, y, z の間の，二個の不定定量を含む代数方程式) が包摂されている．これが，ヤコビによるアーベルの加法定理の解釈である．

このようなヤコビの解釈は，いっそう一般的な場合にも及ぼされる．整関数 $f(x)$

の次数を七次または八次として,
$$f(w)=W, \quad f(x)=X, \quad f(y)=Y, \quad f(z)=Z$$
とおき,四個の変化量 w, x, y, z の間の三個の一階線形微分方程式

$$\frac{dw}{\sqrt{W}}+\frac{dx}{\sqrt{X}}+\frac{dy}{\sqrt{Y}}+\frac{dz}{\sqrt{Z}}=0$$

$$\frac{wdw}{\sqrt{W}}+\frac{xdx}{\sqrt{X}}+\frac{ydy}{\sqrt{Y}}+\frac{zdz}{\sqrt{Z}}=0$$

$$\frac{w^2dw}{\sqrt{W}}+\frac{x^2dx}{\sqrt{X}}+\frac{y^2dy}{\sqrt{Y}}+\frac{z^2dz}{\sqrt{Z}}=0$$

を設定しよう.このとき,ヤコビの解釈に従うなら,アーベルの加法定理は,この微分方程式は三個の完全代数的積分をもつことを教えている.ヤコビは,このような解釈はもっと一般の場合に拡張される,と主張した.

《26》[p.106] ヤコビの逆問題の解決のためにリーマンが必要としたのは,アーベルの定理のうち,第一種アーベル積分を対象とする部分のみであった.

《27》[p.106] 関数 ζ は,リーマン面上の m 個の点(仮に $P_1, P_2, \cdots, P_m$ で表そう)において,ある同一の値(仮に a で表そう)をとる.それらの点における関数 w(これは第一種アーベル積分である)の値を $w^{(1)}, w^{(2)}, \cdots, w^{(w)}$ で表すとき,積分 $\int d(w^{(1)}+w^{(2)}+\cdots+w^{(m)})$ は定量になる.

これは第一種アーベル積分に対するアーベルの定理そのものであるが,視点を逆にして観察すると,この定理は「リーマン面上の点系(上の言明では $P_1, P_2, \cdots, P_m$)が,ある関数(上の言明では $\zeta-a$)の零点の全体として認識されるための必要条件」を与えているともみられる.

《28》[p.106] 第一種アーベル積分に対するアーベルの定理に続いて,第二種アーベル積分と第三種アーベル積分に対するアーベルの定理が書き留められた.これでアーベルの定理の本来の姿が再現された.

《29》[p.106] アーベルの定理から,微分方程式系の完全積分が出るといわれている.リーマンがヤコビにならったというのはこの部分である.ただし,ヤコビが実際に書き留めたのは超楕円積分の場合のみであった.それに比してリーマンの記述は完全に一般的であり,飛躍の大きさが際立っている.

確証はないが,リーマンがアーベルの「パリの論文」(1841年に公表された)を見たのは間違いない.「2ページの大論文」は当然,承知していたと思う.そのうえでリーマンは「パリの論文」において,一般のアーベルの定理から加法定理が導出される様相を目の当たりにして,ヤコビと同じ視点から加法定理を解釈し,ヤコビの逆問題の解決への応用の可能性を洞察したのであろうと思われる.

リーマンの論文「幾何学の根底に横たわる仮説について」(1990年版『リーマン論文集』, pp. 304-319; 本訳書第8章「幾何学の基礎にある仮説について」)の中に, アーベルの定理への言及がみられる.

> 「このような研究は数学の多くの領域, わけても多価解析関数の取扱いのために必要になった. これが欠けていたことが, 有名なアーベルの定理や, 微分方程式の一般理論に対するラグランジュ, パフ, ヤコビの仕事が長い間, 実を結ばないままの状態になっていた主な原因なのである.」(1990年版『リーマン全集』, p. 306)

このような発言も, リーマンと「2ページの大論文」「パリの論文」との出会いの情景を彷彿させるように思う.

《30》[p.109]　アーベルの加法定理のヤコビによる解釈が, リーマンの手を経てこのような形の命題に結実した.

[第二部]

《1》[p.110]　代数関数が $(2n+1)$ 重連結であるとは, そのリーマン面が $(2n+1)$ 重連結であることを意味する.

《2》[p.111]　「つねに有限性を保持する積分」というのは, 第一種アーベル積分のことである.

《3》[p.116]　この帰結を導くためには, それに先立って, 関数
$$\theta(u_1-e_1, u_2-e_2, \cdots, u_p-e_p)$$
は「相等的に0」にはなりえないことを示しておかなければならない. この重要な論点は1866年の論文

> 「テータ関数の零点について」(「ボルヒャルトの数学誌」65 (1866年), pp. 161-172; 1990年版『リーマン全集』, pp. 244-256)

によって補足された.

《4》[p.118]　ヤコビの逆問題が解決された.

《5》[p.120]　楕円関数に関するヤコビの諸論文は, 著作『楕円関数論の新しい基礎』とともに, 『ヤコビ全集』第1巻に収録されている. すぐ次に出てくる記号 $\Theta(0)$ は, ヤコビが導入したテータ関数を表している.

《6》[p.120]　「クレルレの数学誌」47 (1854年), pp. 289-306 にはヴァイエルシュトラスの論文「アーベル関数の理論への寄与」(ヤコビの逆問題に寄せるヴァイエルシュトラスの第2論文)が掲載されている. p. 300 に出ている「式35」は, 式
$$d \log \text{Al}(u_1, u_2, \cdots)_a = -\sum_\alpha \{J_a^{2\alpha-1} - J_a^\alpha + \text{Sl}(u_1 - J_a^{2\alpha-1} + J_a^\alpha, \cdots)_a\} du_a$$
を指す. さまざまな記号の意味は次のとおりである.

$$\mathrm{Sl}(u_1, u_2, \cdots) = \sum_a \int_{a_{2a-1}}^{x_a} \frac{1}{2} \frac{\sqrt{R(a)}}{P(a)} \frac{P(x)}{x-a} \frac{dx}{\sqrt{R(x)}}$$

ここで,
$$R(x) = (x-a_0)(x-a_1)(x-a_2)\cdots(x-a_{2n})$$
$$P(x) = (x-a_0)(x-a_3)\cdots(x-a_{2n-1}) \quad (a_0 > a_1 > a_2 > \cdots > a_{2n})$$

$b = P(a)/\sqrt{R(a)}$ とおくと, a が値 $a_1, a_2, \cdots, a_{2n-1}$ のうちのどれかの近くにあるとき, $\mathrm{Sl}(u_1, u_2, \cdots)$ は b の冪級数に展開される. a が a_{2a-1} とわずかに異なる場合を考えて, この展開式における b の係数を

$$\mathrm{Sl}(u_1, u_2, \cdots)_a$$

と表記する. また, 定積分

$$\int_{a_a}^{\infty} \frac{1}{2} \frac{Q(a_{2a-1})}{P'(a_{2a-1})} \frac{P(x)}{(x-a_{2a-1})^2} \frac{dx}{\sqrt{R(x)}}$$

を J_a^a で表し, 定積分

$$\int_{a_a}^{\infty} \frac{P(x)dx}{2(x-a_{2a-1})\sqrt{R(x)}}$$

を K_a^a で表す. 最後に, 関数 $\mathrm{Al}(u_1, u_2, \cdots)$ を, 方程式

$$d\log \mathrm{Al}(u_1, u_2, \cdots) = -\sum_a \{J_a^{2a-1} - J_a^a + \mathrm{Sl}(u_1 - J_a^{2a-1} + J_a^a, \cdots)_a\} du_a$$

によって定める.

《7》[p. 121] 第三種積分の, θ 関数による表示式.

《8》[p. 121] 第二種積分の, θ 関数による表示式.

《9》[p. 122] ディリクレの原理が適用される.

《10》[p. 122] 「p 個の組もしくはもっと少ない個数の値の組に対してのみ一位の無限大になる」という性質を備えている関数 r の, θ 関数による表示式.

解　説
ヤコビの逆問題小史

　ヤコビの逆問題に解決を与えたリーマンの論文が「ボルヒャルトの数学誌」第 54 巻第 2 分冊に掲載されたのは，1857 年のことであった．リーマンの論文は全部で 4 篇からなり，「ボルヒャルトの数学誌」第 54 巻の第 11 論文から第 14 論文までを占めている．標題は下記のとおりである．

　［第 11 論文］「束縛のない変化量の関数の研究のための一般的諸前提と補助手段」
　［第 12 論文］「二項完全微分の積分の理論のための位置解析からの諸定理」
　［第 13 論文］「一個の複素変化量の関数の，境界条件と不連続性条件による決定」
　［第 14 論文］「アーベル関数の理論」

　ドイツの出版社シュプリンガー-フェアラークから刊行された 1990 年版『リーマン全集』(全 1 巻) で見ると，p. 120 から p. 176 まで総計 57 ページを占める長篇 (本文 55 ページ，注釈 2 ページ) であり，『リーマン全集』の中でも際立っている．全集では 4 篇の論文が 1 篇の論文の体裁に編集されていて，第 14 論文と同じ「アーベル関数の理論」という標題が附せられている．

　4 論文のうち，はじめの 3 篇は一複素変数解析関数に関する基礎理論のエッセンスであり，1851 年の学位論文

　　「一個の複素変化量の関数の一般理論の基礎」(本訳書第 1 章「複素一変数関数の一般論の基礎」)

の簡潔な紹介である．この有名な学位論文において，リーマンはリーマン面の概念を導入し，ディリクレの原理に基づいて基礎理論を建設した．この土台の上に 41 ページに達する長篇の第 14 論文「アーベル関数の理論」が書かれ，ヤコビの逆問題が解決されたのである．ただし，この解決は実際にはなお最終的な決着とはいえず，完全な形で解決するためには多変数解析関数論の基礎理論の建設が必要である．

　論文「アーベル関数の理論」には二種類のテキストが存在することになるが，本訳書では「ボルヒャルトの数学誌」第 54 巻所収の 4 論文を底本とし，適宜 1990 年版『リーマン全集』を参照して訳稿を作成した．この論文のテーマは明快で，学位論文の段階から一貫してヤコビの逆問題の解決が目指されている．そこで「ヤコビの逆問題小史」を附してこの問題の発生の経緯を示し，解決にいたるまでの道筋を明らかに

して解説に替えたいと思う．

1777 年　4 月 30 日，ブラウンシュバイク公国(現，ドイツ)のブラウンシュバイクにおいて，ガウス (Johann Carl Friedrich Gauss＝ヨハン・カール・フリードリッヒ・ガウス) 生まれる．

1801 年　ガウスの著作『整数論』(邦訳『ガウス整数論』，高瀬正仁訳，朝倉書店，1995) が刊行された．第 7 章「円の分割を定める方程式」において円周等分方程式の代数的解法に関する理論が展開された．円周等分方程式は三角関数 (正弦と余弦) の等分方程式である．正弦 $x=\sin\theta$ は円の弧長を表す積分，すなわち円積分

$$\theta=\int_0^x \frac{dx}{\sqrt{1-x^2}}$$

の逆関数 $x=\varphi(\theta)$ として認識されるから，「円関数」という呼称がふさわしい．一般に「円関数」という言葉は，三角関数と同じ意味で用いられる．

ガウスは同時に，レムニスケート関数，すなわちレムニスケート積分

$$a=\int_0^x \frac{dx}{\sqrt{1-x^4}}$$

の逆関数に対しても同様の等分理論が成立するという言葉を書き留めた．

「ところで我々が今から説明を始めたいと思う理論の諸原理は，ここで繰り拡げられる事柄に比して，それよりもはるかに広々と開かれている．なぜなら，この理論の諸原理は円関数のみならず，そのほかの多くの超越関数，たとえば積分 $\int dx/\sqrt{1-x^4}$ に依拠する超越関数に対しても，そうしてまたさまざまな種類の合同式に対しても，同様の成果を伴いつつ，適用することができるからである．」(邦訳『ガウス整数論』，p. 419)

ここには明確に楕円関数 (あるいはいっそう一般的な何らかの超越関数) の等分理論が示唆されている．**これがヤコビの逆問題の淵源**である．

1802 年　8 月 5 日，ノルウェーのスタバンゲルの近くの小島フィンネにおいて，アーベル (Niels Henrik Abel＝ニールス・ヘンリック・アーベル) 生まれる．

1804 年　12 月 10 日，プロイセン王国 (現，ドイツ) のポツダムにおいて，ヤコビ (Carl Gustav Jacob Jacobi＝カール・ギュスタフ・ヤコブ・ヤコビ) 生まれる．

1811 年　10 月 25 日，フランスのパリ近郊のブール・ラ・レーヌにおいて，ガロア (Évariste Galois＝エヴァリスト・ガロア) 生まれる．

1815 年　10 月 31 日，バイエルン王国 (現，ドイツ) のオステンフェルデにおいて，ヴァイエルシュトラス (Karl Theodor Wilhelm Weierstrass＝カール・テオドル・ヴィルヘルム・ヴァイエルシュトラス) 生まれる．

1826 年　9 月 17 日，ハノーバー王国 (現，ドイツ) のエルベ河畔の小村ブレゼレン

ツにおいて，リーマン (Georg Friedrich Bernhard Riemann＝ゲオルク・フリードリッヒ・ベルンハルト・リーマン) 生まれる．10 月 30 日，パリに滞在中のアーベルが，この日，フランスの科学学士院に論文

「ある非常に広範な超越関数族の，ひとつの一般的性質について」

を提出した．この「パリの論文」は公表されないまま行方不明になったが，後に発見され，1841 年，パリの学術誌「いろいろな学者によって学士院に提出された諸論文」第 7 巻，pp. 176-264 に掲載された．

　この論文において，完全に一般的なアーベル積分を対象にして「アーベルの定理」と加法定理が表明され，アーベルの定理から加法定理が導かれた．アーベルの定理は加法定理の根底にある定理であり，それ自身もまた加法定理という名にふさわしい性格を備えている．ヤコビが 1832 年の論文「アーベル超越関数の一般的考察」において「アーベルの定理」と呼んだのは加法定理の方であり，リーマンが 1857 年の論文「アーベル関数の理論」の中で「アーベルの加法定理」と呼んでいるのは「アーベルの定理」の方である．

　アーベルはクリスチャニア大学に学んだ後，1825 年 9 月，ノルウェー政府派遣の留学生としてヨーロッパ大陸に向かった．ベルリンを経てイタリアの諸都市をたどり，パリを目指した．この年の 7 月 10 日以来，単身パリに滞在中であった．

1827 年　　［アーベル］「楕円関数研究」の前半 (第 1～7 章)，「クレルレの数学誌」2, pp. 101-181 (邦訳『アーベル/ガロア楕円関数論』所収，高瀬正仁訳，朝倉書店，1998).

　第一種楕円積分の逆関数が導入され，二重周期性など，基本的な諸性質が記述された．アーベルは，第一種楕円積分の逆関数に特別な名称を与えなかった (論文の標題に出ている「楕円関数」は楕円積分を意味する)．わずかに 1829 年の「クレルレの数学誌」に掲載された論文「楕円関数論概説」や 1828 年 11 月 25 日付のルジャンドル (Adrien-Marie Legendre＝アドリアン・マリ・ルジャンドル，1752-1833. フランスの数学者) 宛書簡の中に，「第一種逆関数」という即物的な言葉が見られるにすぎないが，その後，ヤコビが 1829 年の著作『楕円関数論の新しい基礎』の中で，**楕円関数**という呼称を提案した．

1828 年　　［アーベル］「楕円関数研究」の後半 (第 8～10 章) および「補記」，「クレルレの数学誌」3, pp. 160-187 および pp. 187-190 (邦訳『アーベル/ガロア楕円関数論』所収).

　論文の前半の基礎的諸性質の土台の上に，アーベルはガウスの示唆を継承して，楕円関数の等分と変換の理論を展開した．特にレムニスケート関数の等分理論は，ガウスの円周等分方程式論の完全な類似物である．また，虚数乗法論へと向かう第

一歩が踏み出された.

［アーベル］「ある種の超越関数の二，三の一般的性質に関する諸注意」，「クレルレの数学誌」3, pp. 313-323；『アーベル全集』第1巻，pp. 444-456 (邦訳『アーベル/ガロア楕円関数論』所収).

超楕円積分を対象にして，アーベルの定理と加法定理が記述された.「パリの論文」に比して対象が限定されているが，その代わり計算は細部まで精密に行われ，完成度は一段と高まっている．超楕円積分というのは，アーベルの表記法を用いると，

$$\psi x = \int \frac{rdx}{\sqrt{R}}$$

という形の積分のことである．ここで，r は x の任意の有理関数であり，R は，同じく x の，次数が4をこえる有理整関数である（R の次数が4をこえない場合には，積分 ψx は楕円積分になる）.

第一種超楕円積分に限定してアーベルの二つの定理を記述するために，いま，φx は次数 v の有理整関数，fx は次数 v' の有理整関数としよう．ここで，v' は，v の偶奇に応じてそれぞれ $v'=v/2-2$, $v'=(v-1)/2-1$ と定める．このとき，積分

$$\psi x = \int \frac{fxdx}{\sqrt{\varphi x}}$$

は第一種超楕円積分の一般形を与えている．φx を二つの有理整関数の積に分解して，$\varphi x = \varphi_1 x \cdot \varphi_2 x$ と表示する．また，θx と $\theta_1 x$ は任意の有理整関数として有理整関数

$$Fx = (\theta x)^2 \varphi_1 x - (\theta_1 x)^2 \varphi_2 x$$

をつくり，これを因数分解して

$$Fx = A(x-x_1)^{m_1}(x-x_2)^{m_2}\cdots(x-x_\mu)^{m_\mu}$$

と表示する．このとき，方程式

$$\varepsilon_1 m_1 \psi x_1 + \varepsilon_2 m_2 \psi x_2 + \cdots + \varepsilon_\mu m_\mu \psi x_\mu = (\text{定量}) \quad (\text{A.1})$$

が成立する（論文「ある種の超越関数の二，三の一般的性質に関する諸注意」の定理VI）．これが，第一種超楕円積分に対する**アーベルの定理**である．

有理整関数 fx の次数を任意と設定すれば，積分 $\psi x = \int fxdx/\sqrt{\varphi x}$ は第二種超楕円積分になる．また，fx の次数はやはり任意として，

$$\psi x = \int \frac{fxdx}{(x-a)\sqrt{\varphi x}}$$

という形の積分を考えると，第三種超楕円積分が認識される．これらのタイプの超楕円積分に対してもアーベルの定理が記述されるが，この場合，方程式(A.1)の

右辺に，対数的かつ代数的に構成される付加項がつく（アーベルの上記の論文の定理 I, II, III）.

リーマンの理論の言葉を用いれば，点系 $x_1, x_2, \cdots, x_\mu$ は，関数 $\sqrt{\varphi x}$ のリーマン面 $R(\sqrt{\varphi x})$ 上の関数 $\sqrt{\varphi x} - \theta_1 \varphi_2/\theta$ の零点系にほかならない．

次に，改めて φx は次数 $2\nu-1$ もしくは 2ν の有理整関数とし，r は x の任意の有理関数として，超楕円積分

$$\psi x = \int \frac{r dx}{\sqrt{\varphi x}}$$

を考える（r が任意であるから，この積分は第一種とは限らない）．変化量 $x_1, x_2, \cdots, x_{\mu_1}, x'_1, x'_2, \cdots, x'_{\mu_2}$ を与えるとき，それらの個数 $\mu_1 + \mu_2$ がどれほど大きくとも，ある代数方程式の助けを借りて $\nu-1$ 個の量 $y_1, y_2, \cdots, y_{\nu-1}$ を適切に定めて，

$$\psi x_1 + \psi x_2 + \cdots + \psi x_{\mu_1} - \psi x'_1 - \psi x'_2 - \cdots - \psi x'_{\mu_2}$$
$$= v + \varepsilon_1 \psi y_1 + \varepsilon_2 \psi y_2 + \cdots + \varepsilon_{\nu-1} \psi y_{\nu-1}$$

という形の方程式が成立するようにすることができる．ここで，$\varepsilon_1, \varepsilon_2, \cdots, \varepsilon_{\nu-1}$ は $+1$ または -1 のいずれかであり，v は，与えられた変化量 $x_1, x_2, \cdots, x_{\mu_1}, x'_1, x'_2, \cdots, x'_{\mu_2}$ を用いて代数的かつ対数的に組み立てられる量である（定理 VIII．積分 ψx が第一種とは限らないことに起因して，一般に附加項 v がつく）．これが**加法定理**である．

量 $y_1, y_2, \cdots, y_{\nu-1}$ は，関数 r の形状には無関係に定まる．また，リーマンの用語を用いれば，個数 $\nu-1$ は関数 $\sqrt{\varphi x}$ のリーマン面 $R(\sqrt{\varphi x})$ の種数に等しい．

アーベルは論文「ある種の超越関数の二，三の一般的性質に関する諸注意」の第 1 頁に脚注を附して，

「私は 1826 年の終り頃，パリ王立科学学士院に，このような関数に関する論文を提出した.」

という言葉を書き留めて，「パリの論文」の存在を示唆した．ここでいわれている「このような関数」というのは代数関数の積分，すなわちアーベル積分のことであり，リーマンのいう「アーベル関数」を意味するのである．

ヤコビはこの脚注を見て「パリの論文」に着目し，ルジャンドルに宛てて書かれた 1829 年 3 月 14 日付の書簡の中で，

「このオイラー積分の一般化は，なんというすばらしいアーベル氏の発見でしょう．われわれが生きているこの世紀が数学において成し遂げたおそらく一番重要なものであろうこの発見は，もう二年も前にあなたの所属する学士院に提出されましたが，あなたやあなたの同僚の方々の注意を引くことはありませんでした．これはいったいどうしてなのでしょうか.」

(『ヤコビ全集』第1巻, p. 439)

と述べて, ルジャンドルの注意を喚起した.

1829年　［アーベル］「ある超越関数族のひとつの一般的性質の証明」,「クレルレの数学誌」4, pp. 200-201；『アーベル全集』第1巻, pp. 515-517（邦訳『アーベル/ガロア楕円関数論』所収), 論文の末尾に附されている日付は「1829年1月6日」.

アーベルの絶筆であり,「2ページの大論文」(高木貞治『近世数学史談』, 岩波文庫, 1995, p. 155 参照) と呼ばれることがある. 内容は「パリの論文」の主定理である「アーベルの定理」の簡潔な紹介である.

4月6日, フィンランドのフローラン・ベルクにおいてアーベル没.

1832年　5月30日, 早朝, シャンティのグラシェールの沼地の近くでガロアとL.D（正確な名前は不明）の決闘が行われた. 互いに挙銃を撃ち合った. ガロアは腹部に重傷を負い, コシャン病院に運ばれた.

決闘前夜, ガロアは3通の遺書を書いた. そのうちの1通は友人オーギュスト・シュヴァリエに宛てたもの（末尾の日付は「1832年5月29日」）で, これまでの数学研究が回想され,「これらのすべてを元手にして, 3篇の論文を作成することができると思う」と報告された（邦訳『アーベル/ガロア楕円関数論』所収). 3篇の論文のうち, 第3論文として語られたのは**アーベル積分の変換と等分の理論**であった.

変換と等分の理論を語るためには, それに先立ってアーベル積分の一般理論を展開しなければならないが, ガロアの叙述はリーマンに酷似していて, さながらリーマンの論文「アーベル関数の理論」のスケッチのようである.

オーギュスト・シュヴァリエ宛の遺書が公表されたのは1846年であった.

5月31日午前10時, コシャン病院においてガロア没.

［ヤコビ］「アーベルの定理に関する観察」,「クレルレの数学誌」9, p. 99；『ヤコビ全集』第2巻, pp. 1-4（表紙つき, 本文は pp. 3-4 の2ページのみ).

1828年のアーベルの論文「ある種の超越関数の二, 三の一般的性質に関する諸注意」を受けて書かれたヤコビの第1論文である. 末尾の日付は「1832年5月14日」.

［ヤコビ］「アーベルの超越関数の一般的考察」,「クレルレの数学誌」9, pp. 394-403；『ヤコビ全集』第2巻, pp. 5-16. 論文の末尾に附されている日付は「1832年7月12日」.

標題の「アーベルの超越関数」の原語（ラテン語）は "*transcendentis Abelianus*" であり,「アーベル積分」でも「アーベル関数」でもない. "*transcendentis*" というのは「何かしら超越的なもの」というほどの意味あいの言葉であるから, "*trans-*

cendentis Abelianus" は「アーベルに由来する超越物」と諒解すればよいと思う.

この論文のテーマは，アーベルが 1828 年の論文「ある種の超越関数の二，三の一般的性質に関する諸注意」で確立した超楕円積分の加法定理である．ヤコビはこの加法定理を「あまりにも早すぎた死によって奪い取られたこの驚くべき天才の最高に高貴な記念碑」とみて，「アーベルの定理」と呼ぶことを提案した．すなわち，**ヤコビのいう「アーベルの定理」というのは加法定理それ自体のことなのであり，加法定理の根底にあるアーベルの定理そのものを指すのではない**．他方，リーマンは本来のアーベルの定理を指して「アーベルの加法定理」と呼んでいる．そこで次のような四通りの用語法を注意深く識別しなければならない．

1. アーベルに由来する本来の「アーベルの定理」
2. アーベルの定理から出る「加法定理」
3. ヤコビのいう「アーベルの定理」(「2」と同じもの)
4. リーマンのいう「アーベルの加法定理」(「1」と同じもの)

超楕円積分はルジャンドルにより「超楕円関数」と呼ばれたが，ヤコビはそれを退けて，新たに「アーベルの超越関数」という呼称を提案した．すなわち，ヤコビの論文の標題に出ている「アーベル超越関数」という用語はヤコビの創案にかかるのであり，その実体は超楕円積分にほかならない．

草創期の用語法は混乱しているが，次のような言葉を識別しなければならない．

1. 超楕円積分
2. 超楕円関数 (ルジャンドルの用語，「1」と同じもの)
3. アーベルの超越関数 (ヤコビの用語，「1」と同じもの)
4. アーベル積分
5. ヴァイエルシュトラスのアーベル積分 (「1」と同じもの)
6. ヤコビのアーベル関数 (最も簡単な場合におけるヤコビの逆問題の解決を通じて認識される，複素二変数の**二価四重周期関数**を指す)
7. リーマンのアーベル関数 (「4」と同じもの)
8. ヴァイエルシュトラスのアーベル関数 (複素 n 変数の一価 $2n$ 重周期関数であるが，そのような特定の関数がいくつか選定されて，「アーベル関数」と命名された)
9. 今日の用語法でのアーベル関数 (複素 n 変数の一価 $2n$ 重周期関数．ヴァイエルシュトラスの用語法「8」が継承されている．)
10. ヤコビの逆関数 (リーマンの呼称．一般の場合において，ヤコビの逆問題の解決を通じて認識される複素 n 変数の n 価 $2n$ 重周期関数を指す．ヤコビは $n=2$ の場合を記述して，「アーベル関数」と呼んだ．この場合，「ヤコビ

の逆関数」は「6」の「ヤコビのアーベル関数」と同じものになる）

超楕円積分の一般形 $\phi x=\int rdx/\sqrt{R}$（アーベルの表記法）において有理整関数 $R(x)$ の次数が5または6の場合を考えると，最も簡単なアーベル超越関数が得られる．そのうえ有理整関数 $r=r(x)$ の次数を1と限定すると，第一種（積分値がつねに有限になることを意味する）のアーベル超越関数の一般形が得られるが，アーベルが確立した加法定理の教えるところによれば，それらの中には独立なものがきっかり二個，存在する．リーマンの用語によれば，"2個"の"2"は関数 $\sqrt{R(x)}$ のリーマン面の種数にほかならない．そこで言葉を流用して，関数 $\sqrt{R(x)}$ のリーマン面の種数が p のとき，超楕円積分 $\phi x=\int rdx/\sqrt{R}$ もまた種数 p をもつということにする．

種数2の第一種超楕円積分の世界において，たとえば2個の積分

$$\Phi(x)=\int_0^x \frac{dx}{\sqrt{X}}, \qquad \Phi_1(x)=\int_0^x \frac{xdx}{\sqrt{X}} \qquad (ヤコビの表記法)$$

（X は x の五次または六次の有理整関数）は独立である．そこで連立積分方程式

$$\Phi(x)+\Phi(y)=u, \qquad \Phi_1(x)+\Phi_1(y)=v$$

を設定すると，「ヤコビの逆関数」（リーマンの用語）

$$x=\lambda(u,v), \qquad y=\lambda_1(u,v)$$

が目にとまるであろう．第一種楕円積分の逆関数として楕円関数が認識されたように，ヤコビは種数1の超楕円積分の世界において楕円関数の類似物，すなわち，「その逆関数がアーベル超越関数になるような関数」（『ヤコビ全集』第2巻, p.10）を探究したのである．このような関数の存在を確定し，本性を解明しようという構想はヤコビの独創であり，それが**「ヤコビの逆問題」**の起源である．また，同時に**多複素変数解析関数論の起源**でもある．

この論文の段階では，まだこの新しい関数 $\lambda(u,v), \lambda_1(u,v)$ は特別の名称をもたなかったが，1846年の論文「アーベル関数論ノート」では「アーベル関数」と呼ばれている．以下，この年譜ではリーマンとともに**ヤコビの逆関数**と呼ぶことにする．ヤコビはアーベルの加法定理を適用して，ヤコビの逆関数に対して加法定理が成立することを示した．

ヤコビの逆関数の周期性が認識されている様子はまだ見られない．また，ヤコビの逆関数 $x=\lambda(u,v), y=\lambda_1(u,v)$ は u,v の一価関数を係数にもつ代数方程式を満たすという．ヤコビの逆関数の根幹をなす性質の認識もまだ表明されていない．

ヤコビは微分方程式論の視点から見て，アーベルの加法定理のもう一つの解釈を与えた．

1835年　［ヤコビ］「アーベル超越関数の理論が依拠する二変数四重周期関数につい

て」,「クレルレの数学誌」13, pp. 55-78;『ヤコビ全集』第 2 巻, pp. 23-50 (表紙つき, 本文は pp. 25-50), 論文の末尾の日付は「1834 年 2 月 14 日」.

前論文「アーベル超越関数の一般的考察」(1832 年) で導入された関数 $x=\lambda(u, v)$, $y=\lambda_1(u, v)$ は四重周期をもつことが認識された (この論文の「基本定理」). これら二つの関数は二個の複素変数 u, v の関数を係数にもつ二次方程式の根になるが, この事実もこの論文においてはじめて明記された. これによって**ヤコビはヤコビの逆問題の本性をいっそう深く自覚した**といえるのである. しかしそれらの係数の一価性への言及はまだ見られない.

また, この論文においてはじめて, **関数 $x=\lambda(u, v)$, $y=\lambda_1(u, v)$ の等分の理論と種数 1 の超楕円積分の変換の理論**の素描が書き留められた.

1839 年　ホルンボエが編纂した『アーベル全集』(全 2 巻) が刊行され, 第 2 巻にアーベルの遺稿が収録された. これを旧版の全集として, 1881 年, シローとリーが編纂した新しい『アーベル全集』が刊行された.

1841 年　アーベルの「パリの論文」が, パリの学術誌「いろいろな学者によって学士院に提出された諸論文」第 7 巻, pp. 176-264 に掲載された.『アーベル全集』第 1 巻, pp. 145-211.

1846 年　[ヤコビ]「アーベル関数論ノート」,「クレルレの数学誌」30, pp. 183-184;『ヤコビ全集』第 2 巻, pp. 83-86 (表紙つき, 本文は pp. 85-86); ペテルブルク帝国科学学士院物理数学部門報告集, 巻 II, No. 7 からの転載. 1843 年 5 月 29 日に報告された.

標題の「アーベル関数」の原語 (フランス語) は "fonction Abélienne" であり, この段階ではじめて「アーベル関数」という言葉が使用された.

「クレルレの数学誌」への転載にあたり, 新たに短い注記が書き添えられた. その中でヤコビは, 1844 年のアイゼンシュタイン (Ferdinand Gotthold Max Eisenstein=フェルディナント・ゴットホルト・マックス・アイゼンシュタイン, 1823-52. ドイツの数学者) の論文「楕円超越関数とアーベル超越関数に寄せる所見」(「クレルレの数学誌」27, pp. 185-191;『アイゼンシュタイン全集』第 1 巻, pp. 28-34, 論文の末尾の日付は「1844 年 1 月 10 日」. 標題にみられる「超越関数」の原語のドイツ語はそれぞれ「超越物」を意味する言葉である) を取り上げて, 批判を加えた. 同時に, ヤコビが 1832 年の論文で導入した関数 $x=\lambda(u, v)$, $y=\lambda_1(u, v)$ は, 2 変数 u, v の解析関数 (単に「解析関数」といえば, 一般に有理型関数を意味する) を係数にもつ二次方程式の根になること, および係数になる解析関数は一価であることを言明した. そのうえで,「まさしくその点が, 関数 x と y の真実の性質なのである」(「クレルレの数学誌」30, p. 184) という言葉が語られた.

係数の一価性の認識は 1835 年の論文「アーベル超越関数の理論が依拠する二変数四重周期関数について」の段階ではまだみられなかったものであり，この注記が初出である．これで**ヤコビの逆問題の定式化**が完成した．

　論文の末尾に「1845 年 10 月」という日付が附されているが，これは注記が書かれた時期を示す日付である．

　「アーベル関数ノート」の脚注によると，ヤコビの逆問題の出発点は，楕円関数 $x=\sin am(u)$ は二つの θ 関数の商として表示されるという，楕円関数というものの本性にふれる基本的事実である．これを言い換えれば，楕円関数 $x=\sin am(u)$ は「一次方程式 $A+Bx=0$ を通じて与えられる」(『ヤコビ全集』第 2 巻，p. 86) ということになる．この指摘に続いて，ヤコビは二つの独立な，種数 1 の第一種超楕円積分

$$\Pi(x)=\int^x \frac{dx}{\sqrt{f(x)}}, \quad \Pi_1(x)=\int^x \frac{xdx}{\sqrt{f(x)}} \quad (\text{ヤコビの表記法})$$

(ここで，$f(x)$ は五次または六次の有理整関数) を取り上げて，連立積分方程式

$$\Pi(x)+\Pi(y)=u, \quad \Pi_1(x)+\Pi_1(y)=v$$

を設定した．量 u, v を与えて，この方程式系を満たす未知量 x, y を u, v の関数 (すなわち，リーマンのいう「ヤコビの逆関数」) として決定しようというのであり，ヤコビは，

　　「量 x, y は二次方程式

$$A+Bt+Ct^2=0$$

　　の二根であることがわかる．ここで A, B, C は二つの変化量 u, v の実も
　　しくは虚のあらゆる有限値に対してただ一つの有限値をとる，u と v の
　　関数である．」(『ヤコビ全集』第 2 巻，p. 86)

と主張した．楕円関数 $x=\sin am(u)$ が満たす一次方程式 $A+Bx=0$ の係数 A, B の実体が (一変数 u の) θ 関数であったように，超楕円積分の場合にも，二次方程式 $A+Bt+Ct^2=0$ の係数 A, B, C は，(今度は二変数 u, v の) θ 関数という名が真にふさわしい，ある特殊な関数になることが期待されるであろう．そのとき，商 $x+y=-B/C$, $xy=A/C$ は一価解析関数になり，しかも 1835 年の論文「アーベル超越関数の理論が依拠する二変数四重周期関数について」における考察の帰結によれば，四重周期をもつ．このようなヤコビの主張に証明を与えようとする試みが，ヤコビの逆問題の解決の実質を形成するのである．

　ヤコビの逆問題は，まずはじめにドイツの数学者ローゼンハイン (Johann Georg Rosenhain＝ヨハン・ゲオルク・ローゼンハイン，1816-87) が論文

　　「第一類超楕円積分の逆になる二変数四重周期関数について」

において解決した．クラインの著作『19世紀における数学の発展に関する講義』第1巻(シュプリンガー-フェアラーク，1926；邦訳『クライン：19世紀の数学』，彌永昌吉監修，共立出版，1995)によれば，この論文が書かれたのは1846年といわれている(同書，1979年刊行のリプリント版，p.111)が，公表されたのは1851年で，パリの学術誌「いろいろな学者によって学士院に提出された諸論文」第11巻に掲載された．ローゼンハインはケーニヒスベルクに生まれ，ケーニヒスベルク大学に学び，ヤコビの影響を受けた．クラインの『19世紀における数学の発展に関する講義』第1巻には「ヤコビの教え子」と記されている(同書，1979年刊行のリプリント版，p.250)．ヤコビはベルリン大学に学んだ後，1826年から1843年までケーニヒスベルク大学で教えた．

[ヤコビ]「いっそう高度な第三種アーベル超越関数におけるパラメーターと変数の交換について」，「クレルレの数学誌」32, pp.185-196；『ヤコビ全集』第2巻，pp.121-134(表紙つき．本文はp.123からで，全12ページ)，末尾の日付は「1846年5月13日」．

標題に出ている「いっそう高度なアーベル超越関数」は，一般のアーベル積分を指す．「超越関数」の原語(ドイツ語)は「超越物」を意味する言葉である．アーベルの2篇の遺稿

「ある非常に広範な超越関数族の，一つの注目すべき性質について」(『アーベル全集』第2巻，pp.43-46)，「前理論の拡張」(『アーベル全集』第2巻，pp.47-54)

が紹介された．ヤコビは，1839年に刊行された旧版の『アーベル全集』を見てアーベルの遺稿を知った．

10～11月，フランスの数学誌「純粋数学と応用数学の雑誌」(編集者の名前をとって「リューヴィルの数学誌」と略称される)11, pp.381-444に，

『エヴァリスト・ガロアの数学作品集』

が掲載された．編纂者はリューヴィル(Joseph Liouville＝ジョゼフ・リューヴィル，1809-82)である．1829年5月29日付の，オーギュスト・シュヴァリエ宛の遺書も収録された．リーマンはこの遺書を見たと思われるが，リーマンに及ぼされたガロアの影響の様相を物語る資料はない．

1847年　[ゲーペル]「一位のアーベル超越関数の理論のスケッチ」，「クレルレの数学誌」35, pp.277-312.

「アーベル超越関数」は超楕円積分を意味し，それが「一位」というのは，種数が2に等しいことを意味する．「超越関数」の原語(ラテン語)は「超越物」を意味する

言葉である．

　ヤコビが1846年の短篇「アーベル関数論ノート」の付記の中で表明した命題を取り上げて，証明を与えた．ゲーペルはローゼンハインとほぼ同時期に(やや遅れて)，最も単純な場合(種数2の超楕円積分の場合)においてヤコビの逆問題を解決したことになる．ゲーペルは，ヤコビの逆問題を単に「逆問題」と呼んでいる．

　ゲーペル(Adolph Göpel=アドルフ・ゲーペル，1812-47)はドイツの数学者．ロストックに生まれ，ベルリン大学に学んだ．

1849年　［ヴァイエルシュトラス］「アーベル積分の理論への寄与」，ブラウンスベルクのギムナジウム「コレギウム・ホセアヌス」の年報(1848～1849年)の巻頭論文(pp. 3-23)；『ヴァイエルシュトラス全集』第1巻，pp. 111-131，論文の末尾に附されている日付は「1849年7月17日」．

　ヤコビの逆問題に寄せるヴァイエルシュトラスの第1論文である．ヤコビの逆問題の対象を一般化し，完全に一般的な超楕円積分にまで拡張しようと試みて，3篇の論文を公表した(他の2篇は1854年と1856年に「クレルレの数学誌」に掲載された)．アーベルの名を冠し，超楕円積分をアーベル積分と呼ぶのは，ヤコビの流儀にならったのである．

　ヤコビの逆問題を設定するために，ヴァイエルシュトラスとともに，まずはじめに実量 $a_1, a_2, a_3, \cdots, a_{2n+1}$ をとろう．これらは $a_1 < a_2 < a_3 < \cdots < a_{2n+1}$ というふうに配列されているとして，$2n+1$ 次有理整関数

$$R(x) = (x-a_1)(x-a_2)\cdots(x-a_{2n+1})$$

を考える．これを二つの有理整関数

$$P(x) = (x-a_1)(x-a_3)\cdots(x-a_{2n+1})$$
$$Q(x) = (x-a_2)(x-a_4)\cdots(x-a_{2n})$$

の積に分解する．n 個の関数

$$g_\alpha = \frac{1}{2}\sqrt{\frac{Q(a_{2\alpha-1})}{(a_{2\alpha}-a_{2\alpha-1})P'(a_{2\alpha-1})}} \quad (\alpha=1, 2, \cdots, n)$$

をつくり，これらを用いて再度 n 個の関数

$$F_\alpha(x) = \frac{g_\alpha P(x)}{x - a_{2\alpha-1}} \quad (\alpha=1, 2, \cdots, n)$$

をつくる．そのうえで連立積分方程式

$$u_1 = \sum \int_{a_{2\alpha-1}}^{x_\alpha} \frac{F_1(x)dx}{\sqrt{R(x)}}$$

$$u_2 = \sum \int_{a_{2\alpha-1}}^{x_\alpha} \frac{F_2(x)dx}{\sqrt{R(x)}}$$

$$\cdots\cdots\cdots\cdots$$

$$u_n = \Sigma \int_{a_{2\alpha-1}}^{x_\alpha} \frac{F_n(x)dx}{\sqrt{R(x)}}$$

を設定し，「変数 $x_1, x_2, \cdots, x_n$ を n 個の変数 $u_1, u_2, \cdots, u_n$ の関数と見て，具体的な形に表示する」という問題を考える．これが，超楕円積分を対象とするヤコビの逆問題である．リーマンの理論の語法によれば，方程式の個数 n は関数 $\sqrt{R(x)}$ のリーマン面 $R(\sqrt{R(x)})$ の種数に等しい．また，リーマンの理論によればリーマン面 $R(\sqrt{R(x)})$ 上には n 個の一次独立な積分が存在するが，積分

$$\int \frac{F_1(x)dx}{\sqrt{R(x)}}, \quad \int \frac{F_2(x)dx}{\sqrt{R(x)}}, \quad \cdots, \quad \int \frac{F_n(x)dx}{\sqrt{R(x)}}$$

はそのような一系の積分の具体例を与えている．

ヴァイエルシュトラスは，変数 $x_1, x_2, \cdots, x_n$ は n 次代数方程式

$$\frac{a_2-a_1}{x-a_1}p_1^2 + \frac{a_4-a_3}{x-a_3}p_2^2 + \cdots + \frac{a_{2n}-a_{2n-1}}{x-a_{2n-1}}p_n^2 = 1 \qquad (\text{A.2})$$

の根として与えられる，と主張した．ここで，$p_1, p_2, \cdots, p_n$ は変数 $u_1, u_2, \cdots, u_n$ の一価関数であり，第2論文では（表記法は少々異なっているが）**アーベル関数**という呼称が与えられている．もう少し精密にいえば，$u_1, u_2, \cdots, u_n$ は複素変数であり，$p_1, p_2, \cdots, p_n$ の各々は，それらの変数のすべての値に対して規定されて，しかも $2n$ 重周期をもつ有理型関数である．

そこで，これはヴァイエルシュトラス自身の用語法ではないが，一般に n 個の複素変数の $2n$ 重周期をもつ有理型関数を**アーベル関数**（今日の用語法）と呼ぶことにすれば，上記の方程式 (A.2) を

$$x^n + A_1 x^{n-1} + \cdots + A_n = 0$$

という形に書くとき，係数 $A_1, A_2, \cdots, A_n$ はすべてアーベル関数である．しかもそれらはどれも，二つの θ 関数の商として表示される．これだけのことが示されれば，ヤコビの逆問題の原型において要請された事柄は，すべて明るみに出されたといえるのである．

第1論文の当時，ヴァイエルシュトラスはコレギウム・ホセアヌス（カトリックの僧侶を養成する学校）の教員で，数学のほかに物理，植物，地理，歴史，ドイツ語，カリグラフィー（習字），体操などを教えた．

1851年　　［リーマン］**「一個の複素変化量の関数の一般理論の基礎」**（学位論文）

ゲッティンゲン大学に提出された．1990年版『リーマン全集』，pp. 35-80（本文41ページ，目次2ページ，注釈3ページ）（本訳書第1章「複素一変数関数の一般論の基礎」）．リーマン面の概念が導入され，ディリクレの原理に基づいて基礎理論が建設された．その土台の上に1857年の論文「アーベル関数の理論」が書かれて，ヤコビの逆問題が解決された．

　　　　　　　[ローゼンハイン]「第一類超楕円積分の逆になる二変数四重周期関数について」，パリの学術誌「いろいろな学者によって学士院に提出された諸論文」11, pp. 361-468.「第一類」は「種数2」を意味する.
　　　ヤコビの逆問題はパリの科学学士院の懸賞問題になったが，ローゼンハインが受賞した(1846年度の賞を1851年になってから受賞した).
　　　2月18日，ベルリンにおいてヤコビ没.

1854年　　　[ヴァイエルシュトラス]「アーベル関数の理論への寄与」，「クレルレの数学誌」47, pp. 289-306;『ヴァイエルシュトラス全集』第1巻, pp. 289-306, 論文の末尾に附されている日付は「1853年9月11日」．
　　　ヤコビの逆問題に寄せるヴァイエルシュトラスの第2論文である．

1855年　　2月23日，ゲッティンゲンにおいてガウス没．

1855〜1856年　　　1855年のミカエル祭の日(9月29日)から翌1856年のミカエル祭の日まで(1855〜1856年の冬学期と1856年の夏学期)，ゲッティンゲン大学において，1857年の論文「アーベル関数論」のもとになったリーマンの講義が行われた(このときリーマンは私講師であった)．三人の聴講者(デデキント，シェリング，ビエルクネス)がいた．

1856年　　　[ヴァイエルシュトラス]「アーベル関数の理論」，「クレルレの数学誌」52, pp. 285-380;『ヴァイエルシュトラス全集』第1巻, pp. 297-355, 全集には一部分のみが収録された．
　　　ヤコビの逆問題に寄せるヴァイエルシュトラスの第3論文．論文の末尾に「続く」と附言されているが，続篇は公表されなかった．

1857年　　　「ボルヒャルトの数学誌」54にリーマンの4論文(本章)が掲載された．
　　　第11論文　「束縛のない変化量の関数の研究のための一般的諸前提と補助手段」, pp. 101-104.
　　　第12論文　「二項完全微分の積分の理論のための位置解析からの諸定理」, pp. 105-109.
　　　第13論文　「一個の複素変化量の関数の，境界条件と不連続性条件による決定」, pp. 111-114.
　　　第14論文　**「アーベル関数の理論」**, pp. 115-155.
　　　ヤコビの逆問題が解決された．解決の鍵になったのは，
　　　　1．アーベルの定理
　　　　2．アーベルの定理から導かれるアーベルの加法定理
　　　　3．微分方程式論の視点からアーベルの加法定理を見るヤコビの解釈
　　であった．

1859 年　　5 月 5 日，ディリクレ没．10 月 26 日，この日の日付でリーマンがヴァイエルシュトラスに宛て手紙を書いた．手紙の内容は数学に関するもので，二つの部分からなる．前半は素数の分布に関する有名な論文

「ある与えられた量以下の素数の個数について」（この年 11 月のベルリン科学学士院月報に掲載された．1990 年版『リーマン全集』，pp. 177-187（本訳書第 4 章「与えられた限界以下の素数の個数について」）．リーマンは 1859 年からベルリン科学学士院の通信会員）

のスケッチである（この部分は 1990 年版『リーマン全集』の pp. 823-825）．後半はリーマンの没後，ヴァイエルシュトラスの手で「ボルヒャルトの数学誌」71（1870 年），pp. 197-200 に公表された（1990 年版『リーマン全集』，pp. 326-329）．その記事には，

「n 個の変数の，$2n$ 個より多くの周期をもつ一価多重周期関数は存在しえないという定理の証明」

という標題が附された．

1861〜1862 年　　冬学期，リーマンがゲッティンゲン大学において講義

「代数的微分の積分の一般理論について」

を行った．1861 年 10 月 28 日から 1862 年 3 月 11 日まで．概要は 1990 年版『リーマン全集』の pp. 599-664 に収録されている（本文 58 ページ，注記 8 ページ）．「アーベル関数」という名を与えられた関数が登場する．

1866 年　　［リーマン］「テータ関数の零点について」，「ボルヒャルトの数学誌」65, pp. 161-172；1990 年版『リーマン全集』, pp. 244-256.

論文「アーベル関数の理論」への補遺．

7 月 20 日，北部イタリアのマジョレ湖畔西岸の町セラスカにおいてリーマン没．3 回目のイタリア旅行の途次であった．

1870 年　　7 月 14 日，プロイセン科学学士院においてヴァイエルシュトラスの報告

「いわゆるディリクレの原理について」（『ヴァイエルシュトラス全集』第 2 巻，pp. 49-54)

が行われた．リーマンの複素関数論の根幹をなす「ディリクレの原理」に対して，疑義が表明された．

［リーマン］「n 個の変数の，$2n$ 個より多くの周期をもつ一価多重周期関数は存在しえないという定理の証明」

1859 年 10 月 26 日付のヴァイエルシュトラス宛書簡の抜粋，「ボルヒャルトの数学誌」71, pp. 197-200；1990 年版『リーマン全集』, pp. 326-329.

1880 年　　［ヴァイエルシュトラス］「r 個の変数の $2r$ 重周期関数に関する研究」，

「ボルヒャルトの数学誌」89, pp. 1-8;『ヴァイエルシュトラス全集』第2巻, pp. 125-133. ボルヒャルトに宛てて書簡の形をとって報告した. 手紙の日付は「1879年11月5日」.

「変数」はつねに「複素変数」を意味する.

この手紙の末尾(「ボルヒャルトの数学誌」89, p. 8)において, ヴァイエルシュトラスは「ここで考察された r 個の変数の $2r$ 重周期関数に関する私の研究にあたって, 当初から視圏にとらえていた目的地」について語っている. その目標の地というのは,

「そのような関数はどれも, r 個の変数の Θ 関数を用いて書き表される」

という定理の証明のことである. ヤコビの逆問題はこの命題が確立されてはじめて, ヤコビが企図したとおりの形で解決されたといえるのである. この問題の解決のためには, 多複素変数解析関数論の深い知識が要請され, むずかしい.

ヴァイエルシュトラスが語った定理ははじめ, 2変数の場合にアッペル (Paul Emile Appell＝ポール・エミール・アッペル, 1855-1930. フランスの数学者) が証明を与えたので, 「アッペルの定理」と呼ばれる. アッペルの論文

「二変数周期関数について」(「リューヴィルの数学誌」第4シリーズ, 第7巻 (1891年), pp. 157-219)

参照. アッペルの証明は, ポアンカレ (Jules Henri Poincaré＝ジュール・アンリ・ポアンカレ, 1854-1912. フランスの数学者) の論文

「二変数関数について」(「科学学士院議事録(コントランデュ)」96 (1883年), pp. 238-240;『ポアンカレ全集』第4巻, pp. 144-146 に概略が公表された後, スウェーデンの数学誌「数学集報(アクタ・マテマチカ)」2 (1883年), pp. 97-113;『ポアンカレ全集』第4巻, pp. 147-161 に詳細が掲載された)

で証明された定理, すなわち「二個の複素変数の空間の全域における有理型関数は, 二個の整関数の商の形に表示される」という定理に基づいている. これは, 多複素変数解析関数論への具体的な一歩をしるす定理である.

「アッペルの定理」の一般の場合の証明は, ポアンカレが与えた. ポアンカレの論文

「アーベル関数について」(「科学学士院議事録」124 (1897年), pp. 1407-1411;『ポアンカレ全集』第4巻, pp. 469-472 に概要が出された後, 「数学集報」26 (1902年), pp. 43-98;『ポアンカレ全集』第4巻, pp. 473-526 に詳細が掲載された)

参照. ポアンカレの証明のほかにもいくつかの証明が存在する.

1897年 2月19日, ベルリンにおいてヴァイエルシュトラス没.

[高瀬正仁]

4
与えられた限界以下の素数の個数について
(ベルリン学士院月報, 1859 年 11 月)

　学士院が，私をその通信会員の一人として指名して下さったことにより，私に与えられました栄誉に対する感謝の念を表すのに最もよいのは，これによって私の得た特権を最も早い機会に用いて，素数の頻度に関する一つの研究を報告することであると考えました．このテーマは，ガウスとディリクレが長年にわたって関心を抱いていたものであり，この報告もまったく価値のないものではないと思います．

　すべての素数 p にわたる次の積が，すべての自然数 n にわたる和として

$$\Pi \frac{1}{1-\frac{1}{p^s}} = \Sigma \frac{1}{n^s}$$

と表されるというオイラーの発見を，私はこの研究の出発点として採用した．収束するところで，この二つの表示式が表す複素変数 s の関数を，私は $\zeta(s)$ と記す．上式の両辺は，s の実部が 1 より大きいところで収束する．

　しかしこれに対して，すべての s に対して成り立つこの関数の表示式を容易に見出すことができる．等式

$$\int_0^\infty e^{-nx} x^{s-1} dx = \frac{\Pi(s-1)}{n^s} \quad (1)$$

を用いると，

$$\Pi(s-1)\zeta(s) = \int_0^\infty \frac{x^{s-1} dx}{e^x - 1}$$

が得られる．

　そこで次の積分

$$\int \frac{(-x)^{s-1} dx}{e^x - 1}$$

を考える．ここで積分路は，$+\infty$ から出発して $+\infty$ に帰る正の向きの道で，その内

部には被積分関数の0以外の不連続点は含まれないとする．このとき容易にわかるように，この積分は

$$(e^{-\pi si} - e^{\pi si})\int_0^\infty \frac{x^{s-1}dx}{e^x - 1}$$

に等しい．ただし多価関数 $(-x)^{s-1} = e^{(s-1)\log(-x)}$ において，$\log(-x)$ は，x が負のとき実数値をとるものとする．こうして

(1) $$2\sin \pi s \Pi(s-1)\zeta(s) = i\int_\infty^\infty \frac{(-x)^{s-1}dx}{e^x - 1}$$

が得られる．ここで積分は，上に述べたような意味のものとする．

この等式によって，関数 $\zeta(s)$ の値が任意の複素数 s に対して定義される．またこれから $\zeta(s)$ は一価関数で，1以外の任意の s の有限値に対し $\zeta(s)$ は有限の値をとる[2]．また $\zeta(s)$ は，s が負の偶数のとき 0 となる[3]．

s の実部が負のとき，この積分を，与えられた領域を正の向きにまわる道に沿って積分すると考える代わりに，与えられた領域の外側の領域を囲む道を負の向きにまわる道に沿って積分すると考えてもよい．というのは，変数の絶対値が無限大のとき，積分は無限小になるからである．この外側の領域において x が $\pm 2\pi i$ の整数倍のときに限り，被積分関数は不連続であり，積分の値はこの各不連続点のまわりを負の向きにまわる積分の値の和に等しい．不連続点 $n2\pi i$ のまわりの積分の値は，$(-n2\pi i)^{s-1}(-2\pi i)$ であるから，これから

$$2\sin \pi s \Pi(s-1)\zeta(s) = (2\pi)^s \sum n^{s-1}[(-i)^{s-1} + i^{s-1}]$$

が得られる．これは，$\zeta(s)$ と $\zeta(1-s)$ の間の関係を与える．関数 $\Pi(s)$ の既知の性質を用いるとき，この関係は，s を $1-s$ に置き換えたとき関数

$$\Pi\left(\frac{s}{2} - 1\right)\pi^{-s/2}\zeta(s)$$

が不変であると表現することができる．

$\zeta(s)$ のこの性質が誘因となって，私は (1) において級数 $\sum 1/n^s$ の一般項を表す積分で $\Pi(s-1)$ の代わりに，$\Pi(s/2-1)$ を考えることを思いついた．これによって，$\zeta(s)$ の非常に便利な表示式が得られるのである．実際

$$\frac{1}{n^s}\Pi\left(\frac{s}{2} - 1\right)\pi^{-s/2} = \int_0^\infty e^{-nn\pi x} x^{(s/2)-1} dx$$

であるから，

$$\sum_1^\infty e^{-nn\pi x} = \psi(x)$$

とおくとき，

$$\Pi\left(\frac{s}{2} - 1\right)\pi^{-(s/2)}\zeta(s) = \int_0^\infty \psi(x) x^{(s/2)-1} dx$$

となる．

$$2\psi(x)+1=x^{-(1/2)}\Big[2\psi\Big(\frac{1}{x}\Big)+1\Big]$$
(ヤコビ，Fund. Nova. S. 184)[(4)]

であるから，上式はまた

$$\Pi\Big(\frac{s}{2}-1\Big)\pi^{-(s/2)}\zeta(s)=\int_1^\infty \psi(x)x^{(s/2)-1}dx+\int_0^1 \psi\Big(\frac{1}{x}\Big)x^{(s-3)/2}dx$$

$$+\frac{1}{2}\int_0^1 (x^{(s-3)/2}-x^{(s/2)-1})dx$$

$$=\frac{1}{s(s-1)}+\int_1^\infty \psi(x)(x^{(s/2)-1}+x^{-(1+s)/2})dx$$

となる．いま $s=1/2+ti$ とし，また

(2) $$\Pi\Big(\frac{s}{2}\Big)(s-1)\pi^{-(s/2)}\zeta(s)=\xi(t)$$

とおく．このとき

$$\xi(t)=\frac{1}{2}-\Big(tt+\frac{1}{4}\Big)\int_1^\infty \psi(x)x^{-(3/4)}\cos\Big(\frac{1}{2}t\log x\Big)dx$$

となる．これはまた

$$\xi(t)=4\int_1^\infty \frac{d[x^{3/2}\psi'(x)]}{dx}x^{-(1/4)}\cos\Big(\frac{1}{2}t\log x\Big)dx$$

とも表される．

この関数は，有限なすべての t に対し有限な値をとり，きわめて急速に収束する tt の冪級数に展開される．s の実部が 1 より大きいときには，$\log \zeta(s)=-\sum_p \log(1-p^{-s})$ は有限な値をとり，関数 $\xi(t)$ の他の因子についても同様であるから，関数 $\xi(t)$ の値が 0 となるのは，t の虚部が $(1/2)i$ と $-(1/2)i$ の間にあるときだけであることがわかる．$\xi(t)=0$ の根で，その実部が 0 と T の間にあるものの個数は，おおよそ

$$\frac{T}{2\pi}\log\frac{T}{2\pi}-\frac{T}{2\pi}$$

に等しい．なぜならば，虚部が $(1/2)i$ と $-(1/2)i$ の間にあり，実部が 0 と T の間にある t の全体 [の周] を正の向きにまわる積分 $\int d\log \xi(t)$ は，(位数 $1/T$ の誤差項を除き)，$(T\log(T/2\pi)-T)i$ に等しく，一方この積分の値は，上の領域に含まれる $\xi(t)=0$ の根の総数の $2\pi i$ 倍に等しいからである[(5)]．そして実際にはこの同じ範囲に $\xi(t)=0$ の実根が，ほぼ同数だけ存在すると思われる[(6)]．そして $\xi(t)=0$ のすべての根は実根であることはたいへん確からしい[(7)]．これについては，もちろん厳密な証明を与えることが望ましい．しかし私は少しばかり証明を試みたが成功しなかったので，当分の間この証明の追究を棚上げすることにした．なぜならすぐ後に述べる研究のためには，この証明は必要でないと思われるからである．

方程式 $\xi(\alpha)=0$ の任意の根を α と記すことにする。このとき $\log \xi(t)$ は

(3) $$\sum \log\left(1-\frac{tt}{\alpha\alpha}\right)+\log \xi(0)$$

の形に表される[8]。t における根の密度は，t が増加するとき $\log(t/2\pi)$ の位数で増加するので，上の級数は収束する[9]。そして t が無限大のとき，これは $t \log t$ の大きさの無限大である。したがってそれは $\log \xi(t)$ と，tt の連続関数で，有限な t に対し有限な値をとり，tt で割ったとき無限大の t に対して無限小になる関数だけ異なる。したがってこの差の関数は実は定数であり，$t=0$ とおくことによって決定することができる。

さて，これらの補助手段を用いて，x より小さい素数の個数が決定される。

$F(x)$ を，x が素数でないとき x 以下の素数の個数を表すものとし，x が素数のときはこの個数 $+1/2$ を表すものとする。したがって $F(x)$ の値がジャンプする点では，

$$F(x)=\frac{F(x+0)+F(x-0)}{2}$$

である。

いま

$$\log \zeta(s) = -\sum \log(1-p^{-s}) = \sum p^{-s} + \frac{1}{2}\sum p^{-2s} + \frac{1}{3}\sum p^{-3s} + \cdots$$

において，

$$p^{-s}=s\int_p^\infty x^{-s-1}dx, \qquad p^{-2s}=s\int_{p^2}^\infty x^{-s-1}dx, \qquad \cdots$$

を代入すると

$$\frac{\log \zeta(s)}{s} = \int_1^\infty f(x)x^{-s-1}dx$$

を得る[10]。ただし

(4) $$f(x)=F(x)+\frac{1}{2}F(x^{1/2})+\frac{1}{3}F(x^{1/3})+\cdots$$

である。

上の等式は，$a>1$ となるすべての複素数 $s=a+bi$ に対し成り立つ。この範囲の s に対して，

(5) $$g(s)=\int_0^\infty h(x)x^{-s}d\log x$$

のような等式が成り立つとき，フーリエの定理によって $h(x)$ を $g(s)$ で表すことができる。$h(x)$ が実数値のとき，上の等式は

$$g(a+bi)=g_1(b)+ig_2(b)$$

4. 与えられた限界以下の素数の個数について

として二つの等式

$$g_1(b) = \int_0^\infty h(x) x^{-a} \cos(b \log x) d \log x$$

$$ig_2(b) = -i \int_0^\infty h(x) x^{-a} \sin(b \log x) d \log x$$

に分解される．この二つの等式に，ともに

$$[\cos(b \log y) + i \sin(b \log y)] db$$

をかけて $-\infty$ から $+\infty$ まで積分すると，どちらの式も右辺は $\pi h(y) y^{-a}$ となる[11]から，この2式を加えて y^a をかけると

$$2\pi i h(y) = \int_{a-\infty i}^{a+\infty i} g(s) y^s ds$$

が得られる．ここで積分は，s の実部 $=a$ という直線に沿ったものである．

この積分は，関数 $h(y)$ がジャンプする点では両側からの極限の平均を表す．関数 $f(x)$ も同じ性質をもつように定義したから，一般にすべての y に対し

(6) $$f(y) = \frac{1}{2\pi i} \int_{a-\infty i}^{a+\infty i} \frac{\log \zeta(s)}{s} y^s ds$$

が成り立つ．この式の $\log \zeta$ に，上で得た表現

(7) $$\log \zeta(s) = \frac{s}{2} \log \pi - \log(s-1) - \log \Pi\left(\frac{s}{2}\right) + \sum_\alpha \log\left(1 + \frac{[s-(1/2)]^2}{\alpha\alpha}\right) + \log \xi(0)$$

を代入する．しかしこのとき，各項の積分は無限区間上で積分するとき収束しないので，上の等式を一回部分積分することによって，

(8) $$f(x) = -\frac{1}{2\pi i} \frac{1}{\log x} \int_{a-\infty i}^{a+\infty i} \frac{d}{ds}\left(\frac{\log \zeta(s)}{s}\right) x^s ds$$

と変形しておく方が都合がよい．

$m=\infty$ としたとき

(9) $$-\log \Pi\left(\frac{s}{2}\right) = \lim\left[\sum_{n=1}^{n=m} \log\left(1 + \frac{s}{2n}\right) - \frac{s}{2} \log m\right]$$ [12]

であり，これからまた

$$-\frac{d \frac{1}{s} \log \Pi\left(\frac{s}{2}\right)}{ds} = \sum_1^\infty \frac{d \frac{1}{s} \log\left(1 + \frac{s}{2n}\right)}{ds}$$

となる．そこで，$f(x)$ の表示式 (8) に (7) を代入したとき生ずる各項は，

(10) $$\frac{1}{2\pi i} \frac{1}{\log x} \int_{a-\infty i}^{a+\infty i} \frac{1}{ss} \log \xi(0) x^s dx = \log \xi(0)$$

を除いてすべてが

(11) $$\pm \frac{1}{2\pi s} \frac{1}{\log x} \int_{a-\infty i}^{a+\infty i} \frac{d\left[\frac{1}{s} \log\left(1 - \frac{s}{\beta}\right)\right]}{ds} x^s ds$$

という形になる.

ところが一方

$$\frac{d\left[\frac{1}{s}\log\left(1-\frac{s}{\beta}\right)\right]}{d\beta}=\frac{1}{(\beta-s)\beta}$$

であり，β の実部が負であるか正であるかによって

$$-\frac{1}{2\pi i}\int_{a-\infty i}^{a+\infty i}\frac{x^s ds}{(\beta-s)\beta}=\frac{x^\beta}{\beta}$$

$$=\int_\infty^x x^{\beta-1}dx \quad (\operatorname{Re}\beta<0)$$

または

$$=\int_0^x x^{\beta-1}dx \quad (\operatorname{Re}\beta>0)$$

となる．したがって

$$\frac{1}{2\pi i}\frac{1}{\log x}\int_{a-\infty i}^{a+\infty i}\frac{d\left[\frac{1}{s}\log\left(1-\frac{s}{\beta}\right)\right]}{ds}x^s ds$$

$$=-\frac{1}{2\pi i}\int_{a-\infty i}^{a+\infty i}\frac{1}{s}\log\left(1-\frac{s}{\beta}\right)x^s ds$$

(12)
$$=\int_\infty^x \frac{x^{\beta-1}}{\log x}dx+\text{定数}, \quad \text{第一の場合 }(\operatorname{Re}\beta<0)$$

または

(13)
$$=\int_0^x \frac{x^{\beta-1}}{\log x}dx+\text{定数}, \quad \text{第二の場合 }(\operatorname{Re}\beta>0)$$

となる.

第一の場合には，積分定数は，β の実部を負の無限大とすることによって定められる．第二の場合には，0 から x への積分は，積分路を上半平面にとるか下半平面にとるかによって $2\pi i$ だけ異なる値になる[13]．上半平面にとった場合 β の虚部が正の無限大になるとき，積分は無限小となる．また，下半平面にとった場合には β の虚部が負の無限大となるとき，積分は無限小となる．これによって，上式左辺の $\log[1-(s/\beta)]$ の値をどのようにとれば積分定数がなくなるようにできるかがわかる．

こうして得られた各項の値を上述の $f(x)$ の表示式に代入すると，

(14) $$f(x)=Li(x)-\sum_\alpha[Li(x^{1/2+\alpha i})+Li(x^{1/2-\alpha i})]+\int_x^\infty \frac{1}{x^2-1}\frac{dx}{x\log x}+\log\xi(0)$$

が得られる[14]．ここで $\sum_\alpha$ は，方程式 $\xi(\alpha)=0$ のすべての正の根（[リーマン予想を仮定しないときは] すべての実部が正の根）を，大きさの順に小さい方から並べた和を表す．関数 ξ についてもっと精密な議論を用いることによって，根を上の順序に並べたとき，級数

(15) $$\sum_\alpha [Li(x^{1/2+\alpha i}) + Li(x^{1/2-\alpha i})]\log x$$

の和は，次の積分

(16) $$\frac{1}{2\pi i}\int_{a-bi}^{a+bi}\frac{d\frac{1}{s}\sum_\alpha \log\left[1+\frac{(s-(1/2))^2}{\alpha\alpha}\right]}{ds}x^s ds$$

の，$b \to +\infty$ とした極限値に等しいことが容易に証明される[15]．けれども根の順序を適当に変更することによって，この級数の和を任意の実数に等しくすることができる[16]．

$$f(x) = \sum_n \frac{1}{n}F(x^{1/n})$$

を反転して，$f(x)$ から $F(x)$ を出す公式

(17) $$F(x) = \sum_m (-1)^\mu \frac{1}{m}f(x^{1/m})$$

が得られる[17]．ここで m は，1以外の平方数で割り切れないすべての正整数を動く．また μ は，m の素因子の個数を表す．

上の $f(x)$ の表示式 (14) において，級数 $\sum_\alpha$ を最初の有限個の項の和で置き換えてからその導関数を考えると，x が増加するとき急速に減少する項を除き，

(18) $$\frac{1}{\log x} - 2\sum_\alpha \frac{\cos(\alpha \log x)\cdot x^{-(1/2)}}{\log x}$$

に等しい．そしてこれは，実数 x における

(19) $$(素数の密度) + \frac{1}{2}(素数^2 の密度) + \frac{1}{3}(素数^3 の密度) + \cdots$$

を近似的に表す表示式となっている．

したがって既知の近似式 $F(x) = Li(x)$ は，位数 $x^{1/2}$ の量を無視したときはじめて正しい式となるのである[18]．そしてまたこの近似式は，いくらか大きすぎる値を与える[19]．

なぜならば，$F(x)$ の表示式 (17) [に (14) を代入したもの] の非周期項は，x が増加するとき有界な項を除き，

(20) $$Li(x) - \frac{1}{2}Li(x^{1/2}) - \frac{1}{3}Li(x^{1/3}) - \frac{1}{5}Li(x^{1/5}) + \frac{1}{6}Li(x^{1/6}) - \frac{1}{7}Li(x^{1/7}) + \cdots$$

である．

実際，ガウスとゴールドシュミットによって調査された，$x = 300$ 万までの x 以下の素数の個数と $Li(x)$ の比較によると，最初の10万のところですでに，x 以下の素数の個数は $Li(x)$ より小さく，その差は多くの振動を伴いながら，x とともにしだいに大きくなっていく[20]．周期項に依存するあちらこちらの素数の疎密は，素数を数え上げる際にすでに注意されていたが，それについての規則性についてはこれまで

のところ何もわかっていない．将来行われるだろう，新しい素数の数え上げにおいて素数密度の表示式における個々の周期項の影響を追究してみることは興味があるだろう．関数 $f(x)$ は，関数 $F(x)$ より規則的に変動しているようにみえる．$f(x)$ は，最初の 100 のところですでに，平均して $Li(x)+\log \xi(0)$ と一致することがはっきりわかる．

[杉浦光夫 訳]

訳　　注

《1》[p. 155]　$\Pi(s)$ は階乗関数で，ガンマ関数と $\Pi(s-1)=\Gamma(s)$ という関係がある．

《2》[p. 156]　ガンマ関数の相補公式 $\Gamma(s)\Gamma(1-s)=\pi/\sin\pi s$ を用いると，上記のゼータの表示式は

$$\zeta(s)=\frac{\Gamma(1-s)}{2\pi i}\int_c\frac{(-x)^s}{e^x-1}\cdot\frac{dx}{x} \tag{1}$$

と書くことができる．ここで C は，上述の $+\infty$ から出て $+\infty$ へもどる道を表す．C は実軸上側を $+\infty$ から $\varepsilon\,(2\pi>\varepsilon>0)$ までいき，次に 0 を中心とする半径 ε の円周を正の方向に一周して，実軸下側を ε から $+\infty$ へいく道としてよい．この積分の被積分関数の分母は $x\to+\infty$ のとき e^x の位数で増大し，分子は $|x^{s-1}|$ の位数であるから，s について C 上広義一様収束し，積分の値は C 上正則な s の関数である．一方，$\Gamma(1-s)$ は C 上有理型で，その極の集合は正整数の全体 Z^+ と一致し，すべて一位の極である．$\mathrm{Re}\,s>1$ のとき $\zeta(s)=\sum_{n=1}^{\infty}1/n^s$ であり，この級数の右辺は広義一様収束するから，$\mathrm{Re}\,s>1$ で正則である．（$s=2,3,\cdots$ における $\Gamma(1-s)$ の極は積分の零点で打ち消されているのである．）一方，$\lim_{s\to 1+0}\sum_{n=1}^{\infty}1/n^s=+\infty$ だから，$s=1$ は実際に $\zeta(s)$ の一位の極である．さらに

$$\zeta(s)=\sum_{n=1}^{\infty}\frac{1}{n^s}=s\int_1^{+\infty}\frac{[u]}{u^{s+1}}du=\frac{1}{s-1}+1-s\int_1^{+\infty}\frac{u-[u]}{u^{s+1}}du \tag{2}$$

となるが，$\mathrm{Re}\,s>0$ において右辺の積分は s の正則関数だから，$\mathrm{Res}_{s=1}\zeta(s)=1$ であることがわかる．

《3》[p. 156]　$\zeta(-2n)=0\,(n=1,2,\cdots)$ であることは，次のようにしてわかる．ζ の関数等式 $\zeta(1-s)=2(2\pi)^{-s}\cos(\pi s/2)\Gamma(s)\zeta(s)$ において，$s=2n+1\,(n$ は正整数$)$ とおく．このとき $\cos(\pi s/2)$ は $s=2n+1$ で 0 となるから，$\zeta(-2n)=0$ である．この $-2n\,(n=1,2,\cdots)$ という形の $\zeta(s)$ の 0 点を，ζ の自明な零点という．

《4》[p. 157]　この等式は，フーリエ解析のポアッソン和公式から導かれる（猪狩 [18] (p. 226)）．また関数論的な証明もできる．エリソン [8] (p. 148) をみよ．Fund. Nova は『ヤコビ全集』第 1 巻所収．

《5》[p. 157] $0 \leq \mathrm{Im}\, s \leq T$ の範囲にある $\zeta(s)$ の自明でない零点(または $\xi(s)$ の零点)の個数を $N(T)$ とするとき，リーマンのアイディアに従って計算を実行して，フォン・マンゴルト [25] は，

$$N(T) = \frac{T}{2\pi} \log \frac{T}{2\pi} - \frac{T}{2\pi} + O(\log T) \qquad (3)$$

であることを証明した．そこでティッチマーシュ [30] は，リーマンが「位数 $1/T$ の誤差項を除いて」と述べているのは誤りだろうと述べている．これに対しエドワヅ [7] は，リーマンのいう誤差 $O(1/T)$ は相対誤差の意味で，絶対誤差は $O(\log T)$ となるからリーマンは間違っていないと主張している．

《6》[p. 157] ここでは，$\mathrm{Re}\, s = 1/2$, $0 \leq \mathrm{Im}\, s \leq T$ の範囲にある $\zeta(s)$ の零点の個数を $N_0(T)$ と記すとき，$\lim_{T \to +\infty} N_0(T)/N(T) = 1$ となることを述べていると解釈される．これは現在まで証明されていないし，反証もされていない．

《7》[p. 157] これは《6》よりも強く，すべての $T \geq 0$ に対し $N_0(T) = N(T)$, すなわち $\zeta(s)$ の自明でない零点はすべて $\mathrm{Re}\, s = 1/2$ という直線上にあることを予想しているのである．この予想がリーマン予想と呼ばれるもので，多くの研究がなされたが，今日でもその真偽は不明である．

《8》[p. 158] リーマンは，関数 ξ を考えるとき，変数 s でなく $s = 1/2 + it$ という関係にある複素変数 t を用いている．しかしそこに若干の混乱が生じている．いま混同を避けるため，ξ を t の関数と考えたものを $\varXi(t)$ と記すことにし，ξ と記したときは s の関数とする(これが現在の慣用記法である)：すなわち

$$\varPi\!\left(\frac{s}{2}\right)(s-1)\pi^{-s/2}\zeta(s) = \xi(s) = \xi\!\left(\frac{1}{2} + it\right) = \varXi(t) \qquad (4)$$

と定義する．このとき本文 (3) 式の $\xi(0)$ は，リーマンの定義 (2) からすれば $\varXi(0)$ を表しているはずであるが，実は〔4〕で $s=0$ としたもの，すなわち $\varXi(i/2)$ の意味にリーマンは用いているのである．この意味の $\xi(0)$ の値は直ちに求められる．ゼータ関数の関数等式 $\zeta(1-s) = 2(2\pi)^{-s}\cos\!\left(\frac{\pi s}{2}\right)\varGamma(s)\zeta(s)$ において $s \to 1$ とすると

$$\zeta(0) = \lim_{s \to 1}\zeta(1-s) = 2(2\pi)^{-1}\varGamma(1)\lim_{s \to 1}\frac{\cos\!\left(\frac{\pi}{2}s\right)}{s-1}\cdot(s-1)\zeta(s)$$
$$= \frac{1}{\pi}\left[-\frac{\pi}{2}\sin\!\left(\frac{\pi s}{2}\right)\right]\bigg|_{s=1}\mathop{\mathrm{Res}}_{s=1}\zeta(s) = -\frac{1}{2}$$

$$\xi(0) = \varPi(0)(-1)\pi^0\zeta(0) = -\zeta(0) = \frac{1}{2}$$

を得る．したがって $\log \xi(0) = -\log 2$ である．後の (4), (7), (14) 式における $\log \xi(0)$ もすべて同じ意味である．(3) 式は，無限積の形にすれば，次の等式

$$\Xi(t)=\Xi(0)\prod_{\substack{\xi(a)=0\\ \operatorname{Re} a>0}}\left(1-\frac{t^2}{a^2}\right) \qquad (5)$$

が成り立つことを，対数をとった形で述べているのである．変数 s の関数 $\xi(s)$ の零点は，関数等式 $\xi(1-s)=\xi(s)$ により，ρ と $1-\rho$ が対になっており，(5) に対応して

$$\xi(s)=\xi(0)\prod_{\operatorname{Im}\rho>0}\left(1-\frac{s}{\rho}\right)\left(1-\frac{s}{1-\rho}\right) \qquad (6)$$

の形の無限積展開をもつ．ここで ρ は，$\xi(\rho)=0$ を満たす ρ のうち $\operatorname{Im}\rho>0$ なるものの全体にわたる．(5)，また (6) の証明のアイディアをリーマンは述べているが，実際の証明にはもう少し詳しい事実が必要である．(5) の厳密な証明は，アダマール [12] が整関数の理論を展開して 1893 年に与えた．現在ではより初等的に，例えばイェンセンの公式を用いて証明される．エドワヅ [7] (第 2 章) をみよ．

《9》[p. 158]　訳注《5》の (3) 式にあるように，$0\leq\operatorname{Im} s\leq T$ の範囲にある ξ の零点の総数の主要部は，$(T/2\pi)\log(T/2\pi)-T/2\pi$ だから，虚数部が T の点における零点の密度は，$d((T/2\pi)\log(T/2\pi)-T/2\pi)=(1/2\pi)\log(T/2\pi)dT$ である．一方，広義積分 $\int_{2}^{+\infty}(1/T^2)\cdot[1/2\pi\log(T/2\pi)dT]$ は収束するから，級数 $\sum_{\operatorname{Re} a>0}1/a^2$，または $\sum_{\operatorname{Im}\rho>0}1/\rho(1-\rho)$ ($\rho=1/2+\alpha i$) は収束する．このことから，級数 (3) が収束することがわかる．

《10》[p. 158]　この等式は，単調関数 $f(x)$ に関するスチルチェス積分を考えると，一回部分積分することにより得られる：

$$\log\zeta(s)=\sum_{p}\sum_{n=1}^{\infty}\frac{1}{n}p^{-ns}=\int_{0}^{+\infty}x^{-s}df(x)=[x^{-s}f(x)]_{0}^{+\infty}+s\int_{0}^{+\infty}x^{-s-1}f(x)dx$$
$$=s\int_{0}^{+\infty}x^{-s-1}f(x)dx$$

リーマン積分の範囲では，級数のアーベル変換を用いて証明される．ハーディ・ライト [16] (定理 421, p. 346)，インガム [17] (定理 A, p. 18) を用いるのである．

《11》[p. 159]　「どちらの式も右辺は，$\pi h(y)y^{-a}$ となる」とあるのは誤りで，「この式の右辺は，それぞれ $\pi y^{-a}[h(y)\pm h(1/y)]$ となる」とすべきである．この 2 式を加えて y^a をかけると，$2\pi ih(y)=\int_{a-\infty i}^{a+\infty i}g(y)y^s ds$ が得られる．すなわち，最終結果 (6) は正しいのであるが，途中にミスがある．

《12》[p. 159]　階乗関数 (ガンマ関数) に対するガウスの公式から，任意の $z\in\mathbb{C}$ に対して次の等式が成り立つ：

$$\Pi(z)^{-1}=\Gamma(z+1)^{-1}=\lim_{m\to+\infty}\frac{(z+1)(z+2)\cdots(z+m+1)}{m!\,m^{z+1}}=\lim_{m\to\infty}\prod_{n=1}^{m}\frac{z+n}{n}\cdot\frac{1}{m^z}\cdot\frac{z+m+1}{m}$$
$$=\lim_{m\to\infty}\prod_{n=1}^{m}\left(1+\frac{z}{n}\right)m^{-z}$$

ここで $z=s/2$ として，両辺の対数をとったものが(9)である．

《13》[p.160] 第二の場合，被積分関数 $x^{\beta-1}/\log x$ の特異点 $x=1$ が 0 と $x>1$ の間にあるから，それを避けて，点 $x=1$ を中心とする半径 $\varepsilon>0$ の半円周 $S(\varepsilon)$ で迂回する．この半円周を上半平面にとるか下半平面にとるかで，積分の値は $2\pi i$ だけ異なるのである．詳しくは次の注《14》をみよ．

《14》[p.160] この(14)式を，リーマンの素数式または明示公式という．(14)式の証明の大筋は，リーマンが本文で述べているとおりであるが，それを細部まで完成するには相当の計算が必要である．それをやったのがフォン・マンゴルト [24] である．以下では(14)式の証明の概略を記す．さらに詳しくはエドワヅ [7] (第1章)をみよ．

以下では，次の積分〔7〕を何回か用いる．

$$\frac{1}{2\pi i}\int_{a-i\infty}^{a+i\infty}\frac{x^s}{s-\beta}ds=\begin{cases}x^{\beta}, & x>1\\ 0, & x<1\end{cases} \quad (a>\operatorname{Re}\beta) \qquad 〔7〕$$

〔7〕は留数計算，またはフーリエの反転公式から直ちに得られる．

$$d/ds[1/s\cdot(s/2\log\pi)]=0 \qquad 〔8〕$$

だから，(7)式右辺第一項を(6)式に代入したものは 0 である．

(7)式右辺第二項は，$\zeta(s)$ の極 $s=1$ に対応する．(6)式に代入した積分は，より一般な

$$I(\beta)=\frac{1}{2\pi i\log x}\int_{a-i\infty}^{a+i\infty}\frac{d}{ds}\left[\frac{\log\left(\frac{s}{\beta}-1\right)}{s}\right]x^s ds \quad (x>1,\ a>\operatorname{Re}\beta) \qquad 〔9〕$$

において，$\beta=1$ としたものである．ただし，上式において

$$\log\left(\frac{s}{\beta}-1\right)=\operatorname{Log}(s-\beta)-\operatorname{Log}\beta$$

と考える．ただし，Log は対数の主値を表す．それが定義されるために $\beta\leq 0$ ではないとしておく．積分〔2〕は，s について $D=C-\{x|x\leq 0\}$ 上で広義一様収束する．

したがって，$I(\beta)$ は D 上で正則である．(2)を積分記号下で β について微分して，部分積分を一回行い〔8〕を適用すると，次式を得る．

$$I'(\beta)=\frac{1}{2\pi i\log x}\int_{a-i\infty}^{a+i\infty}\frac{d}{ds}\left[\frac{1}{(\beta-s)\beta}\right]x^s ds$$

$$=\frac{1}{2\pi i\log x}\left[\frac{xs}{(\beta-s)\beta}\right]_{s=a-i\infty}^{s=a+i\infty}-\frac{1}{2\pi i}\int_{a-i\infty}^{a+i\infty}\frac{x^s}{(\beta-s)\beta}ds=\frac{x^{\beta}}{\beta} \qquad 〔10〕$$

いま，次の積分を考える：

$$G(\beta)=\int_{c_+}\frac{t^{\beta-1}}{\log t}dt \qquad (\operatorname{Re}\beta>0) \qquad 〔11〕$$

ここで，$C_+=C_+(\varepsilon)$ は次の積分路を表す：

$$C_+ : \quad \underset{0}{\vdash} \longrightarrow \underset{1-\varepsilon}{\overset{\frown}{}} \underset{1+\varepsilon}{\overset{\cdot}{1}} \longrightarrow \underset{x}{\vdash}$$

〔11〕式を β について微分すると

$$G'(\beta) = \int_{C_+} t^{\beta-1} dt = \left[\frac{t^\beta}{\beta} \right]_0^x = \frac{x^\beta}{\beta} = I'(\beta) \quad (\mathrm{Re}\,\beta > 0) \tag{12}$$

となる．したがって

$$I(\beta) = G(\beta) + C \quad (C = 定数,\ \mathrm{Re}\,\beta > 0) \tag{13}$$

となる．次にこの積分定数 C の値を定めよう．そのためまず

$$\lim_{\mathrm{Im}\,\beta \to +\infty} G(\beta) = 0 \tag{14}$$

であることが確かめられる（適当な変数変換をして考える）．

次にもう一つの積分

$$H(\beta) = \frac{1}{2\pi i \log x} \int_{a-i\infty}^{a+i\infty} \frac{d}{ds} \left[\frac{\log\left(1 - \dfrac{s}{\beta}\right)}{s} \right] x^s ds \quad (\mathrm{Re}\,\beta > 0) \tag{15}$$

を考える．ただし，対数は

$$\log\left(1 - \frac{s}{\beta}\right) = \mathrm{Log}(s - \beta) - \mathrm{Log}(-\beta)$$

とする．ここで，$\beta \geq 0$ ではないとする．〔15〕と〔9〕および〔8〕で $\beta = 0$ としたものから，

$$\begin{aligned}
H(\beta) - I(\beta) &= \frac{1}{2\pi i \log x} \int_{a-i\infty}^{a+i\infty} \frac{d}{ds} \left[\frac{\mathrm{Log}\,\beta - \mathrm{Log}(-\beta)}{s} \right] x^s ds \\
&= \frac{1}{2\pi i \log x} \int_{a-i\infty}^{a+i\infty} \frac{d}{ds} \left(\frac{\pi i}{s} \right) x^s ds \\
&= \frac{1}{2\pi i \log x} \left[\frac{\pi i x^s}{s} \right]_{s=a-i\infty}^{s=a+i\infty} - \frac{\pi i}{2\pi i} \int_{a-i\infty}^{a+i\infty} \frac{x^s}{s} ds = -\pi i x^0 = -\pi i
\end{aligned} \tag{16}$$

を得る．したがって次式が成り立つ．

$$I(\beta) = H(\beta) + \pi i \quad (\mathrm{Re}\,\beta > 0) \tag{17}$$

一方，$\mathrm{Im}\,\beta \to +\infty$ とすると $H(\beta) \to 0$ となることが確かめられる：

$$\lim_{\mathrm{Im}\,\beta \to +\infty} H(\beta) = 0 \tag{18}$$

したがって〔17〕，〔18〕式から，

$$\lim_{\mathrm{Im}\,\beta \to +\infty} I(\beta) = \pi i \tag{19}$$

となる．〔13〕，〔14〕，〔19〕式から，〔13〕式の定数 $C = \pi i$ となることがわかる．したがって

$$I(\beta) = G(\beta) + \pi i \quad (\mathrm{Re}\,\beta > 0) \tag{20}$$

である．〔17〕，〔20〕式から，

$$H(\beta)=G(\beta) \qquad (\text{Re }\beta>0) \tag{21}$$

も得られる。

そこで(7)式の右辺第二項を(6)式に代入した積分は，

$$\frac{1}{2\pi i \log x}\int_{a-i\infty}^{a+i\infty}\frac{d}{ds}\left[\frac{\log(s-1)}{s}\right]x^s ds = I(1) = G(1)+\pi i$$

$$= \int_{C_+(\varepsilon)}\frac{dt}{\log t}+\pi i \tag{22}$$

となる．積分路 $C_+=C_+(\varepsilon)$ を，実軸上の区間 $[0, 1-\varepsilon], [1+\varepsilon, x]$ と，半径 ε の半円周 $S_+(\varepsilon)$ に分解する．このとき，半円周 $S_+(\varepsilon)$ 上の積分は

$$\int_{S_+(\varepsilon)}\frac{dt}{\log t}=\int_{S_+(\varepsilon)}\frac{t-1}{\log t}\cdot\frac{dt}{t-1}$$

であるが，$\varepsilon\downarrow 0$ のとき $t\to 1$ だから，$(t-1)/\log t \to 1$ となる．したがって

$$\lim_{\varepsilon\downarrow 0}\int_{S_+(\varepsilon)}\frac{dt}{\log t}=\lim_{\varepsilon\downarrow 0}\int_{S_+(\varepsilon)}\frac{dt}{t-1}=\int_\pi^0\frac{i\varepsilon e^{i\theta}}{\varepsilon e^{i\theta}}d\theta=i\int_\pi^0 d\theta=-\pi i \tag{23}$$

一方，実軸の2区間の積分は，$\varepsilon\downarrow 0$ のとき

$$\lim_{\varepsilon\downarrow 0}\left\{\int_0^{1-\varepsilon}\frac{dt}{\log t}+\int_{1+\varepsilon}^x\frac{dt}{\log t}\right\}=Li(x) \tag{24}$$

となる．これは積分対数 $Li(x)$ ($x>1$) の定義式である．コーシーの積分定理により，積分 $\int_{C_+(\varepsilon)}dt/\log t$ の値は $\varepsilon>0$ によらない．したがって，〔23〕，〔24〕式により次式が成り立つ．

$$\int_{C_+}\frac{dt}{\log t}=Li(x)-\pi i \tag{25}$$

〔22〕,〔25〕式によって，(7)式右辺第二項に関する積分の値は，

$$\frac{1}{2\pi i \log x}\int_{a-i\infty}^{a+i\infty}\frac{d}{ds}\left[\frac{\log(s-1)}{s}\right]x^s ds=Li(x)-\pi i+\pi i=Li(x) \quad (x>1) \tag{26}$$

となる．

次に(7)式右辺第四項は，$\zeta(s)$ の自明でない零点に関する和である．(7)式では，訳注《8》の〔5〕式の $\varXi(t)$ の無限積展開の対数をとったもので，変数 t を s に直したものが書いてあるが，実際上は，訳注《8》の〔6〕式の $\xi(s)$ の無限積展開 $\xi(s)=\xi(0)\prod_{\mathrm{Im}\,\rho>0}\{(1-s/\rho)[1-s/(1-\rho)]\}$ の対数を用いているのである．したがって，これを(6)式に代入して得られる積分は

$$-\frac{1}{2\pi i \log x}\int_{a-i\infty}^{a+i\infty}\frac{d}{ds}\left[\frac{\sum_{\mathrm{Im}\,\rho>0}\left(1-\frac{s}{\rho}\right)\left(1-\frac{s}{1-\rho}\right)}{s}\right]x^s ds \tag{27}$$

である．ここに現れた級数は，s について項別微分および項別積分ができる．

このことをリーマンは確かめていない．それを確かめたのはフォン・マンゴルト[24] である．

これを認めると，〔27〕式は，上の〔15〕式で定義した積分で表される：

$$\text{〔27〕式} = -\sum_{\xi(\rho)=0} H(\rho) \qquad \text{〔28〕}$$

ρ は $\zeta(s)$ の自明でない零点であるから，帯状領域 $S:0\leq \text{Re}\,s\leq 1$ に含まれる．S 内の実軸上に零点がないことはすぐ確かめられる．さて，上の〔21〕式により $H(\beta)=G(\beta)$ $(\text{Re}\,\beta>0)$ であるが，$\text{Re}\,\beta<0$ のときもこの等式が成り立つことは，前と同様にして得られる．ただし，今度は $G(\beta)$ の積分路として，C_+ と実軸に関し対称な路 C_- をとる．したがってこのとき

$$H(\beta)=\int_{C_-}\frac{t^{\beta-1}}{\log t}dt \qquad (\text{Re}\,\beta<0)$$

が得られる．したがって〔28〕式右辺において，零点 ρ と $1-\rho$ を対にすると，

$$\text{〔27〕式} = -\sum_{\text{Im}\,\rho>0}\left\{\int_{C_+}\frac{t^{\rho-1}}{\log t}dt + \int_{C_-}\frac{t^{-\rho}}{\log t}dt\right\} \qquad \text{〔29〕}$$

が得られる．いま特に $\beta>0$ とし，$u=t^\beta$，$\log u=\beta\log t$，$du/u=\beta(dt/t)$ と変数変換すると，〔25〕から

$$\int_{C_+}\frac{t^{\beta-1}}{\log t}dt = \int_{u(C_+)}\frac{du}{\log u} = Li(x^\beta)-\pi i \qquad \text{〔30〕}$$

が得られる．$\text{Re}\,\beta>0$ の範囲で〔23〕式左辺は β の正則関数を表すから，この範囲で〔30〕式によって $Li(x^\beta)$ を定義する．同様に，〔25〕式に対応して

$$\int_{C_-}\frac{dt}{\log t} = Li(x)+\pi i$$

が成り立つので

$$\int_{C_-}\frac{t^{\beta-1}}{\log t}dt = Li(x^\beta)+\pi i \qquad (\text{Re}\,\beta<0) \qquad \text{〔31〕}$$

が成り立つ．したがって〔29〕式は，次のようになる．

$$\text{〔27〕式} = -\sum_{\text{Im}\,\rho>0}[Li(x^\rho)+Li(x^{1-\rho})] \qquad \text{〔32〕}$$

次に $\zeta(s)$ の自明な零点 $\{-2n|n=1,2,\cdots\}$ に関する項の和となる，〔7〕式右辺第三項 $-\log\Pi(s/2)$ の積分を考える．本文中の〔9〕式により，

$$-\log\Pi\left(\frac{s}{2}\right) = \sum_{n=1}^{\infty}\left[-\log\left(1+\frac{s}{2n}\right)+\frac{s}{2}\log(1+n)\right] \qquad \text{〔33〕}$$

である．上式右辺第 2 項は，s で割って微分すると 0 になるから，第 1 項のみを考えればよい．したがって項別積分してよいことを確かめれば

$$\frac{1}{2\pi i \log x}\int_{a-i\infty}^{a+i\infty}\frac{d}{ds}\left[\frac{-\log\Pi\left(\frac{s}{2}\right)}{s}\right]x^s ds$$

$$= -\sum_{n=1}^{\infty}\frac{1}{2\pi i \log x}\int_{a-i\infty}^{a+i\infty}\frac{d}{ds}\left[\frac{1}{s}\log\left(1+\frac{s}{2n}\right)\right]x^s ds = -\sum_{n=1}^{\infty}H(-2n) \qquad \text{〔34〕}$$

となる．ここで $H(\beta)$ は，前に〔15〕で定義した積分である．ただし，〔15〕では Re $\beta>0$ としていたが，今度は Re $\beta<0$ の場合を考える．そのため

$$E(\beta)=-\int_{x}^{+\infty}\frac{t^{\beta-1}}{\log t}dt \qquad (\text{Re }\beta<0) \qquad (35)$$

とおくと，〔12〕，〔10〕式により

$$E'(\beta)=-\int_{x}^{+\infty}t^{\beta-1}dt=-\left[\frac{t^{\beta}}{\beta}\right]_{x}^{+\infty}=\frac{x^{\beta}}{\beta}=I'(\beta)=H'(\beta)$$

だから，

$$E(\beta)=H(\beta)+K \qquad (K=\text{定数}) \qquad (36)$$

が Re $\beta<0$ で成り立つ．さらに次の〔30〕が成り立つことが確かめられる．

$$\text{Re }\beta\to-\infty \text{ のとき } E(\beta), H(\beta)\to 0 \text{ となる．} \qquad (37)$$

したがって〔36〕式において $K=0$ であり，

$$H(\beta)=E(\beta) \qquad (\text{Re }\beta<0) \qquad (38)$$

が成り立つ．したがって〔34〕式は，〔38〕式によって次のように書ける．

$$\text{〔34〕式左辺}=-\sum_{n=1}^{\infty}E(-2n)=\sum_{n=1}^{\infty}\int_{x}^{+\infty}\frac{t^{-2n-1}}{\log t}dt=\int_{x}^{+\infty}\frac{\sum_{n=1}^{\infty}t^{-2n}}{t\log t}dt=\int_{x}^{+\infty}\frac{dt}{t(t^2-1)\log t} \qquad (39)$$

これで (7) 式右辺第三項の積分が計算できた．$x\to+\infty$ のとき〔39〕式右辺 $\to 0$ だから，ζ の自明な零点は，x 以下の素数の個数 $F(x)$ の漸近展開において無視してよい．

最後に，(7) 式右辺第五項は定数 $+\log \xi(0)$ だから，〔7〕式で $\beta=0$ の場合を用いて

$$\frac{-1}{2\pi i\log x}\int_{a-i\infty}^{a+i\infty}\frac{d}{ds}\left[\frac{\log \xi(0)}{s}\right]x^s ds$$

$$=\frac{-1}{2\pi i\log x}\left[\frac{\log \xi(0)}{s}x^s\right]_{s=a-i\infty}^{s=a+i\infty}+\frac{\log \xi(0)}{2\pi i}\int_{a-i\infty}^{a+i\infty}\frac{x^s}{s}ds=\log \xi(0) \qquad (40)$$

を得る．

以上の〔8〕，〔22〕，〔32〕，〔39〕，〔40〕式を合わせて，リーマンの素数式 (14) が得られる．

《15》[p. 161] 訳注《8》で述べた理由により，(16) 式は

$$\frac{1}{2\pi i}\int_{a-bi}^{a+bi}\frac{d}{ds}\left[\frac{1}{s}\sum_{\text{Im}\rho>0}\log\left(1-\frac{s}{\rho}\right)\left(1-\frac{s}{1-\rho}\right)\right]x^s ds$$

で置き換えるべきである．

《16》[p. 161]　すなわち (15) 式は絶対収束せず，条件収束なのである．

《17》[p. 161]　正の整数の全体 Z^+ 上で定義されたメビウス関数

$$\mu(m) = \begin{cases} 0, & p^2 | m & (p=\text{素数}) \\ (-1)^k, & m = p_1 \cdots p_k & (p_1, \cdots, p_k = \text{相異なる素数}) \\ 1, & m = 1 \end{cases}$$

を用いると，(17)式は

$$F(x) = \sum_{m=1}^{\infty} \frac{\mu(m)}{m} f(x^{1/m})$$

と表される．これがいわゆるメビウスの反転公式と呼ばれるものである．その証明は，例えばハーディ・ライト [16] (定理 268, p. 237) をみよ．

《18》[p.161] $F(x) - Li(x)$ が正確にどの位数の無限大になるかは，現在でも未解決の問題である．ただし，任意の $\varepsilon > 0$ に対し $F(x) = Li(x) + O(x^{1/2+\varepsilon})$ となることと，リーマン予想が同値であることがわかっている．

《19》[p.161] 現在 $F(x)$ の値が計算されている範囲 ($x \leq 4 \times 10^{16}$) では，つねに $Li(x) > F(x)$ である．しかし 1914 年にリトルウッド [22] は，$Li(x) - F(x)$ は無限回符号を変えることを証明した．この差が最初に負となるところはわかっていないが，テ・リールは 6.62×10^{370} と 6.69×10^{370} の間に，$F(x) > Li(x)$ となる整数 x が 10^{180} 個以上あることを示した (te Riele, *Math. Comp.* **48** (1987), 323-328).

《20》[p.161] 『ガウス全集』第 2 巻 [11] にあるガウスの調査によると，例えば 160 万から 170 万までと 290 万から 300 万までの二組の 10 万個の整数を，1 万ごとの 10 個のブロックに分けて，各ブロックに含まれる素数の個数を小さい方から順に並べたとき，次のようになる．

719, 694, 710, 692, 692, 700, 716, 702, 675, 712.　計 7012 (160～170 万)

680, 663, 671, 680, 649, 652, 694, 658, 671, 687.　計 6705 (290～300 万)

素数の密度は，大勢としては減っていくが，それは振動しながらであることがみてとれるであろう．

解説

1. 底本と訳注

訳出の底本としたのは，リーマン全集 [26] の本文 [27] である．1859 年 7 月 30 日にリーマンは，その年の 5 月に死去したディリクレの後任としてゲッティンゲン大学の正教授に任命され，8 月 11 日にベルリンのプロイセン学士院の通信会員に指名されたのであった．そして 9 月にリーマンは，デデキントとともにベルリンを訪問し，クムマー，クロネッカー，ヴァイエルシュトラスなどと懇談した．その際，双方の研究について話し合われたが，リーマンの素数分布とゼータ関数の複素零点との関連についての研究にクロネッカーが興味を示したので，ゲッティンゲンに帰るとすぐリーマンはこの研究の大略を書いて，ベルリンの学士院の月報に発表することにした．それがこの論文である．これは数論についてリーマンが公刊した唯一の論文となった．新学期がはじまる前の短い時間に慌しく書かれたため，この論文の特に後半はあまり読みやすくないし，若干のミスもある．これらの点について読者の理解を助けるために，いくつかの訳注をつけた．本文中の文章の終りに⁽¹¹⁾のように書かれているのが訳注の番号である．本論文の主要結果であるリーマンの素数式の証明については，特に詳しく解説した．

なお引用の便宜のため，本文中に原文にはない式番号を (3) のような形で挿入した．またリーマン全集では，この論文に三つの注がついているが，その内容は訳注の中に取り込んだ．

2. 論文の内容

この論文の内容は二つある．前半ではゼータ関数を全複素平面上の有理型関数として表示する積分を導入し，$\zeta(s)$ の複素関数としての基本性質，すなわち極および零点の位置について述べ，関数等式，零点の個数についての漸近公式などを証明する．後半では，オイラー積の公式から出発して，素数分布と密接な関係のある数論的関数 $f(x) = \sum_{p^m \leq x} 1/m = \sum_{n=1}^{\infty} (1/n) \pi(x^{1/n})$ を積分対数 $Li(x)$ などの既知関数と，$\zeta(s)$ の自明でない零点 ρ に関する和で具体的に表す，リーマンの素数式の証明が目標である．

もう少し詳しく説明しよう．ゼータ関数の最もわかりやすい表示は，ディリクレ級

数

$$\zeta(s)=\sum_{n=1}^{\infty}\frac{1}{n^s} \tag{A.1}$$

であるが，これは Re $s>1$ でしか収束しない．しかしそこでは s について広義一様収束し，s の正則関数を表す．リーマンは，この $\zeta(s)$ が全平面 C 上の有理型関数に解析接続できることを発見した．リーマンは全平面 C 上で $\zeta(s)$ を表す積分表示式を見出して，これを示したのである．彼は次の複素線積分 $I(s)$ を考えた：

$$I(s)=\int_C \frac{(-z)^{s-1}}{e^z-1}dz \tag{A.2}$$

ここで積分路 C は，下図に示すように，正の実軸を往復する二重半直線 $L_\pm$ と 0 を中心とする小円周 K からなる．ただし K の半径は 2π より小とする．

$I(s)$ は広義積分であるが，被積分関数の分母は，$z\to+\infty$ のとき指数関数的に増大し，分子は $|(-z)^{s-1}|=|z|^{\sigma-1}$ ($s=\sigma+it$) であるから，s について C 上広義一様に収束し，C 上正則である．以下この解説では，リーマンの用いている階乗関数 $\Pi(s)$ でなく，$\Pi(s-1)=\Gamma(s)$ という関係にあるガンマ関数 $\Gamma(s)$ を用いる．特に Re $s>1$ のときは既知の積分表示式 $\zeta(s)=1/\Gamma(s)\int_0^{+\infty}(x^{s-1}/e^x-1)dx$ と比較して，$I(s)=-2i\sin\pi s\cdot\Gamma(s)\cdot\zeta(s)=[-2\pi i/\Gamma(1-s)]\zeta(s)$ となる．そこでリーマンは，任意の $s\in C$ に対し

$$\zeta(s)=-\frac{\Gamma(1-s)}{2\pi i}I(s) \tag{A.3}$$

によって $\zeta(s)$ を定義した．$\Gamma(1-s)$ は全平面有理型，$I(s)$ は全平面正則であるから，これによって $\zeta(s)$ は全平面有理型関数として定義され，Re $s>1$ のときは (A.1) 式で定義される $\zeta(s)$ と一致する．$\Gamma(1-s)$ の C における極の集合は正整数の全体 Z^+ と一致し，すべての極は一位である．$\zeta(s)$ は Re $s>1$ で正則だから $s\geq 2$ とにおける $\Gamma(1-s)$ の極は $I(s)$ の零点と打ち消し合っているのである．そして，$\lim_{s\to 1+0}\sum_{n=1}^{\infty}1/n^s=+\infty$ であるから $s=1$ は実際 $\zeta(s)$ の一位の極で，これ以外には $\zeta(s)$ は C 上に極をもたない．

さらに，訳注《3》で述べたように $\zeta(-2n)=0$ ($n=1,2,\cdots$) である．この $-2n$ ($n=1,2,\cdots$) の形の零点を，ζ の自明な零点という．

次にリーマンは，$\zeta(s)$ の関数等式を二つの方法で証明する．リーマンは関数等式を，関数

$$g(s) = \Gamma\left(\frac{s}{2}\right)\pi^{-s/2}\zeta(s) \text{ が}, \quad g(1-s) = g(s) \qquad (\forall s \in \mathbb{C}) \tag{A.4}$$

を満たすという形に表現している.

第一の証明は, ζ の定義式である積分表示 (A.2), (A.3) に留数計算を組み合わせたもので, リーマンのゼータの関数等式の証明としては最も直接的なものである.

二番目の証明は, テータ関数の関数等式 (テータ公式) を用いるもので, $\zeta(s)$ の s と $1-s$ に関し対称な表示式が得られるほかに, 種々の数論的ゼータ関数, L 関数に対しても適用できる普遍性がある. テータ公式はフーリエ解析のポアッソン和公式によって証明できるので, それを利用するのである.

次にリーマンは, $\zeta(s)$ の自明でない零点に話を移す. それを扱うために, 彼は, $\zeta(s)$ の極と自明な零点を打ち消す因子をかけた整関数

$$\xi(s) = \frac{1}{2}s(1-s)\Gamma\left(\frac{s}{2}\right)\pi^{-s/2}\zeta(s) \tag{A.5}$$

を導入する. リーマンは, この関数 ξ を扱うときには, 独立変数を s でなく $s = 1/2 + it$ という関係にある t を用いている. t を用いる利点は, 零点 α と $-\alpha$ が対になり, 無限積展開が簡明な形になるところにある. しかし訳注《8》で述べたように, リーマン自身が二つの変数の使い分けでミスを犯している. ここでは, 変数 s に一本化して話を進める. $\xi(s)$ の零点は $\zeta(s)$ の自明でない零点と一致する. また $\xi(s) = (1/2)s(1-s)g(s)$ だから, (A.4) 式により

$$\xi(1-s) = \xi(s) \qquad (\forall s \in \mathbb{C}) \tag{A.6}$$

という関数等式を満たす. $\zeta(s)$ は $\mathrm{Re}\, s > 1$ でそのオイラー積が収束することから,

$$\mathrm{Re}\, s > 1 \implies \xi(s) \neq 0 \tag{A.7}$$

を満たす. したがって, (A.6), (A.7) 式から次のことがわかる.

$$\xi(\rho) = 0 \implies 0 \leq \mathrm{Re}\, \rho \leq 1 \tag{A.8}$$

すなわち, $\zeta(s)$ の自明でない零点は, 帯状領域 $0 \leq \mathrm{Re}\, s \leq 1$ に含まれる. 次にリーマンは実際に ζ の自明でない零点が無限個存在することを示した. より精密に, リーマンは, $0 \leq \mathrm{Im}\, s \leq T$ なる範囲にある $\xi(s)$ の零点の個数を $N(T)$ とするとき, 偏角の原理を用いることにより,

$$N(T) = \left(\frac{T}{2\pi}\log\frac{T}{2\pi} - \frac{T}{2\pi}\right) + 誤差項 \tag{A.9}$$

の形になることを示した. ここでリーマンは, 「$1/T$ の位数の誤差項」を除き (A.9) 式右辺の括弧内と $N(T)$ が等しいといっているので, 誤差項は $O(1/T)$ と主張しているようであるが, リーマンの述べている「誤差」は相対誤差のことで, 絶対誤差は $O(\log T)$ になるというエドワヅ[7]の説もある. フォン・マンゴルト[25]以来の計算によると, (A.9) 式は

$$N(T) = \frac{T}{2\pi} \log \frac{T}{2\pi} - \frac{T}{2\pi} + O(\log T) \tag{A.10}$$

である．次にリーマンは，ξ の零点，すなわち ζ の自明でない零点について二つの予想を述べている．一つは Re $s = 1/2$ という直線上での $0 \leq \text{Im } s \leq T$ という範囲にある ζ の零点の個数を $N_0(T)$ と記すとき，次の（I）が成り立つというものである．

(I)　　　　　　　　　$N_0(T) \sim N(T)$ 　　$(T \to +\infty)$

(II)　　　　　　　　$N_0(T) = N(T)$ 　　$(\forall T \geq 0)$

(II) はすなわち，ζ の自明でない零点がすべて直線 Re $s = 1/2$ という直線上にあるという命題であり，リーマンは，(II) が成り立つことは「たいへん確からしい (sehr wahrscheinlich)」と述べているが，その根拠は記されていない．(II) がリーマン予想と呼ばれるもので，今日まで証明も反証もされていない．リーマンは「これについてはもちろん厳密な証明が望ましい．しかし私は少しばかり証明を試みたが成功しなかったので，当分の間この証明の企てを棚上げすることにした．というのは，私の研究の当面の目標に対しては，この証明は必要ないように思われたからである」と述べている．

次にリーマンは，関数 ξ は，そのすべての零点にわたる無限積展開ができることを，対数をとった級数の形で述べている．訳注《8》で述べたように，そこでは二つの変数 s と t を混同したミスがある．いまそのミスを正し，リーマンの結果を変数 s について述べ直すと次のようになる．ξ の関数等式 (A.6) により，ξ の零点は ρ と $1-\rho$ が対になっている．このとき，任意の $s \in \mathbb{C}$ について次の等式が成り立つ：

$$\xi(s) = \xi(0) \prod_{\text{Im } \rho > 0} \left(1 - \frac{s}{\rho}\right)\left(1 - \frac{s}{1-\rho}\right) = \xi(0) \prod_{\text{Im } \rho > 0} \left[1 - \frac{s(1-s)}{\rho(1-\rho)}\right] \tag{A.11}$$

ここで無限積は，$\xi(\rho) = 0$, Im $\rho > 0$ を満たすすべての ρ にわたる．そしてこの無限積は，絶対収束することが証明される．

以上で前半の ζ の基本性質の部分は終り，後半の素数分布と ζ の関係の話がはじまる．

x 以下の素数の個数を現在 $\pi(x)$ と記すが，リーマンは $F(x)$ と書く．ただし，フーリエ反転公式を用いるときの便宜のために，不連続点である素数 p での値は $F(p) = 1/2\{\pi(p+0) + \pi(p-0)\}$ とする．この $F(x)$ から，次式で定義される数論的関数 $f(x)$ を定義する．

$$f(x) = F(x) + \frac{1}{2} F(x^{1/2}) + \frac{1}{3} F(x^{1/3}) + \cdots = \sum_{n=1}^{\infty} \frac{1}{n} F(x^{1/n}) \tag{A.12}$$

$x^{1/n} \to 1$ $(n \to \infty)$ だから十分大きな n に対し $F(x^{1/n}) = 0$ となり，右辺は実質的には有限和である．

定義 (A.12) から，$f(x)$ は $p^n \leq x$ となる素数冪 p^n に $1/n$ という重みをつけてその

重みを加えたものである．f も不連続点 p^n での値は，左右からの極限の平均となる．

$$f(x) = \frac{1}{2}\left\{\sum_{p^n < x}\frac{1}{n} + \sum_{p^n \leq x}\frac{1}{n}\right\} \tag{A.13}$$

が成り立つ．さて，リーマンの出発点は，ζ のオイラー積公式

$$\zeta(s) = \prod_p (1-p^{-s})^{-1} \qquad (\text{Re } s > 1) \tag{A.14}$$

である．(A.14) 式の両辺の対数をとり，$-\log(1-z) = \sum_{n=1}^{\infty}(1/n)z^n$ ($|z|<1$) を用いると，(A.13) 式の単調増加関数 $f(x)$ を用いて

$$\log \zeta(s) = s\int_0^{+\infty} x^{-s-1} f(x) dx \tag{A.15}$$

が得られる (訳注《10》をみよ)．これは $\log \zeta(s)/s$ が $f(x)$ のメリン変換となっていることを示す．$x=e^u$ と変数変換すれば，これは通常のフーリエ変換となるから，フーリエの反転公式により，(A.15) 式から

$$f(x) = \frac{1}{2\pi i}\int_{a-i\infty}^{a+i\infty} \frac{\log \zeta(s)}{s} x^s ds \tag{A.16}$$

が得られる．こうして素数とその冪の分布を示す数論的関数 f がゼータ関数によって表されることがわかった．後での計算の便宜上，リーマンは，(A.16) 式を一回部分積分した次の (A.17) 式を用いて計算を実行する：

$$f(x) = -\frac{1}{2\pi i \log x}\int_{a-i\infty}^{a+i\infty} \frac{d}{ds}\left[\frac{\log \zeta(s)}{s}\right] x^s ds \tag{A.17}$$

この式の $\log \zeta(s)$ は，(A.5) 式に (A.11) 式を代入したものの対数である．すなわち

$$\log \zeta(s) = \frac{s}{2}\log \pi - \log(s-1) + \sum_{\text{Im } s > 0}\left[\log\left(1-\frac{s}{\rho}\right) + \log\left(1-\frac{s}{1-\rho}\right)\right]$$

$$-\log \Gamma\left(\frac{s}{2}+1\right) + \log \xi(0) \tag{A.18}$$

を代入して，(A.17) 式の右辺を計算する．その計算の細部は訳注《14》でかなり詳しく述べたから，ここでは結果だけを記そう．(A.18) 式右辺の第二，三，四項は，それぞれ $\zeta(s)$ の，極 $s=1$，自明でない零点 ρ の全体，自明な零点 $-2n$ ($n=1,2,\cdots$) に対応していることを注意しておく．$Li(x) = \int_0^x dt/\log t$ ($t=1$ でのコーシー主値) を積分対数とすると

(A.17) 式右辺

$$= 0 + Li(x) - \sum_{\text{Im } \rho > 0}[Li(x^\rho) + Li(x^{1-\rho})] + \int_x^{+\infty}\frac{dt}{t(t^2-1)\log t} + \log \xi(0) \tag{A.19}$$

となる．この (A.19) 式がリーマンの素数式 (明示公式) と呼ばれるものである．これは，素数分布を表す $f(x)$ が，既知の関数 $Li(x)$ と，ゼータ関数の自明でない零点 ρ に関する和で表されることを明示している (積分 $\int_x^{+\infty} dt/[t(t^2-1)\log t]$ は，$x \to +\infty$ のとき 0 に収束する項だから，素数分布の漸近挙動には影響しない)．

本論文の目標である x 以下の素数の個数を表す $F(x)$ は, $f(x)$ からメビウスの反転公式によって

$$F(x)=\sum_{m=1}^{\infty}\frac{\mu(m)}{m}f(x^{1/m}) \qquad (\text{A}.20)$$

(ここで,$\mu(m)$ はメビウス関数である.訳注《17》参照) と表される.

リーマンは,素数式 (A.19) において,零点 ρ に関する項を周期項と呼んでいる.($\rho=1/2+\alpha i$ とおくとき,

$$x^{\rho}=\exp\left[\left(\frac{1}{2}+i\alpha\right)\log x\right]=\sqrt{x}[\cos(\alpha\log x)+i\sin(\alpha\log x)]$$

であるから,これは x の完全な周期関数ではなく正確には振動項と呼ぶべきであろう.) リーマンは,この周期項の大きさの評価を与えていないが,非周期項 $Li(x)$ が主要項で,素数の個数の増加する平均の大きさを表し,周期項はそれに対して小さい変動を与えるものとみなしていたことは,論文の終り近くで次のように述べていることから明らかである:

「上の公式において,周期項によって表される素数密度の"ゆれ"は,素数の個数を数え上げていくときに観察されているけれども,これまでそれについての法則を確立する可能性があることは気づかれていなかった.」

そこでリーマンは,(A.20) 式の右辺の $f(x^{1/m})$ の代わりに,素数式 (A.19) の第一項の $Li(x)$ だけとった

$$R(x)=\sum_{m=1}^{\infty}\frac{\mu(m)}{m}Li(x^{1/m})$$
$$=Li(x)-\frac{1}{2}Li(x^{1/2})-\frac{1}{3}Li(x^{1/3})-\frac{1}{5}Li(x^{1/5})+\frac{1}{6}Li(x^{1/6})-\cdots \qquad (\text{A}.21)$$

を考えた.このリーマンの関数は $x\leq 10^6$ の範囲では,ガウスの予想した $\pi(x)$ の近似値 $Li(x)$ より,よい近似値を支える.しかしすべての $x>0$ に対し,そうなっているかどうかはわからない.またリーマンは,ガウスの $x\leq 300$ 万における素数の数え上げから,この範囲では $\pi(x)<Li(x)$ であることを注意している.(ただし,後にリトルウッドは,$Li(x)-\pi(x)$ は無限回符号を変えることを証明した.)

以上がこの論文の主要な内容である.

3. 数学の歴史におけるこの論文の位置

すでにユークリッドの『原論』に,「素数が無限にある」ことが証明されている.それを超える事実は,18世紀のオイラーのいくつかの研究ではじめて発見された.

オイラーは,最初 $\zeta(2)$ の値を求めようとして数年間苦心した末に,$\sin x$ の零点が $n\pi$ であることから,無限積展開 $\sin x = x\prod_{n=1}^{\infty}(1-x^2/\pi^2)$ を推測し,左辺のティ

ラー展開の x^3 の係数と比較して $\zeta(2)=\pi^2/6$ であることを知った．同様にして $\zeta(4)$, $\zeta(6), \cdots$ などの値もオイラーは得ることができた (1735 年)．1737 年には，オイラー積の公式 (解説第 2 節の (A.14) 式) を発見した [9]．この公式からオイラーは，素数が無限個あることの別証を得た．さらにオイラーは，すべての素数の逆数の和は発散すること，さらにその発散の位数をも知っていた．$s>1$ のとき，オイラーの積公式の両辺の対数をとり，$-\log(1-x)=\sum_{n=1}^{\infty}x^n/n$ ($|x|<1$) という展開を用いると

$$\log\sum_{n=1}^{\infty}\frac{1}{n^s}=\sum_p[-\log(1-p^{-s})]=\sum_p\sum_{n=1}^{\infty}\frac{1}{np^{ns}}=\sum_p\frac{1}{p^s}+\sum_p\sum_{n=2}^{\infty}\frac{1}{np^{ns}}$$

となる．ここで，$s=1$ として

$$\log\sum_{n=1}^{\infty}\frac{1}{n}=\sum_p\frac{1}{p}+\sum_p\sum_{n=2}^{\infty}\frac{1}{np^n}$$

となる．右辺第二項は，有限の値に収束する．一方左辺は発散するから，$\sum_p 1/p$ も発散する．オイラーは $\sum_{n=1}^{N}1/n\sim\log N$ ($N\to+\infty$) であることを知っていたから，$\sum_p 1/p$ は $\log\log N$ の位数で発散することを知った．1748 年に刊行された『無限解析入門』[10] の中で，このことを

$$\frac{1}{2}+\frac{1}{3}+\frac{1}{5}+\frac{1}{7}+\text{etc.}=\log\log\infty$$

と書いている．こうしてオイラーは，素数が単に無限個存在するだけでなく，素数の密度に対し定量的な考察をはじめて行ったのである．

　ガウスは素数表を用いて，素数分布の実態調査をした．その結果は『ガウス全集』第 2 巻 [11] に掲載されている．ガウスは 100 万までの整数を 1000 個ずつのブロック 1000 個に分け，各ブロックに含まれる素数の個数を数え上げた．100 万から 300 万までの整数については，10 万ごとに区切って各 10 万個の整数からなる 20 個のブロックの各々にいくつ素数があるかの表をつくった．そしてこの各 10 万個の整数に含まれる素数の個数と積分対数の値を比較している．例えば 100 万から 110 万までの 10 万個の整数中に含まれる素数の個数は 7210 個であり，一方 $\int_{100万}^{110万}dt/\log t=7212.99$ でよく合うことを確かめている．このような実態調査によって調査した範囲では，x 付近の素数の密度は $1/\log x$ でよく近似され，したがって x 以下の素数の個数は，積分対数 $li(x)=\int_{2}^{x}dt/\log t$ でよく近似されることをガウスは発見したのである．

　1837 年ディリクレ [6] は，ディリクレの L 関数 $L(s,\chi)=\sum_{n=1}^{\infty}\chi(n)/n^s$ を用いて，「初項 a と公差 d が互いに素な等差数列 $\{a+nd|n=0,1,2,\cdots\}$ の中には，無限個の素数が存在する」ことを証明した．

　1849 年と 1852 年の二つの論文でチェビシェフは，素数定理 $\pi(x)\sim x/\log x$ を証明しようと試みた．彼はそれに成功しなかったが，組合わせの数の評価，その他の初等的な技法を用いて，$\lim_{x\to+\infty}\pi(x)/(x/\log x)$ が存在すると仮定すれば，その値は 1 でな

ければならないこと，および不等式
$$0.92129 \leq \varliminf_{x \to +\infty} \pi(x)\frac{\log x}{x} \leq 1 \leq \varlimsup_{x \to +\infty} \pi(x)\frac{\log x}{x} \leq 1.105548$$
を証明した．

これらの仕事に続いて，リーマンの論文(1859年)が現れるのである．

この論文でリーマンが提示した最も重要な点は，複素解析関数としてのゼータ関数が素数分布に深く関係しており，複素解析およびフーリエ解析の手法を用いて，素数分布に対する重要な情報がゼータ関数から入手できることを具体的に示したところにある．具体的には，$\zeta(s)$のオイラー積公式の対数をとることにより，$\log \zeta(s)/s$ が，素数分布に関する数論的関数 $f(x)$ (今日では $\Pi(x) = \sum_{n=1}^{\infty}(1/n)\pi(x^{1/n})$ と書かれる)のメリン変換であることを導き，それから反転公式により
$$f(x) = \frac{1}{2\pi i}\int_{a-\infty i}^{a+\infty i}\frac{\log \zeta(s)}{s}x^s ds \qquad (A.22)$$
が得られる．ここで，$\xi(s) = (s/2)(1-s)\Gamma(s/2)\pi^{-s/2}\zeta(s)$ の無限積展開(解説第2節の(A.11)式)を用いて，上の(A.22)式の $\log \zeta(s)$ に，解説第2節の(A.18)式を代入して各項を計算することにより，リーマンの素数式(明示公式)
$$f(x) = Li(x) - \sum_{\mathrm{Im}\,\rho > 0}[Li(x^{\rho}) + Li(x^{1-\rho})] + \int_{x}^{+\infty}\frac{dt}{t(t^2-1)\log t} - \log 2 \qquad (A.23)$$
が得られた．こうして素数(および素数冪)の分布を表す，数論的関数 $f(x)$ が，既知関数とゼータ関数の自明でない零点 ρ に関する和として具体的に表示されたのである．またこれにより，ガウスの実態調査によって現象的に見出された積分対数 $Li(x)$ が，理論的にゼータ関数の計算から導かれたことも注目すべき事実である．

このように，リーマンの論文は画期的なものであったが，それだけに時代から突出しすぎていたともいえる．この論文の直接の反響は，34年後の1893年になって，アダマール[12]が整関数論の精密化をはかり，$\xi(s)$ の無限積展開の厳密な証明を与えたときになってはじまった．またフォン・マンゴルト[24], [25]は，ゼータの自明でない零点の個数 $N(T)$ の漸化式の詳細な証明を与え，素数式の証明において項別微積分が許されることの確認をして，リーマンの素数式の厳密な証明を与えた．こうして慌しく書かれたリーマンの論文の不備な点が整備された．

また新しい研究によって，リーマンの論文から一歩進んだ発見もされた．

その一つは，リーマンの研究が $\log \zeta(s)$ と数論的関数 $f(x)$ の関係を中心にしていたのに対し，それを微分した ζ の対数微分 $\zeta'(s)/\zeta(s)$ とチェビシェフが導入した数論的関数 $\psi(x) = \sum_{p^m \leq x}\log p$ との関係が解析的により扱いやすいことがわかり，中心的位置を占めるようになったことである．$\psi(x)$ に対する明示公式は，フォン・マンゴルト[24]によって得られたが，それは

$$\psi(x) = x - \sum_\rho \frac{x^\rho}{\rho} + \sum_n \frac{x^{-2n}}{2n} - \frac{\zeta'(0)}{\zeta(0)} \qquad (A.24)$$

という形で,$f(x)$ の明示公式よりもはるかに簡明である.ただし ρ に関する級数は条件収束で,ここでは $|\mathrm{Im}\,\rho|$ の小さい方から並べてあるものとする.また多価関数 $\log \zeta(s)$ でなく,一価関数 ζ'/ζ を扱う方が便利であることも当然である.

リーマンは,彼の素数式 (解説第 2 節の (A.19) 式) において,第二項の $Li(x)$ が主要項で,ζ の自明でない零点 ρ に関する和 $\sum[Li(x^\rho)+Li(x^{1-\rho})]$ は,それに小さい変動を与えるものとみなしていたが,それを正当化する評価を行っていない.

このような評価を実行し,素数定理 $\pi(x)\sim Li(x)$ $(x\to +\infty)$ を証明したのがアダマール [13] とド・ラ・ヴァレー・プサン [32] であった (1896 年).彼らの証明の最も重要な点は,ゼータ関数 $\zeta(s)$ の自明でない零点 ρ は,$|\mathrm{Re}\,\rho|<1$ を満たすという事実であった.つまり,$\mathrm{Re}\,s=1$, $\mathrm{Re}\,s=0$ という直線上には ζ の零点はないのである.彼らの行った証明から離れて,その後の研究を取り入れて整理すると,素数定理を明示公式から導く証明の概念構造は次のようになる.解析的な簡明さから,$\psi(x)$ の不定積分 $\psi_1(x) = \int_0^x \psi(t)dt$ を考える.(A.24) 式を積分して,$\psi_1(x)$ の明示公式

$$\psi_1(x) = \frac{1}{2}x^2 - \sum_\rho \frac{x^{\rho+1}}{\rho(\rho+1)} - \sum_{n=1}^\infty \frac{x^{-2n+1}}{2n(2n-1)} - \frac{\zeta'(0)}{\zeta(0)}x + \frac{\zeta'(-1)}{\zeta(-1)} \qquad (A.25)$$

が得られる.$\psi_1(x) - (1/2)x^2$ を $(1/2)x^2$ で割ると,ここで右辺第三項以下は $x\to +\infty$ のとき 0 に収束する.第二項は $\sum_\rho 1/|\rho(\rho+1)|$ が収束し,$\mathrm{Re}\,\rho<1$ なので $|x^{\rho-1}| = x^{\mathrm{Re}\,\rho-1}<1$ となることから,$\sum_\rho[x^{\rho-1}/\rho(\rho+1)]$ が x について一様収束する.

そこで $\lim_{x\to +\infty}$ を計算するとき項別に極限をとってよく,$\mathrm{Re}\,\rho-1<0$ から $\lim_{x\to +\infty} x^{\rho-1}=0$ となる.これで

$$\psi_1(x) \sim \frac{1}{2}x^2 \qquad (x\to +\infty) \qquad (A.26)$$

が示された.(A.26) 式から

$$\psi(x) \sim x \qquad (x\to \infty) \qquad (A.27)$$

を導くこと,および (A.27) 式から

$$\pi(x) \sim \frac{x}{\log x} \sim Li(x) \qquad (x\to \infty) \qquad (A.28)$$

を導くことは,初等的な評価で可能である (インガム [17] (定理 C, p. 35), ハーディ・ライト [16] (定理 420, p. 345)).

こうして,明示公式から素数分布に関する情報を取り出すことは,その第一近似の段階では完全に成功した.次の段階として,$\pi(x)-Li(x)$ がどの程度の大きさの量になるかという問題が考えられるが,これは現在でも未解決である.ただリーマン予想が成り立てば

$$\pi(x)=Li(x)+O(x^{1/2}\log x) \quad (x\to +\infty) \tag{A.29}$$

であることが証明されており，逆に (A.29) 式が正しければリーマン予想も成り立つこともわかっている．リーマン予想を仮定しないで $\pi(x)-Li(x)$ の上からの評価を与えることは，ド・ラ・ヴァレー・プサン [33] が 1899 年にはじめて行った．その結果は

$$\pi(x)=Li(x)+O[x\exp(-a\sqrt{\log x})] \quad (x\to\infty), \quad (a>0 \text{ は定数}) \tag{A.30}$$

という形のものである．(A.30) 式の結果を改良するために多くの努力が払われたが，現在までのところ，(A.30) 式を若干改良するにとどまり，(A.29) 式との隔たりが大きい．

こうして，20 世紀のはじめになると素数分布論についても多くの結果が集積した．1909 年，ランダウはそれまで得られた結果を整理し，『素数分布論ハンドブック』[20] に一つの体系としてまとめた．こうして，素数分布論は数学の一つの分野として確立した．

リーマンの論文のもう一つの重要な意義は，リーマン予想を提示したことにある．リーマン予想を証明しようとして多くの研究が行われたが，これまで得られた結果は，目標からはるかに隔たった地点にしか到達していない．

初期の重要な結果であるボーアとランダウの定理は，$\text{Re } s>\sigma>1/2$, $0\leq \text{Im } s\leq T$ という範囲にある $\zeta(s)$ の零点の個数を $N(\sigma, T)$ とするとき，

$$N(\sigma, T)=O(T) \quad (T\to +\infty), \quad \left(\sigma>\frac{1}{2}\right) \tag{A.31}$$

であることを証明した．リーマンの公式 $N(T)\sim (T/2\pi)\log(T/2\pi)$ と比較して，$N(\sigma, T)$ は $N(T)$ より低位の無限大であることがわかる．つまり，直線 $\text{Re } s=1/2$ から少しでも離れると，零点の密度はぐっと減るのである．これは ζ の零点の分布に関する基本的な定理であるが，この定理では，$\text{Re } s=1/2$ 以外にも無限個の零点があってもよいのであるから，リーマン予想よりずっとずっと弱い結果である．

別のアプローチとして，$\text{Re } s=1/2$ 上の ζ の零点の個数についての研究がある．1914 年にハーディ [14] は，この直線上に実際無限個の零点が存在することを示した．$\text{Re } s=1/2$, $0\leq \text{Im } s\leq T$ という範囲にある ζ の零点の個数を $N_0(T)$ と記すとき，ハーディとリトルウッド [15] は，1921 年に

$$N_0(T)\geq KT \quad (K=\text{定数}>0) \tag{A.32}$$

であることを証明した．さらに 1942 年にセルバーグ [28] は，

$$N_0(T)\geq CT\log T \quad (C=\text{定数}>0) \tag{A.33}$$

であることを証明した．$N(T)\sim (T/2\pi)\log T$ であるから，零点全体の中で $\text{Re } s=1/2$ 上にあるものは正の割合を占めるのである．

さらに 1974 年にレヴィンソン [21] は，十分大きいすべての $T>0$ に対し

$$N_0(T) \geq \frac{1}{3} N(T) \tag{A.34}$$

であることを示した．すなわち，零点のうち 1/3 以上は Re $s=1/2$ 上にあるのである．この 1/3 という数字は，コンレイ [5] によって 2/5 に改良された．もっとよくすることも可能であろうが，彼らの方法からしてこの方向でリーマン予想まで到達できるとは思われない．

零点の数値計算では，テュアリング・ブレント [31], [2] の方法により，1986 年にヴァン・デ・リューンら 3 人の研究者 (van de Lune, te Riele, Winter, *Math. Comp.* **47** (1986), 667-781) は，

$$0 \leq \text{Im } s \leq 5,4543,9833.21 \tag{A.35}$$

という範囲の直線 Re $s=1/2$ 上には，15 億 +1 個の ζ の零点があり，虚数部が (A.35) の範囲にはこれ以外に ζ の零点はないことを示した．つまり (A.35) の範囲では，リーマンの予想は正しいことが数値計算で確かめられたのである．

15 億個の零点は，日常的な感覚では圧倒的な多数であるけれども，素数分布論では現象のスケールがきわめて大きいため，15 億 $=1.5 \times 10^8$ はごく小さい数である．実際いろいろな徴候から，(A.35) という範囲はゼータ関数の挙動の真の複雑さを示すには狭すぎると考えられている．したがって (A.35) においてリーマン予想が成り立つという事実は，リーマン予想の正しさを確信させるには十分でない．

ただし，リーマン予想が成り立つということは，零点の分布に対して最も単純な事態が実現するということなので，数学的真実は単純であるべきだという信念から，リーマン予想の成り立つことを期待するという数学者も多い．しかし一方では，晩年になって「リーマン予想は誤りではないかと思う」と述べたリトルウッド [23] のような専門家もいるのである．

1970 年代以後，散乱理論，保型関数論，関数空間論などにおいて，リーマン予想と同値な命題，あるいはリーマン予想を含む命題が発見された．さらに量子力学系や拡散過程とリーマン予想の関係も研究されている ([19] 参照)．こうしてリーマン予想は，素数分布のみに関係する命題ではなくなったのである．

これらの分野からの研究もそれぞれ困難に直面し，現在のところリーマン予想解決の見込みは立っていない．リーマン予想は，21 世紀の数学の重要な課題として残ったのである．リーマン予想が解決するまでは，リーマンのこの論文も過去のものとはいえないであろう．

4. リーマンの遺稿

　素数分布やゼータ関数についてリーマンが公刊した論文はここに訳出したものだけであるが，ゲッティンゲン大学に保管されていたリーマンの遺稿の中にゼータ関数に関するものがあることが発見された．これは説明なしの，数式や数値が乱雑に記された何枚かの計算用紙にすぎず内容の解読は困難であったが，ジーゲルがそれを見事に成し遂げて，1932 年に発表した ([29] 参照).

　それによると，リーマンは今日リーマン・ジーゲル公式と呼ばれるゼータ関数の漸近公式と，ゼータ関数の新しい積分表示式を得ていたのであった．リーマンは，後にハーディとリトルウッド [15] が (A.32) 式の証明のために導入した近似関数等式を知っていた．ジーゲルはそれにガンマ因子をかけて $\xi(s)$ の表示式を得，その剰余項の積分を鞍部点法で近似計算することによって，リーマン・ジーゲル公式を得たのである．この公式は，Re $s = 1/2$ 上での ζ の値の数値計算には現在必ず用いられる有用な公式である．

　またリーマンの新しい $\xi(s)$ の積分表示式から，直ちに ζ の関数等式が得られる．すなわちリーマンは，公刊論文で述べた二つの証明のほかに，関数等式の第三の証明も持っていたのである．

　さらにリーマンは，リーマン・ジーゲル公式を用いて，ζ の自明でない零点のうち最初の三個の数値計算をしていたことも明らかになった．リーマンのゼータ関数の研究は，公刊論文で知られるより深く広いものであったことが，ジーゲルによって明らかにされたのである．

〔杉　浦　光　夫〕

【文　献】

[1] H. Bohr und E. Landau, Ein Satz über Dirichletsche Reihen mit Anwendung auf die ζ-Funktion und die L-Funktion, *Rend. di Palermo* **37** (1914), 269–272.

[2] R. P. Brent, On the zeros of the Riemann zeta function in the critical strip, *Math. of Computation* **33** (1979), 1361–1372.

[3] P. L. Chebyshev, Sur la fonction qui détermine la totalité des nombres premiers inférieurs à une limite donnée, *J. Math. Pures Appl.* **17** (1852), 341–365. (First published in 1848.)

[4] P. L. Chebyshev, Mémoire sur les nombres premiers, *J. Math. Pures Appl.* **17** (1852), 366–390.

[5] J. B. Conrey, More than two fifths of the zeros of the Riemann zeta function are on the critical line, *J. Reine Angew. Math.* **399** (1989), 1–26.

[6] P. J. Lejeune Dirichlet, Sur l'usage des series infinies dans la théorie des nombres, *J. Reine Angew. Math.* **18** (1838), 257–274. (*Werke* Bd. I, 359–374.)

[7] H. M. Edwards, *"Riemann's Zeta Function"*, Academic Press, New York, 1974.

[8] W. and F. Ellison, *"Prime Numbers"*, John Wiley & Sons, New York, 1985. French

ed. Hermann, Paris, 1975.
[9] L. Euler, Variae observationes circa series infinitas, *Comm. Acad. Sci. Petropolitanae* **9** (1737) (published in 1744.), 160-188. (*Opera Omn.* I vol. 14, 216-244.)
[10] L. Euler, "*Introductio Analysin Infinitorum*", Bousquet & Socios, Lausanne, 1748. (*Opera Omn.* I. vol. 8.) [邦訳：オイラーの無限解析，高瀬正仁訳，海鳴社，2001.]
[11] C. F. Gauss, Tafel der Frequenz der Primzahlen, *Werke* Bd. II, 436-443.
[12] J. Hadamard, Étude sur les propriétés des fonctions entières et en particulier d'une fonction considérée par Riemann, *J. Math. Pures Appl.* **9** (1893), 171-215.
[13] J. Hadamard, Sur la distribution des zeros de la fonction $\zeta(s)$ et ses consequences arithmétiques, *Bull. Soc. Math. France* **24** (1896), 199-220.
[14] G. H. Hardy, Sur les Zeros de la Fonction $\zeta(s)$ de Riemann, *C. R. Acad. Sci. Paris*, **158** (1914), 1012-1014.
[15] G. H. Hardy and J. E. Littlewood, The zeros of Riemann's zeta-function on the critical line, *Math. Zeit.* **10** (1921), 283-317.
[16] G. H. Hardy and E. M. Wright, "*An Introduction to the Theory of Numbers*", Clarendon Press, Oxford, 5th ed. 1978. [邦訳：数論入門 I, II, 示野信一・矢神 毅 訳，シュプリンガー--フェアラーク東京，2001.]
[17] A. E. Ingham, "*The Distribution of Prime Numbers*", Cambridge University Press, Cambridge, 1932.
[18] 猪狩 惺，フーリエ級数，岩波全書，岩波書店，1975.
[19] 鹿野 健編著，リーマン予想，日本評論社，1991.
[20] E. Landau, "*Handbuch der Lehre von der Verteilung der Primzahlen*", Teubner, Leipzig, 1909.
[21] N. Levinson, More than one third of zeros of Riemann's zeta function are on $\sigma = 1/2$, *Adv. in Math.* **13** (1974), 383-436.
[22] J. E. Littlewood, Sur la distribution des nombres premiers, *C. R. Acad. Sci. Paris*, **158** (1914), 1869-1872.
[23] J. E. Littlewood, "*Some Problems in Real and Complex Analysis*", Footnote in Author's Preface, D. C. Heath & Co. Lexington, 1968.
[24] H. von Mangold, Zu Riemann's Abhandlung 'Über die Anzahl der Primzahlen unter einer gegebenen Grösse', *J. Reine Angew. Math.* **114** (1895), 255-305.
[25] H. von Mangold, Zur Verteilung der Nullstellen der Riemannsche Funktion $\xi(t)$, *Math. Ann.* **60** (1905), 1-19.
[26] B. Riemann, "*Gesammelte Math. Werke*", ed. by R. Dedekind and H. Weber, Teubner, Leipzig, 1876. Second ed. 1892. 2nd ed. with Supplement ed. by M. Noether and W. Wirtinger, 1902. Its Dover Reprint, 1953. Third ed. ed. by R. Narasimhan, Springer and Teubner, 1990.
[27] B. Riemann, Über die Anzahl der Primzahlen unter einer gegebenen Grösse, *Monatsberichte Preuss. Akad. Wissens.* (1859/1860), 671-680. (*Werke*, 145-155.)
[28] A. Selberg, On the zeros of Riemann's zeta-function, *Skr. Norske Vid-Akad. Oslo* **10** (1942), 1-59. (Collected Papers I, 85-140.)
[29] C. L. Siegel, Über Riemanns Nachlass zur analytischen Zahlentheorie, Quellen und Studien zur Geschichte der Mathematik, Astronomie und Physik **2** (1932), 45-80. (Ges. Abh. I, 274-310.)
[30] E. C. Titchmarsh, "*The Theory of the Riemann Zeta-Function*", Clarendon Press, Oxford, 1951, 2nd ed. revised by D. R. Heath-Brown, 1986.
[31] A. M. Turing, Some calculations of the Riemann zeta function, *Proc. London Math.*

Soc. **3** (1953), 99–117.

[32] C.-J. de la Vallée Poussin, Recherches analytiques sur la théorie des nombres, *Ann. Soc. Sci. Bruxelles* **20** (1896), 183–256.

[33] C.-J. de la Vallée Poussin, Sur la fonction $\zeta(s)$ de Riemann et le nombre des nombres premiers inférieurs a une limite donnée, *Mem. Courronnés de l'Acad. roy. des Sci. de Belgique* **59** (1899–1900).

5

有限な振幅をもつ空気中の平面波の伝播について

(ゲッティンゲン王立科学アカデミー紀要,第8巻,1860年)

　気体の運動を定める偏微分方程式がずっと以前に確立されていたにもかかわらず,それを解くことは,次のような限定された場合にしか考察されていなかった.すなわち,全体の圧力の平均と比べて,場所によって変わる圧力の差異がごく小さな変化とみなされる場合であり,そしてごく最近の時期まで,その変化の中でも第一の主要な項を考察することで満足してきた.ヘルムホルツが第二番目に相当する項の計算に取り組み,それによって副次的な波が研究対象としてとらえられることを説明したのはほんの少し前のことにすぎない.そのような経過もあって,ここで初期の運動状態がいたるところで同一の方向であり,速度と圧力がその方向に垂直には一定ならば,もとの方程式を完全に解くことができるようになってきた.経験に基づいて種々の現象を説明するのみならば,これまでにもなんとか満足がいくように,問題が処理されてきたことは確かである.しかし,最近ヘルムホルツが音響学における実際的な方法で成し遂げた大きな進歩に引き続いて,この論文が含んでいるより正確な数学的成果は多分そう遠くない時期に実験を中心とする研究に対してもいくらかの視点を与えるであろう.非線形偏微分方程式の研究に役立つという理論的な興味のほかに,このことがこの論文を発表する意義を与えるであろう.

　もし圧力の変化によって生じる温度の差異が十分早く均一化されて気体の温度が一定であるとみなせるならば,圧力と密度の関係として,ボイルの法則が認められる.しかしこの差異を解消する役割の熱の交換は,概してまったく無視できるほどに小さいものであるから,それゆえに,熱の出入りがないときに密度による気体の圧力の変化を記述する法則を適用しなければならない.

　ボイルとゲイ-リュサックの法則によれば,v を単位質量当りの体積,p を圧力,T を $-273°C$ から数えた温度とするならば,次の式が成り立つ.

$$\log p + \log v = \log T + \text{const.}$$

ここでは，T は p と v の関数と考えよう．そして圧力が一定の場合の比熱を c，体積が一定の場合の比熱を c' で表す．この単位質量の気体は，p と v が dp と dv だけ変化するとき

$$c\frac{\partial T}{\partial v}dv + c'\frac{\partial T}{\partial p}dp$$

だけ熱量を獲得する．言い換えると，

$$\frac{\partial \log T}{\partial \log v} = \frac{\partial \log T}{\partial \log p} = 1$$

であるので，この熱量は

$$T(c\, d\log v + c'\, d\log p)$$

に等しい．

もし熱を獲得することがなければ

$$d\log p = -\frac{c}{c'}d\log v$$

が成り立ち，そしてポアッソンにならって，二つの比熱の比 $c/c' = k$ が温度と圧力に無関係であるとするならば

$$\log p = -k\log v + \text{const.}$$

が成り立つ[1]．

ルノー，ジュール，トムソンの最近の論文によれば，この法則は，物理学で与えられるすべての温度と圧力のもとで，酸素，窒素，水素，そしてそれらの混合気体に対してたいへんよい近似として正しいということがいえるようである．

ルノーはこの気体がボイルとゲイ-リュサックの法則にたいへんよく従うこと，そして定圧比熱が温度と圧力に無関係な数であることを示した．

空気に対して温度と c の関係が次のようなものであることを示した．

温度の範囲	c の値
$-30℃$ から $+10℃$	0.2377
$+10℃$ から $+100℃$	0.2379
$+100℃$ から $+215℃$	0.2376

気圧についても，1 気圧から 10 気圧までの気圧の変化に対して，定圧比熱のいかなる変化も検証されなかった．

他方，ルノーとジュールの実験によると，クラウジウスによって適用されたメイヤーの仮定はまったく正確なものであることがわかってきていて，その結果，温度が一定に保たれている気体は，外に対してなす仕事に必要な熱量のみを吸収するという事実が知られるようになった．温度が一定のままで気体の体積が dv だけ変化するときには，次の式が成り立つ．

5. 有限な振幅をもつ空気中の平面波の伝播について

$$d \log p = -d \log v$$

それゆえ, 受け取る熱量は $T(c-c')d \log v$ であり, それはなされた仕事量 pdv に等しい. この仮定から, もし A により熱の仕事等量を表すならば,

$$AT(c-c')d \log v = pdv$$

あるいは

$$c - c' = \frac{pv}{AT}$$

が成り立つ. ゆえに $c-c'$ は圧力と温度に無関係である.

このことから, $k=c/c'$ も圧力と温度に無関係である. ジュールに従えば A は $424^{\text{kgm}}.55$ であり, 絶対温度 $T=100\,℃/0.3665$ に相当する $0\,℃$ の場合には, pv はルノーによれば $7990^{\text{m}}.267$ という値をもつ. これらのデータから $k=1.4101$ が得られる. 乾いた空気の中での音速は, $0\,℃$ では毎秒

$$\sqrt{7990^{\text{m}}.267 \times 9^{\text{m}}.8088\,k}$$

であり, この k の値を使うと $332^{\text{m}}.440$ となることがわかる. 他方, モールとファンベックの二つの完結した一連の実験によれば, 別々に計算されて $332^{\text{m}}.528$ と $331^{\text{m}}.867$ という数値が出ていて, 一緒には $332^{\text{m}}.271$ という数値を出している. また, マルチンとブラベーは彼らの行った実験に基づいた適切な計算の後に, $332^{\text{m}}.37$ という値が得られることを報告している.

―1―

最初に圧力と密度の関係に決まった形の仮定を設けることは必要ではない. すなわち, 密度 ρ に対応する圧力を $\varphi(\rho)$ として, その関数 φ は仮のもので, 形はまだ定まってはいないとしておく.

直交座標系 x, y, z を運動の方向が x 軸となるように導入し, ρ, p, u により座標 x, 時刻 t に対応する質点の密度, 圧力, 速度を表し, ω により yz 平面に距離が x 離れた平行な平面の要素を表す.

底面として要素 ω, 高さ dx のまっすぐなシリンダーの体積は ωdx であり, このシリンダーに含まれる質量は $\omega \rho dx$ である. 時間要素 dt の間に起こるこの質量の変化は, $\omega(\partial \rho/\partial t)dtdx$ となる. この質量の変化のもう一つの見方からの記述は, 時間 dt の間にシリンダーを通過する質量の和であることに注意して, この量を $-\omega(\partial \rho u/\partial x)dxdt$ と表すことである. シリンダー内の物質分子の加速度は

$$\frac{\partial u}{\partial t} + u\frac{\partial u}{\partial x}$$

であり, それを引き起こす x 軸の正の方向の力は

$$-\frac{\partial p}{\partial x}\omega dx = -\varphi'(\rho)\frac{\partial \rho}{\partial x}\omega dx$$

である．ここで，$\varphi'(\rho)$ は $\varphi(\rho)$ の導関数を表す．それゆえに ρ と u に対して次の二つの偏微分方程式が成り立つ．

$$\frac{\partial \rho}{\partial t} = -\frac{\partial \rho u}{\partial x}, \qquad \rho\left(\frac{\partial u}{\partial t} + u\frac{\partial u}{\partial x}\right) = -\varphi'(\rho)\frac{\partial \rho}{\partial x}$$

別の表現をすると，

$$\frac{\partial u}{\partial t} + u\frac{\partial u}{\partial x} = -\varphi'(\rho)\frac{\partial \log \rho}{\partial x}$$

$$\frac{\partial \log \rho}{\partial t} + u\frac{\partial \log \rho}{\partial x} = -\frac{\partial u}{\partial x}$$

となる．

　第二の方程式に $\pm\sqrt{\varphi'(\rho)}$ をかけて第一の式に加え，簡単のために

(1) $$\int \sqrt{\varphi'(\rho)}\, d\log \rho = f(\rho)$$

(2) $$f(\rho) + u = 2r, \qquad f(\rho) - u = 2s$$

とおくと，方程式は次のようなより単純な形になる《2》．

(3) $$\frac{\partial r}{\partial t} = -[u + \sqrt{\varphi'(\rho)}]\frac{\partial r}{\partial x}, \qquad \frac{\partial s}{\partial t} = -[u - \sqrt{\varphi'(\rho)}]\frac{\partial s}{\partial x}$$

　ここで，u と ρ は (2) で決定される r と s の関数である．方程式 (3) から次の二つの式が導かれる．

(4) $$dr = \frac{\partial r}{\partial x}\{dx - [u + \sqrt{\varphi'(\rho)}]dt\}$$

(5) $$ds = \frac{\partial s}{\partial x}\{dx - [u - \sqrt{\varphi'(\rho)}]dt\}$$

　自然の中ではつねに満たされている，$\varphi'(\rho)$ が正の値であるという仮定をすると，x が t とともに $dx = [u + \sqrt{\varphi'(\rho)}]dt$ を満たしながら動くとき r が一定にとどまり，x が t とともに $dx = [u - \sqrt{\varphi'(\rho)}]dt$ を満たしながら動くとき s が一定にとどまることを，この方程式は示している．

　値 r，または同じことであるが，$f(\rho) + u$ が決まった一つの値をとる点の位置を表す x 座標は，正の x 方向に，速度 $\sqrt{\varphi'(\rho)} + u$ で動いている．同様に，一定の決まった s または $f(\rho) - u$ の値をとる点の位置は，x の負の方向に速度 $\sqrt{\varphi'(\rho)} - u$ で動く．

　r の決まった値に対応する位置の点は，はじめは x 座標上でその前にあって，s のそれぞれの決まった値に対応していたすべての点に次々に出会い，そしてその速度は，各瞬間にその点の s の値によって決まる．

—2—

このように考えを進めていくと、次のような質問が出てくるが、解析学では我々がこれに答える手段を与える用意がすでにできている。r の一つの値 r' に対応する位置を表す点が、どこで、いつ、s の一つの値 s' に対応する点（この点は x の前方にあるが）に出くわすか？ という質問である。これは、r と s の関数として、x と t を定めるということに帰する。そして実際、前節の方程式 (3) で r と s を独立な変数ととると、この方程式は x と t に関する偏微分方程式となり、よく知られた方法で解くことができる。この偏微分方程式を一つの線形方程式に帰着させるために最も便利な手順は、前節の方程式 (4), (5) を、次の形にしておくことである。

(1)
$$dr = \frac{\partial r}{\partial x}\left[d\{x - [u + \sqrt{\varphi'(\rho)}]t\} + \left\{ dr\left[\frac{d\log\sqrt{\varphi'(\rho)}}{d\log\rho} + 1\right] + ds\left[\frac{d\log\sqrt{\varphi'(\rho)}}{d\log\rho} - 1\right]\right\}t \right]$$

(2)
$$ds = \frac{\partial s}{\partial x}\left[d\{x - [u - \sqrt{\varphi'(\rho)}]t\} - \left\{ ds\left[\frac{d\log\sqrt{\varphi'(\rho)}}{d\log\rho} + 1\right] + dr\left[\frac{d\log\sqrt{\varphi'(\rho)}}{d\log\rho} - 1\right]\right\}t \right]$$

r と s を独立変数と考えると、x と t についての二つの線形偏微分方程式が得られる[3]。

$$\frac{\partial\{x - [u + \sqrt{\varphi'(\rho)}]t\}}{\partial s} = -t\left[\frac{d\log\sqrt{\varphi'(\rho)}}{d\log\rho} - 1\right]$$

$$\frac{\partial\{x - [u - \sqrt{\varphi'(\rho)}]t\}}{\partial r} = t\left[\frac{d\log\sqrt{\varphi'(\rho)}}{d\log\rho} - 1\right]$$

そうして、結果的には、

(3)
$$\{x - [u + \sqrt{\varphi'(\rho)}]t\}dr - \{x - [u - \sqrt{\varphi'(\rho)}]t\}ds$$

が閉一次微分形式であることがわかる。そしてその積分 w が、次の方程式を満たしている。

$$\frac{\partial^2 w}{\partial r \partial s} = -t\left[\frac{d\log\sqrt{\varphi'(\rho)}}{d\log\rho} - 1\right] = m\left(\frac{\partial w}{\partial r} + \frac{\partial w}{\partial s}\right)$$

ここで

$$m = \frac{1}{2\sqrt{\varphi'(\rho)}}\left[\frac{d\log\sqrt{\varphi'(\rho)}}{d\log\rho} - 1\right]$$

であり、それゆえに m は $r+s$ の関数であることがわかる。もし、

$$f(\rho) = r + s = \sigma$$

とおくならば、

$$\sqrt{\varphi'(\rho)} = \frac{d\sigma}{d\log\rho}$$

となり，その結果，次式が成り立つ．

$$m = -\frac{1}{2}\frac{d\log\frac{d\rho}{d\sigma}}{d\sigma}$$

ポアッソンの仮定 $\varphi(\rho) = aa\rho^k$ と，

$$f(\rho) = \frac{2a\sqrt{k}}{k-1}\rho^{(k-1)/2} + \text{const.}$$

を使い，そして任意定数を 0 ととるならば，次式が成り立つ．

$$\sqrt{\varphi'(\rho)} + u = \frac{k+1}{2}r + \frac{k-3}{2}s, \qquad \sqrt{\varphi'(\rho)} - u = \frac{k-3}{2}r + \frac{k+1}{2}s$$

$$m = \left(\frac{1}{2} - \frac{1}{k-1}\right)\frac{1}{\sigma} = \frac{k-3}{2(k-1)(r+s)}$$

ボイルの法則の仮定 $\varphi(\rho) = aa\rho$ のもとでは，次のようになる．

$$f(\rho) = a\log\rho$$

$$\sqrt{\varphi'(\rho)} + u = r - s + a, \qquad \sqrt{\varphi'(\rho)} - u = s - r + a$$

$$m = -\frac{1}{2a}$$

が得られる．これらは，前の計算の中で，$f(\rho)$ から $2a\sqrt{k}/(k-1)$, r と s から $a\sqrt{k}/(k-1)$ を取り去り，そして $k=1$ とおくことにより得られるものである．

r と s を独立変数として導入することは，それらの x と t に関する関数行列式の値が $2\sqrt{\varphi'(\rho)}(\partial r/\partial x)(\partial s/\partial x)$ が 0 でない場合にしかできないことに注意しよう．

もし $\partial r/\partial x$ が0ならば，方程式(1)から $dr=0$ が従う．それゆえ方程式(2)は，$x - [u - \sqrt{\varphi'(\rho)}]t$ が s の一つの関数であることを示している．(3)式はしたがってまた完全一次微分形式となり，w は s のみの関数となる．

同様にして，もし $\partial s/\partial x$ が 0 ならば，s は x について定数であり，さらに t についても定数となり，$x - [u + \sqrt{\varphi'(\rho)}]t$ と w が r のみの関数になる．

もし，$\partial r/\partial x$ と $\partial s/\partial x$ の両方が 0 ならば，r, s, w は，全微分方程式を考慮すると，すべて定数となる．

—3—

我々の問題を解くためには，実際に r と s の関数として w を偏微分方程式

(1) $$\frac{\partial^2 w}{\partial r \partial s} - m\left(\frac{\partial w}{\partial r} + \frac{\partial w}{\partial s}\right) = 0$$

と初期条件により決める必要がある．解は明らかに任意に付加することのできる定数

だけの自由度をもつことに注意しよう．

関数 w が既知であるとするならば，r の決められた値に対応する時空の点が s の決まった時空の点に出会う時刻と場所は次の方程式により求められる．

(2) $$\{x-[u+\sqrt{\varphi'(\rho)}\,]t\}dr-\{x-[u-\sqrt{\varphi'(\rho)}\,]t\}ds=dw$$

この方程式をふまえて，さらに

(3) $$f(\rho)+u=2r, \qquad f(\rho)-u=2s$$

を付加して考えることにより，量 u と ρ は最終的には x と t の関数として得ることができるであろう．

実際 (2) 式の結果として，dr または ds が有限の線分上で 0 でなければ，そしてその結果 r または s がその線分に対して定数でなければ，方程式

(4) $$x-[u+\sqrt{\varphi'(\rho)}\,]t=\frac{\partial w}{\partial r}$$

(5) $$x-[u-\sqrt{\varphi'(\rho)}\,]t=-\frac{\partial w}{\partial s}$$

に，方程式 (3) を加えて考察すると，u と ρ の x と t による表現をみつけることができる．

しかしながら，もし初期条件において r が有限のひろがりのところで同じ r' の値を保つならば，r' に属している時空の点の集まりは x が正の方向に時間とともに移動する．この領域の内部では $r=r'$ であるが，dr が 0 であるから方程式 (2) から $x-[u+\sqrt{\varphi'(\rho)}\,]t$ の値を推定することはできない．そして実際この場合には，いつどこで r の値が r' であって s が決まった値となるかという問いには，正確な答えは決して与えられない．方程式 (4) はこの領域の端でしか有効ではなくて，決まった時刻においてどの x の範囲で r が r' の値をとるかを示している．また同様に，決まった点においてどれだけの時間，続いて r が同じ値をとるかということを示している．

この両端の間では方程式 (3) と (5) を使うことにより，x と t の関数として u と ρ を表すことができる．同様な方法で，有限の領域で s が s' という値を保って r が変化するとき，また同様に r と s が一定のときも，これらの関数を得ることができる．この最後の場合には，ρ と u は，方程式 (4) と (5) で定められたある端点の間で，方程式 (3) で決められた定数をとる．

—4—

前節の方程式 (1) の積分を手がける前に，あらかじめこの積分が実現されたと仮定しないでもできるいくつかの議論をしておくことが有益であると思われる．$\varphi(\rho)$ に関連して，ρ が増加するとき，その導関数が減少しないという仮定がただ一つ必要で

ある．このことは，実際の現象ではつねに満足されていることである．今後この節で何度も適用される一つの注意をしておこう．それは量

$$\frac{\varphi(\rho_1)-\varphi(\rho_2)}{\rho_1-\rho_2}=\int_0^1 \varphi'[\alpha\rho_1+(1-\alpha)\rho_2]d\alpha$$

が ρ_1 と ρ_2 を別々にしか動かさないとき，定数にとどまるか，または先の2数のうちの動かす一つと同じ方向に動くということである．これより，この表現の値は $\varphi'(\rho_1)$ と $\varphi'(\rho_2)$ の間に含まれる．

いま，初期における平衡からのずれが不等式 $a<x<b$ で定められた領域に制限されている場合を考えよう．その外では u と ρ は一定であり，それゆえにまた r と s も一定である．添え字1の文字を $x<a$ に関連して使い，添え字2の文字を $x>b$ を示すのに使う．第1節により，r が変化する領域は少しずつ，その後ろの端点は速度 $\sqrt{\varphi'(\rho_1)}+u_1$ であるように進み，s が動いている領域の前の端点は速度 $\sqrt{\varphi'(\rho_2)}-u_2$ で後退する．

$$\frac{b-a}{\sqrt{\varphi'(\rho_1)}+\sqrt{\varphi'(\rho_2)}+u_1-u_2}$$

に等しい時間の経過後，これらの二つの領域は分かれて，その間には s が s_2 で r が r_1 の区間が現れる．そしてそこでは，その結果，ガスの分子は新たに平衡になる．それゆえ揺り動かされた領域から，まず反対方向に進む二つの波が出ている．前に進むものでは $s=s_2$ であり，物質分子の速度 $u=f(\rho)-2s_2$ はそこでは密度 ρ の関数である．ρ の決まった値に対応する時空の点は，また u の決まった値に対応していて，定速度

$$\sqrt{\varphi'(\rho)}+u=\sqrt{\varphi'(\rho)}+f(\rho)-2s_2$$

で進む．

後退する波では，密度 ρ に速度

$$-f(\rho)+2r_1$$

が対応している．対応する時空の点は後方へ速度

$$\sqrt{\varphi'(\rho)}+f(\rho)-2r_1$$

で動く．これら二つの波の伝播速度は，$\varphi'(\rho)$ と $f(\rho)$ が密度の増加関数であるから，密度とともに増加する．

もし横座標 x に対応する曲線の縦座標として ρ をとるならば，この曲線の各点は定速度で横座標に平行に動く．そのとき，縦座標がより大きいほどいっそうその速度は大きくなる．この注意は，縦座標がより大きな点が，縦座標がより小さくかつはじめに前にあった点を追い越すことがあることを，そして一つの x の値に多くの ρ の値が対応していることを示しているのは容易にみてとれる．これは現実には不可能な

ので，以前の法則が適用できない状態が現れたに違いない．実際，偏微分方程式を立てるために，我々は u と ρ は x の連続関数であり有界な導関数をもつという仮定のもとにはじめていた．そしてこの仮定は，密度の曲線の傾きが横座標軸に垂直な点の一つになったところで成り立たなくなる．そしてこのときから，曲線は不連続性を表すようになる．それは一つの ρ の値のすぐ後ろに，津波のように直ちにより大きな値が続いているからである．このような状態は，次の節で論じられるであろう．

圧縮される波，すなわち伝播の方向には密度が減少している波の部分は，進行に従ってますます窮屈になり，最後には急激に圧縮された状態に変わる．そして膨張した波の幅は反対に時間に比例して連続的に増大する．

少なくともポアッソンの法則で（またはボイルの法則で），初期の平衡状態からの摂動が有限のひろがりに限られていなくても，まったく特別な場合を除いて，動きの経過の中でつねに急激な圧縮が起こることを，容易に示すことができる．値 r が対応している位置を示す点の進む速度は，ポアッソンの法則によると

$$\frac{k+1}{2}r+\frac{k-3}{2}s$$

であり，平均して r のより大きな値はより大きな速度をもつであろう．そして，もしより小さな r'' の点に出会う s の値が平均して同時に r' に出会う s の値よりも

$$(r'-r'')\frac{k+1}{3-k}$$

だけの量以上により小さくなければ，より大きな値 r' は最終的には前にあったより小さな r'' に追いつくであろう．

この最後の場合には，s は正の無限大に等しい x に対して負の値で無限に大きくなるであろう．それゆえ $x=+\infty$ に対し，あるいは速度 u は $+\infty$ であるか，ボイルの法則の仮定のもとではあるが，密度は無限に小さくなるであろう．それだから特別な場合以外には，一つの r の値に，すぐ後ろに有限の差ではあるがたいへん大きな値が続いているという場合はつねに起こるであろう．そのようにして $\partial r/\partial x$ が無限となり，偏微分方程式がその有効性を失うであろう．そして前方に波及していく急激な圧縮が形づくられるであろう．同様に，$\partial s/\partial x$ は無限になり，後方にひろがっていく急激な圧縮ができるであろう．

$\partial r/\partial x$，あるいは $\partial s/\partial x$ が無限となり急激な圧縮がはじまる時間と場所とを決定するために，第2節の方程式 (1) と (2) により，ここで関数 w を使って

$$\frac{\partial r}{\partial x}\left\{\frac{\partial^2 w}{\partial r^2}+\left[\frac{d\log\sqrt{\varphi'(\rho)}}{d\log\rho}+1\right]t\right\}=1$$

$$\frac{\partial s}{\partial x}\left\{-\frac{\partial^2 w}{\partial s^2}-\left[\frac{d\log\sqrt{\varphi'(\rho)}}{d\log\rho}+1\right]t\right\}=1$$

を得る《4》.

— 5 —

　たとえ初期条件において密度や速度がいたるところ連続になっているとしても，急な圧縮がほとんどつねに起こるのであるから，我々はこの圧縮の進む法則を研究しなければならない.

　我々は時刻 t で $x=\xi$ に対して u と ρ は急激に変わると仮定し，これらの量およびこれらに依存する量について，添え字1によって $x=\xi-0$ に対応する量を，添え字2によって $x=\xi+0$ に対応する量を表す．v_1, v_2 によって不連続な点の近傍においてガスが動く相対的な速度，それぞれ $u_1-d\xi/dt$, $u_2-d\xi/dt$ に等しい速度を表す．時間要素 dt の間に式 $x=\xi$ で表される平面の面積要素 ω を x が増加の方向に通過する質量は $v_1\rho_1\omega dt=v_2\rho_2\omega dt$ であり，そこに加えられる力は $[\varphi(\rho_1)-\varphi(\rho_2)]\omega dt$ であって，この力による速度の増加は v_2-v_1 である．したがって我々は

$$[\varphi(\rho_1)-\varphi(\rho_2)]\omega dt=(v_2-v_1)v_1\rho_1\omega dt$$

を得る．ここで

$$v_1\rho_1=v_2\rho_2$$

であり，それゆえ

$$v_1=\mp\sqrt{\frac{\rho_2}{\rho_1}\frac{\varphi(\rho_1)-\varphi(\rho_2)}{\rho_1-\rho_2}}$$

となり，したがって

(1) $$\frac{d\xi}{dt}=u_1\pm\sqrt{\frac{\rho_2}{\rho_1}\frac{\varphi(\rho_1)-\varphi(\rho_2)}{\rho_1-\rho_2}}=u_2\pm\sqrt{\frac{\rho_1}{\rho_2}\frac{\varphi(\rho_1)-\varphi(\rho_2)}{\rho_1-\rho_2}}$$

という結果が得られる.

　急激な圧縮が起こるためには，$\rho_2-\rho_1$ が v_1 と v_2 の符号と同じでなければならなくて，もしこの圧縮が前方に伝わっていくならば負であり，後方に伝わっていくならば正である．はじめの場合には，大きい方の符号をとらなければならなくて，ρ_1 は ρ_2 よりも大きい．その結果，前節の最初に関数 $\varphi(\rho)$ について仮定したことにより

(2) $$u_1+\sqrt{\varphi'(\rho_1)}>\frac{d\xi}{dt}>u_2+\sqrt{\varphi'(\rho_2)}$$

が成り立つ．この不等式によって，不連続点は後に続いている r の値よりも遅く進み，先行している点よりも速く進む．r_1 と r_2 は，それゆえ，不連続点の両側では適応される偏微分方程式によって各瞬間に決定される.

　s の値は後方において速度 $\sqrt{\varphi'(\rho)}-u$ で動くので，s_2 となり，したがって ρ_2, u_2

も同様に求められる．しかし s_1 に対してはそうはいかない．s_1 と $d\xi/dt$ の値は，偏微分方程式 (1) により，きっちりと r_1, ρ_2, u_2 の値に依存して定まる．実際，方程式

$$(3) \qquad 2(r_1-r_2) = f(\rho_1) - f(\rho_2) + \sqrt{\frac{(\rho_1-\rho_2)[\varphi(\rho_1)-\varphi(\rho_2)]}{\rho_1\rho_2}}$$

は ρ_1 の値だけで決まる．なぜならば，ρ_1 が ρ_2 から無限大まで増加するとき，右辺で決まる数はすべての正の値をただ一回だけとるからである．その理由は，$f(\rho_1)$ ならびに最後の項が分解されるところの二つの因子

$$\sqrt{\frac{\rho_1}{\rho_2}} - \sqrt{\frac{\rho_2}{\rho_1}} \quad \text{と} \quad \frac{\varphi(\rho_1)-\varphi(\rho_2)}{\rho_1-\rho_2}$$

は単調に増加していて，もう一つの項は定数にとどめておくことができ，ρ_1 は決まっているので，方程式 (1) から u_1 と $d\xi/dt$ の値が同様にして定まる．

後方に伝わる急激な圧縮についても，まったく同様な結論が導かれる．

―6―

我々は急激な圧縮の進行の中で，不連続点の両側での u と ρ の間に，つねに次の方程式

$$(u_1-u_2)^2 = \frac{(\rho_1-\rho_2)[\varphi(\rho_1)-\varphi(\rho_2)]}{\rho_1\rho_2}$$

が存在することをみつけたばかりである．

与えられた時刻と場所において，任意に不連続性が与えられたとき，どのようなことが起こるかこの節で調べてみよう．不連続点の u_1, ρ_1, u_2, ρ_2 の値によって，二つの急激な圧縮が一つは前方に，一つは後方にと反対の方向に進むこともある．また，偏微分方程式に従って起こる以外のいかなる運動によっても，波が伝播しないこともありうることである．

プライムを使って，u と ρ の圧縮の後での値を，または運動に移った直後の二つの圧縮の間での値を表すことにすると，次の式が成り立つ．ただし，前者の場合には ρ' は ρ_1 と ρ_2 よりも大きい．

$$(1) \qquad \begin{cases} u_1 - u' = \sqrt{\dfrac{(\rho'-\rho_1)[\varphi(\rho')-\varphi(\rho_1)]}{\rho'\rho_1}} \\ u' - u_2 = \sqrt{\dfrac{(\rho'-\rho_2)[\varphi(\rho')-\varphi(\rho_2)]}{\rho'\rho_2}} \end{cases}$$

$$(2) \qquad u_1 - u_2 = \sqrt{\frac{(\rho'-\rho_1)[\varphi(\rho')-\varphi(\rho_1)]}{\rho'\rho_1}} + \sqrt{\frac{(\rho'-\rho_2)[\varphi(\rho')-\varphi(\rho_2)]}{\rho'\rho_2}}$$

(2) 式の右辺の二つの項はともに ρ' についての増加関数なので，$u_1 - u_2$ の値は正であり，

$$(u_1-u_2)^2 > \frac{(\rho_1-\rho_2)[\varphi(\rho_1)-\varphi(\rho_2)]}{\rho_1\rho_2}$$

である．そして，逆にもしこれらの条件が満たされるならば，(1)式を満たすただ一つの u' と ρ' の組がつねに存在する．

最後の場合が現れ，そして運動が偏微分方程式に従って決めることができるためには，$r_1 \leq r_2$ と $s_1 \geq s_2$ が必要にして十分である．それゆえ，u_1-u_2 が負であり，$(u_1-u_2)^2 \geq [f(\rho_1)-f(\rho_2)]^2$ が成り立つ．そのときには，r_1 と s_2 はそれぞれ r_2 と s_1 から離れている．なぜならば，これらの値は各々その動きの中で前にある値よりも遅く，不連続性が消えるように進むからである．

最初の条件も最後の条件も満たされないとき，初期条件だけがただ一つの急激な圧縮に対応していて，それは ρ_1 が ρ_2 よりも大きいときは前に伝わり，小さいときは後方に進む．実際，$\rho_1 > \rho_2$ ならば，$2(r_1-r_2)$ は，または同じことであるが $f(\rho_1)-f(\rho_2)+u_1-u_2$ は正である．

(なぜならば，
$$(u_1-u_2)^2 < [f(\rho_1)-f(\rho_2)]^2.)$$

この量はまた次の量よりも小さい．
$$f(\rho_1)-f(\rho_2)+\sqrt{\frac{(\rho_1-\rho_2)[\varphi(\rho_1)-\varphi(\rho_2)]}{\rho_1\rho_2}}$$

(なぜならば，
$$(u_1-u_2)^2 \leq \frac{(\rho_1-\rho_2)[\varphi(\rho_1)-\varphi(\rho_2)]}{\rho_1\rho_2}.)$$

それゆえに密度 ρ' として，急激な圧縮の後では，前節の条件 (3) を満たす ρ_1 よりも小さい値をみつけることができる．その結果，$s'=f(\rho')-r_1$，$s_1=f(\rho_1)-r_1$ により $s' \leq s_1$ をまた得ることになり，急激な圧縮の後で，ガスの運動は偏微分方程式によって起こりうる．$\rho_1 < \rho_2$ となる別の場合も，明らかに基本的な取扱い方は，前の場合と変わらない．

—7—

前に述べた定理を，我々がこれまで採用してきた方法によって運動が決定さるような簡単な例で解き明かすために，圧力と密度はボイルの法則により相互に依存していること，また，初期条件において圧力と密度は $x=0$ において急激に変わるが，yz 平面の両側で定数であることを仮定しよう．

先にした議論によって，区別すべき四つの場合がある．

I． もし $u_1-u_2>0$ が成り立ち，それゆえ二つのガス物質が相互に出会う方向に

5. 有限な振幅をもつ空気中の平面波の伝播について

進んでいて, さらに

$$\left(\frac{u_1-u_2}{a}\right)^2 > \frac{(\rho_1-\rho_2)^2}{\rho_1\rho_2}$$

も満たされるならば, 反対方向に伝わる二つの急激な圧縮が形づくられる. 第6節の方程式(1)の結果, $\sqrt[4]{\rho_1/\rho_2}$ を α で表し, θ で

$$\frac{u_1-u_2}{a\left(\alpha+\dfrac{1}{\alpha}\right)} = \theta + \frac{1}{\theta}$$

の解を表すならば, 二つの急激な圧縮の間における密度 ρ' の値は $\theta\theta\sqrt{\rho_1\rho_2}$ である. また, 第5節の方程式(1)により, 前方に進む急激な圧縮に対しては

$$\frac{d\xi}{dt} = u_2 - a\alpha\theta = u' + \frac{a}{\alpha\theta}$$

が成り立ち, 後方のものに対しては

$$\frac{d\xi}{dt} = u_1 - a\frac{\theta}{\alpha} = u' - a\frac{\alpha}{\theta}$$

が成り立つ. したがって速度と密度の値は, 時間 t の経過後,

$$\left(u_1 - a\frac{\theta}{\alpha}\right)t < x < (u_2 + a\alpha\theta)t$$

に属する x に対して u', ρ' となり, その区間の左端より小さい x に対しては u_1 と ρ_1 であり, また, その区間の右端より大きい x に対しては u_2 と ρ_2 である.

II. もし $u_1 - u_2 < 0$ ならば, そしてそれゆえに, ガスの質量が相互に隔たって希薄になっていき, また同時に

$$\left(\frac{u_1-u_2}{a}\right)^2 \geq \left(\log\frac{\rho_1}{\rho_2}\right)^2$$

が成り立つならば, 境界から反対方向に, ひろがりがしだいに増していくような膨張する二つの波が発生する. 第4節によりそれらの間では, $r=r_1$, $s=s_2$, $u=r_1-s_2$ となる. 前方に進むところでは $s=s_2$ であり, $x-(u+a)t$ は r だけの関数であって, この関数は $x=0$, $t=0$ における初期値により 0 になることがわかる. 後方に伝わる波に対しては, $r=r_1$, $x-(u-a)t=0$ が成り立つ. u と ρ を決める方程式の一つは,

$$(r_1-s_2+a)t < x < (u_2+a)t$$

に対しては

$$u = -a + \frac{x}{t}$$

であり, $(r_1-s_2+a)t$ より小さい x に対しては $r=r_1$ で, $(u_2+a)t$ より大きい x に対しては $r=r_2$ である. 他の方程式は,

$$(u_1+a)t < x < (r_1-s_2-a)t$$

に対しては
$$u=-a+\frac{x}{t}$$
であり，これより小さい x に対しては $s=s_1$ で，より大きい x に対しては $s=s_2$ である．

III． この二つの場合のどちらも起こらず，$\rho_1>\rho_2$ ならば，後方に膨張する波が生じ，前方には急激な圧縮が伝わっていく．この後のものについて，θ で
$$\frac{2(u_1-u_2)}{a}=2\log\theta+\theta-\frac{1}{\theta}$$
の解を表すならば，第5節の方程式(3)により $\rho'=\theta\theta\rho_2$ なる式を得る．第5節の方程式(1)により
$$\frac{d\xi}{dt}=u_2+a\theta=u'+\frac{a}{\theta}$$
が従い，時間 t の経過後急激な圧縮の前方で，言い換えると $x>(u_2+a\theta)t$ において，
$$u=u_2, \qquad \rho=\rho_2$$
を得る．また，この圧縮の後方で $r=r_1$ を得る．さらに，
$$(u_1-a)<x<(u'-a)$$
に対して
$$u=a+\frac{x}{t}$$
となり，これより小さい x に対して $u=u_1$ であり，より大きなところでは $u=u'$ である．

IV． 最後に，最初の二つの場合が現れなくて $\rho_1<\rho_2$ ならば，IIIの場合とまったく同様であり，ただ現象が逆の配置で現れるだけである．

—8—

一般的な方法で我々の問題を解くためには，第3節によると，

(1) $$\frac{\partial^2 w}{\partial r\partial s}-m\left(\frac{\partial w}{\partial r}+\frac{\partial w}{\partial s}\right)=0$$

と初期条件を満たす関数 w を決定する必要がある．

もし不連続性が現れる場合を除外するならば，r の決まった値 r' に対応する位置を表す点からなる，時空内の曲線が s の決まった値 s' に対応する位置を表す点のそれにぶつかる x と t，すなわち時間と場所は，次のような条件のもとで完全に決定される．r と s の初期の値が時空内の曲線 r' と s' の間の x 軸上の線分の上で与えられ

5. 有限な振幅をもつ空気中の平面波の伝播について

ていて,第 1 節の偏微分方程式 (3) が,各 t の値に対して点 r' と点 s' の間のすべての x に対応する値を含む多様性 (S) をもって,有効であるという条件のもとで,$r=r'$, $s=s'$ における w の値は,それゆえ次に述べる種々の仮定のもとに完全に決定される.w は偏微分方程式 (1) を多様性 (S) の意味でいたるところで満たし,r と s の初期値に対して $\partial w/\partial r$ と $\partial w/\partial s$ の値が与えられていて,それらによって w の値が定数だけの自由度を除いて定まり,そして後にこの定数は任意に選ぶことができるなどの条件のもとに,w の値は完全に決定される.実際これらの条件は,前のものと同じ意味をもっている.第 3 節から次の結果が従う.もし r が有限の長さの線分の上で一定の r'' の値をとるならば,$\partial w/\partial r$ の $r''-0$ と $r''+0$ に対応する二つの値は有限な差をとる.しかし,$\partial w/\partial r$ はいたるところ s とともに変化し,同様に $\partial w/\partial s$ は r に関して連続であり,関数 w はいたるところ r についても s についても連続である.

これだけの準備のうえで,我々は懸案の問題の解決,すなわち r と s の任意の二つの値 r', s' について w を決定するという問題にとりかかることができる.

この現象を表現するために,x と t を平面の点の横軸と縦軸としてとって,この平面の中で曲線 $r=\mathrm{const.}$ と曲線 $s=\mathrm{const.}$ を思い描こう.最初のものを (r), 後のものを (s) で表し,それぞれの曲線の上で t が増える方向を正の方向とみなそう.多様性 (S) をもつ領域はそのとき,曲線 (r') と曲線 (s') およびこの二つの曲線で切り取られ,x 軸の一部分で縁取られた平面の一部分によって代表され,二つの曲線の交点における w の値を最後に述べた x 軸線分上の $\partial w/\partial r$ と $\partial w/\partial s$ によって求めることに関連している.我々は再び問題を少し一般化して,領域 (S) がこの線分によって囲まれているとする代わりに,曲線 (r) と (s) に二回以上交わらない任意の曲線 c により囲まれていると仮定しよう.そのときには,c 上の r と s の値の組に対して,$\partial w/\partial r$ と $\partial w/\partial s$ の値が与えられている.問題の解によって後に明らかになるように,この $\partial w/\partial r$ と $\partial w/\partial s$ の値は,曲線の点とともに連続的に変化するというだけの制限があるだけで,他のことに関しては任意さがある.しかしながらこれらの値は,もし曲線 c が二つの曲線 (r) と (s) のどちらか一つを二回以上切るならば,お互いに独立ではなくなるであろう.

線形偏微分方程式と線形の境界条件を満たす関数系を決定するために,線形連立方程式系の解を求める方法と,まったく同様の次に述べる方法を使うことができる.すべての方程式に不定因子をかけ,次にそれらを加えると,一つの未知数を除いて他の未知数の係数がすべて 0 になるように,この因子を定めるという方法である.

曲線 (r) と (s) によってつくられる無限小平行四辺形に分けられた平面の一部分 S を思い描き,δr と δs により,平行四辺形の周囲を正の方向にまわったときに形づく

られる，曲線の要素に対応する量 r と s に関する変動量を表す．さらに，v により一回連続的微分可能な r と s の任意の関数を表す．そうすると，最終的に方程式 (1) から

(2) $$0 = \int v\left[\frac{\partial^2 w}{\partial r \partial s} - m\left(\frac{\partial w}{\partial r} + \frac{\partial w}{\partial s}\right)\right]\delta r \delta s$$

を得る．ここで，右辺の積分は多様体 (S) 全体にひろがっているものである．この方程式の右辺を未知数に関して整理し直すことが必要である．すなわち部分積分により，既知の量以外は求めている関数自身しか方程式が含まないように，すなわちその導関数は現れない形に，式の変換をすることが必要である．この操作により積分は，多様体 S 上にひろがった次の積分

$$\int w\left[\frac{\partial^2 v}{\partial r \partial s} + \left(\frac{\partial mv}{\partial r} + \frac{\partial mv}{\partial s}\right)\right]\delta r \delta s$$

と S の周上の簡単な積分に変わる．ここでは，次に述べる関数の性質，$\partial w/\partial r$ の s についての連続性，$\partial w/\partial s$ の r についての連続性，また w の r と s についての連続性などが使われている．dr と ds を S の周囲の線要素とし，周の各点において内法線の方向が周囲をまわる方向に対する位置関係は，曲線 (s) の正の方向が曲線 (r) の正の方向に対する位置関係と同じであり，この曲線積分は

$$-\int\left[v\left(\frac{\partial w}{\partial s} - mw\right)ds + w\left(\frac{\partial v}{\partial r} + mv\right)\partial r\right]$$

に等しい．(S) の周囲全体にひろがったこの積分は，この周囲を構成する曲線 (c), (s') および (r') に関する積分の和に等しい．それゆえ，それらの交点を (c, r'), (c, s'), (r', s') で表すと，線積分の値は

$$\int_{c,r'}^{c,s'} + \int_{c,s'}^{r',s'} + \int_{s',r'}^{c,r'}$$

という形になる．

この三つの部分のうちで，最初のものは，v 以外では既知の量を含むだけであり，二番目のものは，この積分においては ds が 0 であることから，未知関数 w のみを含みその導関数は含まない．三番目のものは，部分積分の助けによって，

$$(vw)_{r',s'} - (vw)_{c,r'} + \int_{s',r'}^{c,r'} w\left(\frac{\partial v}{\partial s} + mv\right)ds$$

の形に変換され，そこでは求めている関数 w が単独に現れている．

この変換の後に，方程式 (2) により，もし関数 v を次の条件に従って定めるならば，r', s' における w の値を既知の量で表現することが明らかに可能となる．それらの条件は

1. S のいたるところで

$$\frac{\partial^2 v}{\partial r \partial s} + \frac{\partial mv}{\partial r} + \frac{\partial mv}{\partial s} = 0$$

2. $r = r'$ に対して

(3) $$\left(\frac{\partial v}{\partial s} + mv\right) = 0$$

3. $s = s'$ に対して

$$\left(\frac{\partial v}{\partial r} + mv\right) = 0$$

4. $r = r'$, $s = s'$ に対して

$$v = 1$$

そのようにして，次の式が得られる．

(4) $$w_{r',s'} = (vw)_{c,r'} + \int_{c,r'}^{c,s'}\left[v\left(\frac{\partial w}{\partial s} - mw\right)ds + w\left(\frac{\partial v}{\partial r} + mv\right)dr\right]$$

—9—

　我々が適用してきた方法は，偏微分方程式と境界条件によって関数 w を決定するという問題を，同様ではあるがずっと簡単な関数 v に対する問題を解くことに帰着させることである．一般に，v を求めるのに最も簡単な方法は，もとの問題の特別な場合を選び，それをフーリエの方法で取り扱うことである．ここではその計算のやり方を示唆するだけにして，他の方法でその結果を証明することで満足しておかなければならない[1]．

　もし前節の方程式(1)において r と s の代わりに $s+r=\sigma$ と $r-s=u$ を独立変数として導入するならば，そして曲線 c として σ がその上では一定であるような曲線を選ぶならば，この問題はフーリエの手法で取り扱われることが可能であろう．そして，その結果を前節の方程式(4)と比較して，$s'+r'=\sigma'$, $r'-s'=u'$ とおくことによって

$$v = \frac{2}{\pi}\int_0^\infty \cos\mu(u-u')\frac{\rho}{\sigma}[\phi_1(\sigma')\phi_2(\sigma) - \phi_2(\sigma')\phi_1(\sigma)]d\mu$$

が得られる．ここで，$\phi_1(\sigma)$ と $\phi_2(\sigma)$ は常微分方程式

$$\psi'' - 2m\psi' + \mu\mu\psi = 0$$

の二つの特殊解で

$$\phi_1\phi'_2 - \phi_2\phi'_1 = \frac{d\sigma}{d\rho}$$

を満たすものである．

　ポアッソンの法則が適用できると仮定するならば，この法則によって

$$m=\left(\frac{1}{2}-\frac{1}{k-1}\right)\frac{1}{\sigma}$$

が成り立つことが知られているが，そのときには ψ_1 と ψ_2 を定積分で表すことができて，v として三重積分の表現が得られ，それは次の形

$$v=\left(\frac{r'+s'}{r+s}\right)^{1/2-1/(k-1)}F\left[\frac{1}{2}-\frac{1}{k-1},\ \frac{1}{k-1}-\frac{1}{2},\ 1,\ \frac{(r-r')(s-s')}{(r+s)(r'+s')}\right]$$

に帰着する．

この結果が正確であることを後から証明するのは，それが実際に前節の条件 (3) を満たすことを示すことによって簡単にできる．

もし

$$v=e^{-\int_{\sigma'}^{\sigma}m d\sigma}y$$

とおくならば，この条件は y に対して

$$\frac{\partial^2 y}{\partial r\partial s}+\left(\frac{dm}{d\sigma}-mm\right)y=0$$

となり，$y=1$ が $r=r'$ に対しても $s=s'$ に対しても成り立つ．ポアッソンの仮説では，y を $z=-[(r-r')(s-s')]/[(r+s)(r'+s')]$ だけの関数と仮定してこの条件を満足させることができる．実際 λ により量

$$\frac{1}{2}-\frac{1}{k-1}$$

を表すならば，

$$m=\frac{\lambda}{\sigma}$$

を得ることになり，それゆえ

$$\frac{dm}{d\sigma}-mm=-\frac{\lambda+\lambda^2}{\sigma^2},\qquad \frac{\partial^2 y}{\partial r\partial s}=\frac{1}{\sigma^2}\left[\frac{d^2y}{d\log z^2}\left(1-\frac{1}{z}\right)+\frac{dy}{d\log z}\right]$$

を得る．したがって

$$v=\left(\frac{\sigma'}{\sigma}\right)^{\lambda}y$$

が成り立ち，y は常微分方程式

$$(1-z)\frac{d^2y}{d\log z^2}-z\frac{dy}{d\log z}+(\lambda+\lambda^2)zy=0$$

の解であり，また，ガウスの級数に関する私の論文で導入した記号を使うならば，y は関数

$$P\begin{pmatrix}0 & -\lambda & 0 & \\ & & & z\\ 0 & 1+\lambda & 0 & \end{pmatrix}$$

と書いたものであり，y は $z=0$ で 1 の値をとる特解である．

先に展開された変換の原理によると，y は単に関数
$$P(0, 2\lambda+1, 0)$$
と書けるだけではなく，関数
$$P\left(\frac{1}{2}, 0, \lambda+\frac{1}{2}\right), \quad P\left(0, \lambda+\frac{1}{2}, \lambda+\frac{1}{2}\right)$$
とも表すことができる．このように，y として数多くの超幾何級数と定積分による表現が得られるが，その中で次のもの
$$y = F(1+\lambda, -\lambda, 1, z) = (1-z)^\lambda F\left(-\lambda, -\lambda, 1, \frac{z}{z-1}\right)$$
$$= (1-z)^{-1-\lambda} F\left(1+\lambda, 1+\lambda, 1, \frac{z}{z-1}\right)$$
ですべての場合に十分足りるので，これだけに注目しておこう．

ポアッソンの法則としてみつけたこれらの結果から，ボイルの法則に適合した結果を推定するためには，第 2 節に従って，量 r, s, r', s' から $a\sqrt{k}/(k-1)$ を取り去った後に $k=1$ とする必要がある．そのようにして我々は
$$m = -\frac{1}{2a}, \quad v = e^{(1/2a)(r-r'+s-s')} \sum_0^\infty \frac{(r-r')^n (s-s')^n}{n!\, n!\, (2a)^{2n}}$$
を得る．

— 10 —

前節で得られた v に対する表現式を第 8 節の方程式 (4) において持ち込んで考えるならば，$r=r'$ と $s=s'$ における w の値を曲線 c 上の $w, \partial w/\partial r$ および $\partial w/\partial s$ の値によって表すことができる．しかしながら，我々の問題では $\partial w/\partial r$ と $\partial w/\partial s$ の値だけはつねに直接に与えられていて，w については求積法で定める必要があるので，w の導関数だけが被積分関数として現れるように $w_{r', s'}$ の表現を変換することが適切である．

次の表現
$$-mv\, ds + \left(\frac{\partial v}{\partial r} + mv\right) dr$$
$$\left(\frac{\partial v}{\partial s} + mv\right) ds - mv\, dr$$
をもつ積分を P と Σ でそれぞれ表そう．ここでこれらは方程式
$$\frac{\partial^2 v}{\partial r \partial s} + \frac{\partial mv}{\partial r} + \frac{\partial mv}{\partial s} = 0$$
によって完全微分形式である．そして次式

$$\frac{\partial P}{\partial s} = -mv = \frac{\partial \Sigma}{\partial r}$$

により $Pdr + \Sigma ds$ も完全微分形式であることになり，この積分を ω と表す．

もしこの積分において積分定数を ω, $\partial\omega/\partial r$, $\partial\omega/\partial s$ が $r=r'$, $s=s'$ で 0 になるように決めるならば，そのとき，$\omega = \omega(r, s ; r', s')$ は方程式

$$\frac{\partial \omega}{\partial r} + \frac{\partial \omega}{\partial s} + 1 = v, \qquad \frac{\partial^2 \omega}{\partial r \partial s} = -mv$$

を満たす．

さらに，$r=r'$ に対してであろうが $s=s'$ に対してであろうが

$$\omega = 0$$

が成り立つ．結局，このことに少し注意しておくと，ω は最後の境界条件と偏微分方程式

$$\frac{\partial^2 \omega}{\partial r \partial s} + m\left(\frac{\partial \omega}{\partial r} + \frac{\partial \omega}{\partial s} + 1\right) = 0$$

によって完全に決定される．もし $w_{r',s'}$ の表現の中で v の代わりに ω を使うならば，部分積分によりこの表現を

(1) $$w_{r',s'} = w_{c,r'} + \int_{c,r'}^{c,s'} \left[\left(\frac{\partial \omega}{\partial s} + 1\right)\frac{\partial w}{\partial s}ds - \frac{\partial \omega}{\partial r}\frac{\partial w}{\partial r}dr\right]$$

と変換することができる．気体の運動をその初期の状態により決定するためには，c として $t=0$ に相当する曲線をとらなければならない．この曲線上では

$$\frac{\partial w}{\partial r} = x, \qquad \frac{\partial w}{\partial s} = -x$$

であり，部分積分により

$$w_{r',s'} = w_{c,r'} + \int_{c,r'}^{c,s'} (\omega dx - xds)$$

が得られる．その結果，第3節の方程式 (4)，(5) により

(2) $$\begin{cases} \{x - [\sqrt{\varphi'(\rho)} + u]t\}_{r',s'} = x_{r'} + \int_{x_r}^{x_{s'}} \frac{\partial \omega}{\partial r'} dx \\ \{x + [\sqrt{\varphi'(\rho)} - u]t\}_{r',s'} = x_{s'} - \int_{x_r}^{x_{s'}} \frac{\partial \omega}{\partial s'} dx \end{cases}$$

を得る．ただし，方程式 (2) はその運動を

$$\frac{\partial^2 w}{\partial r^2} + \left(\frac{d\log\sqrt{\varphi'(\rho)}}{d\log\rho} + 1\right)t, \qquad \frac{\partial^2 w}{\partial s^2} + \left(\frac{d\log\sqrt{\varphi'(\rho)}}{d\log\rho} + 1\right)t$$

が 0 にならない間だけしか表さない．この量のうちの一つが 0 になるやいなや，急激な圧縮が起こり，方程式 (1) はこの圧縮に関して同じ一つの側に位置している領域の中でのみ有効である．そのときにはここで展開された原理は，少なくとも一般論としては，初期の状態から運動を決定するには十分ではない．方程式 (1) と急激な圧縮に

適合した第5節によって定まる方程式系により運動を決定できるかということについては，この圧縮の場所が時刻 t で決められているならば，言い換えると，ξ が t の関数として与えられているならば，肯定的である．しかしながらこの問題をこれ以上追究しないでおこう．また，気体が固定した壁で閉じ込められているような場合を議論することは，計算としては難しくはないが，結果を実験と比較するのはまだ実際には可能ではないので，断念しよう．

＊　　　　　　　＊

＊

追補：本論文について
(ゲッティンゲン報告集，第19号，1859年)

この研究によって，実験科学に有用な結果を提供すると主張するものではない．筆者はただ，この研究が非線形偏微分方程式の理論において一つの貢献をなしたとみなされることを願うだけである．線形偏微分方程式を解くための最も豊かで生産的な方法に関していえば，その方法の端緒が見出されたのは，一般的な問題に関するアイデアの発展を成し遂げているときにではなく，むしろ特殊な物理学の問題の研究をしている中であった．それと同様に，非線形偏微分方程式においても，またなおいっそうのこと，その意味深い取扱いの方法の発展は，特別な物理学の問題とその問題に付随するすべての条件の注意深い考察によってこそ得られるようになるに違いない．そして実際にこの論文のテーマをなしている質問に答えるためには，新しい方法と独創的な概念が必要であったし，そのように研究を進めたことにより，もっと一般的な問題においても，おそらく有用な役割を果たすであろう結果が導かれた．

この問題は，しばらく前にイギリスのチャリス，エアリー，ストークスといった数学者たちの間で活発に論争されていた問題[*1]であることは，ストークス[*2]がすでに発表しているものからだけでもわかるのであるが，このたびの完全な解決は，この論争により正確な方法で決着をつけた．そしてこの解決はまた，ウィーンの王立科学協会の中で，ペッツバル，ドップラー，エッティングハウゼン[*3]たちの間で持ち上がっていた論争に，より完全な判定を下したことにもなっている．

運動の一般的な法則のほかに，想定しなければならないただ一つの経験に基づく法則は，熱の出入りがないときに，密度とともに気体の圧力が変化することを表す法則である．ポアッソンによりすでに設けられた，密度 ρ に対して圧力は ρ^k に比例する

[*1] *Phil. mag.* vol. 33, 34, 35.
[*2] *Phil. mag.* vol. 33, p. 349.
[*3] Sitzungsberichte der K. K. Ges. d W. vom 15. Jan., 21. Mai und 1. Juni, 1852.

という仮定(ただし，kは定圧比熱と定積比熱の比である)はしかしながらあまり堅固な根拠があるというものではなかったが，いまやルノーの実験と熱力学理論の一つの原理を援用することによって確立されたことになる．ポアッソンの法則はまだあまり知られていないものであるから，この証明をイントロダクションでする必要が生じた．そうしてkに対して14101という値が得られた．それに対して一方ではマルチンとブラベー*[4])の実験によると，0℃で乾いた空気の中における音速は$332^{m}.37/1''$に等しいことが知られていて，それからkとして値14095が導かれている．

我々の結果を実験と比較することを注意深く実行しようとするとたいへん難しいことがわかってきて，実際にはかろうじてようやくできるという程度であるが，ここでその結果を冗長にならないようまとめられる範囲でまとめておこう．

この論文では，空気または気体の運動の方向が，初期にはいたるところで同じ方向である場合を考察していて，この場合はそれによって結果的にはその後の運動も同じ方向となるが，さらにこの方向に垂直な面全体で密度と圧力が一定である場合に限って取り扱われている．初期の平衡状態からの摂動が有限の範囲に限られていて，さらに普通にはそう仮定されているように密度の差異が全体の平均密度よりもたいへん小さい場合に制限すると，この変化のある領域から二つの波が発生し，それぞれの波の速度は密度の関数であって，二つの波は反対方向に速度$\sqrt{\varphi'(\rho)}$で進む．ここで，$\varphi(\rho)$は密度ρに関する圧力の関係，$\varphi'(\rho)$は$\varphi(\rho)$の導関数であり，いま考えている仮定のもとでは，この速度は一定となる．そして，気圧の差異が有限の大きさをもつ簡単な場合とまったく同じようなことが起こる．

平衡が乱れた一帯は，同じように有限の時間の経過の後に反対側に伝わる二つの波に分解する．それらの波の伝わる方向に向かってはかった波の速度は，密度の定まった関数$\int \sqrt{\varphi'(\rho)}\, d\log\rho$である．この中で積分定数は，二つの波で異なりうるのである．二つの波のうちどちらかにおいては，密度の同じ値に対してつねに速度の同じ値が対応し，より大きな密度には速度のより大きな代数的な値が対応する．対応する二つの値は一定の速度で移動する．気体の分子の相対的な速度は共通な表現$\sqrt{\varphi'(\rho)}$をもち，それらの絶対的な速度は，この値に伝播の方向にはかった気体の分子の速度を加えて得られる．自然の中ではつねに満たされている$\varphi'(\rho)$は，ρが増加するとき減少しないという仮定のもとに，最も大きい密度は最も大きい速度により活気づけられた状態にある．このことから拡大する波，すなわち伝播するに従い密度が増加する波の部分では，振れ幅は時間に比例して大きくなり，圧縮された波はそのひろがりの幅が小さくなっていき，必然的に急激な圧縮へと変化する．二つの波に分かれる前に応

---

*[4]) *Ann. de chim. et de phys.* Ser. 3, T. 8, p. 5.

用できる法則や，平衡からの摂動が空間全体にひろがっている場合にも適用できる法則をここで与えることは，それらに必要とする公式が複雑すぎるためにできない．

　この研究によって，音響学的には，気圧の差異がたいへん小さいとはみなされないような場合には，まず音波の形において変化が生じ，その結果伝わっていく間に音の中にも変化ができることが知られるようになった．この結果を実験で確かめようとすると，最近ヘルムホルツによって音の解析において進歩があったことを考えに入れてもなおかつ，たいへん難しいものであることがわかってくる．なぜならば，小さい距離では音の変化は感じ取りにくいし，たいへん離れた距離では音を変えうる様々な要因の中から該当するものを区別して取り出すことが難しいからである．また気象学への応用を期待してはいけない．なぜならば，我々の論文で考えている大気の運動は，音の速度とともに伝わっていく程度の大きさのものを想定しているが，大気の流れはそうではなくて，観測からもわかるようにずっと小さいからである．

[宮武貞夫 訳]

原　　　注

(1) [p. 203]　この短い示唆を，手早く理解するために，次のような注釈を示しておこう．

第8節の条件(3)によって定義された関数 v は，関数 w に対して特別な制限を加える有効な境界条件を，まったく含んではいない．しかし特別な仮定をおき，その条件下で w を決めることもできる．これ以外の一般の場合に用いられている v の定義に基づく公式(4)とは，むしろ逆の展開になることが明らかになろう．その際，w の境界条件が洗練されていて力学の問題にふさわしいかどうかということは，あまり関係ない；w とその二回の微分商を任意の曲線 c 上で決めることができることがだいじである．

我々はそれゆえに c として，その上では σ が一つの定数値をとるような曲線をとるのであるが，この直線上では $w=0$ であるが $dw/d\sigma$ は u の任意の関数に等しくなるように自由にとるものとする．第8節の微分方程式(1)は，いま u と σ を導入することにより，次のように変換される：

$$\frac{\partial^2 w}{\partial \sigma^2}-\frac{\partial^2 w}{\partial u^2}+2m\frac{\partial w}{\partial \sigma}=0 \qquad 〔1〕$$

そして，特解として，

$$\psi\cos\mu u, \qquad \psi\sin\mu u$$

が得られる．ここで，μ は一つの任意のパラメーターであり，そして ψ は微分方程式

$$\frac{d^2\psi}{d\sigma^2}-2m\frac{d\psi}{d\sigma}+\mu^2\psi=0 \qquad 〔2〕$$

によって，σ の関数として決められる．ψ_1 と ψ_2 をこの方程式の二つの解とすると，よく知られた事実により，

$$\psi_1\frac{d\psi_2}{d\sigma}-\psi_2\frac{d\psi_1}{d\sigma}=\text{Const.}\ e^{\int 2m d\sigma}$$

となる．そして，(第2節によって) $2m=-d\log(d\rho/d\sigma)/d\sigma$ となるので，本論文に要求されているように，特別な解 ψ_1 と ψ_2 を

$$\psi_1 \frac{d\psi_2}{d\sigma} - \psi_2 \frac{d\psi_1}{d\sigma} = \frac{d\sigma}{d\rho} \tag{3}$$

が満たされているように定めることができる.

　我々は, 直線 c 上の定数値を添え字なしに σ と表し, c 上に任意に固定した値を σ' とし, $\sigma' = \sigma$ に対して境界条件 $w = 0$ が

$$w_{\sigma', u} = \frac{1}{\pi} \int_0^\infty (A\cos\mu u + B\sin\mu u)(\psi_1(\sigma')\psi_2(\sigma) - \psi_2(\sigma')\psi_1(\sigma))d\mu \tag{4}$$

として表現されるものとする. ここで, A と B は μ の勝手な関数である. 上式を σ' について微分し, その後 $\sigma' = \sigma$ とおくと,

$$\left(\frac{\partial w}{\partial \sigma'}\right)_{\sigma, u} = \frac{-1}{\pi} \int_0^\infty (A\cos\mu u + B\sin\mu u)\frac{\partial \sigma}{\partial \rho} d\mu$$

が得られる.

　さて, $\varphi(u)$ が u の任意の関数のとき, フーリエの定理によって

$$\varphi(u') = \frac{1}{\pi} \int_0^\infty d\mu \int_{-\infty}^\infty du\, \varphi(u)\cos\mu(u - u')$$

が成り立ち,

$$A\cos\mu u' + B\sin\mu u' = -\frac{d\rho}{d\sigma} \int_{-\infty}^\infty du \frac{dw}{d\sigma} \cos\mu(u - u')$$

が従う. これを〔4〕式に代入すると,

$$w_{\sigma', u'} = -\frac{1}{\pi} \int_{-\infty}^\infty du \frac{\partial w}{\partial \sigma} \int_0^\infty d\mu \cos\mu(u - u') \frac{d\rho}{d\sigma} (\psi_1(\sigma')\psi_2(\sigma) - \psi_2(\sigma')\psi_1(\sigma)) \tag{5}$$

となる. いま, 第8節の公式(4)は, 現在の仮定のもとでは

$$w_{\sigma', u'} = -\frac{1}{2} \int_{u' - \sigma + \sigma'}^{u' + \sigma - \sigma'} \frac{\partial w}{\partial \sigma} v\, du \tag{6}$$

と表される.

　$\partial w / \partial \sigma$ の値を $u' - \sigma + \sigma'$ から $u' + \sigma - \sigma'$ までの零から離れた区間の内部でだけ採用し, この区間の外部では値は零に等しいというように考えると, 〔5〕と〔6〕の直接の比較により, 本論文の公式

$$v = \frac{2}{\pi} \int_0^\infty \mu \cos\mu(u - u') \frac{d\rho}{d\sigma} [\psi_1(\sigma')\psi_2(\sigma) - \psi_2(\sigma')\psi_1(\sigma)] d\mu$$

を得ることができる.

　微分方程式〔2〕はポアッソンの公式により,

$$\frac{d^2\psi}{d\sigma^2} - \frac{2}{\sigma}\left(\frac{1}{2} - \frac{1}{k-1}\right)\frac{d\psi}{d\sigma} + \mu^2\psi = 0$$

となる. これを冪級数で解くと, 次のような二つの積分定数を含む解の形

$$\sum_n \frac{\left[-\left(\frac{\sigma\mu^{-2}}{2}\right)\right]^n}{\Pi(n)\Pi\left(n+\frac{1}{k}-1\right)}$$

が定まる．ここで，添え字 n は，一つは零から，他方は $1-1/(k-1)$ からはじまるものであり，無限遠の部分では一致するように調整されている．

公式

$$\frac{1}{2i\pi}\int e^x x^{a-1} dx = \frac{1}{\Pi(-a)}$$

を使って，この級数の和を求めることができる．そして $1/2i\pi$ のファクターを省略して，二つの解は

$$\left(\frac{\sigma\mu}{2}\right)^{1/(k-1)} \int e^{(\sigma\mu/2)[x-(1/x)]} x^{[1/(k-1)]-1} dx$$

$$\left(\frac{\sigma\mu}{2}\right)^{1-[3/(k-1)]} \int e^{(\sigma\mu/2)[x-(1/x)]} x^{1-[1/(k-1)]} dx$$

となる．上に現れた積分は原点を内部に含む $-\infty$ から $-\infty$ への複素積分路上で考える．これらの公式はリーマンの論文の中では少ししかふれられていない．

訳　　注

《1》[p. 188]　この計算は難しくはないが，対数関数による微分として興味深く，後にも出てくるので簡単に説明しておこう．$\log v$ は v の単調関数であるから，独立変数として扱うことができる．

$$\log T = \log p + \log v - \text{const.}$$

を $\log v$ について偏微分すると，

$$\frac{\partial \log T}{\partial \log v} = 1, \qquad \frac{\partial \log T}{\partial \log v} = \frac{\partial \log T}{\partial T} \frac{\partial T}{\partial v} \frac{\partial v}{\partial \log v} = \frac{v}{T} \frac{\partial T}{\partial v} = 1$$

が従う．ゆえに

$$\frac{\partial T}{\partial v} dv = \frac{\partial T}{\partial v} \frac{\partial v}{\partial \log v} d \log v = \frac{\partial T}{\partial v} v\, d \log v = T\, d \log v$$

が成り立つ．

《2》[p. 190]　p. 215 の (A. 1) 式参照．

《3》[p. 191]　p. 219 の式変形参照．

《4》[p. 196]　p. 191 の (1) 式において，$ds=0$ として，その後に両辺を dr で割るという形式的な演算を考えると，最初の式が従う．少し蛇足のような気もするが，その点を説明しておこう．ここで p. 219 の (A. 4) 式を考慮する．$\partial w/\partial r$ の r についての微分の定義を想起し，r についての微積分の基本公式を使うと，上の形式的な演算の結果を厳密に証明することができる．しかし，リーマンの式は，そのような証明に頼っていたのでは，予想できるものではないような気がする．

解　説

　気体や液体の運動は，当然ながら剛体の運動とは異なっている．例えばこの論文で考えられているような気体の運動では，個々の粒子の運動はその粒子の数の多さから観測の対象としてはあまり意味のないものである．しかし，初期の頃は気体などの運動も粒子の運動の集まりとしてとらえるということが新しい見方と思われていたので，それ以外はなかなか考えられなかったに違いない．そのような時期でも，実際に音波に関する実験や観測は行われていたので，そこで得られた結果を説明するために，気体の速度や密度を時と場所の関数として考えるということ，言い換えると，連続体として扱うことも自然に必要になってきていたのであろう．特にヘルムホルツは実験を中心に考察を進め，個々の粒子の動きよりも，速度や密度の動き，例えばそれらの最大値となる場所が，時間とともにどのように伝わっていくかということを考察すべきであると考えたようである．リーマンはこれを副次的な波と表現し，ヘルムホルツによってはじめて波動現象として理解され，研究対象としてとらえられたと考えている．

　この論文の目的は，この連続体に関連する波としての現象を，数学として正確に表現することである．特に一次元の波の場合，すなわちある方向に垂直な面では同じ値をとる平面波の場合に制限して考えている．一番わかりやすい例が津波の現象であろう．それは一過性のものであり，海の水の総体からみればやはり副次的なものといわなければならない．しかし時空を限定すると，それは大きな意味をもつものである．さらにその発展した形のものは，現在でもそうであるが，未来の情報社会ではますます重要性をもってくるであろう．当時30歳を少し過ぎたばかりのリーマンは，この研究は非線形偏微分方程式としての理論面のみならず，実験を中心とする応用面でも有意義であろうと，自信をもって述べている．我々は後の世代からの見方ばかりではなくて，その時代に仮に身をおいてみて，時代を越えたリーマンの数学の特性にふれてみたい．また，この論文は限定された特殊な問題を扱っていると感じられるかもしれないが，後に出ているリーマン自身の追加説明の中に，このような具体的な一つの問題に対し，十分に考察することによってこそ普遍的な数学の理論にいたることができる，と述べていることに注意したい．

序文では，密度の代わりに圧力を使って表現している．ボイルの法則によって圧力と密度の間には密接な関係があるが，当時はまだ一般にはよく知られていなかったので，序文の後半では，現代の数学の論文では思いもつかないことであるが，圧力と密度の関係について考察し論証を展開している．これはリーマンの科学者としての誠実な姿の現れであろう．各種の実験データを駆使して

$$p = C\left(\frac{1}{v}\right)^k$$

という公式を導いている．ここで，C は定数，v は単位質量当りの体積，すなわち密度 ρ の逆数を表し，$k=c/c'$ であり，c は定圧比熱，c' は定積比熱を表す．さらに k が圧力と温度に無関係であることを論証している．次に，得られた k に対する公式に，各種の当時報告されたばかりの最新の実験値を代入して k の値を定め，さらにその値の正しさを，k を使って表せる音速の理論値を数人の実験学者が得た音速の実験値と比べることにより確かめている．

$D/Dt = \partial/\partial t + u(\partial/\partial x)$ は，いまではオイラー微分と呼ばれているが，この記号を使うと線形演算子のような感覚になり，考えやすい面もある．ここで，第 1 節の (1) 式で定義された $f(\rho)$ を使うと，オイラー方程式と呼ばれている考察の中心となる二つの偏微分方程式は

$$\frac{Du}{Dt} = -\sqrt{\varphi'(\rho)}\frac{\partial f(\rho)}{\partial x}, \quad \frac{Df(\rho)}{Dt} = -\sqrt{\varphi'(\rho)}\frac{\partial u}{\partial x} \qquad (\text{A.1})$$

となる．第 1 節の (2) 式を使うと，この式から

$$\frac{Dr}{Dt} = -\sqrt{\varphi'(\rho)}\frac{\partial r}{\partial x}, \quad \frac{Ds}{Dt} = \sqrt{\varphi'(\rho)}\frac{\partial s}{\partial x} \qquad (\text{A.2})$$

が従うことは比較的思いつきやすく，これが第 1 節の (3) 式にほかならない．さて，ここで ρ は逆に r と s の関数であるから，第 1 節の (3) 式は連立の一階非線形偏微分方程式系である．この方程式系は初期値を適切に与えれば，少なくとも時間的に少しの間は解があるとしよう．ここではこのことは認めて，その解の性質について考えていこうとしている．その過程において，逆に解の存在定理およびその証明の方法についても自然に理解が深まるようになっているのは，調和のある一つの数学としての姿なのであろう．いま，(3) 式の解があったとして，さらに方程式 (3) の係数を簡単に

$$u + \sqrt{\varphi'(\rho)} = a(x,t) \quad \text{および} \quad u - \sqrt{\varphi'(\rho)} = b(x,t)$$

と書き，x と t の関数とみなそう．そのとき，$dr = (\partial r/\partial x)dx + (\partial r/\partial t)dt$ より

$$dr = \frac{\partial r}{\partial x}\{dx - a(x,t)dt\}, \quad ds = \frac{\partial s}{\partial x}\{dx - b(x,t)dt\}$$

が満たされている．

もし $\partial r/\partial x$ が 0 でなければ, $dr=0$ と $dx=a(x,t)dt$ は同じことであり, またそれは $dx/dt=a(x,t)$ を意味する. この解 $x=x(t)$ は $x(0)=x_0$ の値を指定すると, 一意的に決まる. これは $t=0$ での $x=x_0$ の値を決めるとそこを通って曲線 $\{(x(t),t);t\in(-1,1)\}$ が定まり, 逆に (x,t) を先に指定してもその出発点である $x=x_0$ がそれに応じて一意的に定まるのであるが, その曲線に沿って r の値は, u と ρ の与えられた初期値によって決まる一定の値 $r(x_0,0)$ を保つ. すなわち

$$r(x(t),t)=r(x_0,0)$$

であり, さらに, (x,t) を先に指定すると,

$$r(x,t)=r(x_0,0)$$

とも書ける. 同様に $dx/dt=b(x,t)$ によって定まる曲線に沿って s の値は一定の値, 詳しくいうならば, $t=0$ に与えられた u と ρ の初期値によって決まる一定の値 $s(x_0,0)$ を保つ.

ここで, 前には認めることにしたが, 第1節の(3)式の解について少し考えておこう. (3)式では $a(x,t)$ は $u+\sqrt{\varphi'(\rho)}$ であったが, これはまた r と s の関数なので, $a(r,s)$ という形であるとまずみなそう. ここで, $s(x,t)$ を既知の関数と考えると,

$$\frac{\partial r}{\partial t}=-a(r,s(x,t))\frac{\partial r}{\partial x}$$

という形の方程式は, $r(x,t)$ について解く方法が知られている. このことを, 一階偏微分方程式の理論として簡単明瞭に理解することは, いまでもというかいまではともいえるが, 難しくて, 講義でもセミナーでもわかりやすく説明するということはなされていないという気がするが, そうすることが何よりもだいじなことと思われるということだけを強調しておいて, ここでも話の流れを重んじてそれは認めることにしよう. 逆に $r(x,t)$ を既知とすると, $s(x,t)$ について解くことができる. このことから, 第1節の(3)式の解があるということは, $s(x,t)$ から $s(x,t)$ への写像の不動点があるということと同じことになる. ここではこのことを注意しておこう.

第1節の(4), (5)式によると, どのような時と場所においてもそこでの r の値と同じ r の値が時間的にその前後にもその場所の近くに現れてきて, ちょうど速度 $u+\sqrt{\varphi'(\rho)}$ で進んでいるとみなせる. 同様に, そこでの s の値は速度 $u-\sqrt{\varphi'(\rho)}$ で進んでいる. このことから, 「r と s の組を (x,t) と同様に座標として使えないか」と考えたようである. r と s は求めるべき関数と考えていたから, ここでは発想の柔軟性を要するところである. それよりも, リーマン以前にはもちろん, 多様体とか局所座標という概念もなかったものとすると, このように明晰に考えを進めるのは, 当時としてはかなり難しいことであったという言い方もできよう. しかしこういう創造に

関わる本質的なものは時代によらず,永遠性に通じるところがあると思う.

岡 潔元奈良女子大学名誉教授は,数学あるいは広く文化についても論じられたが,なかでもリーマンと芭蕉は最もよく登場する人物である.訳者は心に潜伏していたその辺の沈殿物が最近になって現れてきて,作文までして少なくともホームページにのせるつもりでいるが,芭蕉の俳句についても同じことがいえると思っている.けれどもそれは決して難しいというものではなく,現実的な地に足が着いた考え方によるものであり,自然さをもったものである.例えば,京都の旧市内でも通りは正確には碁盤の目のようではなく少しは曲がっているはずであるが,「河原町三条上ル」などの表現でどこでも行けるというような,具体的な思考ができることが必要なのかもしれない.そういうことならば,それを一概に難しいというのも,数学というか大自然というか,そういうものに対して失礼なことであるように感じられる.リーマンは発想が飛躍している天才というよりも,自然な思考の展開が,具体性を伴ってできる誠実な人だということが,この論文を読むに従ってしだいに感じられてくる.それだからこそ,リーマン多様体などという言葉で表される概念ができてきて現在に伝わっているといえよう.

次に,これまでに述べたように,未知関数と思われていた r と s を独立関数のように考えていくのであるが,しかしそうすると,「代わりとなる未知関数がないではないか」という疑問が起こる.そのとき,また不思議にもぴったりしたものがみつかることになっている.それはしかも,今度はオイラー方程式のように非線形ではなくて,簡単な線形の二階双曲型方程式,すなわち第3節の(1)式の解となっているのである.しかもこの二変数の方程式は,主部が標準的な形をしていて一階の係数のみが独立変数 r と s の最も簡単な変数係数となっている.それゆえ,また十分にノントリビアルで面白くもある.この方程式はいくらリーマンでも,計算してみてはじめてわかったのではないかと思う.そしてそのとき,これはひとつ書いておかなくてはならないと思ったのであろう.訳者としてはむしろそう思いたい.けれども,その計算の仕方にリーマンならではの優れたものが,あるいは自然なものといった方がよいかもしれないが,あるはずなので,そこをできるだけ勉強することが必要であるので,その部分を中心に述べるだけで終ることになりそうである.

以下では,論文の繰返しになる部分もあるが,運動方程式の変形などと関連させて,偏微分方程式の導出を中心に考えてみたい.

ラグランジュの運動方程式は

$$\frac{\partial L}{\partial x} - \frac{\partial}{\partial t}\frac{\partial L}{\partial \dot{x}} = 0$$

という形である.この方程式は

$$dL = \frac{\partial L}{\partial x}dx + \frac{\partial L}{\partial \dot{x}}d\dot{x}$$

の線積分を始点と終点の時刻および位置を指定してすべて考えたとき，その値が極値になるような経路 $x=x(t)$ が満たすものである．この方程式を，ハミルトンの運動方程式に変換できることを理解するためには，dL について考察するとよいことが知られている．dL などの記号は，実際の積分に対応して考えているものであり，そこでの部分積分に対応して

$$dL = \frac{\partial L}{\partial x}dx + d\left[\left(\frac{\partial L}{\partial \dot{x}}\right)\dot{x}\right] - \dot{x}d\left(\frac{\partial L}{\partial \dot{x}}\right)$$

と変形することができる．ここで

$$p = \frac{\partial L}{\partial \dot{x}}, \qquad H = p\dot{x} - L$$

とおくと，ラグランジュの運動方程式より

$$dH = \dot{x}dp - \dot{p}dx$$

が従う．そして偏微分記号で表すならば，次のハミルトンの方程式と呼ばれているもの

$$\dot{x} = \frac{\partial H}{\partial p}, \qquad \dot{p} = -\frac{\partial H}{\partial x}$$

を意味している．そしてこの方程式は，ラグランジュの方程式と同値ではあるが，一階の調和のとれた形をしている．この式の科学における有用さというものは，ほかに比べるものがないほどであることが現在ではよく知られている．しかしこれが発表された当時は，美しいのかもしれないがこれほど世の中に無用なものも少ないだろうといわれたのである．そして彼の他の研究である四元数の理論の方を世間がもてはやし，ハミルトン自身もそちらの方で得意になっていたということをどこかで読んだことがある．

ここではそのようなことを注意するだけではなくて，上の簡単な変形が意味するものに注目したい．それは，新たに採用した独立変数 p も未知関数 H も同時に，一つの組として，$dL=\cdots$ の中にもともと数学的には含まれていたものだといえることであり，またそれゆえに大きな意味をもつものであったといえる．この第2節での変形についても同様のことがいえると思われるし，そのように理解したいとは思う．一方，それは我々の理解力にも依存していることは否定できないが，明瞭に本質がわかるためには多くの時間が必要となる問題であって，そのための学習法が問われているところであろう．

第1節の(4)式から第2節の(1)式に移行するためには，

$$[u + \sqrt{\varphi'(\rho)}]dt = d\{[u + \sqrt{\varphi'(\rho)}]t\} - Atdr - Btds$$

の形に書き表されること，ただし

$$A=\left[\frac{d\log\sqrt{\varphi'(\rho)}}{d\log\rho}+1\right], \quad B=\left[\frac{d\log\sqrt{\varphi'(\rho)}}{d\log\rho}-1\right]$$

となることに注意すればよい．言い換えると

$$d[u+\sqrt{\varphi'(\rho)}]=Adr+Bds$$

を示せばよい．A と B の具体的な内容は別にして，このような形では書けることは，u と ρ が r と s だけの関数で表されることからわかる．あとは実際に偏微分を計算して，上記の A と B が定まる．その際，次のような計算が必要になる．

$$\frac{\partial\sqrt{\varphi'(\rho)}}{\partial r}=\frac{\partial\sqrt{\varphi'(\rho)}}{\partial f(\rho)}+\frac{\partial\sqrt{\varphi'(\rho)}}{\partial u}=\left(1\bigg/\frac{\partial f(\rho)}{\partial\log\rho}\right)\frac{\partial\sqrt{\varphi'(\rho)}}{\partial\log\rho}=\frac{d\log\sqrt{\varphi'(\rho)}}{d\log\rho}$$

こうして第 2 節の (1), (2) 式が得られる．次に $\partial r/\partial x$ および $\partial s/\partial x$ が 0 にならないところ，そこは論文に書いてあるように関数行列式が 0 でなくて，(x, t) と (r, s) が 1 対 1 に対応するところであるが，そこでは割り算をして移項することにより，

$$d\{x-[u+\sqrt{\varphi'(\rho)}]t\}=-Btds-\left[At-\left(\frac{\partial r}{\partial x}\right)^{-1}\right]dr$$

$$d\{x-[u-\sqrt{\varphi'(\rho)}]t\}=Btdr+\left[At+\left(\frac{\partial s}{\partial x}\right)^{-1}\right]ds$$

が成り立っている．それゆえに，偏微分を考えることにより，一次形式である第 2 節の (3) 式は閉一次形式であることがわかる．次に，例えば $\partial r/\partial x$ がある開領域で 0 になったとしてみても，そこでは第 1 節の (4) 式から (x, t) 空間のどの方向へも，言い換えると，dx と dt がどのような比であろうと，$dr=0$ であるから r は変化しないことになる．それゆえ，$x-[u-\sqrt{\varphi'(\rho)}]$ は s のみの関数となり，やはり偏微分をすることにより，第 2 節の (3) 式は閉一次形式になることが確かめられる．他の場合もまったく同様であるので，(3) 式はつねに閉形式となり，r と s の関数 w を (3) 式を線積分することによって経路に無関係につくることができ，第 2 節の (3) 式は dw という形で表される．そして

$$\frac{\partial^2 w}{\partial r\partial s}=-tB \tag{A.3}$$

が成り立つ．B は ρ の関数として既知であるから r と s の関数となるが，t は直接には r と s の関数としては表現できてはいない．前の考察によって

$$\frac{\partial w}{\partial r}=x-[u+\sqrt{\varphi'(\rho)}]t, \quad \frac{\partial w}{\partial s}=-x+[u-\sqrt{\varphi'(\rho)}]t \tag{A.4}$$

が成り立つことから，

$$-2\sqrt{\varphi'(\rho)}\,t=\frac{\partial w}{\partial r}+\frac{\partial w}{\partial s} \tag{A.5}$$

を使うことができて，偏微分方程式

$$\frac{\partial^2 w}{\partial r \partial s} - m\left(\frac{\partial w}{\partial r} + \frac{\partial w}{\partial s}\right) = 0 \qquad (A.6)$$

が成り立っていることがわかる．このようにしてこの解説の方程式 (A.1)（これは論文では第1節の(3)式に相当するが）の解があったとすると，第2節の(3)式を線積分することによって定まる w は，(A.4)式と(A.6)式を満たすことになる．それゆえ，u と ρ の初期値によって w の初期値を定めて，微分方程式(A.6)の解を求め，次に (A.4)式を使って，(A.1)式が存在すると仮定している解の性質を調べることができる．さらに論文には書いていないことではあるが，(A.6)式の解から(A.4)式とおくことにより(A.5)式が成り立つことがわかるから，これを(A.6)式に代入することにより(A.3)式が成り立つことがわかる．

以後，話は専門的になるが，ここからさらに解説の枠を越えて少し考察を続けていこう．(A.6)式の初期値問題を解いて(A.4)式とおき，さらに第2節の(2)式を使うと，解説の(A.3)式が成り立つまでは述べたが，さらにそのとき解説の(A.4)式と第1節の(2)式から定まる u と ρ は，もとのオイラー方程式(A.1)を満たすことが証明できる．訳者は，これはよく知られていることかどうかについてまだ十分には調べていない．この話は，先に述べた非線形偏微分方程式系に関して，不動点の議論のところに出てきた解の一意的存在をきちんと示すことができるということが前提となっていることだけをここでは注意しておこう．

第3節の後半では，m の形を具体的に計算している．m は $\varphi'(\rho)$ の関数として与えられてはいるが，その形は一見複雑である．しかし序文および第1節で論じられているように，$\varphi(\rho)$ は実際には

$$\varphi(\rho) = aa\rho^k$$

という形であった．ここでは，前には C と書いていたものを，正の数であることから a^2 と表している．これをなぜ aa と書いたのかはよくわからないが，ガウスもどこかでそのように書いていたようなので，当時の流行のスタイルだったのかもしれない．m を求めてみると $r+s$ の逆数に比例しており，理想的な形をしているといえるようである．

第3節のはじめに，「我々の問題を解くためには，実際に r と s の関数として w を偏微分方程式(1)と初期条件により決める必要がある」と書かれてある．訳者は最初ここを読んだとき，この必要という言葉の使い方は数学用語としてのものではなく，"一カ月の生活費として何万円必要だ" というときに日常使うような，数学的には十分を意味する使い方ではないかと思った．現代の数学の論文の形式からいうと，そういうことになると思えた．しかし，相手が何といってもリーマンなので，そうも言い切れないという気もしてきた．そうするとこれは必然的に必要十分だということ

になり,急に全体構成が迫力をもったものだという感じになるので,その後では後者の方であると思い直した.しかしさらにその後,詳しく読んでみると,やはり解があったとしてそれが満たす必要条件の部分を述べているのであると理解した.そして実際の論文の構成は,解の滑らかさがくずれた後に起こるショックについての問題の考察を挟んで,必要性の議論に重要な役割を果たす線形方程式の解の構成について論じて終っているようである.このことは,リーマンの誠実な書き方からわかるとともに,昔は解の存在の議論において十分性の方はそれほど気にしてはいなかったということも感じられる.

　上に述べたように,この後ショックに関する事柄と,線形波動方程式の話が続いていくが,これらについてはむしろ現代では広く親しまれている部分なので,解説を省略できよう.

[宮武貞夫]

6
任意関数の三角級数による表現の可能性について
(ゲッティンゲン王立科学アカデミー紀要, 第13巻)*1)

　三角級数に関する本論考は，本質的に異なる二部より構成される．第一部は，(グラフで与えられる)任意の関数[(1)]とは何か，また，これは三角級数によって表現することができるか，という問題をめぐる，様々な研究と見解の数学史である．これをまとめるにあたっては，この問題に関して最初の根底的な貢献をしてくれた，著名な数学者[(2)]の見解を利用させてもらっている．第二部は，関数の三角級数による表現可能性に関する研究である．これは，今日にいたるまで考察されたことのない場合を含んでいる．この研究を述べるに際して，その前に定積分の概念に関し，またその概念の適用可能範囲に関して注解しなければならないと考えた．

任意に与えられた関数の三角級数による表現に関する研究の歴史
—1—

フーリエによってそう名づけられた三角級数，すなわち

$$a_1 \sin x + a_2 \sin 2x + a_3 \sin 3x + \cdots$$

$$\frac{1}{2} b_0 + b_1 \cos x + b_2 \cos 2x + b_3 \cos 3x + \cdots$$

は，"まったく任意の関数"が登場する数学の分野において重要な役割を演ずる．

　物理学にとってきわめて重要な数学のこの分野における本質的な進歩は，この級数の本性をより明晰に洞察できるか否かにかかっている，といっても由なしとしない．任意関数の考察へと導いた初期の数学的研究以来，このような"まったく任意の関数"が上の形をした級数で表現されるか，という問題が論じられてきた．

---

*1) 本論稿は，1854年，ゲッティンゲン大学の哲学部に，著者の教授就任申請用に提出されたものである．著者がその出版を意図していたものとは思われないが，本論稿をもとのままの形で出版することは，主題とする問題の意義からも，無限小解析の最も重要な諸原理を論ずる議論の組立てにおいても許されてしかるべきである (R. デデキント)．

この問題は，前世紀中葉，振動弦の研究に際して登場した．この研究に，当時の最も著名な数学者たちが関わったものである．我々の主題に関する彼らの見解を十分に述べるためには，この振動弦問題を解説しなければならない．

現実の現象を近似的に表現する若干の仮定のもとで，ピンと張られた平面上で振動する弦の形状が，x をその端点からの距離，y を時刻 t における静止位置からの変位を表すとして，偏微分方程式

$$\frac{\partial^2 y}{\partial t^2} = a^2 \frac{\partial^2 y}{\partial x^2}$$

で規定されることはよく知られている．ここで，a は t に，また太さが一様な弦においては x にもよらない数である．

この偏微分方程式の一般解を最初に与えたのはダランベールである．

彼は，y に代入されたときに上の方程式を恒等的に満足させる x と t の関数はすべて，

$$f(x+at) + \varphi(x-at)$$

の形で表されなければならないことを示した*2)．x と t の代わりに独立変数 $x+at$, $x-at$ をとることで，

$$\frac{\partial^2 y}{\partial x^2} - \frac{1}{a^2}\frac{\partial^2 y}{\partial t^2} \quad \text{が}, \quad 4\frac{\partial \frac{\partial y}{\partial(x+at)}}{\partial(x-at)}$$

と変形されるからである．

一般の運動方程式に基づくこの偏微分方程式のほかに，y はさらに，弦の両端でつねに 0 であるという条件(3)を満たすべきである．したがって，一方の端点を $x=0$，またもう一方を $x=l$ とすると

$$f(at) = \varphi(-at), \quad f(l+at) = -\varphi(l-at)$$

であり(4)，したがって，

$$f(z) = -\varphi(-z) = -\varphi[l-(l+z)] = f(2l+z)$$
$$y = f(at+x) - f(at-x)$$

である(5)．

ダランベールは，問題のこの一般解に到達した後に，論文の続き*3)において，方程式 $f(z) = f(z+2l)$ の考察に専念した．つまり彼は，z の値を $2l$ だけ増大させても値が変化しない解析的表現とは何か，という問題を解こうとしたのである(6)．

ベルリン学士院紀要の翌年号に，オイラーは，このダランベールの仕事に対する彼の新しい論考を発表した*4)．関数 $f(x)$ の満たすべき諸条件の本質をより正しく認識

---

*2) ベルリン学士院紀要, 1747, p. 214.
*3) 同上, p. 220.

したことは，オイラーの本質的な貢献といわねばならない．彼は，問題の本性からして，任意の時刻における弦の形と各点の速度（y と $\partial y/\partial t$）が与えられれば弦の運動が完全に決定されることに注意し，これらが任意に描かれた曲線として与えられたときに，ダランベールの関数 $f(z)$ が，単純な図形的な作図を通して得られることを示したのである．

実際，$t=0$ において

$$y=g(x) \quad \text{かつ} \quad \frac{\partial y}{\partial t}=h(x)$$

であるとすると，0 と t の間の x の値に対し

$$f(x)-f(-x)=g(x), \qquad f(x)+f(-x)=\frac{1}{a}\int h(x)dx$$

であることになり，したがって，$-l$ と l の間で関数 $f(x)$ が得られることになる．それゆえ，これから，等式

$$f(z)=f(2l+z)$$

により，z の任意の他の値に対してもこの関数の値が得られることになる．以上が，オイラーによる関数 $f(z)$ の決定方法を，抽象的ではあるが，いまなら一般に普及した考え方を用いて説明したものである．

ダランベールは，オイラーによるこのような彼の方法の拡張に対して，元来彼の方法は，y が t と x を用いて解析的に表現されることを大前提としていたのである，という理由で反駁した[*5]．

オイラーがこれに対する反論をあげる前に，この問題に関する，ダニエル・ベルヌーイによる，第三の，これまでの二つとはまったく異なる論文が登場した[*6]．すでにダランベールより早く，テイラー[*7]は，n を整数として $y=\sin(n\pi x/l)\cdot\cos(n\pi at/l)$ とおけば

$$\frac{\partial^2 y}{\partial t^2}=aa\frac{\partial^2 y}{\partial x^2}$$

が成り立つこと，同時に，$x=0$ および $x=l$ に対してつねに $y=0$ となることを見抜いていた．

[*4] ベルリン学士院紀要, 1748, p. 69.

[*5] ベルリン学士院紀要, 1750, p. 358. 実際，y をそれが t と x の関数であると仮定する以上に一般的な仕方で，解析的に表現できるとは思われない．しかしながら，先のように仮定すると，振動する弦の形状がただ一つの方程式に包括されうる [全区間を通じて，単一の解析式で定義できる] ような場合にしか，問題の解を見出すことはできないであろう [原文ではフランス語のまま引用されている]．

[*6] ベルリン学士院紀要, 1753, p. 147.

[*7] テイラー「増分法について」．

彼はこれに基づいて，弦がその基音のほかに $1/2, 1/3, 1/4, \cdots$ の長さをもつ(以下同様につくられた)弦の基音をも発しうるという物理現象を説明し，自分のこの特殊な解が一般解であると考えた．すなわち彼は，弦の振動はつねに，整数 n を音の高さに応じて定めるなら，上式で少なくとも近似的には十分表されると信じたのである．ベルヌーイは，一本の弦がその多様な高さの音を同時に発することができるという現象を観察することを通して，弦は(理論的には)，

$$y = \sum a_n \sin\frac{n\pi x}{l} \cos\frac{n\pi a}{l}(t - \beta_n)$$

という等式に従って振動しうるという認識に到達し，この等式によって，現象として観察されるいっさいを説明することができるという理由で，彼は，これを最も一般的なものであると考えた[*8]．彼はこの見解を支えるため，質量のない糸をピンと張って，それに有限の質量をもったいくつかの点を垂らしたものの振動を考察し，この振動が点の個数と等しい数の振動に分解されうること，そのそれぞれの振動はすべての質量に対し，同様に持続することを示した．

このベルヌーイの仕事に誘発されオイラーは，もう一つの新しい論文を書く．これは，ベルリン学士院紀要の，ベルヌーイの論文の直後に印刷された[*9]．オイラーは，ここでダランベールに反対して[*10]，関数 $f(z)$ が $-l$ と l の区間の中では，まったく任意でありうると主張し[*11]，もしベルヌーイの解(オイラーは，これをはるか以前から一つの特殊解としては認めてきた)が一般解でありうるとしたら，それは，級数

$$a_1 \sin\frac{x\pi}{l} + a_2 \sin\frac{2x\pi}{l} + \cdots + \frac{1}{2}b_0 + b_1 \cos\frac{x\pi}{l} + b_2 \cos\frac{2x\pi}{l} + \cdots$$

が，変数《7》 x に対し，0 と l の間でまったく任意の関数の値《8》を表現できる場合，かつそのときに限るということに注意した．したがって当時にあっては，一個の解析的表現——有限的であれ無限を含むものであれ——でもって表すことのできるすべての変形《9》は変数の任意の値に対してあてはまるとか，せめてごく特別の場合にのみ適用できなくなるということを疑う者は一人もいなかった《10》．それゆえ，ある代数的な曲線，あるいは一般に，解析的に与えられた非周期的な曲線が上の形式で表されることは不可能なことに思われた．それゆえオイラーは，この問題は，ベルヌーイの考えとは反対向きに解決されるに違いないと信じたのである．

しかしながら，オイラーとダランベールの間の論争はなかなか決着がつかなかった．このため，当時はまだあまり知られていなかった若き数学者ラグランジュが，こ

[*8] ベルリン学士院紀要, 1753, 第13章, p.157.
[*9] 同上, p.196.
[*10] 同上, p.214.
[*11] 同上, 第3~10章.

の問題の解決をまったく新しいアプローチから探究し，オイラーの結果に到達することになる．彼はこれを，質量のない糸に，有限個の不確定な個数の《11》等しい重りを等間隔につるしたものの振動を規定し，次いで重りの個数が無限に増大するとき，この振動がどのように変化するかを調べた*12)．

しかし，彼がこの研究の最初の部分をいかに巧妙に，解析的技巧をいかに労して遂行したにせよ，有限から無限への移行《12》にはなお不十分というべきものが残っていた．その結果，ダランベールは，彼がその「数学論集」の頂点に位置づけた論文において，自分の与えた解に最大の一般性の栄誉を返還請求することができたのである．当時著名な数学者たちの見解は，この主題をめぐって分裂したままであった．それぞれが，後の仕事においても，本質的には自分の立場を保持し続けたからである．

最後に，この問題を機に展開された"任意の関数"について，またそれの三角級数による表現可能性についての諸見解をまとめるにあたり，オイラーがこのような関数をはじめて解析学に導入し，幾何学的直観に基づいて，無限小解析をそれに適用していた［ことに注意しておこう］．ラグランジュは*13)，オイラーの導いた結果（振動経過の幾何的作図）が正しいとは思っていたが，オイラーのように関数を幾何学的に扱うだけでは十分と考えなかった《13》．これに対しダランベールは*14)，微分方程式に対するオイラー流の理解には賛同しつつ，"まったく任意の関数"については，その微分商が連続的であるかどうかを知ることができない《14》という理由で，オイラーの結果の妥当性を執拗に攻撃した．ベルヌーイの解に関していうと，三人が三人とも，それが一般には当てはまらないという点で一致していた．しかしダランベールは，ベルヌーイの解が彼の解より一般性が乏しいといえるために，解析的に与えられる周期的な関数は，三角級数で表現されるとは限らないと主張しなければならないと考えたが*15)，ラグランジュは，表現できることが証明できると信じていた*16)．

―2―

任意関数の解析的表現可能性についてのこの問題に本質的な前進がなされたのは，なんと約50年後のことである．フーリエの一つの注意がこの問題に新しい光を投げかけた．数理物理学の偉大な発展の中で，その外にまで《15》知られる数学のこの分野の展開の新しい時代がはじまったのである．

フーリエは，三角級数

---

*12) トリノ総学術報告 (Miscelanea Taurinensia)，第1巻「音の本性と伝播に関する研究」．
*13) トリノ総学術報告，数学部門，p. 18．
*14) ダランベール「数学論文集」第1巻，1761，第7～20章，p. 16．
*15) 同上，t. I., 第24頁，p. 42．
*16) トリノ総学術報告，第3巻，数学部門，第25頁，p. 221．

$$f(x) = \begin{cases} a_1 \sin x + a_2 \sin 2x + \cdots \\ \dfrac{1}{2}b_0 + b_1 \cos x + b_2 \cos 2x + \cdots \end{cases}$$

において，係数は，

$$a_n = \frac{1}{\pi}\int_{-\pi}^{\pi} f(x)\sin nx dx, \qquad b_n = \frac{1}{\pi}\int_{-\pi}^{\pi} f(x)\cos nx dx$$

で定められることに注意した．彼は，この［係数の］決定方法は，関数 $f(x)$ がまったく任意に与えられる場合にも依然として適用可能であると考えた．彼は $f(x)$ に，いわゆる不連続な関数（x を横座標として，縦座標が折れ線になるもの）[16] をとり，その関数の値を実際つねに与える級数を得たのである．

フーリエがフランス学士院に提出 (1807 年 12 月 21 日) した，熱についての彼の初期の研究の一つの中で，まったく任意に（グラフ的に）与えられた関数が，三角級数で表現できるという命題をはじめて述べた[*17] とき，この主張は，老ラグランジュにはあまりに意外なものとみえたので，彼は断固たる態度で反対を表明した．これに関しては，パリ学士院の保存書庫に記録がいまも残っているはずである[*18]．にもかかわらず[*19]，ポアッソンは，［フーリエのオリジナリティを否定するために］任意関数を表現するのに三角級数を用いたときにはいつも，振動弦に関するラグランジュの業績の中の，この表現が登場する箇所を引用している．誰でもよく知っているフーリエとポアッソンとのライバル関係[*20] で片づけられてしまう，この主張に反駁するために，ラグランジュの論文をもう一度検討しなければならない．というのも，学士院の記録には，公刊されたものは何も残っていないからである．

たしかにポアッソンが引用する箇所[*21] には，

$$y = 2\int Y \sin X\pi dX \times \sin x\pi + 2\int Y \sin 2X\pi dX \times \sin 2x\pi + 2\int Y \sin 3X\pi dX 3x\pi + \cdots + 2\int Y \sin nX\pi dX \times \sin nx\pi$$

という式があり，"$x = X$ とおくと，$y = Y$ となる．ここで，Y は，横座標 X に対応する縦座標である"[17] と書かれている．

さて，この式はもちろん，フーリエの級数とそっくりであるから，一瞥しただけでは混同してしまうのも無理がない．しかしこの見かけ［の類似］は，ラグランジュが，

[*17] 学術協会の科学報告 (Bulletin des sciences pour la sociéfeé philomatique), 第 1 巻, p. 112.
[*18] ディリクレ教授から口頭で伝え聞いた．
[*19] なかんずく，広く流布した「機械学講 (Traité de mécanique)」(323 項, p. 688) において．
[*20] フーリエが学士院に提出した論文についての「科学紀要 (Bulletin des Sciences)」に載った概要説明 (Compte rendue) はポアッソンによるものである．
[*21] トリノ総学術報告, 第 3 巻, 数学部門, p. 261.

今日であれば $\sum \Delta X$ と表すものを $\int dX$ という記号を用いたことから引き起こされたにすぎない. 彼は, 有限正弦和
$$a_1 \sin x\pi + a_2 \sin 2x\pi + \cdots + a_n \sin nx\pi$$
において, x の値として
$$\frac{1}{n+1}, \frac{2}{n+1}, \cdots, \frac{n}{n+1}$$
をとったとき (これらを, ラグランジュは不定扱いとして X と表している), 与えられた値をとるように [係数 $a_1, a_2, \cdots, a_n$ を] 決定する, という問題の解を与えているのである. もし, ラグランジュがこの式で, n を無限に大きくしたとすれば, フーリエの結果に到達した, ということはできる. しかし, 彼の論文をきちんと読むならば, 彼が, まったく任意の関数がある無限正弦級数で実際に表現できると信じていたとは到底思えないことがわかる. むしろ彼は, このような任意関数が, 単一の式で表現しえないと信じていたがゆえに, その全業績を導いたというべきである. 三角級数に関しては, これで任意の解析的に与えられた周期関数は表現されうると信じていた. 今日, ラグランジュが彼の和公式から出発してフーリエ流の級数に到達しうるはずがないと考えにくいのは確かである. しかしこのことは, オイラーとダランベールの間の論争を通じて, どの道をたどるべきか, ラグランジュが確固とした見解をもつにいたっていた, ということから説明されるのである. しかし, 彼はまず, 任意の有限個の重なりの場合の振動問題を, それを極限的考察へと応用する前に, まず完全に解決すべきであると考えた. そのため, きわめて広範な研究[*22)] を必要とすることになったが, もし彼がフーリエ級数を知っていたのならば, それは不必要だったはずである.

フーリエによってこそ, 三角級数の本性が完全に正しく認識されたのである[*23)]. それ以来, 数理物理学において, 任意関数を表現する際に頻繁に応用され, またいくつかの具体的な場合には, フーリエ級数が実際に [もとの] 関数の値に収束することを容易に確かめることもできてきた. しかしながら, この重要な定理が一般的に証明されるには, まだしばらくの時を要した.

1826 年 2 月 27 日, コーシーがパリ学士院に提出した論文で与えた証明は[*24)], ディリクレが指摘した[*25)] ように不十分なものであった. コーシーは, 任意に与えられた関数 $f(x)$ において, x を複素数 $x+yi$ に置き換えたとき, この関数が, y の任

[*22)] トリノ総学術報告, 第 3 巻, 数学部門, p. 251.
[*23)] 学術協会の科学報告, 第 1 巻, p. 175「係数 $a, a', a'', \cdots$ かくのごとく定まる. $\cdots$」.
[*24)] パリ科学アカデミー紀要, 第 6 巻, p. 603.
[*25)] クレルレ誌, 第 4 巻, pp. 157-158.

意の値に対して有限に定まることを前提しているのである⟪18⟫. しかしながら, これははじめの関数が定数関数であるような場合にしか成り立たない. 他方, このような前提は, 推論を押し進めるために必要なわけでもない. すべての y の正の値に対して, 有限であり, かつ $y=0$ のときの実部が与えられた周期関数 $f(x)$ に等しいような関数 $\phi(x+yi)$ が存在する, というだけで十分なのである. この命題は, 実際成り立つ*26)のであるが, これを仮定しさえすれば, コーシーがたどったアプローチで目標に達することができるし, 逆にこの命題を, フーリエ級数から導くこともできる.

—3—

1829年1月, クレルレ誌*27)に, ディリクレによる論文が発表され, それによりおよそ積分可能であって⟪19⟫かつ無限に多くの極大, 極小をもたない⟪20⟫関数に対しては, 三角級数による表現可能性の問題に完璧な厳密性をもって決着がついた.

この課題を解決するために従うべきアプローチは, 無限級数⟪21⟫が, 本質的に異なる二つの類に, すなわち, すべての項を正にしても⟪22⟫収束することに変わりないものとそうでないものとに分類される⟪23⟫という洞察から, その着想が得られたものである. 前者においては, 項どうしを任意に交換することができるが, これに反し, 後者の値は項の順序に依存する. 実際, 第二の類に属す級数において, 正の項を順に

$$a_1, a_2, a_3, \cdots$$

とし, 負の項を

$$-b_1, -b_2, -b_3, \cdots$$

とすると, 明らかに $\sum a$ も $\sum b$ も無限大でなければならない. 実際, もし両方とも有限であるとすれば, 級数は[項の]符号を同一化しても⟪24⟫収束するはずであるし, 一方だけが無限であれば, もとの級数は発散することになるからである. また, 項を適当に並べ替えることにより, 級数が, 任意に与えられた値 C をもつようにできることも明らかである. 実際, 級数の正の項を, 項の順番にそれらの[和の]値が C より[はじめて]大きくなるまでとり, 次に級数の負の項と, 値が[はじめて] C より小さくなるまでとる, というように続ける. すると, それと C との隔たりは, 最後の符号変化に先立つ項の値⟪25⟫よりも大きくはない. 数列 $\{a_n\}, \{b_n\}$⟪26⟫はともに, 項数を増大させるにつれて, 最終的には無限に小さくなる⟪27⟫ので, C との隔たりも, 級数において十分遠くまで進めれば, 任意に小さくなる⟪28⟫. すなわち, 級数は C に収束する.

有限和についての規則が適用可能であるのは, 第一の類の級数に対してだけであ

---

*26) その証明は, 著者の就任講演にある.
*27) 第4巻, p.157.

る．すなわち，これらだけは，それを構成する項の総和《29》とみなすことができる．しかし，第二の類の級数はそうではない．前世紀の数学者たちがこうした事態を見過ごしてきたのは，変数の昇冪の順に並べられる級数《30》が，一般的にいって（すなわち，この変数のいくつかの値を例外として）第一の類に属す，ということにその根拠がある．

フーリエ級数は，明らかに必ずしも第一の類には属さない．したがってその収束性は，コーシーが追求して無益であった[*28]ように，項が減少する規則性からは導かれえないのである．むしろ示されるべきことは，有限項の和《31》

$$\frac{1}{\pi}\int_{-\pi}^{\pi}f(a)\sin a da \sin x + \frac{1}{\pi}\int_{-\pi}^{\pi}f(a)\sin 2a da \sin 2x + \cdots + \frac{1}{\pi}\int_{-\pi}^{\pi}f(a)\sin na da \sin nx$$
$$+ \frac{1}{2\pi}\int_{-\pi}^{\pi}f(a)da + \frac{1}{\pi}\int_{-\pi}^{\pi}f(a)\cos a da \cos x + \frac{1}{\pi}\int_{-\pi}^{\pi}f(a)\cos 2a da \cos 2x + \cdots$$
$$+ \frac{1}{\pi}\int_{-\pi}^{\pi}f(a)\cos na da \cos nx$$

すなわち，同じことである《32》が，積分

$$\frac{1}{2\pi}\int_{-\pi}^{\pi}f(a)\frac{\sin\dfrac{2n+1}{2}(x-a)}{\sin\dfrac{x-a}{2}}da$$

において，n が限りなく大きくなるとき，値 $f(x)$ に無限に接近する，ということである．

ディリクレは，この証明を次の二つの命題に基づかせた．

1) $0 < c \leq \dfrac{\pi}{2}$ のとき $\int_0^c \varphi(\beta)\dfrac{\sin(2n+1)\beta}{\sin\beta}d\beta$ は，n が増大するにつれ，ついには値 $\dfrac{\pi}{2}\varphi(0)$ に無限に接近する．

2) $0 < b < c \leq \dfrac{\pi}{2}$ のとき $\int_b^c \varphi(\beta)\dfrac{\sin(2n+1)\beta}{\sin\beta}d\beta$ は，n が増大するにつれ，ついには値 0 に無限に接近する．

ここで，関数 $\varphi(\beta)$ は，これらの積分区間において単調減少か単調増大であると仮定する．

これらの命題を用いることにより，関数 f が，減少から増加へ，あるいは増加から減少へ限りなく頻繁に変化するのではない場合には，積分

[*28] ディリクレはクレルレ誌（第4巻，p. 158）において，「n が増大するとき，…この第一の考察において，いかに映ろうと…」と指摘している．

$$\frac{1}{2\pi}\int_{-\pi}^{\pi} f(\alpha) \frac{\sin\frac{2n+1}{2}(x-\alpha)}{\sin\frac{x-\alpha}{2}} d\alpha$$

は,有限個の項の和に分類され,n が無限に大きくなるとき,そのうちの一つ[*29] は $(1/2)f(x+0)$ に,もう一つは $(1/2)f(x-0)$ に,残りすべては 0 に収束することは明らかである.

このことから,区間 2π おきに周期的に繰り返す関数で,

1) およそ積分を考えることができ,
2) 無限に多くの極大,極小をもたず,しかも
3) 値が跳躍的に変化するところで,両側極限値の間の中間値をとる[33]

ものはすべて,三角級数によって表現できることが示される[34].

はじめの二条件を満たすが第三の条件は満たされないという関数は,明らかに一つの三角級数で表すことができない.不連続点を除いてその関数を表す三角級数は,不連続点自身においては,それから乖離してしまうからである.最初の二つの条件を満たさない関数が,三角級数によって表現されうるか,またそれはいかなる場合であるか,上の研究ではいまだ確定できていない.

ディリクレのこの仕事によって,広範な解析学的研究に確固たる基礎づけが与えられたのである.彼は,オイラーが誤った点に完全な証明を与えることで,これほど多くの一流の数学者たちが 70 年以上にもわたって(1753 年以来)取り組んできた問いを解決することに成功したのである.実際には,自然界に現れるあらゆる場合――それこそを問題としてきたのであるが――には,問題は完全に解決された,といってよい.というのも,物質の力と状態が位置と時間に関して無限小に変化する仕方について,我々がいかに無知であったとしても,ディリクレの探究が及ばないような関数が,自然界に登場することはない,と安心して仮定することができるからである.

にもかかわらず,ディリクレによって解明されていないこのような関数の場合は,二重の理由で注目に値する.

第一には,ディリクレ自身がその論文の結びで述べているように,この問題は,無限小解析の根本原理ときわめて緊密に結びついており,より大きな明証性と規定性をこれら諸原理に与えるために役立つ.こういった意味で,この問題の探究がそれ自身として,直接的な有用性を有している.

[*29] 簡単に証明できるように,関数 f の値は,もし無限に多くの極大値,極小値をとらないならば,変数の値が x に上方からないし下方から近づくとき,確定した極限値 $f(x+0)$, $f(x-0)$(ドーベ物理学報告,第 1 巻,p.170 で述べられたディリクレの記法に従えば)に限りなく近づくか,無限に大きくなるはずである[1].

6. 任意関数の三角級数による表現の可能性について

　一方，第二には，フーリエ級数の応用可能性は，物理学的な研究に限定されるものではなく，いまや純粋数学の一領域，すなわち数論においても利用されて成果を上げており，ここでは，その三角級数による表現可能性は，ディリクレが研究していないような類の関数が重要な位置を占めるように思われる．

　ディリクレは自分の論文を結ぶにあたってはっきりと，後にこのような場合の研究に戻ってくるという手形を切っているが，この手形は今日にいたるまで決済されていない．ディルクゼンとベッセルによる余弦級数，正弦級数についての研究も，これを十分に補うものとはなっていない．むしろそれらは，厳密性と一般性の点で，ディリクレのものに遅れているともいえる．それとほとんど同じ時期に出たディルクゼンの論文[*30)]は，明らかにそれを知らずに書かれたのであろうが，一般には正しいアプローチで進んでいるものの，細かくいうといくつか不十分な点を含んでいる．というのも，彼が級数の和として導いたものが特別の場合[*31)]には誤っているという点は無視するとしても，彼は，補助的考察において，特別の場合にのみ可能な級数展開に依拠しており[*32)]，したがって，彼の証明は，第一階の微分商がいたるところ有限であるような関数に対して完全であるにすぎない．ベッセルは，ディリクレの証明を単純化しようとした[*33)]．しかしながら，この証明を変更しても，推論にはいささかの本質的な単純化をもたらしていない．せいぜい，よりみなれた概念で包み込むことに役立っているものの，その厳密性と一般性は著しく劣っている．

　関数の三角級数による表現可能性についての問題は，このようにして，今日にいたるまでなお，関数がおよそ積分を考えることができるものであり，かつ無限に多くの極大，極小はもたない，という二つの前提条件のもとでのみ解かれている．もし，後ろの前提条件が満たされないならば，ディリクレの二つの積分定理は，問題の解決には使えなくなってしまう．もしはじめの前提が満たされなければ，フーリエ流の係数決定法がそもそも適用できなくなる．以下においては，上の問題を，関数の性質について特別の仮定を設けずに探究するが，そのアプローチは，まさにこのように条件づけられているのである．ディリクレのように直接的なアプローチは，問題の本性からして不可能なのである．

[*30)]　クレルレ誌，第4巻，p. 170.
[*31)]　同上，式 (22).
[*32)]　同上，第3節.
[*33)]　Shumacher, *Astronomische Nachrichten*, 第374号, 第16巻, p. 229.

定積分の概念とその妥当性の範囲について
―4―

定積分論の根本的な論点には依然として不確かな部分があるため，まず定積分の概念と，その妥当性の範囲について若干の予備的考察をしておかなければならない．

まず，そもそも，$\int_a^b f(x)dx$ は何を表していると考えるべきであろうか？

この問いにしっかり答えるために，a と b の間に大きさの順に従って，値《35》 x_1, $x_2, \cdots, x_{n-1}$ をとり《36》，簡単のために，x_1-a を δ_1，x_2-x_1 を δ_2, $\cdots$, $b-x_{n-1}$ を δ_n と表す《37》ことにし，ε で 1 より小さい正の数《38》を表そう．

すると，和
$$S=\delta_1 f(a+\varepsilon_1\delta_1)+\delta_2 f(x_1+\varepsilon_2\delta_2)+\delta_3 f(x_2+\varepsilon_3\delta_3)+\cdots+\delta_n f(x_{n-1}+\varepsilon_n\delta_n)\text{《39》}$$
は，一般に δ《40》と ε《41》の選び方に依存する．

もしこの和が，δ と ε がいかに選ばれようとすべての δ が無限に小さく《42》なるとき，ある確定した極限《43》 A に無限に近づくならば，この値のことを $\int_a^b f(x)dx$ と書くのである．

この性質が成り立たないときには，$\int_a^b f(x)dx$ が表すものは何もない《44》．これまでいろいろな場合に，この記号に意味を付与しようと《45》する研究がなされてきたが，定積分概念の一般化の試みの中で，すべての数学者が合意しているものが一つある．関数 $f(x)$ が，その変数 x が区間 (a, b)《46》に含まれる特定の値 c に近づいたとき無限に大きくなるならば，和 S は δ をいかに微小にとっても《47》，任意の値《48》をとりうることは明らかである．したがって，S は極限をもたないから $\int_0^b f(x)dx$ は上に述べたことに従って，何ものをも表さない．ただし，もし
$$\int_a^{c-\alpha_1} f(x)dx + \int_{c+\alpha_2}^b f(x)dx$$
が，α_1 と α_2 が無限に小さくなるとき，ある確定した極限へと近づくならば，$\int_a^b f(x)dx$ はこの極限を表すと考える．

これ以外に，定積分概念を，根本概念からすると考えることができないような場合にまで考えるコーシーによる拡張があるが，それは特定の分野の研究には役立つとはいうものの，一般に導入されてはいない《49》し，あまりに恣意性が大きいためにそれには向いていないのである．

―5―

さてそこで次に，この概念の該当する範囲について考えよう．言い換えれば，そもそも，関数に対しその積分を考えることができるのはいかなる場合であり，できない

6. 任意関数の三角級数による表現の可能性について   235

のはいかなる場合か，という問題である．

まずはじめに狭義の積分概念を考えよう．すなわち，すべての δ が無限に小さくなるとき和 S が収束する，ということを仮定するのである．a と x_1 の間での関数の最大振動[50]，すなわち，この区間における最大値と最小値との差を D_1 で表し，[以下同様に] x_1 と x_2 の間でのそれを D_2，$\cdots$，x_{n-1} と b の間でのそれを D_n と表すことにすると，

$$\delta_1 D_1 + \delta_2 D_2 + \cdots + \delta_n D_n$$

は，諸量 δ が無限に小さくなるに従って無限に小さくなるはずである．そこで，さらにすべての δ が d より小さいときのこの和のとる最大値[51]を $\varDelta$ としよう．$\varDelta$ は d の関数であって，d が小さくなれば単調に減少し，d が無限に小さくなれば無限に小さくなる．いま，振動が σ より大きい小区間の総長[52]が s であるとすると，これらの区間 [についての和] が，和 $\delta_1 D_1 + \delta_2 D_2 + \cdots + \delta_n D_n$ に占める部分は，明らかに σs 以上である．それゆえ

$$\sigma s \leqq \delta_1 D_1 + \delta_2 D_2 + \cdots + \delta_n D_n \leqq \varDelta$$

したがって

$$s \leqq \frac{\varDelta}{\sigma}$$

である．与えられた σ に対し，$\varDelta/\sigma$ は d を適当に選びさえすればいくらでも小さくなる．したがって，s についても同じことがいえ，次のことが成り立つ：

> すべての δ が無限に小さくなるとき，和 S が収束するためには，関数 $f(x)$ が有限であること[53]に加えて，任意の σ に対して振動が σ より大きい区間の総長が，d を適当に選べば任意に小さくできることが必要である．

この命題は，逆も成り立つ．すなわち，

> 関数 $f(x)$ がつねに有限で，しかもすべての δ が無限に小さくなるとき，関数 $f(x)$ の振動が与えられた量 σ より大きいような小区間の総長 s がつねに無限に小さくなるならば，すべての δ が無限に小さくなるとき，和 S は収束する．

というのは，振動が σ より大である小区間 [についての和] が，和 $\delta_1 D_1 + \delta_2 D_2 + \cdots + \delta_n D_n$ に占めるのは，s と，区間 (a, b) における関数の最大振動——これは仮定より有限である——との積よりも小さく，また残りの区間については，$\sigma(b-a)$ より小さい．明らかにまずはじめに σ を任意に小さくとることができ，次に (仮定により) 小区間の大きさ[54]を s が任意に小さくなるようにとることができ，このようにして，和 $\delta_1 D_1 + \delta_2 D_2 + \cdots + \delta_n D_n$ を任意に小さくすることができ，したがって，和 S

の値は，任意に狭い限界[55]の中に閉じ込めることができる．

こうして，諸量 δ が無限に減少するときに和 S が収束するための，したがって，関数 $f(x)$ の a から b までの積分を狭義に語ることができるための，必要にして十分条件を見出すことができた[2]．

もし，積分概念を前述のように拡張するならば，およそ積分が考えられうるために，いま見出された条件のうちで後半のものは必要である．[他方] 関数 $f(x)$ がつねに有限である，という条件の代わりとして，関数が，変数がいくつかの値[56]に接近するときにのみ無限になり，積分の端点[57]がこれらの値に無限に接近するときに確定した極限値[58]が出てくる，という条件がとって代わることになる．

―6―

ここまでは，定積分が一般に存在するための条件，すなわち積分する関数の性質に特別な仮定を設けない場合を考察してきたが，この節では特殊な場合を扱うこととし，一つには応用を，一つにはさらに踏み込んだ考察，すなわちいくらでも小さな区間内で無限回不連続であるような関数についての考察をまず行ってみよう．そのような関数はこれまでどこにも考察されたことがないので，一つの具体例からはじめることとしよう．

簡単のために，記号 (x) でもって x に最も近い整数から x を引いたもの，あるいは，x が二つの隣り合う整数の中央にあるときは 0 としたものをそれぞれ表すものとする[59]．そして，n を整数，p を奇数として，級数

$$f(x) = \frac{(x)}{1} + \frac{(2x)}{4} + \frac{(9x)}{9} + \cdots = \sum_{n=1}^{\infty} \frac{(nx)}{n^2}$$

をつくると[60]容易にわかるように，この級数は x のすべての値に対して収束する．そして $f(x)$ の値は，その変数が減少して x に近づく場合も，増加して x に近づく場合も，ともにそれぞれある定まった極限値に収束する．すなわち，$x = p/2n$ (p と n は互いに素とする) のとき，

$$f(x+0) = f(x) - \frac{1}{2n^2}\left(1 + \frac{1}{9} + \frac{1}{25} + \cdots\right) = f(x) - \frac{\pi^2}{16n^2}$$

$$f(x-0) = f(x) + \frac{1}{2n^2}\left(1 + \frac{1}{9} + \frac{1}{25} + \cdots\right) = f(x) + \frac{\pi^2}{16n^2} \text{[61]}$$

これ以外の x の値に対しては，

$$f(x+0) = f(x), \qquad f(x-0) = f(x)$$

つまりこの関数は，分母が偶数であるような既約分数 x に対して不連続となり，したがってどのような小さな区間内においても無限個の不連続点を有するが，それでありながら，不連続点の跳躍の個数は，それら跳躍が与えられたどのような量より大き

くともつねに有限である.

しかしそれでもなお，この関数は積分できる可能性がある．実際，この関数値が有限であることを知るには，この関数が次のような二つの性質を有することをみれば十分である．すなわち，x の各々の値に対して，この関数は $f(x+0)$ と $f(x-0)$ の両方の極限値をもつこと，そして跳躍の個数はそれら跳躍が与えられた量 σ 以上であるときつねに有限であるということ，の二つである．そこで前節の方法を適用すると，どちらの場合においても，d を十分小さくすることによって，それらの跳躍を含まないすべての区間においてはその総変動[62]を σ よりも小さくし，かつ跳躍を含むような区間の総和を任意に小さくできることが従うのである．極大値・極小値の個数が無限個ではない関数は，それ自身が無限にならなければつねに上述のような二つの性質を有し，したがって関数が無限にならないようなすべてのところで積分できることが，同様に容易に示すことができる[3].

積分する関数 $f(x)$ が，x の特定の一つの値に対して無限大になるような場合についても考察しよう．すなわち，正数 x が減少するとき，$f(x)$ の値は $x=0$ において，与えられた任意の大きさをも超えるというような関数についてである．

このとき，有限値 a 以下の減少する x に対して，必ずしも $xf(x)$ はある有限値 c より大きくなりうるとは限らないことは容易にわかる．ここで

$$\int_x^a f(x)dx > c\int_x^a \frac{dx}{x}$$

と仮定すると，左辺は $c(\log 1/x - \log 1/a)$ より大きくなるので，x が減少するとき無限に大きくなるのである．また，$xf(x)$ が $x=0$ の付近で無限個の極大値・極小値をとることがなければ，$f(x)$ は $x=0$ 近くで積分可能でありうる．

他方，$a < 1$ のとき

$$f(x)x^a = \frac{f(x)dx(1-a)}{d(x^{1-a})}$$

は x が減少するとき限りなく小さくなり，したがってこの積分は，積分区間の下端 x が限りなく小さくなるとき収束することは明らかである．

同じく積分の収束性について，次のような関数

$$f(x)x\log\frac{1}{x} = \frac{f(x)dx}{-d\log\log\frac{1}{x}}, \quad f(x)x\log\frac{1}{x}\log\log\frac{1}{x} = \frac{f(x)dx}{-d\log\log\log\frac{1}{x}}, \quad \cdots$$

$$f(x)x\log\frac{1}{x}\log\log\frac{1}{x}\cdots\log^{n-1}\frac{1}{x}\log^n\frac{1}{x} = \frac{f(x)dx}{-d\log^{1+n}\frac{1}{x}}$$

は，a 以下の x が減少するとき必ずしもある有限値より大きくなっているとは限らないので，無限個の極大値・極小値をもたない場合は，x が限りなく小さくなるとき，

限りなく小さくならなければならない.

他方, $a>1$ の場合, x が無限に小さくなるときに

$$f(x)x\log\frac{1}{x}\cdots\log^{n-1}\frac{1}{x}\left(\log^n\frac{1}{x}\right)^a=\frac{f(x)dx(1-a)}{-d\left(\log^n\frac{1}{x}\right)^{1-a}}$$

も同じく無限に小さくなるならば, 積分

$$\int f(x)dx$$

は, その積分区間の下端が限りなく小さくなるとき収束するのである.

しかしながら, $f(x)$ が無限個の極大値・極小値を有する場合は, $f(x)$ の大きさの位数を規定することはできないのである. 実際, 仮に関数が絶対値 —— それによってのみ大きさの位数が決まる —— で与えられているとしても, 符号をうまく選ぶことによって, つねに積分

$$\int f(x)dx$$

が, その積分区間の下端が限りなく小さくなるとき収束するようにできるのである. 関数それ自身が無限大となり, しかもその位数($1/x$ の大きさを単位として)も無限に大きくなるような具体例として, 次のような関数がある.

$$\frac{d(x\cos e^{1/x})}{dx}=\cos e^{1/x}+\frac{1}{x}e^{1/x}\sin e^{1/x}$$

しかしながら, これらは解析学の他の分野に属する題材になってしまうので, 我々の本来の主題である, 関数を三角級数によって表すという一般論へと話を進めることにしよう.

関数の性質に特別の仮定を設けずに, 関数を三角級数によって表すことの研究
―7―

この題目についての今日までの研究は, 自然界に現れる例に対してのフーリエ級数を証明するという目的のものであった.

そこでここでは, 証明をまったく任意に与えられた関数からはじめ, やがて我々の目的にかなっている場合にのみ, 証明のために必要な制限を関数の性質に与えていくこととする. したがってここではまず, 関数を三角級数で表すために必要な条件を考察することからはじめよう. 我々は, 三角級数で表すための必要条件をとりあえず最初に考察し, 次にその中から十分でもある条件を選び出さなければならないのである.

一方, 今日までの研究は, 次のようなことを明らかにしている. "ある関数がこれ

これの性質を有するとき，それはフーリエ級数で表される．"これに対して我々は，逆の問題を考察しなくてはならない．すなわち，"ある関数が三角級数で表されているとき，その関数の振舞いや，あるいは変数の連続的な変化による関数値の変動などについて，どのようなことがいえるのであろうか？"

そこで，級数
$$a_1 \sin x + a_2 \sin 2x + \cdots$$
$$+ \frac{1}{2}b_0 + b_1 \cos x + b_2 \cos 2x + \cdots$$
あるいは，簡単のために
$$\frac{1}{2}b_0 = A_0, \quad a_1 \sin x + b_1 \cos x = A_1, \quad a_2 \sin 2x + b_2 \cos 2x = A_2, \quad \cdots$$
とおいたときの級数
$$A_0 + A_1 + A_2 + \cdots$$
が与えられているものとしよう．この表示を，以後 Ω で表し，その値を $f(x)$ で表す．したがって，この関数は上の級数が収束するような値に対してのみ存在する．この級数が収束するためには，その一般項が無限に小さくなることが必要である．もし係数 a_n, b_n が，n が増大するとき無限に小さくなるならば，級数 Ω の一般項は x の各々の値に対して無限に小さくなる《63》．もしそうでなければ，x の特別な値に対してしかそのようなことは起こらない．これら二つの場合を分けて扱うことが必要である．

—8—

級数 Ω の一般項は，x の各々の値に対して無限に小さくなるものとまず仮定しよう．

この仮定のもとに，級数
$$C + C'x + A_0 \frac{x^2}{2} - A_1 - \frac{A_2}{4} - \frac{A_3}{9} - \cdots = F(x)$$
は収束する．これは，級数 Ω を x について二回項別積分して得られる．$F(x)$ の値は，x とともに連続的に変化し，したがって，x の関数 $F(x)$ はいたるところで積分可能である．

二つの事実――級数の収束と関数 $F(x)$ の連続性――を確認するために，$-A_n/n^2$ までの項の和を N で表し，級数の残りの部分，すなわち
$$-\frac{A_{n+1}}{(n+1)^2} - \frac{A_{n+2}}{(n+2)^2} - \cdots$$
を R で表すこととし，$m > n$ に対する A_m の最大値を ε で表すこととする．このと

き R の値は，どんな先の方の項にまでいっても，明らかに絶対値において

$$< \varepsilon \left[\frac{1}{(n+1)^2} + \frac{1}{(n+2)^2} + \cdots \right] < \frac{\varepsilon}{n}$$

であることがわかる．したがって，n が限りなく増大すればこれは任意に小さくなりうるので，この級数は収束するのである．

さらに，$F(x)$ は連続である．すなわち，$F(x)$ の変化は，対応する x の変化が十分小さければ，与えられたどんな値よりも小さくなる．

なぜなら，$F(x)$ の変化は R と N のそれぞれの変化からなるものであるが，まず n を大きくすれば，明らかにどのような x についても R を小さくできるし，したがって，x の変化に対応する R の変化もまた任意に小さくできるのである．そして x の変化を小さくすれば，N の変化もまた任意に小さくなるのである．

ここで，その証明はこれまでの考察の流れを中断するものとなるが，この関数 $F(x)$ に関する一つの定理を先に提示するとよいであろう．

【定理1】 級数 Ω が収束するならば，α と β が限りなく小さくなるとき，比

$$\frac{F(x+\alpha+\beta)-F(x+\alpha-\beta)-F(x-\alpha+\beta)+F(x-\alpha-\beta)}{4\alpha\beta}$$

は有限であり，Ω の極限値に収束する．

実際，

$$\frac{F(x+\alpha+\beta)-F(x+\alpha-\beta)-F(x-\alpha+\beta)+F(x-\alpha-\beta)}{4\alpha\beta}$$
$$= A_0 + A_1 \frac{\sin\alpha}{\alpha}\frac{\sin\beta}{\beta} + A_2 \frac{\sin 2\alpha}{2\alpha}\frac{\sin 2\beta}{2\beta} + A_3 \frac{\sin 3\alpha}{3\alpha}\frac{\sin 3\beta}{3\beta} + \cdots$$

であるが，$\beta = \alpha$ という特別の場合をまず最初に考察すると，

$$\frac{F(x+2\alpha)-2F(x)+F(x-2\alpha)}{4\alpha^2} = A_0 + A_1\left(\frac{\sin\alpha}{\alpha}\right)^2 + A_2\left(\frac{\sin 2\alpha}{2\alpha}\right)^2 + \cdots$$

無限級数

$$A_0 + A_1 + A_2 + \cdots = f(x)$$

において，

$$A_0 + A_1 + \cdots + A_{n-1} = f(x) + \varepsilon_n$$

とおくと，任意に与えられた数 δ に対して n に依存する m の値を一つ選べば，$n > m$ のとき $|\varepsilon_n| < \delta$ [64]とならなければならない．いま，α を $m\alpha < \pi$ となるように十分小さくとり，

$$A_n = \varepsilon_{n+1} - \varepsilon_n$$

と書き換えて，

6. 任意関数の三角級数による表現の可能性について

$$\sum_0^\infty \left(\frac{\sin n\alpha}{n\alpha}\right)^2 A_n$$

を

$$f(x) + \sum_1^\infty \varepsilon_n \left\{ \left(\frac{\sin(n-1)\alpha}{(n-1)\alpha}\right)^2 - \left(\frac{\sin n\alpha}{n\alpha}\right)^2 \right\}$$

と書くことにする．そして，この無限級数の箇所を次のような三つの部分に分けて考える．すなわち，

1) $n=1$ から $n=m$ までの項．
2) $n=m+1$ から $n=s$ までの項．ここで，s は π/α を超えない最大の整数とする．
3) $n=s+1$ からその先すべての項．

最初の部分は有限個の連続関数からなっているので，α を十分小さくとれば，それは極限値 0 にいくらでも近づく．第二の部分は，ε_n の要素《65》がつねに正なので，絶対値において

$$< \delta \left\{ \left(\frac{\sin m\alpha}{m\alpha}\right)^2 - \left(\frac{\sin s\alpha}{s\alpha}\right)^2 \right\};$$

最後の第三の部分を評価するために，その一般項を

$$\varepsilon_n \left\{ \left(\frac{\sin(n-1)\alpha}{(n-1)\alpha}\right)^2 - \left(\frac{\sin(n-1)\alpha}{n\alpha}\right)^2 \right\}$$

$$\varepsilon_n \left\{ \left(\frac{\sin(n-1)\alpha}{n\alpha}\right)^2 - \left(\frac{\sin n\alpha}{n\alpha}\right)^2 \right\} = -\varepsilon_n \frac{\sin(2n-1)\alpha \sin \alpha}{(n\alpha)^2}$$

のように二つに分けて考えると，一般項は《66》

$$< \delta \left\{ \frac{1}{(n-1)^2 \alpha^2} - \frac{1}{n^2 \alpha^2} \right\} + \frac{\delta}{n^2 \alpha}$$

したがって，$n=s+1$ から $n=\infty$ までの和は

$$< \delta \left\{ \frac{1}{(s\alpha)^2} + \frac{1}{s\alpha} \right\}$$

となり，この値は限りなく小さい α に対して《67》

$$\delta \left(\frac{1}{\pi^2} + \frac{1}{\pi} \right)$$

に近づく．

ゆえに，級数

$$\sum \varepsilon_n \left\{ \left(\frac{\sin(n-1)\alpha}{(n-1)\alpha}\right)^2 - \left(\frac{\sin n\alpha}{n\alpha}\right)^2 \right\}$$

は，α が減少するときある一つの極限値に近づき，それは

$$\delta \left(1 + \frac{1}{\pi} + \frac{1}{\pi^2} \right)$$

より大きくなりえず，したがって0でなければならない．このことから，

$$\frac{F(x+2\alpha)-2F(x)+F(x-2\alpha)}{4\alpha^2}=f(x)+\sum\varepsilon_n\left\{\left(\frac{\sin(n-1)\alpha}{(n-1)\alpha}\right)^2-\left(\frac{\sin n\alpha}{n\alpha}\right)^2\right\}$$

は，α が無限に減少するとき $f(x)$ に収束することがわかり，定理1は，$\beta=\alpha$ の場合が証明された．

一般の場合を証明するために，

$$F(x+\alpha+\beta)-2F(x)+F(x-\alpha-\beta)=(\alpha+\beta)^2(f(x)+\delta_1)$$
$$F(x+\alpha-\beta)-2F(x)+F(x-\alpha+\beta)=(\alpha-\beta)^2(f(x)+\delta_2)$$

とおくと，これより

$$F(x+\alpha+\beta)-F(x+\alpha-\beta)-F(x-\alpha+\beta)+F(x-\alpha-\beta)$$
$$=4\alpha\beta f(x)+(\alpha+\beta)^2\delta_1-(\alpha-\beta)^2\delta_2$$

前と同様の論法によって，α と β が無限に小さくなるときに δ_1 と δ_2 も無限に小さくなることが示される．

また，

$$\frac{(\alpha+\beta)^2}{4\alpha\beta}\delta_1-\frac{(\alpha-\beta)^2}{4\alpha\beta}\delta_2$$

も，δ_1 と δ_2 が無限大にならなければ——それは起こりえない——そして β/α が有限にとどまっているならば，無限に小さくなる．したがって，

$$\frac{F(x+\alpha+\beta)-F(x+\alpha-\beta)-F(x-\alpha+\beta)+F(x-\alpha-\beta)}{4\alpha\beta}$$

は $f(x)$ に収束する．（証明終り）

【定理2】

$$\frac{F(x+2\alpha)+F(x-2\alpha)-2F(x)}{2\alpha}$$

は，α が無限に小さくなるとき，つねに無限に小さくなる．

これを証明するために，級数

$$\sum A_n\left(\frac{\sin n\alpha}{n\alpha}\right)^2$$

を三つのグループに分ける．第一のグループは，$n=m$ までのすべての項を含む部分で，そこではつねに A_n は ε よりも小さくなっている．第二のグループは，$n\alpha$ がある定数 c 以下であるようなすべての項を含む部分とし，最後の第三のグループは，級数の残りのすべての項を含む部分とする．

すると，次の事実が容易にわかる．すなわち，α が無限に小さくなるとき，第一のグループは有限であり，ある定数 Q よりも小さい．同様に，第二のグループは $\varepsilon(c/\alpha)$ よりも小さく，第三のグループは

6. 任意関数の三角級数による表現の可能性について　243

$$< \varepsilon \sum_{c<na} \frac{1}{n^2 a^2} < \frac{\varepsilon}{ac}$$

したがって，

$$\frac{F(x+2a)+F(x-2a)-2F(x)}{2a} = 2a\sum A_n\left(\frac{\sin na}{na}\right)^2 < 2\left[Qa+\varepsilon\left(c+\frac{1}{c}\right)\right]$$

となる．（証明終り）

【定理3】 b と c は任意の定数で $b<c$ とし，$\lambda(x)$ はその導関数とともに b と c の間で連続とし，その両端 b, c で 0 になるものとする．そしてさらに，$\lambda(x)$ の二階導関数は無限に多くの極大値・極小値をもたないものとする．このとき，積分

$$\mu^2 \int_b^c F(x)\cos \mu(x-a)\lambda(x)dx$$

は，μ が無限に大きくなるとき，与えられたどのような数よりも小さくなる．

$F(x)$ に対して，その級数表現を考えれば

$$\mu^2 \int_b^c F(x)\cos \mu(x-a)\lambda(x)dx$$

に対して，級数 $(\varPhi)$

$$\mu^2 \int_b^c \left(c+c'x+A_0\frac{x^2}{2}\right)\cos \mu(x-a)\lambda(x)dx$$

$$-\sum_{n=1}^\infty \frac{\mu^2}{n^2}\int_b^c A_n \cos \mu(x-a)\lambda(x)dx$$

が得られる．ところで，$A_n \cos \mu(x-a)$ は，明らかに

$$\cos(\mu+n)(x-a),\quad \sin(\mu+n)(x-a),\quad \cos(\mu-n)(x-a),\quad \sin(\mu-n)(x-a)$$

という四つの項を含む和として表されるので，その最初の二つの和を $B_{\mu+n}$，残りの二つの和を $B_{\mu-n}$ と書くことにすると，

$$A_n \cos \mu(x-a) = B_{\mu+n} + B_{\mu-n}$$

となり，

$$\frac{d^2 B_{\mu+n}}{dx^2} = -(\mu+n)^2 B_{\mu+n}, \qquad \frac{d^2 B_{\mu-n}}{dx^2} = -(\mu-n)^2 B_{\mu-n}$$

である．そして，n が増大するとき，x が何であっても，$B_{n+\mu}$ と $B_{n-\mu}$ は無限に小さくなる．

したがって，級数 $(\varPhi)$ の一般項

$$-\frac{\mu^2}{n^2}\int_b^c A_n \cos \mu(x-a)\lambda(x)dx$$

は，

$$\frac{\mu^2}{n^2(\mu+n)^2}\int_b^c \frac{d^2 B_{\mu+n}}{dx^2}\lambda(x)dx + \frac{\mu^2}{n^2(\mu-n)^2}\int_b^c \frac{d^2 B_{\mu-n}}{dx^2}\lambda(x)dx$$

に等しい．あるいは，$\lambda(x)$, $\lambda'(x)$ をそれぞれ $\lambda'(x)$, $\lambda''(x)$ の原始関数とみて二回部分積分を施すと，上式は

$$\frac{\mu^2}{n^2(\mu+n)^2}\int_b^c B_{\mu+n}\lambda''(x)dx + \frac{\mu^2}{n^2(\mu-n)^2}\int_b^c B_{\mu-n}\lambda''(x)dx$$

に等しくなる．ここで，$\lambda(x)$ と $\lambda'(x)$ は積分区間の両端において 0 となる．

ここで，n が何であれ，μ が無限に大きくなれば，

$$\int_b^c B_{\mu\pm n}\lambda''(x)dx$$

が無限に小さくなることは容易に確かめられる．

実際，上の積分は

$$\int_b^c \cos(\mu\pm n)(x-a)\lambda''(x)dx, \quad \int_b^c \sin(\mu\pm n)(x-a)\lambda''(x)dx$$

からなるので，$\mu\pm n$ が無限に大きくなるか，そうでなければ n が無限に大きくなるときは，上記の係数のところの積分[68]は無限に小さくなるのである．

したがって，定理の証明のためには，和

$$\sum \frac{\mu^2}{(\mu-n)^2 n^2}$$

において，n が条件

$$n<-c', \quad c''<n<\mu-c''', \quad \mu+c^{IV}<n$$

を，何かある正の定数 $c', c'', \cdots$ に対して満たすように動き，μ が無限に大きくなるとき，この和が有限であれば明らかに十分である．なぜならば，まず

$$-c'<n<c'', \quad \mu-c'''<n<\mu+c^{IV}$$

となる項は有限個であって，明らかにそれらの項の和は無限に小さくなるので，無限に小さくなる積分

$$\int_b^c B_{\mu\pm n}\lambda''(x)dx$$

がかけられている級数 ($\varPhi$) は，明らかに上の和よりも小さいからである．

さてところで，$c>1$ であるとき，上述の極限値

$$\sum \frac{\mu^2}{(\mu-n)^2 n^2} = \frac{1}{\mu}\sum \frac{\dfrac{1}{\mu}}{\left(1-\dfrac{n}{\mu}\right)^2\left(\dfrac{n}{\mu}\right)^2}$$

は，

$$-\infty \text{ から } -\frac{c'-1}{\mu}, \quad \frac{c''-1}{\mu} \text{ から } 1-\frac{c'''-1}{\mu}, \quad 1+\frac{c^{IV}-1}{\mu} \text{ から } \infty$$

という範囲にわたる積分

$$\frac{1}{\mu}\int\frac{dx}{(1-x)^2x^2}$$

よりも小さい．なぜならば，$-\infty$ から $+\infty$ の全区間を，原点を起点として幅 $1/\mu$ の小区間に分けて考え，各々の小区間上で被積分関数の値をそこでの最小値で置き換えれば（この関数はその積分区間上で最大値をとらない），結局，上の級数のすべての項に対応するからである．

この積分を実行すれば，

$$\frac{1}{\mu}\int\frac{dx}{x^2(1-x)^2}=\frac{1}{\mu}\left[-\frac{1}{x}+\frac{1}{1-x}+2\log x-2\log(1-x)\right]+\text{const.}$$

となり，したがって上述の範囲内で，μ が無限に大きくなるとき，有限の和を得ることがわかるのである[4]．

—9—

以上の定理によって，一般項が任意の変数値に対して無限に小さいような三角級数で関数を表すことについて，次のような結果が得られた．

I．周期 2π をもつ関数 $f(x)$ が三角級数によって表され，その一般項が x の各々の値に対して無限に小さくなるものであるとき，ある連続関数 $F(x)$ が存在して，$f(x)$ は次のように関係する．すなわち，

$$\frac{F(x+\alpha+\beta)-F(x+\alpha-\beta)-F(x-\alpha+\beta)+F(x-\alpha-\beta)}{4\alpha\beta}$$

は，α と β が無限に小さくなり，かつその比が有限であるとき，$f(x)$ に収束する．

そしてさらに，

$$\mu^2\int_b^c F(x)\cos\mu(x-a)\lambda(x)dx$$

は，$\lambda(x)$ と $\lambda'(x)$ が上の積分区間の両端においてともに 0 となり，しかもその間ではつねに連続であり，かつ $\lambda''(x)$ が無限に多くの最大値・最小値をもたないならば，μ が増加するとき無限に小さくなる．

II．逆に，もし上記の二つの条件が満たされる[69]ならば，その係数[70]が無限に小さくなるようなある三角級数が存在して，それが収束するようなすべての点で上記の関数を表す．

実際，定数 C', A_0 を

$$F(x)-C'x-A_0\frac{x^2}{2}$$

が周期 2π の周期関数になるように定め，これをフーリエの方法によって三角級数

によって展開すれば，ここでは
$$C - \frac{A_1}{1} - \frac{A_2}{4} - \frac{A_3}{9} - \cdots$$

$$\frac{1}{2\pi}\int_{-\pi}^{\pi}\Big[F(t)-C't-A_0\frac{t^2}{2}\Big]dt = C$$

$$\frac{1}{\pi}\int_{-\pi}^{\pi}\Big[F(t)-C't-A_0\frac{t^2}{2}\Big]\cos n(x-t)dt = -\frac{A_n}{n^2}$$

となり，したがって既述の事実より，

$$A_n = -\frac{n^2}{\pi}\int_{-\pi}^{\pi}\Big[F(t)-C't-A_0\frac{t^2}{2}\Big]\cos n(x-t)dt$$

は n が増加するとき，限りなく小さくなる．このことから，前節の定理1によって，級数

$$A_0 + A_1 + A_2 + \cdots$$

は，これが収束するようなすべての点で，$f(x)$ に収束する[5]．

III．$b < x < c$ とし，$\rho(t)$ を次のような関数とする．すなわち，$\rho(t)$ と $\rho'(t)$ は $t=b$ と $t=c$ で値0をとり，この二つの値の間では連続的に変化して $\rho''(t)$ は無限に多くの極大値・極小値をもたないものとし，かつ $t=x$ のときに $\rho(t)=1$, $\rho'(t)=0$, $\rho''(t)=0$ となり，一方，$\rho'''(t)$ と $\rho^{IV}(t)$ は有限でかつ連続であるものとする．このとき，級数

$$A_0 + A_1 + \cdots + A_n$$

と積分

$$\frac{1}{2\pi}\int_b^c F(t)\frac{d^2\dfrac{\sin\dfrac{2n+1}{2}(x-t)}{\sin\dfrac{(x-t)}{2}}}{dt^2}\rho(t)dt$$

との差は，n が増加するとき，無限に小さくなる．

したがって，級数

$$A_0 + A_1 + A_2 + \cdots$$

は，n が増加するときに上の積分がある確定値に近づくか否かによって，収束するか否かとなるのである．

実際，

$$A_1 + A_2 + \cdots + A_n = \frac{1}{\pi}\int_{-\pi}^{\pi}\Big[F(t)-C't-A_0\frac{t^2}{2}\Big]\sum_{k=1}^{n}-k^2\cos k(x-t)dt$$

であり，

6. 任意関数の三角級数による表現の可能性について

$$2\sum_{k=1}^{n} -k^2 \cos k(x-t) = 2\sum_{k=1}^{n} \frac{d^2 \cos k(x-t)}{dt^2} = \frac{d^2 \dfrac{\sin\dfrac{2n+1}{2}(x-t)}{\sin\dfrac{x-t}{2}}}{dt^2}$$

であるから，

$$A_1 + A_2 + \cdots + A_n = \frac{1}{2\pi} \int_{-\pi}^{\pi} \left[F(t) - C't - A_0 \frac{t^2}{2} \right] \frac{d^2 \dfrac{\sin\dfrac{2n+1}{2}(x-t)}{\sin\dfrac{x-t}{2}}}{dt^2} dt$$

となる．ところで，前節の定理 3 によれば，

$$\frac{1}{2\pi} \int_{-\pi}^{\pi} \left[F(t) - C't - A_0 \frac{t^2}{2} \right] \frac{d^2 \dfrac{\sin\dfrac{2n+1}{2}(x-t)}{\sin\dfrac{x-t}{2}}}{dt^2} \lambda(t) dt$$

は，n が無限に増加するとき，無限に小さくなる．

ここで，$\lambda(t)$ はその一階導関数とともに連続で，$\lambda''(t)$ は無限に多くの最大値・最小値をもたないものとし，かつ $t=x$ のときに $\lambda(t)=0$，$\lambda'(t)=0$，$\lambda''(t)=0$ となり，一方，$\lambda'''(t)$ と $\lambda^{\mathrm{IV}}(t)$ は有限で連続とする[(6)]．

そしてさらに，$\lambda(t)$ は両端 b, c の外側で 1 に等しく，その内側では $1-\rho(t)$ に等しいとしよう．これは明らかに許される仮定である．すると，級数 $A_1+\cdots+A_n$ と積分

$$\frac{1}{2\pi} \int_{b}^{c} \left[F(t) - C't - A_0 \frac{t^2}{2} \right] \frac{d^2 \dfrac{\sin\dfrac{2n+1}{2}(x-t)}{\sin\dfrac{x-t}{2}}}{dt^2} \rho(t) dt$$

との差は，n が増加するとき無限に小さくなる．したがって，部分積分によって容易に確かめられるように，

$$\frac{1}{2\pi} \int_{b}^{c} \left(C't + A_0 \frac{t^2}{2} \right) \frac{d^2 \dfrac{\sin\dfrac{2n+1}{2}(x-t)}{\sin\dfrac{x-t}{2}}}{dt^2} \rho(t) dt$$

は，n が無限に大きくなるとき A_0 に収束するので，このことによって上記の定理が得られるのである．

—10—

ここまでの考察で，次の結果が得られたことになる．すなわち，級数 Ω の係数[(71)]

が無限に小さくなるならば，この級数が与えられた x に対して収束するか否かは，その x の近傍における $f(x)$ の振舞いにのみ関係する，という事実である．この級数の係数が無限に小さくなるか否かは，多くの場合，その定積分による表示で決まるのではなく，他の方法によって明らかにされるのである．しかしながら，それとは別に，その関数の性質から直ちに明らかとなる一つの場合を考察することが大切である．すなわち，関数がつねに有限でかつ積分可能という場合である．

このとき，$-\pi$ から π までの区間を小区間
$$\delta_1, \delta_2, \delta_3, \cdots$$
に分割し，最初の区間における $f(x)$ の総変動を D_1, 2 番目の区間におけるそれを $D_2, \cdots$ とすると，
$$\delta_1 D_1 + \delta_2 D_2 + \delta_3 D_3 + \cdots$$
はすべての δ が無限に小さくなるとき，無限に小さくなる．

ここで積分
$$\int_{-\pi}^{\pi} f(x) \sin n(x-a) dx$$
を考えると，これは先頭に $1/\pi$ がつけば，上述の級数に現れる係数の一方である．同じことであるが，これの代わりに $x=a$ からはじまる積分
$$\int_{a}^{a+2\pi} f(x) \sin n(x-a) dx$$
を考え，これを各々が幅 $2\pi/n$ であるような区間に分ければ，各々の積分はそれぞれの対応する区間における総変動に $2/n$ を乗じたものより小さく，したがってそれらの和は，$2\pi/n$ が無限に小さくなるとき，無限に小さくなる．

実際，これらの積分は
$$\int_{a+(s/n)2\pi}^{a+[(s+1)/n]2\pi} f(x) \sin n(x-a) dx$$
の形となるが，ここで，この区間の最初の半分のところでは $\sin$ が正であり，後ろの半分では負となっている．そこで，この区間における $f(x)$ の最大値を M, 最小値を m と書くことにし，区間の最初の半分で $f(x)$ の代わりに M で置き換え，後ろの半分では m で置き換えれば，それはもとの積分よりも大きくなることは明らかである．同様に，区間の最初の半分で $f(x)$ を m に置き換え，後ろの半分では M で置き換えれば，こんどはもとの積分よりも小さくなる．はじめの場合には，それは $(2/n)(M-m)$ となり，第二の場合には $(2/n)(m-M)$ となる．

それゆえ，この積分は絶対値において $(2/n)(M-m)$ よりも小さくなり，したがって積分

$$\int_a^{a+2\pi} f(x)\sin n(x-a)dx$$

は

$$\frac{2}{n}(M_1-m_1)+\frac{2}{n}(M_2-m_2)+\frac{2}{n}(M_3-m_3)+\cdots$$

よりも小さくなる．ここで，s 番目の区間における $f(x)$ の最大値を M_s，最小値を m_s と表すこととする．

そして上の和は，$f(x)$ が積分可能ならば，n が限りなく増大するとき，すなわち $2\pi/n$ が限りなく小さくなるとき，限りなく小さくならなければならない．

ゆえに，以上の仮定のもとでは，級数の係数は無限に小さくなるのである[72]．

— 11 —

考えるべき場合として，次のようなものが残っている．すなわち，級数 Ω の一般項が変数 x のある一つの値に対しては無限に小さくなるが，x のすべての値に対してそうであるとは仮定されていない場合である．しかし，これは結局，前者の場合に帰着するのである．

実際，級数に変数 $x+t$，$x-t$ をそれぞれ代入し，対応する項どうしを加えることによって，次のような級数

$$2A_0+2A_1\cos t+2A_2\cos 2t+\cdots$$

を得るが，この級数の一般項は t の任意の値に対して無限に小さくなるので，前節の考察が応用できるのである．それをみるために，無限級数

$$C+C'x+A_0\frac{x^2}{2}+A_0\frac{t^2}{2}-A_1\frac{\cos t}{2}-A_2\frac{\cos 2t}{4}-A_3\frac{\cos 3t}{9}-\cdots$$

を $G(t)$ で表せば，$F(x+t)$ と $F(x-t)$ の両方が収束するところではつねに

$$\frac{F(x+t)+F(x-t)}{2}=G(t)$$

となるので，次のような結果が得られる：

I．もし級数 Ω の一般項が変数 x に対して無限に小さくなるならば，第9節で示した λ の関数

$$\mu^2\int_b^c G(t)\cos\mu(t-a)\lambda(t)dt$$

は，μ が増大するとき，無限に小さくならなければならない．この積分の値は，

$$\mu^2\int_b^c \frac{F(x+t)}{2}\cos\mu(t-a)\lambda(t)dt,\quad \mu^2\int_b^c \frac{F(x-t)}{2}\cos\mu(t-a)\lambda(t)dt$$

がともに値をもつときに限り，これら二つの部分からなる．そこで，上述の積分が無限に小さくなるか否かは，x を中心とする二つの対称点における関数 F の振舞いに

かかっているのである．ここで注意すべきことは，上記二つの部分の，少なくとも一方が無限に小さくはならないような対称点がありうるということである．

しかしその場合でも，級数Ωの一般項はすべてのxに対して無限に小さくなるのであるから，したがってxの対称点において互いに相殺し合って，限りなく増大するμに対して，二つの部分の和は限りなく小さくなることになる．ゆえに級数Ωは，μが限りなく増大するとき

$$\mu^2 \int_b^c F(x)\cos \mu(x-a)\lambda(x)dx$$

が無限に小さくならないような，対称点の中心xの値に対してのみ収束しうることになる．したがって，そのような対称点が無数に存在する場合に限り，無数のxの値について限りなく小さくならない係数をもつ三角級数は収束しうるということがわかる．

逆に，

$$A_n = -n^2 \frac{2}{\pi} \int_0^\pi \left[G(t) - A_0 \frac{t^2}{2} \right] \cos nt\, dt$$

であり，これはμが限りなく増大するとき

$$\mu^2 \int_b^c G(t)\cos \mu(t-a)\lambda(t)dt$$

が限りなく小さくなるならば，結局，限りなく小さくなるのである[73]．

II．級数Ωの一般項が変数xに対して無限に小さくなる場合は，この級数が収束するか否かは限りなく小さなtに対する関数$G(t)$の振舞いにのみかかっている．そしてさらに，

$$A_0 + A_1 + \cdots + A_n$$

と積分

$$\frac{1}{\pi} \int_0^b G(t) \frac{d^2 \dfrac{\sin\dfrac{2n+1}{2}t}{\sin\dfrac{t}{2}}}{dt^2} \rho(t)dt$$

との差は，nが増大するとき限りなく小さくなる．

ここで，bは0とπの間にある十分小さな定数で，$\rho(t)$は次のような性質をもつ関数とする．すなわち，$\rho(t)$と$\rho'(t)$は連続で，$t=b$でともに0となり，$\rho''(t)$は無数に多くの最大値・最小値をもたないものとし，$t=0$のとき$\rho(t)=1$，$\rho'(t)=0$，$\rho''(t)=0$となり，$\rho'''(t)$と$\rho^{\mathrm{IV}}(t)$は有限でかつ連続とする．

—12—

　関数を三角級数によって表すための条件は，もちろんまだいくらか制限された形のもののはずであり，したがって，特別な仮定を関数の性質に設けないというこれまでの考察をさらに先に進めよう．
　そこで，例えば前節の最後の定理における，$\rho''(0)=0$ という仮定は，もし積分
$$\frac{1}{\pi}\int_0^b G(t) \frac{d^2 \dfrac{\sin\dfrac{2n+1}{2}t}{\sin\dfrac{t}{2}}}{dt^2} \rho(t)dt$$
において $G(t)$ を $G(t)-G(0)$ で置き換えれば除くことができる．しかし，これは本質的なものではない．ゆえに，特別な場合の考察へと移ることにより，関数の研究を完全なものにしようとするのであるが，まずはじめは，無限に多くの最大値・最小値をもたないような関数に対しての研究からはじめよう．というのも，そこではディリクレの成果をさらに豊かにできるからである．
　前述したように，そのような関数は，自身が無限大にならないようなすべての点で積分可能であるが，一方，それは有限個の変数値に対してしか保証の限りでないことも明らかである．ディリクレはまた次のような事実も証明している．すなわち，級数の第 n 項およびその第 n 部分和に対する積分表示においては，その級数の変数値が密集していて，そこで関数が無限大になるようなところを除いた全区間での積分値は，n が増大するとき限りなく小さくなる．そして，
$$\int_x^{x+b} f(t) \frac{\sin\dfrac{2n+1}{2}(x-t)}{\sin\dfrac{x-t}{2}} dt$$
は，$0<b<\pi$ のとき $f(t)$ が上の積分区間内で無限大にならなければ，n が限りなく増大するとき $\pi f(x+0)$ に収束する．そして実は，関数が連続であるという不要な仮定をそこで除いても十分成り立つのである．
　そこで，なお残っているのは，前述の積分表示において，関数が無限大になるような区間における積分値が，n が増大するとき限りなく小さくなる，という場合である．この研究はいまだ解決されておらず，ディリクレによって示された次のような部分的な結果があるのみである．それは，関数が積分可能であるという仮定のもとでは成り立つというものであるが，この仮定は必要なものではない．
　すでにみてきたように，級数 Ω の一般項が x の任意の値に対して限りなく小さくなるならば，関数 $F(x)$ は—その二階導関数が $f(x)$ である—有限でかつ連続

となり，a が限りなく小さくなるとき
$$\frac{F(x+a)-2F(x)+F(x-a)}{a}$$
も限りなく小さくなる．

そこで，もし $F'(x+t)-F'(x-t)$ が無限に多くの最大値・最小値をもたなければ，これは t が 0 になるとき，ある確定値 L に収束するか，あるいは限りなく大きくなるかのいずれかである．そして明らかに
$$\frac{1}{a}\int_0^a [F'(x+t)-F'(x-t)]dx = \frac{F(x+a)-2F(x)+F(x-a)}{a}$$
であり，これも L あるいは ∞ に収束することとなり《74》，したがってこれが限りなく小さくなりうるのは，$F'(x+t)-F'(x-t)$ が 0 に収束するときに限る．それゆえ，たとえ $f(x)$ が $x=a$ で無限大になるとしても，$f(a+t)+f(a-t)$ は $t=0$ の付近でも積分できなければならない．そのためには，
$$\left(\int_b^{a-\varepsilon}+\int_{a+\varepsilon}^c\right)dx[f(x)\cos n(x-a)]$$
は ε が減少するとき収束し，かつ n が増大するとき限りなく小さくなれば十分である．さらに，$F(x)$ は有限でかつ連続であるから，$F'(x)$ は $x=a$ の付近で積分可能でなければならず，$(x-a)F'(x)$ はもしこれが無限に多くの最大値・最小値をもたないならば，$(x-a)$ とともに限りなく小さくなる《75》．このことから，
$$\frac{d(x-a)F'(x)}{dx}=(x-a)f(x)+F'(x)$$
となり，したがって $(x-a)f(x)$ もまた $x=a$ の付近で積分可能となる．ゆえに
$$\int f(x)\sin n(x-a)dx$$
も $x=a$ の付近で積分可能となり，級数 Ω の係数が限りなく小さくなるためには，$b<a<c$ として，
$$\int_b^c f(x)\sin n(x-a)dx$$
が，n が増大するとき，限りなく小さくなりさえすればよいのである．

そこで，
$$f(x)(x-a)=\varphi(x)$$
とおけば，この関数が無限に多くの最大値・最小値をもたない場合は，ディリクレが示したように
$$\int_b^c f(x)\sin n(x-a)dx=\int_b^c \frac{\varphi(x)}{x-a}\sin n(x-a)dx$$
$$=\pi\frac{\varphi(a+0)+\varphi(a-0)}{2}$$

が無限大の n に対して成り立つ.それゆえ,t が限りなく小さくなるとき,
$$\varphi(a+t)+\varphi(a-t)=f(a+t)t-f(a-t)t$$
も限りなく小さくなり,一方
$$f(a+t)+f(a-t)$$
は $t=0$ の付近で積分可能なので,t が限りなく小さくなるとき
$$f(a+t)t+f(a-t)t$$
も限りなく小さくなる.したがって結局,t が減少するとき,$f(a+t)t$ も $f(a-t)t$ もともに限りなく小さくなければならない.

したがって,無限に多くの最大値・最小値をもつような関数を除けば,限りなく小さくなる係数をもつ三角級数によって関数 $f(x)$ が表されるためには,$f(x)$ が $x=a$ に対して無限になるならば,$f(a+t)t$ と $f(a-t)t$ がともに (t が無限に小さくなるとき) 限りなく小さくなり,かつ $f(a+t)+f(a-t)$ が $t=0$ の付近で積分可能となることが必要かつ十分である.

無限個の最大値・最小値をもたないような関数 $f(x)$ が,無限に小さくならないような係数をもつ三角級数によって表されるのは,x の有限個の値に対してのみ可能である.なぜならば,
$$\mu^2 \int_b^c F(x)\cos \mu(x-a)\lambda(x)dx$$
は,μ が無限に増大するときに x の有限個の値に対してのみ無限に小さくなるということはないからである.そういうしだいで,これ以上この問題を追求する必要はないことになる.

―13―

無限個の最大値・最小値をもつような関数に関しては,そのような関数 $f(x)$ で,積分可能ではあるがフーリエ級数で表されないようなものがあることを注意したい[7].それは,例えば $f(x)$ が 0 と 2π の間で
$$\frac{d\left(x^\nu \cos\dfrac{1}{x}\right)}{dx} \quad \left(0<\nu<\frac{1}{2}\right)$$
に等しいような場合である.

そのとき,$x=\sqrt{1/n}$ の近くの x の値に対して,積分
$$\int_0^{2\pi} f(x)\cos n(x-a)dx$$
は n が増大するとき一般には限りなく大きくなっていくので,その積分と

$$\frac{1}{2}\sin\left(2\sqrt{n}-na+\frac{\pi}{4}\right)\sqrt{\pi}\,n^{(1-2\nu)/4}$$

との比が 1 に収束することを，前述と同様の方法で示すことができる．この例を一般化して，さらによくその本質を明らかにするために，次のように考える．

$$\int f(x)dx = \varphi(x)\cos\psi(x)$$

とおき，ここで x が無限に小さいとき $\varphi(x)$ は無限に小さくなり，一方 $\psi(x)$ は無限に大きくなるものとし，これらの関数の導関数はともに連続でかつ無限個の極大値・極小値はもたないものとしよう．このとき，

$$f(x) = \varphi'(x)\cos\psi(x) - \varphi(x)\psi'(x)\sin\psi(x)$$

であり，

$$\int f(x)\cos n(x-a)dx$$

は次の四つの積分の和に等しい：

$$\frac{1}{2}\int \varphi'(x)\cos[\psi(x)\pm n(x-a)]dx$$

$$-\frac{1}{2}\int \varphi(x)\psi'(x)\sin[\psi(x)\pm n(x-a)]dx$$

$\psi(x)$ は正と仮定して

$$-\frac{1}{2}\int \varphi(x)\psi'(x)\sin[\psi(x)+n(x-a)]dx$$

について，その正弦関数の符号変化がきわめて少ないような区間を考える．

$$\psi(x)+n(x-a)=y$$

とおき，$dy/dx=0$ となる x を求めると，

$$\psi'(\alpha)+n=0$$

となる α について $x=\alpha$ となる．

そこで積分

$$-\frac{1}{2}\int_{\alpha-\varepsilon}^{\alpha+\varepsilon}\varphi(x)\psi'(x)\sin y\,dx$$

が，無限に大きな n に対して ε が限りなく小さくなる場合にどのように振る舞うかを考察し，y を変数として導入する．

$$\psi(\alpha)+n(\alpha-a)=\beta$$

とおくと，十分小さな ε に対して

$$y=\beta+\psi''(\alpha)\frac{(x-\alpha)^2}{2}+\cdots$$

となり，$\psi(x)$ は限りなく小さな x に対して正の無限大となるので，$\psi''(\alpha)$ は正である．

さらに，$x-a \gtrless 0$ に対応して

$$\frac{dy}{dx} = \phi''(a)(x-a) = \pm\sqrt{2\phi''(a)(y-\beta)}$$

となり，

$$-\frac{1}{2}\int_{a-\varepsilon}^{a+\varepsilon} \varphi(x)\psi'(x)\sin y\, dx$$

$$= \frac{1}{2}\Big(\int_{\beta+\phi''(a)(\varepsilon^2/2)}^{\beta} - \int_{\beta}^{\beta+\phi''(a)(\varepsilon^2/2)}\Big)\Big(\sin y \frac{dy}{\sqrt{y-\beta}}\Big)\frac{\varphi(a)\psi'(a)}{\sqrt{2\phi''(a)}}$$

$$= -\int_0^{\phi''(a)(\varepsilon^2/2)} \sin(y+\beta)\frac{dy}{\sqrt{y}} \frac{\varphi(a)\psi'(a)}{\sqrt{2\phi''(a)}}$$

n が増大するときに $\phi''(a)\varepsilon^2$ が限りなく大きくなるような ε をとることにすれば，

$$\int_0^\infty \sin(y+\beta)\frac{dy}{\sqrt{y}}$$

は $\sin(\beta+\pi/4)\sqrt{\pi}$ に等しく 0 にならないので，小さな誤差を除けば次を得る．

$$-\frac{1}{2}\int_{a-\varepsilon}^{a+\varepsilon}\varphi(x)\psi'(x)\sin[\phi(x)+n(x-a)]dx = -\sin\Big(\beta+\frac{\pi}{4}\Big)\frac{\sqrt{\pi}\varphi(a)\psi'(a)}{\sqrt{2\phi''(a)}}$$

したがって，これが限りなく小さくならないのならば，これと

$$\int_0^{2\pi} f(x)\cos n(x-a)dx$$

との比は，他の部分が限りなく小さくなるので，限りなく大きな n に対して 1 に収束するのである．

限りなく小さい x に対して，$\varphi(x)$ と $\psi'(x)$ がともに x の冪乗の大きさ，例えば $\varphi(x)$ は x^ν の大きさで，$\psi'(x)$ は $x^{-\mu-1}$ の大きさであるとし，$\nu>0$, $\mu \geqq 0$ とすると，限りなく大きな n に対して

$$\frac{\varphi(a)\psi'(a)}{\sqrt{2\phi''(a)}}$$

は $a^{\nu-\mu/2}$ の大きさなので，$\mu \geqq 2\nu$ ならばこれが限りなく小さくなることはない．しかし一般に，$x\psi'(x)$, あるいは同じことであるが $\psi(x)/\log x$ が限りなく小さい x に対して限りなく大きくなるとき，$\varphi(x)$ は限りなく小さくなり，一方

$$\varphi(x)\frac{\psi'(x)}{\sqrt{2\phi''(x)}} = \frac{\varphi(x)}{\sqrt{-2\dfrac{d}{dx}\dfrac{1}{\psi'(x)}}} = \frac{\varphi(x)}{\sqrt{-2\lim\dfrac{1}{x\psi'(x)}}}$$

は限りなく大きくなるというように $\varphi(x)$ を必ず選ぶことができ，したがって $\int_x f(x)dx$ は $x=0$ の近くにまで拡張できるが，それでもなお

$$\int_0^{2\pi} f(x)\cos n(x-a)dx$$

は限りなく大きな n に対して限りなく小さくなることはないのである．積分

$\int_x f(x)dx$ においては，x が限りなく小さくなるときの積分の増加は，たとえその増加が x の変化に比べて急速なものとしても，$f(x)$ の急速な符号変化と互いに相殺し合うのであり，項 $\cos n(x-a)$ があることによって，それらの増加はひとまとめにされることとなるのである．

積分可能な関数のフーリエ級数が必ずしも収束せず，その項《76》は無限に大きくなりうるのと同じように，どんなに近い二点の間にも無数に多くの x の値があって，そこでは $f(x)$ が積分不可能であるにもかかわらず，級数 Ω は収束するということがありうるのである．

そのような例として，第6節で示された (nx) を用いて表される級数

$$\sum_1^\infty \frac{(nx)}{n}$$

で与えられる関数がある．これは，x のすべての有理数値に対して存在し，三角級数

$$\sum_1^\infty \frac{\sum^\theta - (-1)^\theta}{n\pi}\sin 2n x\pi \text{《77》}$$

によって表される．ここで，θ は n のすべての約数を表すものとする[(8)]．この関数は，どんなに小さな区間上においても有限な値をとらず，したがって積分不可能なのである．

他の例としては，次のようなものがある．級数

$$\sum_0^\infty c_n \cos n^2 x, \quad \sum_1^\infty c_n \sin n^2 x$$

において $c_0, c_1, c_2, \cdots$ は正で，単調に減少して無限に小さくなるが，$\sum_1^n c_s$ は n とともに無限に大きくなるものとする．ここで，もし x と 2π との比が有理数のとき，それを分母が m の最小の分数の形で表せば，明らかに上の級数は

$$\sum_0^{m-1} \cos n^2 x, \quad \sum_0^{m-1} \sin n^2 x$$

がそれぞれ 0 に等しいか否かによって，収束し，あるいは無限に増加する《78》．この両者とも，よく知られた円周等分定理[*34]にならって得られ，無限に多くの x の値に対して，ただ二種類の限られた値をとるものである．

また，級数 Ω はさらに広い範囲でも収束しうるのであって，級数

$$C' + A_0 x - \sum \frac{1}{n^2}\frac{dA_n}{dx}$$

はどんなに小さな区間上でも積分不可能であるにもかかわらず，その項別積分から Ω が得られるのである．

[*34)] C. F. ガウス "*Disquisitiones Arithmeticae*"（邦訳：ガウス整数論，高瀬正仁訳，朝倉書店，1995），第 356 節，p. 636（＝ガウス全集，第 I 巻，p. 442）．

6. 任意関数の三角級数による表現の可能性について

例えば，次のような表現を考えてみよう．

$$\sum_{1}^{\infty}\frac{1}{n^3}(1-q^n)\log\left[\frac{-\log(1-q^n)}{q^n}\right]$$

ここで，対数は $q=0$ のときにこの和が 0 となるようにとり，q の昇冪の順に展開するものとする．ここで，$q=e^{xi}$ とおくと，その虚数部分は一つの三角級数をなすが，それは任意の区間において，x について二回微分可能かつ無限個の点で収束するにもかかわらず，その第一階導関数は無限個の点で無限になるのである．

また，いくらでも近い二点間の無限個の点で収束するような三角級数で，その係数が限りなく小さくはならないという例もある．そのような級数の簡単な例は

$$\sum_{1}^{\infty}\sin(n!x\pi)$$

である．ここで，$n!$ は

$$=1\cdot2\cdot3\cdots\cdots n$$

である．この級数は，x のすべての有理数値に対して収束し有限和となるが，他方，無数に多くの無理数に対しても収束するのである．そのような最も簡単な例は $\sin 1$，$\cos 1$，$2/e$ とその整数倍であり，また e，$(e-1/e)/4$ とその奇数倍などである[9]．

[長岡亮介・鹿野 健 訳]

原　　注

(1) [p. 232 脚注]　関数 $f(x)$ が，x と $x_1 > x$ の間の区間で増加しないと仮定し，$0 < \xi < \Delta$ なる ξ に対して，$f(x+\xi)$ のとる上限，すなわち，この関数の値のいかなるものによっても超えられることなく，しかも，いかなる度合いの近似でもありうるような値を記号 g で表そう．すると，$g - f(x+\xi)$ は，ξ が増加するにつれ，決して減少しないか，無限に小さくなる．すなわち，$\lim_{\xi \to 0}\{g - f(x+\xi)\} = 0$, $g = f(x+0)$ である．

実数の集合 $\mathfrak{S}$ において，その要素が，数において有限ないし無限の数 $\mathfrak{s}$ [いずれ] であるとしても，ある有限の数値的値 [絶対値] を超えないならば，上限をもつという定理は，厳密には，ヴァイエルシュトラスによって定式化され，証明を与えられた (O. Biermann, *"Theorie der analytischen Functionen* (解析関数論)", 第 16 節, Leipzig, Teubner, 1884 を参照せよ)．無理数についてのデデキントの直観に基づいた証明 (「連続性と無理数」, Brunswig, Vieweg, 1872) は，きわめて簡単である．実際，実数列を，二つの部分 A, B に分けて，A に属する任意の要素 a が集合 $\mathfrak{S}$ の数によって超えられることがなく，B に属する任意の要素 b がそうではないならば，これら二つの部分 A, B は，ある存在する値 g によって分かたれ，この g が，集合 $\mathfrak{S}$ の上限の性質を有することは自明である．

(2) [p. 236]　ここには，リーマンの手になる手書きの注がここに入る．我々は以下のように (あるいは最も自然な形で) はっきりと出すことにしよう．というのも，Δ が d とともに消滅する [限りなく 0 に近づく] ことが S の収束のために十分な条件でもあることの証明を完全なものとするには，それが必要だからである．区間 δ', δ'' が d より小さく，したがって，和 S の最大値と最小値 (上限と下限) ── これを二つの細部分分割に対し，S', S'' で表すのであるが ── の差が与えられた量 ε よりも小さいならば，和 S', S'' 自身は有限の量しか異なりえないといえそうである．

その不可能性を再認識するには，二つの部分分割 δ', δ'' を合わせることによって，[もう一つ，すなわち] 三番目の細部分分割 δ をつくると，これが和 S に対応する．δ' の各要素は分割 δ の整数個の要素からなり，S の何らかの (任意の？) 値を考えるときには，これら δ の諸要素に対応する S の項の和は δ' の要素に対応する S'

の項の最大値と最小値の間に入り，したがってまた，全体和 S は S'' の最大値と最小値の間に入る．よって，S, S', S'' は互いに，たかだか ε しか異なりえない．

(3) [p. 237]　区間 (a, b) で非増加な関数 $f(x)$ は無限個の極大値・極小値をもつことはないが，この $f(x)$ が (a, b) で積分可能であることは次のようにして証明できる．

いま，
$$a = x_1 < x_2 < x_3 < \cdots < x_n = b$$
$$\delta_1 = x_2 - x_1, \quad \delta_2 = x_3 - x_2, \quad \cdots, \quad \delta_{n-1} = x_n - x_{n-1}$$
$$D_1 = f(x_1) - f(x_2), \quad D_2 = f(x_2) - f(x_3), \quad \cdots, \quad D_{n-1} = f(x_{n-1}) - f(x_n)$$
$$D_1 + D_2 + \cdots + D_{n-1} = f(a) - f(b)$$

とすると，仮定により $f(x)$ は非増加なので，各区間 $\delta_1, \delta_2, \cdots, \delta_{n-1}$ における最大変動である $D_1, D_2, \cdots, D_{n-1}$ はすべて非負である．そこで，$D > \sigma$ となるような区間の個数を m とすると，$m\sigma < f(a) - f(b)$，つまり
$$m < \frac{f(a) - f(b)}{\sigma}$$
である．

そして，区間すべての和を d とすると，どの区間 δ も d より小さい．したがって，σ より大きな最大変動で最大のものは $([f(a) - f(b)]/\sigma)d$ よりも小さく，これは d が限りなく小さくなれば同じく限りなく小となり，証明すべきものが得られた．

(4) [p. 245]　ここで用いられている $B_{\mu+n}$ は，次のように表される．
$$B_{\mu+n} = \frac{1}{2}\cos(\mu+n)(x-a)(a_n \sin na + b_n \cos na)$$
$$+ \frac{1}{2}\sin(\mu+n)(x-a)(a_n \cos na - b_n \sin na)$$
$$B_{\mu-n} = \frac{1}{2}\cos(\mu-n)(x-a)(a_n \sin na + b_n \cos na)$$
$$- \frac{1}{2}\sin(\mu-n)(x-a)(a_n \cos na - b_n \sin na)$$

証明を完全なものにするには，なお
$$\mu_2 \int_b^c \left(C + C'x + A_0 \frac{x^2}{2}\right) \cos \mu(x-a) \lambda(x) dx$$
が極限値 0 をもつことを示さなければならない．これは次のように直ちに得られる．まず
$$\left(C + C'x + A_0 \frac{x^2}{2}\right) \cos \mu(x-a) = -\frac{1}{\mu^2} \frac{d^2 B}{dx^2}$$
$$B = \left(C - \frac{3A_0}{\mu^2} + C'x + A_0 \frac{x^2}{2}\right) \cos \mu(x-a) - 2(C' + A_0 x) \frac{\sin \mu(x-a)}{\mu}$$

とおき，部分積分を二回施す．
$$\int_b^c \cos\mu(x-a)\lambda''(x)dx, \quad \int_b^c \sin\mu(x-a)\lambda''(x)dx$$
の形の積分は μ が限りなく増大すれば 0 に収束するが，この事実はディリクレの方法によるか，あるいは次のようなデュ・ボア・レイモンの平均値定理によって証明できる．その平均値定理とは，区間 (b,c) で非増加，もしくは非減少であるような関数 $\varphi(x)$ に対して，この区間内の点 ξ が存在して
$$\int_b^c f(x)\varphi(x)dx = \varphi(b)\int_b^\xi f(x)dx + \varphi(c)\int_\xi^c f(x)dx$$
が成り立つというものである．

(5) [p. 246] II で述べられている定理については，少し説明が必要である．周期 2π の関数 $f(x)$ が与えられたとき，$F(x+2\pi)-F(x)=\varphi(x)$ は次のような性質をもつ．すなわち，
$$\frac{\varphi(x+\alpha+\beta)-\varphi(x+\alpha-\beta)-\varphi(x-\alpha+\beta)+\varphi(x-\alpha-\beta)}{4\alpha\beta}$$
は，本文中の仮定のもとで，α と β が 0 に近づけば収束する．したがって，$\varphi(x)$ は x の一次関数となり，定数 C', A_0 は
$$\Phi(x) = F(x) - C'x - A_0\frac{x^2}{2}$$
が周期 2π の関数になるように定められる．

ここで，関数 $F(x)$ にさらに次のような仮定，すなわち $\lambda(x)$ が本文にある条件を満たすとき，任意の値 b, c に対して
$$\mu^2 \int_b^c F(x)\cos\mu(x-a)\lambda(x)dx$$
は，μ が限りなく増大するとき 0 に収束する，という仮定を加えれば，同じ仮定のもとで
$$\mu^2 \int_b^c \Phi(x)\cos\mu(x-a)\lambda(x)dx$$
も 0 に収束する．

そこで，$b<-\pi$, $c>\pi$ とし，区間 $(-\pi,\pi)$ では $\lambda(x)=1$ とすると，
$$\mu^2\int_b^{-\pi}\Phi(x)\cos\mu(x-a)\lambda(x)dx + \mu^2\int_\pi^c \Phi(x)\cos\mu(x-a)\lambda(x)dx$$
$$+\mu^2\int_{-\pi}^\pi \Phi(x)\cos\mu(x-a)dx$$
は 0 に収束する．ここで，μ が整数 n であるときは，$\Phi(x)$ の周期性によって上記の和は次のようになる：

$$n^2\int_{b+2\pi}^{c}\varPhi(x)\cos n(x-a)\lambda_1(x)dx+n^2\int_{-\pi}^{\pi}\varPhi(x)\cos n(x-a)dx$$

ここで，区間 $(b+2\pi, \pi)$ では $\lambda_1(x)=\lambda(x-2\pi)$ であり，区間 (π, c) では $\lambda_1(x)=\lambda(x)$ となるものなので，$\lambda_1(x)$ は区間 $(b+2\pi, c)$ において $\lambda(x)$ の仮定を満たしている．このことから，上記の和の第一項の極限値は 0 であり，したがって

$$\mu^2\int_{-\pi}^{\pi}\varPhi(x)\cos \mu(x-a)dx$$

の極限値も 0 に等しいのである．

(6) [p. 247] ここでは，関数 $\lambda(x)$ に対して，$\lambda(x)$ が周期 2π で接続されるという条件をつけ加えなければならないように思われる（これは，その後の仮定と矛盾するものではない）．実際，例えば問題の積分は，$F(t)-C't-A_0(t^2/2)=$const. で $\lambda(t)=(x-t)^3$ である場合，極限値 0 に収束しないのである．ところが，$\lambda(x)$ を周期関数とすると，微分

$$\frac{d^2}{dt^2}\frac{\sin\dfrac{2n+1}{2}(x-t)}{\sin\dfrac{x-t}{2}}$$

を実行し，第 8 節の定理 3 を応用して上の注 (5) の場合と同様の方針で進めば，これらの積分が 0 に収束することが従うのである．

注 (5), (6) は，この全集の初版においては (1), (2) という番号であったのであるが，それに対してアスコリは三角級数に関する一つの論文（リンツァイ学士院，1880年）において様々な異議を提出している．しかしながら，これらの注は変更することなくそのままとしておく．ただ，以下のような説明を補足する．

定理の証明は，注 (5) においては，$\varphi(x)$ と表された関数が一次関数でなければならないという事実（私はこれについてクレルレ誌，第 72 巻，p. 141 のカントールの論文を参照した）によっていて，もちろん関数 $f(x)$ は x のすべての値に対して存在する（したがって，有限でもある）と仮定している．私には，一般にその存在を仮定した場合の方が，第 9 節の I, II は申し分なく理解しやすいものと思われるが，同時に，アスコリのように $F(x)$ に対する諸条件のもとで，$-C'x-A_0(x^2/2)$ をつけ加えることによって，[補うべき] 必要な条件を周期関数に置き換えることも一向に構わないものと思う．$f(x)$ が一般に存在するという仮定を落とすと，$F(x)$ としては一次関数ばかりでなく，無数に多くの異なる関数がありうるのである．第 9 節の III は，$f(x)$ が一般に存在するということが仮定されていなくとも，その代わり第 8 節の場合と同様に，$F(x)$ を級数 $C-A_1/1-A_2/4-A_3/9-\cdots$ で定義すれば，それでもたしかに意味をもつものである．

この注(6)に関しては，次のようなことが追加された．
　すなわち，本文中の関数 $\lambda(t)$ は単に区間 $(-\pi, \pi)$ 上で与えられているとし，$\lambda(t)$ と $\lambda'(t)$ の周期性は仮定せず，ただ $\lambda(\pi)=\lambda(-\pi)$，$\lambda'(\pi)=\lambda'(-\pi)$ を仮定すれば十分であるが，これは本来の周期性ではなく連続的な周期接続の可能性を仮定するものである．したがって，第9節のⅡの関数 $F(t)-C't-(A_0/2)t^2$ は級数 $C-A_1/1-A_2/4-A_3/9-\cdots$ によって定義されていて，アスコリのように $-A_1/1-A_2/4-A_3/9-\cdots$ で定義されているわけではないので，$F(t)-C't-(A_0/2)t^2$ が 0 とは異なる定数であるという問題の仮定は，十分に認められるものである．また，積分

$$\frac{1}{2\pi}\int_{-\pi}^{\pi}\Phi(t)\frac{d^2\dfrac{\sin\dfrac{2n+1}{2}(x-t)}{\sin\dfrac{x-t}{2}}}{dt^2}\lambda(t)dt$$

が $[n\to\infty$ のとき$]0$ になることの証明に，注(5)の類似を私は用いたのであるが，その方法についてもう少し詳しく説明しよう．積分記号下で微分を実行すると多くの項が現れるが，その項の一つは，簡単のために $(2n+1)/2=\mu$ とおくと

$$-\mu^2\int_{-\pi}^{\pi}\Phi(t)\frac{\lambda(t)}{\sin\dfrac{x-t}{2}}\sin\mu(x-t)dt$$

あるいは，$\lambda(t)=\lambda_1(t)\sin(x-t)/2$, $x=a+\pi$ とおくと

$$(-1)^n\mu^2\int_{-\pi}^{\pi}\Phi(t)\lambda_1(t)\cos\mu(a-t)dt$$

となる．そこで，b,c を区間 (b,c) が区間 $(-\pi, \pi)$ を含むようにとり，(b,c) において関数 $\lambda(t)$ を $\lambda(t)=\lambda_1(t)$ が $(-\pi, \pi)$ では成り立ち $\lambda(t)$ も $\lambda'(t)$ も 0 に収束するように定める．次に，区間 $(b+2\pi, c)$ での関数 $\lambda_2(t)$ は，$\lambda_2(t)=-\lambda(t-2\pi)$ が $(b+2\pi, \pi)$ で成り立ち，(π, c) では $\lambda_2(t)=\lambda(t)$ が成り立つようなものとし，さらに $\lambda_2(\pi)=-\lambda_1(-\pi)$, $\lambda_2'(\pi)=\lambda_1'(-\pi)$ となるものとする．すると，注(5)の場合と同様に，

$$\mu^2\int_{-\pi}^{\pi}\Phi(t)\lambda_1(t)\cos\mu(a-t)dt$$
$$=\mu^2\int_{b}^{c}\Phi(t)\lambda(t)\cos\mu(a-t)dt-\mu^2\int_{b+2\pi}^{c}\Phi(t)\lambda_2(t)\cos\mu(a-t)dt$$

が成り立ち，右辺の二つの項は，第8節の定理3によって，μ が無限に大きくなるとき 0 に収束する．まったく同様にして，問題の積分の残りの項についても扱うことができるのである．

　(7) [p. 253]　ここでは，リーマン以後，さらに本質的な進展を三角級数論に与えたデュ・ボア・レイモンの仕事について言及したい．そこでは，いたるところで有限かつ連続な，無数に多くの極大・極小をもつような関数で，三角級数では表されないよ

うなものがあることが具体例により証明されている.

(8) [p. 256]　記号 $\sum^\rho -(-)^\rho$ は，+1 か -1 の項の和で，n の偶数の約数に対しての項は -1 になり，奇数の約数に対しては +1 となるものである．この展開式 (まったく異議がないというわけではない方法によるものであるが) は，関数 (x) をよく知られた式

$$-\sum_{m=1}^{\infty}(-1)^m \frac{\sin 2m\pi x}{m\pi}$$

で表して，それを和 $\sum(nx)/n$ に代入し，和の順序を交換して得られるものである.

(9) [p. 257]　値 $x=(1/4)(e-1/e)$ は，ジェノッキがこの例に関する研究 (「間隙級数研究」, Torino, 1875) において注意したように，実は級数 $\sum_{1}^{\infty}\sin(n!x\pi)$ が収束するような値ではない．$x=(1/2)(e-1/e)$ に対してもジェノッキの言とは異なり，この級数は収束しない.

訳　　注

《1》[p. 223]　「任意の関数」，より詳しくは「**まったく任意に与えられた関数** (eine ganz willkürlich gegebene Function)」とは，伝統的な関数概念に暗黙に前提されていた，「単一の式で表される」という意味で，"解析的な表現"（オイラー）だけに限らず，区分的に別の表現で与えられたものや，フリーハンドで描かれる曲線をグラフにもつようなものまでをも含んだ，最も一般的な関数を指し示すときに使われた当時の慣用表現である．この概念のもとに，いかなる関数が許容されるかをめぐる数学史がこの後に解説される．

《2》[p. 223]　以下に出てくるが，ディリクレのことである．

《3》[p. 224]　すぐ次で定義される記号を使って表すなら，$y=y(t;x)$ として，$\forall t$, $y(t;0)=y(t;l)=0$.

《4》[p. 224]　当然，「任意の t に対して」の意である．したがって，$f(z)=\varphi(-z)$, $f(l+z)=\varphi(l-z) \forall z$ と言い換えられる．これが次で使われる．

《5》[p. 224]　ここで第一式より，f は，周期 $2l$ の周期関数である．なお，ダランベールは上に述べられた条件のほかに，$t=0$ において，弦が静止している，といった今日の言葉でいう初期条件の特殊のものも考慮したりしている．これはやがてオイラーの批判的指摘を受けることになるが，リーマンはこの特殊な初期条件をおそらくは意図的に無視している．

《6》[p. 224]　周期 $2l$ の関数を一般的に表す式を決定するという問題である．今日の常識からみると，理解困難な問題提起であるが，ダランベールが，「関数＝式」という当時の数学的パラダイムに一貫して忠実に活動していたことの証というべきである．

《7》[p. 226]　原語は "Abscisse"，すなわち「横座標」であるが，19世紀以前はこの語が独立変数を指すのに一般に用いられた．

《8》[p. 226]　原語は "Ordinate"，すなわち「縦座標」である．この語は，前訳注と同様，従属変数の意味で使われてきた．

《9》[p. 226]　今日の言葉に直すと，「関数」，あるいはその「グラフ」．

《10》[p. 226]　本文のニュアンスを伝えるために，この部分はあえて逐語的に訳し

ているが，要するに，ある曲線が，ある区間で一つの式で表現され，他の区間ではその式で表現できないということは起こらない，ということを疑う人はいなかったということである．$f(x)=g(x)$ がある区間 I において成り立つなら全域において成り立つ，成り立たないとしてもそれはいくつかの例外点のみである，という「一致の定理」だといってよい．いうまでもなく，今日の関数概念のもとでは考えられない「定理」であるが，「関数＝式」というパラダイムの中では十分に存在しうる主張であったのである．なお，フランス語訳では，この部分は次のようにより詳しく訳されている．「有限であれ，無限であれ，一つの解析的表現に従わせることのできる任意の変形は，変数のすべての値に対して当てはまり (legitime)，少なくとも，当てはまらない (inapplicable) ことがあっても，特別の場合にしかそのようなことが起こらない，ということを疑う人はいなかった．」

《11》[p. 227] 「個数を変えられる」という意．

《12》[p. 227] 有限で成り立っている関係式の極限形を考えることを，19 世紀の数学者たちはしばしばこのように表現した．

《13》[p. 227] ラグランジュは，解析を幾何の上位におくという立場を最も鮮明に表明した数学者である．

《14》[p. 227] 一般の関数は微分可能とは限らない，という意味ではない．任意の関数というだけで式で表現できていなければ，微分の計算ができないという意味である．

《15》[p. 227] 原語は "auch äusserlich"．「目立つように」と訳すべきか．フランス語訳では，「華やかに (d'une manière éclatante)」と訳されている．

《16》[p. 228] ここでいう「不連続」は，18 世紀的な意味でのそれである．例えば
$$f(x)=\begin{cases}x & (0\leq x<l)\\ -x & (-l<x<0)\end{cases}$$
のように，区間ごとに異なる「解析的表現」で与えられた関数は，関数を定める規則が連続していないという意味で，不連続と呼ばれた．

《17》[p. 228] 原文はフランス語．

《18》[p. 230] 「任意の関数」を現代風にとらえると，まったく理解不能な箇所であるが，逆にこのことが，コーシーの関数概念の実際が，伝統的な「解析的表現」にすぎなかったことを物語っている．実際，例えば $f(x)=x^2$ ならば $f(x+yi)=(x^2-y^2)+2xyi$ を「自然に」考えることができる．このような計算は，しばしば「実から虚への移行」という名のもとに意識的に実行された．

《19》[p. 230] "durchgehends eine Integration zulassen" という原文のニュアンスを伝えるためにも，リーマンが本論文で，まさにその積分可能性の概念を拡張しよう

としている趣旨からしても,「およそ積分を受け入れるような」と訳す方がよいのであるが，ここではとりあえずわかりやすさを優先した.

《20》[p. 230] もちろん，有限区間においてである．いまふうに言い換えれば,「区分的に単調」という意.

《21》[p. 230] ここで考えているのは収束する級数だけである.

《22》[p. 230] いまふうにいえば,「各項の絶対値をとる」こと.

《23》[p. 230] いわゆる絶対収束する級数と，条件収束しかしない級数への分類である.

《24》[p. 230] 実際上,「絶対値をとっても」と同じ意味.

《25》[p. 230] 絶対値.

《26》[p. 230] 原文に忠実に訳すと,"量 a","量 b".

《27》[p. 230] $\{a_n\}$, $\{b_n\}$ は単調減少ではないが, $\lim_{n\to\infty}a_n=\lim_{n\to\infty}b_n=0$ である.

《28》[p. 230] 「任意に小さくなる (beliebig klein werden)」は，任意に指定される(正の)値よりも小さくなるという意味で使われる当時の慣用表現である.

《29》[p. 231] 原語の "Inbegriff" は「集合」と訳されることもあるが，単なる離散的要素の集合というよりは，概念 (Begriff) に包括されるものの総体を指す用法もある．ここでは読みやすいように意味を汲んで，総和と訳した.

《30》[p. 231] いわゆる冪級数のこと.

《31》[p. 231] 原文は "die endliche Reihe". Reihe (級数) はこのように有限和についても使われた.

《32》[p. 231]
$$\frac{1}{\pi}\int_{-\pi}^{\pi}f(\alpha)\sin \alpha d\alpha \sin x+\frac{1}{\pi}\int_{-\pi}^{\pi}f(\alpha)\sin 2\alpha d\alpha \sin 2x+\cdots$$
$$+\frac{1}{\pi}\int_{-\pi}^{\pi}f(\alpha)\sin n\alpha d\alpha \sin nx+\frac{1}{2\pi}\int_{-\pi}^{\pi}f(\alpha)d\alpha$$
$$+\frac{1}{\pi}\int_{-\pi}^{\pi}f(\alpha)\cos \alpha d\alpha \cos x+\frac{1}{\pi}\int_{-\pi}^{\pi}f(\alpha)\cos 2\alpha d\alpha \cos 2x+\cdots$$
$$+\frac{1}{\pi}\int_{-\pi}^{\pi}f(\alpha)\cos n\alpha d\alpha \cos nx$$
$$=\frac{1}{\pi}\int_{-\pi}^{\pi}f(\alpha)\left\{\frac{1}{2}+\sum_{k=1}^{n}(\sin k\alpha \sin kx+\cos k\alpha \cos kx)\right\}d\alpha$$
$$=\frac{1}{\pi}\int_{-\pi}^{\pi}f(\alpha)\left\{\frac{1}{2}+\sum_{k=1}^{n}[\cos k(x-\alpha)]\right\}d\alpha$$
$$=\frac{1}{2\pi}\int_{-\pi}^{\pi}f(\alpha)\frac{\sin\frac{2n+1}{2}(x-\alpha)}{\sin\frac{x-\alpha}{2}}d\alpha$$

という有名な変形である.

《33》[p. 232]　$f(x)=(1/2)\{f(x+0)+f(x-0)\}$ となること.

《34》[p. 232]　ディリクレが1829年の論文で，$f(x)$ に課した条件の中には「連続性の溶解点が有限個しか存在しない」こと，いまふうにいうと，区分的に連続であることが含まれていたが，リーマンは，これが積分の存在を保証するための前提であることを洞察して，積分可能性に緩めているのである.

《35》[p. 234]　原語は "Werth(e)". 19世紀前半までは，実数のことをこのように呼ぶことが多かった.

《36》[p. 234]　要するに，$a=x_0<x_1<x_2<\cdots<x_{n-1}<x_n=b$ ということ.

《37》[p. 234]　"$\delta_k=x_k-x_{k-1}$ $(k=1,2,\cdots,n)$" といえばすむところであるが，このような表現の簡潔性への傾向は当時はなかった.

《38》[p. 234]　原文は "eine positive ächte Bruch". 直訳すれば「正の真分数」である. 現代人には異様とも写るほど素朴な表現であるが，これは19世紀までは慣用表現であった. なお，ε といっても，実際には，ε_k $(k=1,2,\cdots,n)$ のことである.

《39》[p. 234]　$x_0=a$, $x_n=b$ という重複した記号を用意しておいて，$\sum_{k=1}^{n}\delta_k f(x_{k-1}+\varepsilon_k\delta_k)$ ですませるという感性も見当たらない.

《40》[p. 234]　δ_k $(k=1,2,3,\cdots,n)$ のこと. 以下同様.

《41》[p. 234]　ε_k $(k=1,2,3,\cdots,n)$ のこと. 以下同様.

《42》[p. 234]　原語は "unendlich klein".

《43》[p. 234]　原語は "Grenge". ここでは「限界」と日常語に近い単語に訳すことも不可能ではないが，19世紀に入ってから極限概念はそれ自身，十分厳密に扱えるようになっていたことを考えれば，極限という現代の標準用語に訳すことはごく自然である.

《44》[p. 234]　原文は "so hat $\int_a^b f(x)dx$ keine Bedeutung" である. Bedeutung は，「意義」というより，概念に妥当する対象という意味での「意味」.

《45》[p. 234]　フランス語訳は，「記号に精密な定義 (une définition précise) を保とうと」としている.

《46》[p. 234]　(a,b) は，原論文に現れる記号である. 閉区間，開区間についての区別の理論的重要性も，したがってそれらの記号的区別も，リーマンの時代にはまだ鮮明ではなかったが，ここでは，一般に区間という単語は，19世紀第3四半世紀までは，原則として開区間の意味で解釈すると，好都合なことが多い.

《47》[p. 234]　リーマンの叙述の歴史性を失わないためにあえて直訳するなら，「δ に対し，いかなる度合いの微小性を付与しようと」となる.

《48》[p. 234]　原文は "jeden beliebigen Werth".「任意に大きな値」と考えるとよい.

《49》[p.234]　原文は "nicht allgemein eingeführt". フランス語訳では,「一般的に受容されてはいない (ne sont pas gánéralement admises)」となっているが, 世間的に認められていない, というのではなく, 定義があまりに特殊である, という意味であろう.

《50》[p.235]　原文は "die grösste Schwankung". いまふうにいえば, 区間における関数の上限と下限の差であるから,「振幅」ないし「変動」という訳語も馴染むが, 前に出てきた「振動弦」の振動と同じ語源をもつ語なので, ここでは「振動」と訳す. 振動という語から連想される周期的な波の意味はまったくない. リーマンは, 後には「最大」をつけずにこの語を用いる.

《51》[p.235]　すでに前にも出てきているが,「最大値 (der grösste Werth)」といっても, いまふうにいえば,「上限」というほどの意味でリーマンは使っている.

《52》[p.235]　原文は "die Gesammtgrösse der Intervalle". 直訳すると,「諸区間の全体量」.

《53》[p.235]　「区間内のすべての点で有限確定値をとる」という意.

《54》[p.235]　小区間の長さ $\delta_1 \delta_2 \cdots \delta_n$ のこと.

《55》[p.236]　原語は "Grenzen". 19世紀以前には, 区間の端点を表すのによくこの語が用いられた.

《56》[p.236]　原語は "einzelne Werthe".「個々の離散的な値」という意.

《57》[p.236]　これも《55》同様, 原語は "Grenzen". ここでは「積分区間の端点」という意.

《58》[p.236]　原語は "Grenzwerth".

《59》[p.236]　x の小数部分を $\{x\}$ と書くと, $\{x\}<1/2$ のとき $(x)=\{x\}$, $\{x\}>1/2$ のとき $(x)=\{x\}-1$, $\{x\}=1/2$ のとき $(x)=0$.

《60》[p.236]　リーマンはしばしば n^2 のことを nn と書いている.

《61》[p.236]　$\lim_{X \to x+} f(X) = f(x) - \pi^2/16n^2$, $\lim_{X \to x-} f(X) = f(x) + \pi^2/16n^2$ の意. ここの計算では, $\zeta(2)=\pi^2/6$ が使われている.

《62》[p.237]　区間における, 最大値と最小値との差のこと.

《63》[p.239]　$a_n \to 0$ かつ $b_n \to 0$ ならば, x の任意の値に対して $A_n \to 0$ となること. しかし, 以下の多くの箇所でリーマンは, $a_n \to 0$, $b_n \to 0$ と $A_n \to 0$ とを同一視 (混同?) している. これが正しいことは, しかしカントール (1870年) によって後に証明された.

《64》[p.240]　原文では "$\varepsilon_n < \delta$". リーマンの本論文には絶対値の記号 | | が使われていない. ここまでは, つねに「… は絶対値において (von Zeichen)」という言葉で述べていたが, この箇所だけは $\varepsilon_n < \delta$ と不等式で書いている. しかし, 明らかに

$|\varepsilon_n|<\delta$ の意味.

《65》[p. 241]　$\{[\sin(n-1)a/(n-1)a]^2-(\sin na/na)^2\}$ のことで，$m<n\leq \pi/a$ のときこれは正.

《66》[p. 241]　絶対値において.

《67》[p. 241]　$sa\to \pi$ の意.

《68》[p. 244]　$\int_b^c B_{\mu\pm n}\lambda''(x)dx$ のこと.

《69》[p. 245]　$[F(x+\alpha+\beta)-F(x+\alpha-\beta)-\cdots]/4\alpha\beta \to 0$ と，$\mu^2\int_b^c F(x)\cdots dx \to 0$ のこと.

《70》[p. 245]　ここでは，「係数(Coefficienten)」といっているが，ここまでは「項(Glieder) $A_n \to 0$」としていた.

《71》[p. 247]　ここでも「係数(Coefficienten)」といっているが，考えてきたのは「項(Glieder) $A_n \to 0$」の場合. しかしこの節では，以下，係数 a_n について考察している.

《72》[p. 249]　係数 $a_n \to 0$ というこの結果が，いわゆるリーマン・ルベーグの定理と後にいわれるものである.

《73》[p. 250]　リーマンはここでも，項 $A_n \to 0$ と係数 $a_n, b_n \to 0$ とを同一視している.

《74》[p. 252]　∞ に定発散することを，「∞ に収束する」としている.

《75》[p. 252]　$\lim_{x\to a}(x-a)F'(x)=0$ のこと.

《76》[p. 256]　原文 "die Glied" の訳であるが，これは "die Reihe (その級数)" とでもすべきところであろう.

《77》[p. 256]　現今の記号で書けば，$\sum^\theta -(-1)^\theta=\sum_{d|n}(-1)^{d+1}$ のこと.

《78》[p. 256]　これが有名な $\sum_1^\infty \sin(n^2x)/n^2$ というリーマンの例のもととなっていると思われる.

解　説

「任意関数の三角級数による表現の可能性について (Über die Darstellbarkeit willkürlicher Function durch eine trigonometrische Reihe)」(以下では，一般名詞としての"三角級数"と区別するために「　」でくくって「三角級数論」と略記する)は，リーマンが1854年，ゲッティンゲン大学哲学部への教授資格審査論文 Habilitationsschrift として提出したもので，『リーマン全集』のpp. 230-264 (フランス語版：pp. 225-279) を占める，かなり大型の論文である．リーマンは，この論文にそれなりの自負をもっていたようであるが，これをもとに就任講演にしようとした彼の意に反して，講演主題としては，「幾何学の基礎をなす仮説について」が指定されたのであった．そのため，「三角級数論」は教授資格申請論文の一つとして扱われるにとどまった．この選定に，ゲッティンゲン大学の天文台台長ガウスの影響力が無縁ではありえない．この一件との直接的な関係は不明であるが，リーマンがその後，「三角級数論」の改訂や出版を意図した形跡はまったくない．したがって今日この論文が容易に入手できるのは，リーマンの『全集』に収録されているからである．『全集』の編者デデキントは

> 「本論稿を一字一句も修正することなく出版することは，そこで扱われた主題のもつ深い興味自体によっても，また，ここに収められた，無限小解析の最も重要な諸定理を扱う手法によっても，正当なものとみなされうるはずである．」

として，本論稿を『全集』に収録したのである．

「三角級数論」は，リーマン自身が述べるように，第一部に第1節から第3節までの数学史的叙述があり，それを受けて，第二部が第4節からはじまる．有名なリーマンの積分論が，第4節から第6節で展開され，これをもとに第7節以降，彼の「三角級数論」が具体例とともに展開される，という構成をとっている．十数ページにも及ぶ歴史的叙述がつけられていること自体が，中心的アイディアだけを短く要約するスタイルに慣れた現代の目には珍しく映るが，歴史的記述が，単なる「話の枕」としてつけられているという水準をはるかに越えた，きわめて的確で洞察力に富んだ，それ

自身として高い評価に値する歴史叙述がなされているという点がまず注目されるべきである．とりわけ，本文で具体的に紹介したように，リーマンが「三角級数論」の歴史を，ときに慎重な資料批判を行いつつ，歴史に特有の弁証法的な展開として，的確に論じていることは驚異的でさえある．

しかし，リーマンの論文に先行する研究がなかったわけではない．リーマン自身が本文で引用しているように，きわめて立派な研究がすでになされていたのである．L.ディリクレによる「三角級数の収束について」(1829) である．ディリクレは，すでに応用分野を開拓しつつあるフーリエの三角級数について，その理論的基礎（収束についての厳密な証明）が欠落していること，特にコーシーなどによって与えられた「証明」が，「任意の関数」についての 18 世紀的独断に補われていることを明確にとらえ，ある，きわめて緩い諸条件を満足するほとんどすべての関数について，そのフーリエの三角級数がもとの関数に収束することを厳密に証明したのである．これにいたる歴史について簡略にふれておこう．

まず，鍵となる「任意関数」であるが，リーマンも本論文「三角級数論」においてしばしば「任意関数」「まったく任意の関数」「グラフで与えられる関数」などの用語を使っているが，実は，ダランベール，オイラー，ベルヌーイ，…の論争は，つまるところ，この概念をめぐるものであったということができる．訳注において個別的にふれているが，ここでごく簡単にまとめておこう．

近代的な関数概念の萌芽は，フェルマ，デカルトのいわゆる解析幾何的手法にみることができる．そして，"ともなって変化する二量の関係の瞬間的な関係" を問題とする微積分法の開拓とともに，数学的概念として自立していく．function に対応するラテン語 *functio* を，このような数学的術語として使い出したのも，ライプニッツやヨハン・ベルヌーイ (Johann Bernoulli) である．

しかしながら，微積分法の開拓華やかなりしとき，学問的関心は，積分問題を，機械的な計算に帰着できる微分の逆問題として解くという計算手法に傾き，微積分の基礎概念を論理的に定式化する必要を深刻に考えていた数学者はほとんどいなかった．G. バークリによる「流率法 (method of fluxion)」批判にもかかわらず，である．微分や積分は，眼前に与えられた具体的な関数に対する具体的な計算処理にすぎなかったわけである．微分は微分の計算，積分は積分の計算であって，そもそも，例えば微分を，

$$\lim_{h \to 0} \frac{f(x+h)-f(x)}{h}$$

のように定式化するという関心さえ希薄であったのである．

最大の理由は，このような議論の出発点にある関数の概念が自立的に与えられてい

なかったことである．直截にいうと，18世紀までの多くの数学者が「関数」という言葉で念頭においていたのは，$x, y, \cdots$ などの変数を含む数学的な式にすぎなかった．このことを物語る最も有名な事例は，オイラーの『無限解析序説』("Introductio in analysin infinitorum") 冒頭の関数の定義である．

"ある変数の関数とは，その変数と定数とから，いかなる仕方ではあれ組み立てられた数学的式のことである." *Functio quantitatis variabilis, est expressio analytica quomodocunque composita ex illa quantitate variabili, et numeris seu quantitatibus constantibus.*

('数'と'量'は19世紀後半までは，峻別される概念であったので，'変数'，'定数'は'変量'，'定量'と訳す流儀もあるが，'関数'を'関量'と訳せないので，ここでは読みやすさを優先する．)

　この定義の鍵となる表現は，「数学的式」(*expressio analytica*＝analytical expression：解析的表現) と，「組み立てられた」(*composita*＝composed) であるが，これ自身を厳密に定式化しようという関心はオイラーにはない．そもそもこの定義は，ベルヌーイがすでに与えていた定義の中の「量」を「解析的表現」に置き換えたものにすぎないが，これによって定義がより鮮明になるとみなした姿勢にこそ，18世紀的な関数概念の基本的枠組みをみることができる．「解析的表現」という，いささか違和感のある言葉を「数学的式」という平板な言葉に訳したのも，その趣旨からである．紙数の関係から詳述することはできないが，17世紀から19世紀初頭にいたるまで，「解析」は，近代数学の記号法を利用する計算的数学の総称として，しばしば「代数」と同義に用いられてきたものである．したがって，「解析的表現」には代数的表現はもちろん，無限級数，積分，陰伏的定義をはじめとするいっさいの数学的定式化が包含されていたのである．当然，「多価関数」のような「多義性」も許容されていた．

　ところで，関数 $f(x)$ が，このように変数を含む数式で具体的に与えられるとすると，その途端に $f(x)$ は (特殊な例外的な特異点を除いて) 微分できる．(無限級数については項別微分による．これが批判的に検討されるのは，19世紀末になってからである．リーマンやヴァイエルシュトラスがあげたような病理学的関数の存在は，問題となるべくもなかった．) 微分の厳密な概念的定義を欠いていても，関数が「式」であったので微分の計算はできたのである！

　もちろん，その計算の根底には，「幽霊」のような〈無限小〉の観念があった．論理的に困難なこの〈無限小〉を排除して，微分を正当化しようする数学的試みさえあった．ラグランジュの『解析的関数論』である．彼は，(わかりやすさのために，少しまふうに単純化して表せば) $f(x+h)$ を h について「解析的」＝「代数的」に展開した

ときの h の係数である x の関数を, $f(x)$ から導かれる関数という意味で, $f(x)$ の「導関数」(dérivé：導かれたもの) と呼ぶことにすれば, 極限概念を経ることなく, 微分が定義できると考えたのである.

このような試みが不毛であることを正しく指摘し, 今日, $\varepsilon-\delta$ 論法と呼ばれる極限概念の正当化に成功したのは, コーシーである. 今日的基準からみれば不十分な点はいくらでもあるが, 極限概念に基づいて微分, (定)積分を概念的に定義し, (有界閉区間で) 連続な関数については定積分が定義でき, その定積分をその上端の関数とみて微分すると, 被積分関数が現れる $((d/dx)\int_a^x f(t)dt = f(x))$ ということ, したがって定積分 $\int_a^x f(t)dt$ は, $f(x)$ の原始関数の一つであることを証明した功績は, コーシーに帰すべきである.

積分が逆微分と同一視されてきた初期微積分法の歴史を振り返れば, 定積分から出発して積分の概念を定義したコーシーのアイディアは, まさに革新的であるが, たとえ式で表されない関数であっても, その定積分を面積として考えることができると主張したのは, フーリエである. 彼は, 「まったく任意の」関数 $f(x)$ が

$$\frac{1}{2}b_0 + \sum_{n=1}^{\infty}(a_n \sin nx + b_n \cos nx)$$

という三角級数に展開できるという主張において,

$$a_n = \frac{1}{\pi}\int_{-\pi}^{\pi} f(x)\sin nx dx, \qquad b_n = \frac{1}{\pi}\int_{-\pi}^{\pi} f(x)\cos nx dx$$

のように係数を決めることができ, これらの右辺は, 任意の $f(x)$ に対応するグラフを考えることにより「面積として」確定する, と主張したのである.

フーリエ自身は, $f(x)$ が区分的に異なる式で定義される関数を念頭においていたため, 逆微分を通じて定積分が計算できる b_n だけでは足りなかったからである. ちなみに今日, 我々が用いている定積分の記号もこのフーリエに由来する.

より本質的な積分概念の登場以上に重要なことは, フーリエ級数が 18 世紀的な数学のパラダイムに大転換をもたらしたことであった. すなわちフーリエの方法により, 区分的に別の数式で定義されるような (当時の意味で不連続な) 関数どころか, ジャンプをもつような (今日の意味で不連続な) 関数に対しても三角関数を用いた「解析的表現」が与えられたからである. この〈意外な例外〉の登場をリーマンは「三角級数論」において手際よく解説している.

とはいえ, フーリエの証明は, 数学的な式に対する形式的変形の普遍的妥当性 (「解析学の一般性」などのかけ声で呼ばれた) に依拠するもので, 無限級数の収束性についての詳しい証明をまったく欠落させていた.

この欠点を補う試みがコーシーによってもなされたが, コーシーの証明は, 与えら

れた任意関数 $f(x)$ に対し，x に複素変数 $z=x+yi$ を「代入」する，というような関数を数式と同一視する前世紀的枠組みに捕われたものにすぎなかった．このような致命的な欠点から，自由なフーリエの業績の正当化がディリクレによって与えられた．これがリーマンの「三角級数論」の出発点となったディリクレの論文「三角級数の収束について」("Sur la convergence des séries trigonométriques qui servent a représenter une fonction arbitraire entre des limites données", *Journ. f. reine u. angen. Math.*, t.4, 1829) である．ディリクレは，定積分でその係数が定められる三角級数の部分和

$$\frac{1}{2}b_0 + \sum_{k=1}^{n}(a_k \sin kx + b_k \cos kx)$$

を，今日彼にちなんでディリクレ核と呼ばれる定積分の形で表し，$f(x)$ が区間 $[-\pi, \pi]$ で，

  i) 有界(ディリクレの表現では，有限な確定値をとる)
  ii) 有限個の点を除いて連続
  iii) 極大点，極小点が有限個(すなわち区分的に単調)

という，当時の関数概念をもってすれば十分すぎるほどの一般的な条件のもとで，$n \to \infty$ のとき，それが $(1/2)\{f(x+0)+f(x-0)\}$ に収束することを証明した．区間 $[-\pi, \pi]$ の端点における収束を保証するためには，$f(-\pi+0)=f(\pi-0)=f(\pm\pi)$ でなければならない．

さらに，$f(x)$ に許される不連続性は，このような極限値が存在する程度に想定されている，という「限界」があることはいうまでもない．しかしながら，ディリクレにおいては，関数の「連続性」が18世紀的な「数式としての連続性」ではなく，すでに今日的な意味で語られていることに注意したい．関数概念を，オイラー流の数式に依存した定義から独立した一意対応として確立したのがディリクレであったことも偶然ではない．

ディリクレ自身も「不連続点の個数や極大値・極小値の個数についての仮定が成り立たぬ場合の考察が残っている」として，この限界を克服することを次の課題として意識していた．「しかし望める限りの明晰さをもってこれを実行するためには，無限小解析の基本原理に関連するこまごまとしたことが必要であり，これについては他の論文で明らかにする」と論文を締め括った．この「約束手形」が決済されることはなかった．

我々の注意を特にひくのは，不連続点に関する条件の緩和についての彼の予想である．彼は論文の最後にこう述べている．「不連続点が無限にあるときには，[フーリ

エ]級数が意味を有するためだけにでも，関数 $\varphi(x)$ が次の条件を満足することが必要である．すなわち，$-\pi$ と π の間に含まれる任意の数 a, b に対し，a, b の間に，十分近い数 r, s をとれば，この r と s の区間では $\varphi(x)$ が連続であるようにすることがつねに可能である，という条件である．これが必要条件であることは，級数の各項[の係数]が定積分であることを考え，積分の基本概念にさかのぼってみれば，容易にわかるであろう．したがって，この条件を満足する関数でない限り，その積分はいかなるものをも意味しないこともわかるであろう．」

要するに，ディリクレは，いまふうに表現すれば，不連続点の集合が全疎でないような関数の場合に対しては，積分が定義できないので自分の結果が拡張不可能であると断定しているのである．これを考えると，「無限小解析の基本原理に関連するこまごまとしたこと」とはコーシー流の積分概念を，より大きな不連続性を許容するものにまで拡張することであったことは疑いない．おそらく，ディリクレのアイディアの基本的なポイントは，個々の不連続点をそれを含む小区間で覆い，これによって不連続点が全体の積分値に及ぼす影響を無視できるようにしようということであったのだろう．しかし，正しくカヴァイエス (Cavaillès) が指摘したように，「ディリクレの頭の中には二つの考え，デュ・ボア・レイモンの導入する可積分集合の概念へと導く測度のそれと，集積点のまわりの不連続点の分布，つまりカントールにより厳密化される可約集合のそれとの間の干渉があるのである．」(J. Cavaillès, "*La création de Cantor — Remarques sur la formation de la théorie abstraite des ensembles*", Paris, 1938)

同様のことは，ディリクレの研究を引き継いだリプシッツにもみられる．ここでは詳述できないが，彼は，極大点・極小点が有限個しかないという条件を，今日彼の名にちなんで「リプシッツ連続」と呼ばれているものを前提すれば，削除することができることを示したが，この証明の中で彼は無限集合についての諸概念を混乱して用いているのである．

ディリクレも，リプシッツも，不連続点を〈無限に〉増やすには，不連続点の分布についての精密な議論を組み立てるための集合論的(位相的，測度論的)準備が大きく不足していた．むしろ，コーシー流の区分求積的極限として積分を定義するという発想を根本的に克服することなしには，大きな前進は得られなかったという方が正確であろう．そして，リーマンが本論文「三角級数論」において行ったのは，まさにこの方向での前進であったのである．実際，リーマンは，関数が積分可能であるための可能な限り緩い十分条件を探すという従来の研究方向を逆転して，積分可能性を関数の属性として定義し，それによってコーシーの意味では積分が定義できないような関数についても，リーマンの意味では積分可能である例(「任意の，いかに狭い区間に

も無限に不連続になる関数」で積分可能であるもの) が存在することを示し，それによって，ディリクレが行ったフーリエの業績の正当化を，実用的価値を越えて一般化したのである．実際，「三角級数論」にあるように，リーマンは関数についてのディリクレの有界性や不連続点の数についての条件を

「積分可能である」

と拡張して単純化した．しかし，ここで重要なことは，積分概念そのものが大きく拡張されていることである．

しかし積分概念に関していえば，リーマンの拡張は最終的なものではなかった．この問題はやがてルベーグのより深い考察によって大きな展開をむかえる．

[長岡亮介]

7
与えられた境界をもつ面積最小曲面⟪1⟫の例⟪2⟫*1)

—1—

二点で交わる三本の直線上に境界をもつ曲面の中で，面積が最小のものを決定しよう．このとき，曲面は境界上に二つの角をもち，無限に延びる領域内に一つの角⟪3⟫をもつ．

三本の直線が互いになす角を $\alpha\pi, \beta\pi, \gamma\pi$ とする．求められた曲面は，球面上ではその内角が $\alpha\pi, \beta\pi, \gamma\pi$ の球面三角形を表す⟪4⟫から，$\alpha+\beta+\gamma>1$ である．

二つの角と無限に延びる領域内の角に対応する複素 t 平面内の点が a, b, c で表されるとしてよい（「最小面積の曲面について」⟪5⟫，第13節，p.314）．このとき，次が得られる⟪6⟫：

$$u=\int \frac{\text{定数}\, dt}{(t-c)\sqrt{(t-a)(t-b)}}$$

すなわち

$$u=\text{定数}\times\log\frac{\sqrt{\dfrac{t-a}{c-a}}-\sqrt{\dfrac{t-b}{c-b}}}{\sqrt{\dfrac{t-a}{c-a}}+\sqrt{\dfrac{t-b}{c-b}}}$$

$a=0, b=\infty, c=1$ ととってよいから，次が従う：

$$du=\text{定数}\times\frac{dt}{(1-t)\sqrt{t}}; \quad u=\text{定数}\times\log\frac{1-\sqrt{t}}{1+\sqrt{t}}$$

---

*1) 第一の例については，リーマンの遺稿の中の一枚の紙にその結果が短いながら完全な形で述べられているのがみつかった．第二の例については，覚え書きのみがあった．そこには解法の可能性以上のことは述べられていない．したがって，説明については編集者が責任を負うものである．最後の問題の特別な場合はシュワルツによって扱われている（『ある特別な極小曲面の決定』⟪7⟫, Berlin, 1871）．

であり，最後の定数は $\sqrt{\gamma C/2\pi}$ という値をとる．ただし，ここで C は互いに交わらない二直線の間の最短距離である．

さていま，先にあげた論文の第 14 節 (p. 316) に従って

$$k_1=\sqrt{\frac{du}{d\eta}}, \qquad k_2=\eta\sqrt{\frac{du}{d\eta}}$$

とおくと，これらの関数は t 平面上で $0, \infty, 1$ を除くすべての点において有限な値をとる．これらの関数の特異点の近傍での振舞いを，先にあげた論文において示された方法 (p. 317) に従って調べれば，k_1, k_2 は関数[8]

$$P\left\{\begin{matrix}\frac{1}{4}-\frac{\alpha}{2} & \frac{1}{4}-\frac{\beta}{2} & -\frac{\gamma}{2} \\ \frac{1}{4}+\frac{\alpha}{2} & \frac{1}{4}+\frac{\beta}{2} & +\frac{\gamma}{2}\end{matrix}\;t\right\}$$

の二つの分枝であることがわかり，η としてこの関数の二つの分枝の商をとればよいことがわかる．

― 2 ―

求められた面積最小曲面が二つの互いに平行な平面内の，直線多角形を境界にもつとしよう．これらの多角形はどちらも凹角をもたず，しかも，それぞれある循環をもつ[9]とする．このとき，曲面は二重連結であるが，横断線[10]に沿って切り開くことにより，単連結に変形される．

この極小曲面の球面への像[11]は大円の弧よりなる二つの族によって囲まれ，その各弧が含まれる平面は境界多角形を含む平面に垂直であり，したがっていずれの弧も球面上の二つの互いに正反対の点でのみ交わる．これらの点の各々は，それぞれの境界多角形のすべての頂点に対応する．多角形の各辺上には法線の方向転換点があり，それは前述の円弧の端点に対応する．極小曲面の像はこうして球面を完全にちょうど一回覆う．

境界弧が集まる二点のうちのどちらか一点における接平面の上に球面を射影[12]すると，極小曲面の像として平面領域 H を得る．これは複素変数 η の平面を完全に覆う．そしてその境界は，一方では，原点から出てある点 $C_1, C_2, \cdots, C_n$ にいたる星状をなす線分族であり，もう一方では，別の点 $C'_1, C'_2, \cdots, C'_m$ から出て無限遠点にいたる第二の線分族である．これら第二の線分族の延長は，原点で出会う（ここで，n と m は与えられた多角形それぞれの頂点の個数である）．

次に，この二重連結曲面を複素変数 t の平面において，上半平面を二重に覆う面 T_1 に写そう．すると，二つの境界はともに t の実軸に対応する．この面は二重連結であるから，二つの分岐点をもたなければならない．面 T_1 にその実軸に関する鏡像

を付け加えよう．すると，t 平面を二重に覆う面 T が得られる．これは四つの分岐点をもつが，これらははじめの二つの分岐点とそれらの複素共役である．t, t' に関する二次方程式によって，t と関係づけられた新しい変数 t' を t の代わりに導入することにより，分岐点は $t' = \pm i, \pm(i/k)$ に一致するようにでき（ここで，k は 1 より小さい実数である[(13)]），さらに，二つの葉のうちの一つにおいて，任意の実数 t が与えられた実数 t' に対応するようにできる．

さて我々は，t を複素変数 η の関数として以下の性質を満たすように決定しなければならない．すなわち，それは面 H の各点で一つの確定した，しかも位置の変化に関して安定な値をもち[(14)]，H の両境界上で実であり，両境界のそれぞれ一点で一位の無限大となる．我々はこの関数を境界を越えて連続に拡張しよう．ここで，一つの境界線分の両側に対称に位置する点には共役複素数を対応させる．すると，容易にわかるように，関数 $(d \log \eta)/dt$ は t の共役複素数に対してそれ自身も共役複素数を値にとる．また，それは面 T 全体で一価であり，孤立点を除き連続である．したがって，それは t と

$$\Delta(t) = \sqrt{(1+t^2)(1+k^2 t^2)}$$

の有理型関数でなければならない．

点 $C_1, C_2, \cdots, C_n, C'_1, C'_2, \cdots, C'_m$ に対応する t の実数値を $c_1, c_2, \cdots, c_n, c'_1, c'_2, \cdots, c'_m$ で表す．同様に，面 H の原点，無限遠点に重なる角に対応する t の実数値を $b_1, b_2, \cdots, b_n, b'_1, b'_2, \cdots, b'_m$ で表す．すると，$(d \log \eta)/dt$ は

$$t = c_1, c_2, \cdots, c_n, c'_1, c'_2, \cdots, c'_m$$

で一位の無限小となり，

$$t = b_1, b_2, \cdots, b_n, b'_1, b'_2, \cdots, b'_m$$

と分岐点

$$t = \pm i, \quad \pm \frac{i}{k}$$

で一位の無限大となる．

したがって，我々は次のようにおくことができる：

$$\frac{d \log \eta}{dt} = \frac{\varphi(t, \Delta(t))}{\sqrt{(1+t^2)(1+k^2 t^2)}}$$

ここで，φ は t と $\Delta(t)$ の有理型関数であり，点 c[(15)]，c' で無限小，点 b, b' で無限大となり，一つの実定数因子を除き決まる．また，そのような関数 φ が存在するのならば，点 c, c', b, b' の間の条件式が存在しなければならないが，それによって，これらの点のうちの一点はそれ以外が決まれば決定する（「アーベル関数の理論」[(16)]，第 8 節，p. 114）．さらに，上で述べたことにより，点 c, c', b, b' の中の一点は任意に選ぶ

ことができる. 点 c のうちの一つに対して η のしかるべき値 η_0 が与えられたならば, $\log \eta$ の積分定数が決まり, したがって次式が成立する:

$$\log \eta - \log \eta_0 = \int_c^t \frac{\varphi(t, \Delta(t))dt}{\sqrt{(1+t^2)(1+k^2t^2)}}$$

この表現において, η_0 と c が決まったとしても, なお $(2n+2m)$ 個の未定定数がある. すなわち, 値 c, c', b, b' に関する $(2n+2m-2)$ 個, 係数 k および φ の実定数因子である.

これらの定数について, まず第一に二つの条件がわかる. すなわち, 分岐点 $i, i/k$ の両方を囲む閉曲線上での積分

$$\int \frac{\varphi(t, \Delta(t))dt}{\sqrt{(1+t^2)(1+k^2t^2)}}$$

の実部は 0 でなければならず, また同じ積分の虚部の値は $2\pi i$ でなければならない. 残りの $(2n+2m-2)$ 個の定数については, 点 c, c' が η 平面上の点 C, C' に対応するという要求からくる $(m+n)$ 個の条件を得る[17].

さていま, x 軸が二つの境界多角形を含むそれぞれの平面に垂直であるとして, 極小曲面の複素変数 X[18] の平面への写像について調べよう. この極小曲面は, 一方の境界からもう一方の境界にいたる切れ目を入れることにより, 単連結となる. このとき, X の実部は曲面の両境界上およびそれに平行な断面上で定数である. 虚部は, 上のような切れ目のまわりをまわるとき連続に変化し, 一周するとある一定の値だけ増加する. したがって, 我々の曲面の X 平面内での像は一つの平行四辺形によって囲まれており, それは平面を一回だけ覆い, その辺のうちの二つは曲面の境界に対応しており, 虚軸に平行である. 残りの二つの辺は横断線の縁に対応し, まっすぐではないかもしれないが, 虚軸に平行な移動により互いに一致する.

この平行四辺形は面 T の上半分 T_1 の上に写り, 虚軸に平行な二つの辺は両方とも T_1 の境界に対応し, 残りの二つの辺は T_1 の一つの横断線の両岸に対応しなければならない. よってそのような写像の一つは, 次のような関数によって与えられる:

$$X = iC \int \frac{dt}{\sqrt{(1+t^2)(1+k^2t^2)}} + C'$$

ここで, C は実定数である. C' は任意定数であって, x 軸上の始点の位置に応じて決まる. 二つの平行な境界平面の間の垂直距離を h とすると,

$$h = 4C \int_0^i \frac{idt}{\sqrt{(1+t^2)(1+k^2t^2)}}$$

となるから, これによって定数 C の値が決まる.

したがって, 定数の決定を除き, 問題は解決される. なぜならば, p.310 の公式[19] によって,

$$Y = \frac{1}{2} \int dX \left(\eta - \frac{1}{\eta} \right)$$

$$Z = -\frac{i}{2} \int dX \left(\eta + \frac{1}{\eta} \right)$$

となることがわかり[20]，これによって極小曲面の座標 x, y, z は二つの独立変数の関数として表されるからである．

η において現れる未定定数たちに対しては，なお二つの条件が明らかになる．それらは，Y と Z を表す積分の実部が，η 平面内の原点を囲む閉曲線上で 0 にならなければならないということである．

h と境界線分の向きが与えられたとすると，我々の表現は，X, Y, Z の積分定数を除き，$(n+m-2)$ 個の未定定数による．それらに対しては，η 平面の原点から点集合 C, C' への距離を採用することができるが，それらの間にはつい先ほどの注意によって二つの関係が成立しなければならない．ところで，境界多角形の相互の位置を決定する定数の個数もまた同じである．すなわち，座標の出発点を決定するために二つの辺を固定すれば，その上で，残りの $(n+m-2)$ 個の辺のそれぞれに対してその平面内での平行移動を与えることができる．

* *
*

境界多角形の形に一定の対称性を仮定すれば，結果は簡単な形になる．以下では次のような場合を考察したい．すなわち，両多角形は正多角形であって，両端面は底面が正多角形の直角錐台を構成するものとする．

このとき，法線の方向転換点はすべて境界線分の中点にあり，したがって，角錐の軸を含む平面内に二つずつ含まれる．

y 軸を境界直線の一つに垂直となるようにとろう．すると，η 平面の実軸上に C の一点と C' の一点があり，それらの原点からの距離はそれぞれ η_0, η_0' としてよい．点集合 C と点集合 C' はそれぞれ二つの同心円上にあり，それぞれが一つの正多角形の頂点集合を構成している．そして，つねに C の一点と C' の一点が同じ半径ベクトルの上にある．

いま，面 T の境界上の一点を任意に選んでよいから，次のように決める．すなわち，実軸上の点 C と T の二つの葉のうちの一つの点 $t=0$ とが対応するようにする．すると対称性により，η 平面の実軸の C と C' の間の部分が面 T の一つの線分に対応するが，それは，虚軸に沿って最初の葉の点 $t=0$ から分岐点 $t=i$ にいたり，そこからもどって 2 番目の葉の点 $t=0$ に達する．したがって，関数 $\varphi(t, \Delta(t))$ は t が純虚数のときそれ自身も純虚数の値をとり，二番目の葉の点 $t=0$ は点 C' に対応する．

いま，$\eta\eta' = \eta_0\eta'_0$ を代入することにより，面 H は H と合同な面 H' に写り，このとき点 C は点 C' に写り，その逆写像によって C' は C に写る（順番が変わるだけである）．この結果，次のことがわかる．すなわち，面 H 上の点 η と $\eta' = \eta_0\eta'_0/\eta$ とは，面 T の二つの葉の互いに対応する二つの点に対応する．そして $d\log\eta + d\log\eta' = 0$ であり，$\varphi(t, \Delta(t))$ は二つの葉の互いに対応する点において同じ値をとり，また，t について有理型であって，上で述べた注意により $t\psi(t^2)$ という形で表される．ここに，ψ は一つの有理型関数である．

そこで
$$\frac{1+t^2}{1+k^2t^2} = s^2$$
とおけば，面 T はある面 S に写り，面 T の上半分は s 平面を一重に覆う葉に対応する．その葉には，点 $s=1$ と $s=1/k$ の間および点 $s=-1$ と $s=-1/k$ の間に，実軸に沿って切れ目が入っている．これらの切れ目の縁は面 H の境界に対応する．したがって，X は次のような形で表されるということがわかる：
$$X = \frac{h}{4K}\int\frac{ds}{\sqrt{(1-s^2)(1-k^2s^2)}}$$
ここに
$$K = \int_0^1 \frac{ds}{\sqrt{(1-s^2)(1-k^2s^2)}}$$
である．一方，η は s の代数関数として表される．

正方形よりなる境界に対しては，次のようになることがわかる：
$$\eta = c\sqrt{\frac{(1-ms)(1-m's)}{(1+ms)(1+m's)}}$$
ここで，一つの境界正方形の角は点 $s=1/m$, $s=1/m'$ に対応し，これらは両方とも切れ目の両縁にある．法線の方向転換点は点 $s=1$, $s=1/k$ および切れ目の両縁にある点 $s=1/n$ に対応する．この最後の点は方程式 $(d\log\eta)/ds = 0$ によって決まり，次のことがわかる：
$$1 > m > n > m' > k \ ^{*2)}$$
正三角形よりなる境界に対しては
$$\eta = c\left(\frac{1-ms}{1+ms}\right)^{2/3}\left(\frac{1-ks}{1+ks}\right)^{1/3}$$
となることがわかる．

[*2)] 上述の考察は，両方の多角形が正多角形でないような多くの場合に対しても拡張される．η に対する上の表現は，境界が二つの長方形よりなるときにも次のような場合には適用される．すなわち，それら二つの長方形の中心がそれらを含む平面に垂直な一つの直線上にあって，法線の方向転換点に対する $\eta\eta'$ の係数が同じ値をとると仮定される場合である．

この最後の場合に対して定数決定の可能性を調べるために，まずはじめに $s=\pm 1$ とおくと，次がわかる：

$$\eta_0 = c\left(\frac{1-m}{1+m}\right)^{2/3}\left(\frac{1-k}{1+k}\right)^{1/3} ; \quad \eta_0' = c\left(\frac{1+m}{1-m}\right)^{2/3}\left(\frac{1+k}{1-k}\right)^{1/3}$$

すなわち：

$$c = \sqrt{\eta_0 \eta_0'}, \quad \sqrt{\frac{\eta_0}{\eta_0'}} = \left(\frac{1-m}{1+m}\right)^{2/3}\left(\frac{1-k}{1+k}\right)^{1/3}$$

であり，さらに，両方の三角形が合同であるという特別な場合には，

$$\eta_0 \eta_0' = 1, \quad c = 1$$

となる．

一方の境界の三角形の角が切れ目の両縁にある点 $s=1/m$ と点 $1/k$ に対応するとき，$k < m < 1$ でなければならない．第一の方向転換点は $s=1$ に対応する．他の二つは切れ目の両縁のある点 $s=1/n$ に対応するから，

$$k < n < m$$

でなければならない．n に対しては，まずはじめに方程式 $(d\log\eta)/ds = 0$ により次のように決まる：

$$n^2 = \frac{km(m+2k)}{2m+k}$$

これによって，条件

$$0 < k < m < 1$$

を満たす k, m に対し，k と m の間にある値 n が求まる．

しかしながら，m, n, k の間にはなお一つの方程式が成立する．それは，$s=1/n$ に対して $\eta^3 = \eta_0^3$ が成り立たなければならないと表現される．この方程式は

$$\left(\frac{1-m}{1+m}\right)^2 \frac{1-k}{1+k} = \left(\frac{n-m}{n+m}\right)^2 \frac{n-k}{n+k}$$

となり，これらの方程式から n を消去すると，k と m の間の次のような関係式を得る：

$$k\left[\frac{1+m^2+2mk}{k(1+m^2)+2m}\right]^2 = m\left(\frac{2k+m}{k+2m}\right)^3$$

この式から，m によって k は決定される．

$k=0$ に対してはこの方程式の左辺は 0 となり，右辺は $m/8$ となる．$k=m$ に対しては左辺と右辺の差は

$$\frac{(1-m^2)^3}{m(3+m^2)^2}$$

であり，$m<1$ に対しては正となる．したがって，1 より小さい各値 m に対し，$k < m$ なる値の中に我々の条件を満たすものが存在する．さらに，容易にわかるように，

関数
$$\log k \frac{(1+m^2+2mk)^2(k+2m)^3}{[k(1+m^2)+2m]^2(2k+m)^3}$$
は $k=0$ と $k=m$ の間にただ一つの極大値をもち，したがって，各 $m<1$ に対し，我々の条件を満たすただ一つの k の値がみつかり，したがってまた，ただ一つのそれに付随する n がある．極限 $m=0$ と $m=1$ の両方に対しては，$k=n=m$ となる．

したがって，関数 X, Y, Z は，もしも積分定数を自由に選んでよいならば，次のように表せる：
$$X = \frac{h}{4K} \int_1^s \frac{ds}{\sqrt{(1-s^2)(1-k^2s^2)}}$$
$$Y = \frac{h}{8K} \int_1^s \frac{ds}{\sqrt{(1-s^2)(1-k^2s^2)}} \left(\eta - \frac{1}{\eta}\right)$$
$$Z = -\frac{ih}{8K} \int_1^s \frac{ds}{\sqrt{(1-s^2)(1-k^2s^2)}} \left(\eta + \frac{1}{\eta}\right)$$
η の定数 m と $\sqrt{\eta_0 \eta'_0}$ は与えられた三角形の辺の長さによって決まる．これらの長さを a と b で表すことにすると，次が得られる：
$$a = \frac{ih}{2K} \int_1^{1/m} \frac{ds}{\sqrt{(1-s^2)(1-k^2s^2)}} \left(\eta + \frac{1}{\eta}\right)$$
$$b = \frac{ih}{2K} \int_1^{1/m} \frac{ds}{\sqrt{(1-s^2)(1-k^2s^2)}} \left(\frac{\eta}{\eta_0 \eta'_0} + \frac{\eta_0 \eta'_0}{\eta}\right)$$
$a=b$ なる特別な場合には $\eta_0 \eta'_0 = 1$ となり，定数 m を決定するための超越方程式
$$\frac{a}{h} = \frac{i}{2K} \int_1^{1/m} \frac{ds}{\sqrt{(1-s^2)(1-k^2s^2)}} \left(\eta + \frac{1}{\eta}\right)$$
が残る．

この式の右辺の m を 0 から 1 まで動かすと，それはずっと正の値をとるが両方の極限では無限大になる．よって，それは m のある値で最小値をとらなければならない．この最小値は比 a/h の下限を与えるから，それよりも小さい a/h に対しては，もはやこの問題は解をもたない．一方，この下限よりも大きい a/h の各値に対しては，m について二つの解が存在する．m の二つの値の小さい方だけが曲面の面積の本当の最小値に対応すると考えられる．

[小磯深幸 訳]

訳　　注

《1》[p. 277]　面積最小曲面の歴史は，ラグランジュが "Essai d'une nouvelle méthode pour déterminer les maxima et les minima des formules intégrales indéfinies. *Miscellanea Taurinensia*, **2** (1760-1761), 173-195 ; "*Oeuvres de Lagrange*", Vol. I, Gauthier-Villars, Paris, 1867, 335-362" において，極値問題の一つの例として「R^3 内に与えられた一つの閉曲線に対し，これを境界にもつ曲面全体の中で面積最小のものをみつけたい」という問題を扱い，面積最小曲面が $z=z(x,y)$ とグラフの形で表されているときにそれが満たすべき方程式

$$\frac{\partial}{\partial x}\left(\frac{z_x}{\sqrt{1+z_x{}^2+z_y{}^2}}\right)+\frac{\partial}{\partial y}\left(\frac{z_y}{\sqrt{1+z_x{}^2+z_y{}^2}}\right)=0$$

を導いたことにはじまる．

1816 年にジェルゴンヌが "Questions proposées" (*Ann. Mathêm. p. appl.*, **7**) の中で，「与えられた二つの同じ半径の円柱の交わりで張られる曲面全体」「与えられた空間四辺形で張られる曲面全体」「与えられた二つの円を通る曲面全体」の中で面積最小のものを求めよという問題を提起したことがきっかけとなり，数学者たちの面積最小曲面への関心が高まった．

19 世紀においては，与えられた境界で張られる面積最小曲面を求めるということは，その具体的な表示を求めるということであり，そのための道具として知られていたのは関数論的な方法だけであった(訳注《5》参照)ため，与える境界として扱えるのは直線，円，多角形などであった．例えば，1855 年前後にボネ (O. Bonnet)，セレ (J. A. Serret) は，二本の互いに交わる直線を通る面積最小曲面について研究した．リーマンもまた，直線，円，多角形などを境界にもつ面積最小曲面の具体的な表示を求めようとした(訳注《2》参照)．

なお，あらかじめ与えられた境界に対してそれで張られる面積最小曲面(または極小曲面：面積汎関数の臨界点であるような曲面のこと)を求めるという問題は，19 世紀後半に石けん膜などの実験によりこの問題を盛んに研究したベルギーの物理学者プラトーにちなんで，今日ではプラトー問題と呼ばれている．

また，解の存在が任意のジョルダン閉曲線に対して証明されたのは 1930 年のこと

で，ダグラスとラドーがそれぞれ独立に証明した．ダグラスはこの研究により第一回のフィールズ賞を受賞している．

なお，ニッチェ (J. C. C. Nitsche), *"Vorlesungen über Minimimalflächen"* (Springer-Verlag, Berlin-Heidelberg-New York, 1975) は，1975年頃までの極小曲面の研究の歴史の優れた参考書であり，リーマンその他19世紀の数学者たちが得た結果の現代的な解釈をも含んでいる．

《2》[p. 277]『リーマン全集』(*"Gesammelte mathematische Werke"* 2. Aufl., B. G. Teubner, Leipzig, 1892) には面積最小曲面を扱った論文が二つある．"XVII. Ueber die Fläche vom kleinsten Inhalt bei gegebener Begrenzung (「与えられた境界をもつ最小面積の曲面について」)" (pp. 301-337) と "XXVII. Beispiele von Flächen kleinsten Inhalts bei gegebener Begrenzung (「与えられた境界をもつ面積最小曲面の例」)" (pp. 445-454) である．前者については，弟子のハッテンドルフ (K. Hattendorff) による脚注によれば，リーマンが書いた式だけの原稿をリーマンより委ねられた (1866年4月．リーマンの死の3カ月前である) ハッテンドルフが，それに説明を付け加えたものである．本訳書では，第1章だけにせよリーマン自身によって書かれたものである (p. 277の脚注*1) 参照) という理由から，後者の翻訳が収載されることになった．

面積最小曲面に関する研究がリーマンの業績の中で重要な位置を占めるとは一般には考えられていないが，後に述べるように，リーマンの重要な業績の一つである複素関数についての研究とも関連がある．したがって，リーマンの面積最小曲面についての研究を概観することは，本訳書の趣旨からみても意味があることと思われる．そこで，翻訳が収載されない方の論文 (以下，論文XVIIと呼ぶ) の内容を簡単に記し，さらに複素関数論との関連について言及することにする．

論文XVIIではまずはじめに，極小曲面の表現公式が導き出されている．これは，三次元ユークリッド空間内の極小曲面の座標関数を一つの複素解析関数を用いて積分の形で表示したものである (訳注《5》参照)．次いで，例として，いくつかの特別な境界を与えたときにそれで張られる極小曲面を表す具体的な式を導こうとしている．その際，上述の表現公式がしばしば用いられる．境界として取り上げられているのは，二本の互いに同一平面上にはない直線，二本の互いに交わる直線とそれらで張られる平面に平行な第三の直線，三本の互いに交わる直線，空間四辺形，平行な平面上にある二つの円などである．

複素関数論との関連性に関しては，『リーマン全集』のドーバー版 (1953年) に掲載されている，レヴィ (Hans Lewy) による序文の中に興味深い指摘がある．リーマンが等角写像の存在定理 (リーマンの写像定理) の証明の中で用いたディリクレ原理の

ギャップをヴァイエルシュトラスが指摘したという事実はよく知られている．レヴィによれば，リーマンは極小曲面の存在証明の中にこのギャップを埋める方法を求めたのではないかということである．すなわち，極小曲面を等温座標で表したとき，その面積はまさにディリクレ積分と一致する．したがって，もしも与えられた任意の閉多角形に対してそれで張られる面積最小曲面の存在を証明することができれば，極限操作により，与えられた任意のジョルダン閉曲線で張られる面積最小曲面の存在が証明される可能性があり，これができれば，リーマンの写像定理が証明される．しかしながら，リーマンは，特別な境界曲線に対して面積最小曲面の存在を証明しただけであった．そして，実際には逆に，その後ヒルベルトによって正当化された(1900年)ディリクレ原理が，与えられた枠を張る極小曲面の存在をより一般的な条件のもとで，より簡潔に証明することに役立ったのであった (R. Courant, "*Dirichlet's Principle, Conformal Mapping, and Minimal Surfaces*", Springer-Verlag, Berlin-Heidelberg-New York, 1977 の第III章参照)．

《3》[p. 277]　曲面をそのガウス写像(曲面上の点に，その点における単位法ベクトルを対応させる写像のこと)によって単位球面上に写像したときに，その像がつくる角のことであると思われる．

《4》[p. 277]　曲面をそのガウス写像によって単位球面上に写像したときに，その像が球面三角形となるということ．

《5》[p. 277]　訳注《2》にあげた論文 "Ueber die Fläche vom kleinsten Inhalt bei gegebener Begrenzung". ページ数もこれによる．この論文はこの後しばしば引用され，また，記号・内容なども本論文はこれを前提としている．そこで，この論文の内容の要点を，この後の議論の理解のために最小限必要と思われることに限って以下に記す．

R^3 に直交座標系 (x, y, z) を与え，原点を中心とする単位球面 S^2 の点 $(r, \varphi) := (\cos r, \sin r \cos \varphi, \sin r \sin \varphi)$ に $\eta := \tan(r/2)e^{\varphi i}$ を対応させる．この写像は，S^2 の点 $A := (-1, 0, 0)$ からの立体射影である．すなわち，$S^2 - \{A\}$ の各点 $X := (r, \varphi)$ に対し，半直線 AX と (y, z) 平面との交点を $(0, \eta_1, \eta_2)$ とおくとき，$\eta_1 + i\eta_2 = \eta$ となる．リーマンの論文では，点 $(-1, 0, 0)$ から S^2 の極 $(1, 0, 0)$ における接平面への立体射影の像が 2η である，という表現がなされている．

いま，極小曲面 M の各点 (x, y, z) にその点における単位法ベクトル (r, φ) を対応させ，さらに C への写像 η を考えることにより，写像 $M \ni (x, y, z) \mapsto \eta \in C$ が得られる．

極小曲面の座標関数 (x, y, z) を (局所的に) η の関数とみなしたとき，x, y, z は調和関数であり，η は (x, y, z) の等温座標であることがわかる．いま，

$$(d \log \eta)^2 \frac{\partial x}{\partial \log \eta}$$

を考えれば，これは S^2 の一次変換に関して不変であることが示される．すなわち，$\boldsymbol{R}^3$ の座標のとり方によらない関数である．そこで，

$$u = \int \sqrt{i \frac{\partial x}{\partial \log \eta}} d \log \eta$$

とおけば，u は $\boldsymbol{R}^3$ の座標のとり方によらず，η の複素解析関数である．$\bar{u}, \bar{\eta}$ をそれぞれ u, η の複素共役とすれば，

$$x = -i \int \left(\frac{du}{d \log \eta}\right)^2 d \log \eta + i \int \left(\frac{d\bar{u}}{d \log \bar{\eta}}\right)^2 d \log \bar{\eta} \tag{1}$$

$$y = -\frac{i}{2} \int \left(\frac{du}{d \log \eta}\right)^2 \left(\eta - \frac{1}{\eta}\right) d \log \eta + \frac{i}{2} \int \left(\frac{d\bar{u}}{d \log \bar{\eta}}\right)^2 \left(\bar{\eta} - \frac{1}{\bar{\eta}}\right) d \log \bar{\eta} \tag{2}$$

$$z = -\frac{1}{2} \int \left(\frac{du}{d \log \eta}\right)^2 \left(\eta + \frac{1}{\eta}\right) d \log \eta - \frac{1}{2} \int \left(\frac{d\bar{u}}{d \log \bar{\eta}}\right)^2 \left(\bar{\eta} + \frac{1}{\bar{\eta}}\right) d \log \bar{\eta} \tag{3}$$

であることが示される．これら (1), (2), (3) 式が，リーマンによって得られた極小曲面の表現公式である．逆に，η の複素解析関数 u が与えられたとき，(1), (2), (3) 式によって (x, y, z) を定めれば，これは一つの極小曲面を定義する．

しかしながら，一般には与えられた境界で張られる極小曲面を与える関数 $u(\eta)$ を求めることは難しい．そこで，新しい変数 t を導入し，これによって曲面を表すことを考える．曲面の境界は有限個の線分，半直線，または直線よりなり，各頂点における角は π の有理数倍であると仮定する．新しい変数 t は複素平面の上半平面上を動くものとし，曲面の境界は実軸に対応するものとする．η を t の関数と考えたとき，$t = a$ が境界上の頂点に対応するとしよう．境界線分に関する曲面の鏡像を有限回とることにより，$t = a$ を分岐点とする極小曲面が得られる (訳注《9》参照)．したがって，$u(t)$ は $t = a$ のまわりでは $t = a$ を分岐点とする複素解析関数である．また，曲面が線分を含むときにはこの上で

$$du = \sqrt{i \frac{\partial x}{\partial \log \eta}} d \log \eta$$

がいたるところ実，またはいたるところ純虚数を値にとるということが示される．よって，

$$\log \frac{du}{dt} = \left(\frac{n}{2} - 1\right) \log(t - a) + 定数$$

と表せることがわかる．特に $t = a$ に対応する頂点の近傍で曲面のガウス写像が単射であるならば，$t = a$ のまわりで

$$\log \frac{du}{dt} = -\frac{1}{2} \log(t - a) + 定数$$

と表してよいということがわかる．さらに，u, η の t の関数としての完全な表示を求めることができれば，(1), (2), (3) 式によって曲面を表す関数の具体的な表示が得られる．

極小曲面の表現公式のその後について，補足説明を行っておく．リーマンの公式 (1), (2), (3) は，現在では使われていない．極小曲面の研究において現在最もよく使われている表現公式は，次のものである：極小曲面 (x, y, z) はその非臍点の近傍では（必要ならば座標軸を取り換えることにより），非零解析関数 $R(\eta)$ を用いて

$$x = x_0 + \mathrm{Re} \int_{\eta_0}^{\eta} (1-\eta^2) R(\eta) d\eta$$

$$y = y_0 + \mathrm{Re} \int_{\eta_0}^{\eta} i(1+\eta^2) R(\eta) d\eta$$

$$z = z_0 + \mathrm{Re} \int_{\eta_0}^{\eta} 2\eta R(\eta) d\eta$$

と表される．ここでもちろん，

$$(x_0, y_0, z_0) = (x(\eta_0), y(\eta_0), z(\eta_0))$$

である．公式の中の η は，リーマンによる表現公式と同じく，極小曲面のガウス写像を表している．なお，極小曲面の臍点は孤立点である．この表現公式はエネッパー (A. Enneper) (1864年) とヴァイエルシュトラス (1866年) によって互いに独立に導き出されたもので，ヴァイエルシュトラス・エネッパーの表現公式と呼ばれている．

$$R(\eta) = i\left(\frac{du}{d\eta}\right)^2$$

とおいて，$\boldsymbol{R}^3$ の座標変換を適当に行うことにより，両表現公式が本質的には同じものであることがわかる．しかしながら，ヴァイエルシュトラス・エネッパーの表現公式の方が，その形がリーマンのものよりもみやすい．また，いずれの表現公式もガウス写像が単射である場合のものと考えられ，その意味で局所的なものであるが，ヴァイエルシュトラス・エネッパーの表現公式からは，それを少し修正することにより，単連結極小曲面の大域的な公式を容易に得ることができ有用である．なお，これらの表現公式は極小曲面の具体的な例を得るには非常に役立つが，あらかじめ与えられた境界で張られる極小曲面を求めることに対しては，一般には有効でない．

解析関数 $R(\eta)$ を具体的に与えてヴァイエルシュトラス・エネッパーの表現公式を用いることにより得られる，極小曲面のよく知られた例をいくつかあげておく．

$R(\eta) = 1$ は $R(\eta)$ の例としては最も簡単なものであるが，これは今日エネッパーの極小曲面と呼ばれているものを与える．

$R(\eta) = k/(2\eta^2)$（k は実数）は，懸垂曲面を与える．

$R(\eta) = ik/(2\eta^2)$（k は実数）は，常らせん面を与える．

$R(\eta)=(1-14\eta^4+\eta^8)^{-1/2}$ は，シュワルツとリーマンによって発見された，空間四辺形で張られる極小曲面を与える．

《6》[p. 277]　訳注《5》参照．

《7》[p. 277]　H. A. Schwarz, "*Gesammelte Mathematische Abhandlungen*" 1. Band (Springer, Berlin, 1890) 参照．

《8》[p. 278]　この関数 $P\{\ \}$ の定義については，『リーマン全集』("*Gesammelte mathematische Werke*" 2. Aufl., B. G. Teubner, Leipzig, 1892) 収録の "Beiträge zur Theorie der durch die Gauss'sche Reihe $F(\alpha, \beta, \gamma, x)$ darstellbaren Functionen (「ガウスの級数 $F(\alpha, \beta, \gamma, x)$ で表示できる関数の理論への貢献」)" (本訳書第 2 章) 参照．

《9》[p. 278]　各々の角の大きさは，π の有理数倍であると仮定することであると思われる．このとき次のことが従う．任意の頂点を一つ固定してそれを O とし，それを挟む二辺を含み O を端点とする半直線を l_0, m_0 で表そう．一般に，半直線 l に関する対称移動を T_l で表すことにする．求められた極小曲面を S_0 とし，S_0 を l_0 に関して対称移動することにより得られる曲面 $T_{l_0}(S_0)$ を S_1 で表す．さらに，$T_{l_0}(m_0)$ を m_1 で，$T_{m_1}(S_1)$ を S_2 で，$T_{m_1}(l_0)$ を l_1 で，$T_{l_1}(S_2)$ を S_3 で，$T_{l_1}(m_1)$ を m_2 で表す．以下同様にして $S_4, S_5, \cdots ; l_2, l_3, \cdots ; m_3, m_4, \cdots$ をつくれば，半直線 l_0, m_0 のなす角の大きさが π の有理数倍であるという仮定から，$m_k = m_0$ なる $k \in N$ が存在する．そこで，$S_0 \cup S_1 \cup \cdots \cup S_{2k-1}$ を考えれば，これは点 O を分岐点とする極小曲面であり，そのガウス写像は点 O の近傍で点 O を分岐点とする分岐被覆面となる．

《10》[p. 278]　一方の境界成分上の点からもう一方の境界成分上の点にいたる，曲面内の単一曲線を横断線という．

《11》[p. 278]　ガウス写像の像こと．

《12》[p. 278]　立体射影．訳注《5》参照．

《13》[p. 279]　k は 1 より小さい正の数である．

《14》[p. 279]　t が η の連続関数であるということ．『リーマン全集』収録の論文 "Grundlagen für eine allgemeine Theorie der Functionen einer veränderlichen complexen Grösse (「複系一変数関数の一般論の基礎」)" (本書第 1 章) においては，リーマンは「安定 (stetig)」と「連続 (continuirlich)」の両方の言葉を同じ意味に使っている．本論文においては "stetig" が用いられているが，この後の訳文中では「安定」の代わりに「連続」という言葉を使うことにする．

《15》[p. 279]　点集合 $\{c_1, c_2, \cdots, c_n\}$，またはこの中の一点，またはこの中のすべての点のことを，点 c で表している．点 c', b, C などについても同様である．

《16》[p. 279]　『リーマン全集』に収録されている論文 "Theorie der Abel'schen Functionen"．本訳書では第 3 章．

《17》[p. 280]　したがって，η の未定定数は残り $(n+m-2)$ 個となる．

《18》[p. 280]　極小曲面の座標関数 (x, y, z) を η の関数とみなしたとき，$x/2$ を実部とするような複素解析関数の一つを X とおいている．

《19》[p. 280]　訳注《5》の公式 $(1), (2), (3)$ のこと．ページ数は『リーマン全集』のもの．

《20》[p. 281]　訳注《18》同様，$y/2, z/2$ を実部とするような複素解析関数の一つをそれぞれ Y, Z とおいている．

解　説

　『リーマン全集』("*Gesammelte mathematische Werke*" 2. Aufl., B. G. Teubner, Leipzig, 1892)には面積最小曲面を扱った論文が二つある．"XVII. Ueber die Fläche vom kleinsten Inhalt bei gegebener Begrenzung (「与えられた境界をもつ最小面積の曲面について」)" (pp. 301-337) と "XXVII. Beispiele von Fiächen kleinsten Inhalts bei gegebener Begrenzung (「与えられた境界をもつ面積最小曲面の例」)" (pp. 445-454) である (これらの論文については訳注《2》参照．面積最小曲面の研究の歴史的背景については訳注《1》参照)．本訳文は，後者の翻訳である．
　論文 XVII では，まずはじめに極小曲面(平均曲率がいたるところ 0 であるような曲面．この条件は，面積汎関数の臨界点であることと同値である．局所的には，曲面の境界を固定する任意の変分に対して，面積の極小値を与える曲面となっている)の表現公式が導き出されている (訳注《5》参照)．これは，三次元ユークリッド空間内の極小曲面の座標関数を，一つの複素解析関数を用いて積分の形で表示したものである．変数として採用されているのは，曲面のガウス写像(単位法ベクトル場)と球面の立体射影との合成写像により得られる複素数値関数である．この表現公式は，今日ヴァイエルシュトラス・エネッパーの表現公式と呼ばれて極小曲面の具体例を構成するのに非常によく用いられているものと，局所的には，変数変換の違いを除き同値である．次いで，いくつかの特別な境界を与えたときに，それで張られる極小曲面を表す具体的な式を導こうとしている．その際，変数変換を有効に用いることにより，上述の表現公式が適用される．境界として取り上げられているのは，二本の互いに同一平面上にはない直線，二本の互いに交わる直線とそれらで張られる平面に平行な第三の直線，三本の互いに交わる直線，空間四辺形，平行な平面上にある二つの円などである(空間四辺形で張られる極小曲面の具体的な表示については訳注《5》参照)．この最後の極小曲面は，今日，リーマンの周期的極小曲面と呼ばれている．
　論文 XXVII においては，二点で交わる三本の直線，および二つの互いに平行な平面内の多角形を境界にもつ極小曲面の具体的な表示式が，論文 XVII の表現公式を用いることにより導かれている．特に，境界が，互いに平行で合同な二つの正三角形よりなっており，正三角形の一方が直交射影によって他方に写るような位置関係にある

場合については，詳しく調べられている．すなわち，正三角形の一辺の長さを a，二つの正三角形の間の距離を h とおくとき，ある値 $m_0>0$ が存在して，$a/h<m_0$ ならば解曲面は存在せず，$a/h>m_0$ ならば解曲面は二つ存在するということが示されている．境界が互いに平行で合同な二つの正三角形よりなっている場合は，シュワルツによっても扱われており(p.277 の脚注 *1) 参照)，解曲面とその境界に関する対称移動の合成をつくるという操作を繰り返し行うことにより得られる三重周期の極小曲面は，シュワルツの P 曲面，H 曲面などと呼ばれている．

　面積最小曲面に関する研究がリーマンの業績の中で重要な位置を占めるとは一般には考えられていないが，複素関数論との関連性に関して，『リーマン全集』のドーバー版(1953年)に掲載されているレヴィによる序文の中に興味深い指摘がある．リーマンが等角写像の存在定理(リーマンの写像定理)の証明の中で用いたディリクレ原理のギャップをヴァイエルシュトラスから指摘されたという事実はよく知られているが，レヴィによれば，リーマンは極小曲面の存在証明の中にこのギャップを埋める方法を求めたのではないかということである．すなわち，極小曲面を等温座標で表したとき，その面積はディリクレ積分と一致する．したがって，もしも与えられた任意の閉多角形に対してそれで張られる面積最小曲面の存在を証明することができれば，極限操作により，与えられた任意のジョルダン閉曲線で張られる面積最小曲面の存在が証明される可能性があり，これができれば，リーマンの写像定理が証明される．しかしながら，リーマンは，特別な境界曲線に対して面積最小曲面の存在を証明しただけであった．そして，実際には逆に，その後ヒルベルトによって正当化された(1900年)ディリクレ原理が，与えられた枠を張る極小曲面の存在を，より一般的な条件のもとで，より簡潔に証明することに役立ったのであった．

［小磯深幸］

8

幾何学⁽¹⁾の基礎にある仮説について
(ゲッティンゲン王立科学アカデミー紀要, 第 13 巻)*¹⁾

研究のプラン

よく知られているように，幾何学は，空間概念も，空間の中での作図に必要な最初の根本概念も，何か所与のものとして前提する．幾何学は，それらについて，名目的な定義を与えるだけなのである．他方，本質的な諸規定は，公理という形で現れる．その際，これら諸前提の相互の関係は不明なままである．それらの結合が必然的かどうか，あるいはどの程度必然的であるのかはわからないし，それらの結合が可能であるのかも，アプリオリにはわからないのである．

この不明は，エウクレイデスから，近代の最も有名な幾何学改訂者であるルジャンドルにいたるまで，この問題に携わった数学者によっても哲学者によっても晴らされることはなかった．おそらくその原因は，空間量をその下位概念として含む，多重延長量の一般概念が，まったく扱われてこなかったということにあるのだろう．したがって私はまず，一般的量概念から多重延長量概念を構成するという問題を自らに課した．そこから，一つの多重延長量に様々な計量関係が可能であること，したがって，空間は 3 次元延長量の特別な場合にすぎないことが出てくるであろう．

しかし，これについて，一つの必然的な帰結がともなう．すなわち，幾何学の命題は一般的な量概念から演繹されるのではなく，空間を他の思惟可能な 3 重延長量から区別する諸特性は，経験だけから見てとることができるということである．このことから，空間の計量関係を規定する，最も単純な諸事実を探し出すという課題が生じる．それは，事柄の性質上，完全には決定されない課題である．なぜなら，空間の計量関係の規定に十分な単純な諸事実のシステムは，いろいろなものがあげられるから

---

*¹⁾ この論文は，1854 年 6 月 10 日に，彼の教授資格取得のために催された，ゲッティンゲンの哲学部とのコロキウムにおいて，著者によって講義された．

である．そのような諸事実のシステムのうち，現下の目的のために最も重要なものは，エウクレイデスがその基礎を与えたものである．しかし，その諸事実はすべての事実同様，必然的なものではなく，経験的確実性を備えているにすぎない．それらは仮説なのである．したがってその蓋然性は，観測の限界内ではもちろん非常に大きいのであるが，この蓋然性を調査してもよいのである．また，これによって，計測不能なほど大きいものの方へ向かって，また，計測不能なほど小さいものの方へ向かって，これらの仮説を観測の限界を超えて拡張することが許されるかどうかについて判断してもよいのである．

I.
n 重延長量の概念

これらの課題のうち最初の，多重延長量の概念を展開するという課題を解決するにあたって，寛大なる評価を請求してもよいと私は考える．基本概念が与えられたうえでの構成よりも概念自体に困難な問題が存在する，哲学的性質のこのような研究に私がほとんど慣れておらず，枢密顧問官ガウス先生が4乗剰余についての第2論文やゲッティンゲンの学報，学位取得50周年記念論文の中でこの問題について与えたきわめて短い若干の見解[2]と，ヘルバルトの若干の哲学的研究[3]とを除けば，先行研究をまったく用いることができなかったのであるから，なおさらそのような寛大な評価を請求してもよいと思うのである．

—1—

様々な規定法を許す一般概念[4]が存在するところでだけ，量概念というものは成立可能である．これらの規定法のうちで一つのものから別の一つのものへ連続な移行が可能であるか不可能であるかに従って，これらの規定法は連続，あるいは離散的な多様体をなす．個々の規定法を，前者の場合，この多様体の点といい，後者の場合，この多様体の要素という．その様々な規定法が，離散的な多様体をなすような概念は非常に多い．少なくともある程度発達した言語では，任意に与えられた物について，それらの物を包括する概念がつねに見出され（したがって数学者たちは，離散量の理論では，与えられた諸事物を同種のものとみなすという要請から躊躇なく出発でき）た．これに反して，その様々な規定法が連続な多様体をなす概念をつくるきっかけは，日常生活ではきわめてまれである．日常生活ではおそらく，感覚対象の位置と色彩との二つだけが，その様々な規定法が多重延長多様体をなす単純な概念である．その様々な規定法が，多重延長多様体をなす概念をつくりだし仕上げてゆく，より多くのきっかけは，高等数学においてはじめて見出される．

一個の多様体の中で，ある特徴や境界によって区別された一部分を限定量[5]と呼ぶことにする．これら限定量をその分量に関して比較するのは，離散的な多様体では数え上げによっておこなわれ，連続な多様体では計量によっておこなわれる．

計量というのは，比較されるべき量を重ね合わせることに，その本質がある．したがって計量のためには，一つの量を物差しとして他のところへ運び去る手段が必要とされる．このような手段がない場合，二つの量のうち一方が他方の部分になっているときだけ，それらを比較することができる．またその場合も，一方が他方より大きいとか小さいとかを決定することはできるが，どれだけ大きいとか小さいとかを決定することはできない．

一つの量を物差しとして他のところへ運び去る手段がない場合，そのような多様体についてなされる研究は，量論のうち，計量規定から独立な一部門をなす．この部門では，量は位置から独立に存在するものとも単位によって表現されるものともみなされず，ある多様体の中の領域とみなされる．このような研究は，数学の多くの部門，とりわけ多価解析関数を扱うために必要なものとなっている．また，このような研究の欠如は，有名なアーベルの定理[6]や微分方程式の一般的理論についてのラグランジュ，プファッフ，ヤコビの業績が，あのように久しく新たな実りをうまずに止まったことの主たる理由なのである．

現下の目標のためには，多重延長量概念の中にすでに含まれているもの以外はなんら前提していない，多重延長量論のこの一般的部門から，二つの点を強調すれば十分である．すなわちその第一は，多重延長多様体概念をつくり出すこと，第二は，与えられた多様体中の位置規定を量の規定に還元することで，こうして，n重の延長ということの本質的特徴を明らかにすることになる．

—2—

その規定法が連続な多様体をなすような概念で，ある規定法から別のある規定法まで一定の仕方で移ってゆくとき，その際通過された規定法は，1重延長多様体をなす．その本質的特徴は，その中では，1点から2方向にだけ，すなわち前方と後方にだけ，連続な移行が可能であるということである．さてそこで，この多様体が，別のまったく異なる多様体へとある仕方で移ってゆき，一方の多様体の各点が他方の多様体の定まった点にそれぞれ移るとき，そのようにして得られたすべての規定法は，2重延長多様体をなす．ある2重延長多様体がまったく別のある2重延長多様体へ一定の仕方で移ってゆくと表象するのであれば，同様にして3重延長多様体が得られる．

そして，このような構成を更に続けてゆく手順をみてとることは容易である．概念を規定されてしまったものとみなす代わりに，その対象を可変なものとみなすなら

ば[7]，この構成は，n次元の可変性と1次元の可変性から，$n+1$次元の可変性を合成するものとみなされる．

— 3 —

さて今度は逆に，ある可変性の領域が与えられたとき，この可変性が1次元の可変性ともとのものより次元の低い可変性に，どのようにして分解されるかを示すことにする．この目的のために，1次元の多様体をなす可変的切片を一つ考える．すなわち，一定の始点からはかることによって，1次元の可変的切片の値は，相互に比較可能であるから，与えられた多様体の各点に対し，この点とともに連続に変化する確定値をもつような1次元の可変的切片を考える．言い換えると，与えられた多様体の内部において，位置の連続関数で，この多様体の部分に沿って[もとの多様体と同じ次元をもつ部分領域をどのようにとっても，そこでは]一定ではないようなものを一つ考える．このとき，この関数が一定値をもつような点の集合はどれも，与えられた多様体より低い次元の，連続な多様体をなす．この多様体は，関数の値が変わると，相互の間で連続に移り変わる．したがって，それらの低次元の多様体のうちの一つから他のものが出てくると考えてよいのである．しかも，一般的にいえば，一方の低次元多様体の各点は，他方のある確定した点に移るというふうに，低次元多様体同士は移りあうことができるのである．そのようなことが不可能な，例外的な場合[例えばトーラス上]の研究は重要なものである．しかし，ここでは考慮されなくともよいであろう．以上のようにすることによって，与えられた多様体の中の位置の規定が，一つの量規定と，もとのものより低次元の多様体の中の位置規定とに還元されるのである．与えられた多様体がn重に延長している場合，この低次元の多様体が$n-1$次元をもつことを示すことは容易である．したがって，このような操作をn回繰り返すことでn重延長多様体の中の位置規定はn個の量の規定に還元され，それゆえまた，与えられた多様体の中の位置規定は，これが可能であるなら，有限個の量の規定に還元されるのである．しかし，その中での位置の規定が有限個の量規定ではなく，無限数列をなす量規定，あるいは連続多様体をなす量規定を要求するような多様体もある．そのような多様体をなすのは，例えば，ある与えられた領域に対する[この領域を定義域とする]関数の可能な規定[8]や，空間図形の可能な形などである．

II.
線が位置から独立に長さをもち，したがってどの線も任意の線によって計量されるという前提のもとに，n次元多様体がもつことのできる計量関係

n重延長多様体概念が構成され，その中の位置規定がn個の量規定に還元される

という，その本質的特徴が見出されたので，次に，先ほど提示された課題の第二のものとして，そのような多様体に可能な計量関係について，またこのような計量関係の規定に十分な条件についての研究が登場する．このような計量関係は，抽象的な量概念においてのみ研究され，ひとまとまりの数式によってだけ表示される《9》．それでも，一定の前提のもとに，そのような計量関係を，個別にとれば幾何学的表示が可能であるような関係に分解することができる．これによって，計算の結果を幾何学的に表現することが可能になる．したがって，確実な土台を獲得するためには，数式による抽象的研究が不可避であるのはもちろんであるが，この研究の結果は，幾何学的な衣装に包んで示されるであろう．この抽象的研究と幾何学的表示とのための基礎が，枢密顧問官ガウス先生の曲面についての有名な論文《10》に含まれている．

—1—

計量規定は，量の，位置からの独立性を必要とする．この，位置からの独立性というのは，その実現の仕方が一通りではない《11》．ここで私が追跡しようと思う，最初に現れる仮定は，曲線の長さは位置から独立であり，したがって，どの曲線も任意の曲線によって計量可能であるという仮定である．位置の規定がいくつかの量の規定に還元され，したがって，与えられた n 重延長多様体の中の点の位置が，n 個の変化する量 $x_1, x_2, x_3, \cdots, x_n$ によって表現されるとき，曲線を規定するというのは，諸量 x がある一つの変数の関数として与えられるということに帰着する．すると，課題というのは，曲線の長さに数学的な表示式を与えることであり，この目的のためには，諸量 x は，単位を用いて表されるとみなされなければならない．私はこの課題を，一定の制限のもとで取り扱うことにする．

まず，諸量 x の互いに関係した諸変化 dx《12》の間の比が連続に変化するような曲線に制限する．このような場合，曲線を［微小な］要素に分解して考えることができ，この要素の内部では，諸量 dx の間の比が一定であるとみなされる．そこで当初の課題は，各点に対して，その点から出る線素（の長さ）ds の一般的表現式をつくることに帰着する．したがって，この表現式には，x と dx が含まれることになる．

さて第二に，線素のすべての点が同一の無限小の位置変化をこうむるとき，2次の無限小量を無視するのであれば，その線素の長さは不変であると仮定する．この仮定の中には，諸量 dx がすべて同一の比で増加するとき，線素もこの比で変化するということが同時に含まれている．これらの仮定のもとでは，線素の長さは，諸量 dx の任意の1次同次関数であるが，諸量 dx がすべてその符号を変えるとき，この1次同次関数は変化しない．

また，この同次関数の中の任意定数は，諸量 x の連続関数である．まず最初に，

最も簡単な場合を見出すために，線素の始点から等距離にある $n-1$ 次元多様体に対する表現式を求めることにする．すなわち，それらの $n-1$ 次元多様体を互いに区別する，位置の連続関数を求めることにする．この関数は，始点から出発するすべての方向に向かって，［単調に］減少するか，あるいは増加しなければならない．そこで，すべての方向に向かって増加し，したがって始点において，極小値をもつと仮定する．すると，その第1次および第2次微分商が有限であるとき，その第1次の微分は0となり，第2次の微分は決して負にならない．そこで第2次の微分は，つねに正と仮定する．すると，このような2次の微分式［微分形式］は，ds が一定であれば一定であり，諸量 dx が，したがってまた ds が同一の比で変化するとき，その2乗の比で増加する．したがって，この2次の微分式は ds^2 の定数倍に等しく，つまり ds は，諸量 dx の，つねに正の，2次の同次整関数の平方根である．ただしその係数は，諸量 x の連続関数である．空間[13]については，点の位置を直交座標で表すとき，$ds = \sqrt{\sum(dx)^2}$ となる．したがって空間は，この最も簡単な場合に含まれる．

その次に簡単な場合は，線素の長さが4次の微分式の4乗根によって表現されるような多様体を包含するであろう．このような，より一般的な類のものの研究が，本質的に異なる原理を必要とすることはないであろうが，かなりの時間を要するものである．ことにその研究結果が幾何学的には表現されないものなので，時間がかかるわりには空間論に新しい光を投げかけるものではない．したがって，線素が2次の微分式の平方根によって表される多様体に限定することにする．

n 個の独立変数に，n 個の新たな独立変数の関数 n 個を代入することによって，2次の微分式を同様なものに変換することができる．しかし，このようにすることによって，任意の2次の微分式を別の任意の2次の微分式に変形することはできないであろう．なぜなら，n 変数の2次の微分式は，独立変数の任意関数であるような $n(n+1)/2$ 個の係数を含んでいるのに，新変数の導入によっては，n 個の関係式しか満たされず，したがって n 個の係数を，与えられた量に等しくすることしかできないからである．そこで，残りの $n(n-1)/2$ 個の係数は，表現されるべき多様体の性質によって完全に決まっている．したがってこの多様体の計量関係の規定には，位置の関数 $n(n-1)/2$ 個が必要なのである．

平面や空間におけるのと同様，線素が $\sqrt{\sum(dx)^2}$ という形に変形される多様体は，ここで研究されるべき多様体の特殊な場合をなすにすぎない．これらの特殊な多様体は，おそらく特別な名称に値するものである．そこで，線素の平方が，独立な微分の平方の和に変形されるような多様体を，平坦と形容しようと思う．さて，まえに前提された形式で［線素の平方が2次の微分式で］表示可能なすべての多様体相互の本質

的相違点を見渡すためには，表示法に起因するものを除去する必要がある．しかしこのことは，一定の原則に従い変数を選択することによって達成されるであろう．

— 2 —

この目的のために，はじめにある任意の点をとり，この点から出る最短線[測地線]の集合[14]が構成されたと考える．すると，ある不定な点の位置は，その点がのっている最短線の始点での方向と，その最短線に沿う始点からの距離によって決められることになる．したがって，諸量 dx^0，すなわちこの最短曲線の始点での諸量 dx の比と，この線の長さ s によってあらわされる．

そこで，dx^0 の代わりに，これらからつくった 1 次式 $d\alpha$ を導入し，線素の平方の始点での値が，$d\alpha$ の(各成分の)平方和に等しくなるようにする．したがって，独立変数は諸量 $d\alpha$ の比と量 s である．そこで最後に，$d\alpha$ の代わりに，これらに比例した諸量 $x_1, x_2, \cdots, x_n$ をとり，これらの平方和が s^2 に等しくなるようにする．これらの諸量を導入するとき，x の無限小値に対しては，(第 1 の近似では) 線素の平方 $= \sum dx^2$ となり，その次の位の無限小の項は $n(n-1)/2$ 個の量 $(x_1 dx_2 - x_2 dx_1)$, $(x_1 dx_3 - x_3 dx_1)$, $\cdots$ の 2 次の同次式に等しく，したがって 4 次の無限小量になる．

そこで，この量を，頂点での変数の値が $(0, 0, 0, \cdots)$, $(x_1, x_2, x_3, \cdots)$, $(dx_1, dx_2, dx_3, \cdots)$ である無限小三角形の面積の平方で割り算するとき，ある有限量を得ることになる．この量は，諸量 x と dx がそれぞれ同一の 2 元 1 次形式に含まれる限り [線素の表示式の中の係数が同一である限り]，すなわち，0 から x への最短線と 0 から dx への最短線が同一の面素の上にある限り，同一の値をもつ．したがってこの量は，面素の位置と方向にだけ依存する．この量は，表現された多様体が平坦なとき，すなわち，線素の平方が $\sum dx^2$ に還元されるとき，明らかに 0 になるであろう．したがってこの多様体が，この点でこの面素の方向に，平坦からどの程度偏向しているかの尺度とみなされる．これに $-3/4$ をかけると，枢密顧問官ガウス先生が，面の曲率と名づけた量に等しくなる．

仮定された形式で表現可能な n 重延長多様体の計量関係の決定のためには，先ほど，$n(n-1)/2$ 個の位置関数が必要であることが見出された．このことから，各点で $n(n-1)/2$ 個の面素の方向で曲率が与えられるとき，この多様体の計量関係は決定されることになる．ただしそれは，これらの曲率の値の間に，恒等的な関係が成立しない限りにおいてのことであるが，一般的に言って実際，そのような恒等的関係は成立しない．

線素が 2 次の微分式の平方根で表示される，このような多様体の計量関係は，変数の選択からまったく独立な仕方で，以上のように表現される．多様体の計量関係を変

数の選択から独立に表現するために，線素がもっと複雑な式で表現されるような，例えば4次の微分式の4乗根で表現されるような多様体の場合でも，まったく同様な方法が選択される．ただしその際，一般的に言って，線素は微分の平方和の平方根の形には変形されない．したがってまた，線素の平方を表す式で，平坦からの偏向は，先ほどの多様体では4次の無限小量であったのに対して，この場合は2次の無限小量である．つまり，先ほどのような多様体のこのような特性は，微小部分での平坦さと呼ぶことができる．

　当面の目的のために最も重要な多様体の特性は――これらの特性のために，このような多様体がここでもっぱら研究されたのであるが――，2重延長のものの諸関係が幾何学的に曲面によって表現され，多重延長のものの諸関係がその中に含まれるいくつかの曲面に還元されるということである．ただし，この点については，なお若干の説明を必要とする．

―3―

　曲面の理解の中には，曲面内の経路の長さだけが考慮されるという内的な計量関係のほかに，外部の点に対する曲面の位置関係というものが，つねに混入している．しかし曲面の中の曲線の長さが不変であるような変形を曲面にほどこし，すなわち，曲面が伸縮なしに任意に曲げられたと考え，そして，そのような変形で生じる各々の曲面をすべて同種とみなすことによって，曲面の外的諸関係を捨象することができる．

　したがって，例えば任意の円柱側面や円錐側面は平面と同じものとして通用する．なぜなら，それらは単なる屈曲によって平面からつくられるからである．この場合，内的な計量関係はそのままであり，この計量関係についての全命題，つまり平面幾何学全体は，その妥当性を保つ．これに対し，これらの曲面は，球面とは本質的に異なるものである．球面は，伸縮なしには平面に変形されないのである．

　前節までの研究に従えば，線素が2次の微分式の平方根によって表現される場合，例えば曲面がそうであるが，2重延長量の内的計量関係は，各点で，曲率によって特徴づけられる．曲率という量は，曲面の場合，直観的意味を与えられる．すなわち曲率は，この点におけるある2方向の曲線の曲率[15]の積である，あるいはまた，この積を最短線で囲まれた無限小三角形にかけたものは，弧度法ではかって，その三角形の内角の和が2直角から超過した分量の半分に等しい，といった直観的意味を与えられるのである．最初の定義は，2個の曲率半径の積は曲面の屈曲だけでは変化しないという命題を前提することになるであろう．第二のものは，同じ場所では，無限小三角形の内角の和の二直角から超過した分量は，この三角形の面積に比例するという命題を前提するであろう．

n 重延長多様体の, 与えられた点とそこを通っておかれた面素の方向における曲率に, 具体的なものとして理解可能な意味を与えるために, 我々は, 1 点から出る最短線は, その最初の方向が与えられたとき完全に決定されるということから出発しなければならない. したがって, 与えられた点から出発し与えられた面素の中にある最初の方向を, すべて最短線に沿って延長するとき, 一定の面が得られる. そして, この面は, 与えられた点で一定の曲率をもつ. この曲率は同時に, この n 重延長多様体が, この与えられた点と与えられた面の方向についてもつ曲率でもある.

—4—

さて, 空間への応用を行う前に, 平坦な多様体一般についての, すなわち, 線素の平方が完全微分式の平方和であるような多様体についての若干の考察が, なお必要である.

平坦な n 重延長多様体の中では, 各点でどの方向においても, 曲率は 0 である. しかし, 先ほどの研究に従えば, 計量関係を規定するためには, 各点において, その曲率が互いに独立であるような $n(n-1)/2$ 個の面の方向において曲率が 0 であることを示せば十分である.

曲率がいたるところ 0 であるような多様体は, 曲率がいたるところ一定であるような多様体の特別な場合とみなされる. 曲率が一定の多様体の共通の性質は, その中の図形が伸縮なしに動かされることとも言いあらわすことができる. なぜなら, 各点においてすべての方向について曲率が同一のものでなければ, 多様体の中の図形を, 任意に平行移動したり回転移動したりするのは明らかに不可能だからである.

しかし他方で, 多様体の計量関係は, 曲率によって完全に決定されている. したがってその計量関係は, ある点の周囲ですべての方向に向かって, 他のある点の周囲のそれと精密に同じものである. つまり, どちらの点から出発しても, 同じ構成 [作図] が実行可能である. その結果, 定曲率の多様体では, 図形に任意の位置を与えることができる. この多様体の計量関係は, 曲率の値にしか依存しない. 解析的な式表示については, この曲率の値を α としたとき, 線素の表示式は

$$\frac{1}{1+\frac{\alpha}{4}\sum x^2}\sqrt{\sum dx^2}$$

で与えられることを指摘してもよいであろう.

—5—

幾何学的な説明のためには, 定曲率の曲面の考察が役立つかもしれない. 曲率が正

の曲面は，曲率の平方根の逆数に等しい半径をもつ球面に，つねに巻きつけることができることを理解するのは容易である．しかし，このような曲面の多様性の全体を概観するためには，これら曲面の一つに球の形態を与え，他のものには，この球に赤道で接する回転面の形態を与える．すると，この球より大きな曲率の曲面は，この球に内側から接し，円環面の，軸の外側を向いた部分と同様の形であろう．これは，より小さい半径の球面上の帯状領域に巻きつけられるが，1回以上取り巻くことになるであろう．

また，与えられた球より大きな半径の球面から，大円の半分2個で区切られた切片を切りとり，切りとり線を貼り合わせることで，もとの球面より小さい正の曲率の曲面が得られる．曲率0の曲面は，赤道で球面に接する円柱側面であろう．しかし，負の曲率の曲面は，この円柱側面に外側から接し，円環面の内側の，軸に向いた部分の形をしているであろう．

空間が立体の存在する場所とみなされるように，これらの曲面を，その中で運動する面の切片の存在する場所とみなすとき，これらすべての曲面において，その中の曲面の切片は，伸縮なしに運動できる．正の定曲率の曲面は，その中の曲面の切片が屈曲もしないで任意に運動できるように，つねに変形されるのである．すなわち，球面へと変形されるのである．しかし，負の定曲率の曲面の場合，そのようなことはできない．曲率0の曲面では，面の切片が位置から独立であることのほかに，方向も位置から独立である．このような独立性は，曲率0でない曲面では成り立たない．

III.
空間への応用
—1—

n 重延長量の計量関係の決定についてのこれらの研究に従うとき，線の長さが位置から独立であることと，2次の微分式の平方根によって線素の長さが表現可能であることが前提される場合，したがって，微小部分での平坦性が前提される場合，空間の計量関係の決定のために十分かつ必要な諸条件があげられる．

これらの条件は，まず第一に，各点において三つの面の方向で曲率が0に等しいと表現される．つまり，三角形の内角の和がいたるところ2直角に等しい場合，空間の計量関係は決定されてしまうことになる．

しかし第二に，位置から独立に線が存在することだけでなく，エウクレイデスのように，位置から独立に立体が存在することを前提するとき，曲率はいたるところ一定で，一つの三角形の内角の和が決められた場合，すべての三角形の内角の和が決定されることになる．

そして第三に，線の長さが位置と方向から独立と前提するかわりに，線の長さと方向が位置から独立と前提することができるであろう．このような解釈に従えば，位置変化あるいは位置の相違は，3個の独立な単位で表現可能な複合量である．

—2—

これまでの考察で，まず延長関係，つまり領域関係が計量関係から区別され，同じ延長関係のものに異なる計量関係が想定されうることが見出された．次いで，空間の計量関係を完全に決定し，そのような計量関係についてすべての命題がそこからの必然的結論であるような，単純な計量規定の様々なシステムが探究された．

しかし，これら諸前提が，どのようにして，どの程度，どのような範囲で経験によって保証されるのか，といった問題を解明することが残っている．この問題との関連で，単なる延長関係と計量関係との間には本質的な差がある．すなわち，その可能な場合が離散的多様体をなす延長関係というものについては，経験の言明であるから完全に確実ということは決してないのであるが，それでも不正確ではない．

他方，その可能な場合が連続な多様体をなす計量関係というものについては，経験からおこなうどのような規定も正確ではありえない．そのような規定がほぼ正しいという蓋然性は大きいとしても，つねに不正確なのである．

この事情は，観測の限界を超えて計測不能なほど大きいものや小さいものへと経験的規定を拡張する際，重要になる．というのも，計量関係は，観測の限界の彼岸ではますます不正確になるかもしれないが，単なる延長関係はそうではないからである．

空間の構成を計測不能なほど大きいものへと拡張する場合，無限界性［境界がないこと］と無限性［体積が無限であること］とは区別されるべきである．無限界性は延長関係に属し，無限性は計量関係に属する．空間が無限界の3重延長多様体であるということは，外界を把握する際，つねに用いられる前提である．この前提に従って，現実の知覚の領域は各瞬間に補われるし，求められた対象の可能な位置も構成される．

そして，このように適用されることで，この前提はたえまなく確認される．したがって，空間の無限界性は，他のどのような外的経験[16]よりも大きな経験的確実性をもつのである．しかしこのことから，空間の無限性は決して出てこない．むしろ，位置から独立に物体が存在するということを前提する場合，したがって，空間が定曲率をもつ場合，この曲率がどんなに小さくても正の値ならば，この空間は必然的に有限になるであろう．一つの面素の中にある始点から出るすべての最初の方向を，最短線に沿って延長するとき，正の定曲率を備えた，ある無限界の曲面を得ることになる．それゆえ，ある平坦な三重延長多様体の中で，球面の形をとり，したがって有限

な一つの曲面を得ることになる．

―3―

　計測不能なほど大きなものについての諸問題は，自然の解明にとって無意味なものである．計測不能なほど小さなものについての問題に関しては，事情が異なる．現象の因果連関の認識は，我々が現象を無限小まで追跡する際の精度に，本質的に依存するのである．この何世紀かの機械的自然の認識における進歩は，ほとんどもっぱら，無限小解析の発見と，アルキメデス，ガリレオ，ニュートンによって発見され今日の物理学が用いている単純な根本的諸概念とによって可能となった構成の精度によるものである．しかし，このような構成のための根本的諸概念をいまにいたるまで欠如させている自然諸科学では，因果連関を認識するために，顕微鏡が許す範囲で，空間的に微小な領域へと現象を追跡する．したがって，計測不能なほど小さい空間領域の計量関係についての問題は，無意味ではないのである．

　位置から独立に物体が存在すると前提するなら，曲率はいたるところ一定で，天文学の測定から，それは0とそれほど異ならないということになる．いずれにせよ，この曲率の逆数を曲率半径とする曲面に比べれば，我々の望遠鏡で見られる範囲は無に等しいほどになるはずである．しかし，そのような，物体の位置からの独立性が前提できない場合，大域的なところでの計量関係から，無限小の世界での計量関係を導きだすことはできない．このとき，計量可能な空間の各部分の曲率の総体がそれほど0と異ならないというだけの場合，曲率は各点で3方向に任意の値をもつことができる．線素が2次の微分式の平方根によって表現されるという前提が成り立たない場合，いっそう複雑な諸関係が出てくるかもしれない．ところで，空間の計量規定の基礎になっている経験的概念の，剛体概念や光線概念は，無限小においてその妥当性を失うように思われる．そうだとすると，無限小における空間の計量関係が幾何学の諸前提に従っていないということも十分考えられる．そして，そう考えることによって，現象がより単純に説明されるならば，実際に，幾何学の諸前提に従っていない，そのようなことを仮定しなくてはならない．

　無限小における幾何学の諸前提の妥当性についての問題は，空間の計量関係の内的根拠を求める問題と関係する．後者の問題はおそらくなお空間論のうちに入れてもよいのであろうが，ともかくこのような問題では，計量の原理は，離散的多様体ではこの多様体の概念のうちにすでに含まれており，連続的多様体では多様体の他のどこかから付け加えられなければならないという先ほどの注意が適用される．そこで，空間の基礎にある現実のものが離散的多様体をなすか，あるいは，計量関係の根拠が外側に，すなわち空間の基礎にある現実のものに作用してこれらを結合させる諸力のうち

に求められねばならぬかのいずれかなのである．

　いずれであるかという，この問題の解決は，ニュートンが基礎をおいたような，経験によって検証された，これまでの現象解釈から出発し，これから説明されない諸事実に駆り立てられて，これを徐々に修正することによってのみ可能なのである．ここでおこなわれたような一般的諸概念から出発する研究というのはただ，研究が諸概念の制約によって妨げられず，事物の連関の認識における進歩が伝統的先入観によって阻まれないという点で役立つものである．

　これは，もう一つ別の学問，すなわち物理学の領域へと越境するよういざなう．しかしそれは，本日のこの講演の性質上，許されない．

［山本敦之 訳］

訳　　　注

《1》[p. 295]　この講演で空間と呼ばれるものは，現実の物理的な空間である．そして，幾何学というのは，この空間についての理論ということになる．したがって，幾何学の諸前提は，物理学と同じ意味で，仮説と呼ばれるのである．

《2》[p. 296]　ガウス (Johann Carl Friedrich Gauss), "Theoria residuorum biquadraticorum, Commentatio secunda" (4 乗剰余論第 2 部), *Commentationes societatis regiae scientiarum Gottingensis recentiores*, 7 (1832) と，この論文についてのガウス自身の報告文 "Selbstanzeige", *Göttingische gelehrte Anzeigen* (1831) とは，『ガウス全集』第 2 巻に収録されている．これらの論文においてガウスは，虚数の使用について従来申し立てられてきた「直観的意味の欠如」という批判を，いわゆるガウス平面を導入することによって退けた．そのうえで，虚数の存在論を展開し，表象可能性から離れ，実体的性質を捨象されていて，2 列に並べられるというだけの，「2 次元多様体」なる純粋な関係概念として複素数を解釈した．

　　ガウスの学位 50 周年記念論文とは，"Beiträge zur Theorie der algebraischen Gleichungen", *Abhandlungen der königlichen Gesellschaft der Wissenschaften zu Göttingen*, 4 (1850), in *Gauss Werke* Bd. 3, Göttingen (1876) のことである．ガウスはこの論文で，代数学の基本定理の第 4 証明を与えるに際し，それを一種のトポロジーから借用したスタイルで提示している．そして，理論の内容が，根底においては「空間的なものから独立した，普遍的抽象的な量論の，高度な領域に属する」と主張する．この普遍的量論の対象は「連続性によってつながった，量の結合 (die nach der Stetigkeit zusammenhängenden Größencombinationen)」と呼ばれる．おそらく，今日の n 次元ユークリッド空間のようなものを指すのであろう．

《3》[p. 296]　ヘルバルト (Johann Friedrich Herbart, 1776-1841) において，"Mannigfaltigkeit" は日常語として用いられている．リーマンがここで考えているのは，ヘルバルトの系列形式 (Reihenformen) についての議論であろう．系列形式とは，強度的差異をもった無数の表象から，それら表象の融合を経てつくられる系列的秩序のことである．例えば，視覚触覚を通じての諸表象から，空間という系列形式がつくられる．ほかに，時間，数，度 (内包量)，音の高さを表示する直線，色彩三角

形，あるいはいくつかの種概念が並置されそれらが類概念のもとに総括されたものも系列形式であるとされる (J. F. Herbart, *Lehrbuch zur Psychologie*, Königsberg und Leipzig, 1816.=*Sämmtliche Werke* in chronologischer Reihenfolge herausgegeben von Karl Kehrbach und Otto Flügel, Erstdruck, Langensalza, 1899-1912, Bd. 5 S. 324).

《4》[p. 296]　一般概念の規定法のなす(規定法の集合としての)多様体という，一見奇妙な定義を理解するのに有効な実例：例えばリーマンの学位論文「複素一変数関数の一般論の基礎」(本訳書第1章)第13節では，有理形関数の極のまわりの展開の主要部にあたる

$$\frac{a_1}{z-z'}+\frac{a_2}{(z-z')^2}+\cdots+\frac{a_{n-1}}{(z-z')^{n-1}} \quad (a_1, a_2, \cdots, a_{n-1}：複素数)$$

に関連して，$n-1=m$ とおくときこの主要部をもつ関数を「$2m$個の任意定数を含む関数」と称する．そしてこれに注がつけられており，そこでは「関数が一個の任意定数を含むとみなされるのは，この関数を規定する可能な仕方(die möglichen Arten, sie zu bestimmen)が1次元の連続な領域に及ぶ場合である」と定義される．この"Art"と，"Bestimmungsweise"の"Weise"はほとんど同義である．

　また，本文の多様体の定義を「色彩」概念に適用すれば，赤や黄や青などの諸々の色が個々の規定法にあたり，すべての色彩の集合が2次元多様体(色彩三角形)をなす．

《5》[p. 297]　原語"Quanta (限定量)"は，"Quantum (数量)"の複数形．ただし，離散的なものという含意はない．

《6》[p. 297]　アーベルの定理については，本訳書の「アーベル関数の理論」第4項，第一部，第14節を参照(本訳書第3章，pp. 106-107)．

《7》[p. 298]　概念の個々の規定法が，さらに可変であるような場合．

《8》[p. 298]　ある領域を定義域とする関数の規定には，関数は各点で任意の値をとりうるわけであるから，連続多様体をなす量規定を必要とすると考えられる．

《9》[p. 299]　以下の議論を支える解析的計算については，M. Spivak, *Differential Geometry*, Vol. 2, 1970, Publish or Perish, Boston などを参照．ただし，この分野に限らないことであるが，現実にリーマンの考えたプロセスを完全に再現することはきわめて困難である．

《10》[p. 299]　J. C. F. Gauss, "Disquisitiones generales circa superficies curvas" (「曲面についての一般的研究」), 1827, *Werke* IV, 2te Aufl., 1880, Göttingen, pp. 217-258.

《11》[p. 299]　量の位置からの独立性が様々であるというのは，線素の長さが位置

から独立である，面素の面積が位置から独立である，など．

《12》[p. 299]　$dx_1, dx_2, \cdots, dx_n$.

《13》[p. 300]　通常のユークリッド的な空間のこと．

《14》[p. 301]　原語は "System".

《15》[p. 302]　この点での接平面内に，この点を通り直交する2直線で，これらの直線を含む法切断には，最大曲率と最小曲率が対応するものが存在する．この最大曲率と最小曲率の二つの曲率の積．二つの曲率(Krümmung)の積という場合以外の「曲率(Krümmungsmass)」は，面のガウス曲率．

《16》[p. 305]　内的経験，すなわち心的経験に対比しての用語．

解　説

　この論文は，いわゆる「リーマン幾何学」の発展の出発点になったということで有名なものである．しかし，この論文の歴史的重要性は，それに尽きるものでない．リーマンは複素関数研究などを通じて自分が導入した新種の数学的諸概念，例えばいわゆる「リーマン面」やある種の関数空間といったもの，を包含する普遍的概念として「多様体」を体系的に提示したのである．

　まず最初に，「様々な規定法を許す一般概念」ということで，一般的な集合概念を導入し，これを離散的と連続的とに分類する．次いで，連続的多様体を，次元によって分類し，さらに同一次元の多様体を位相的性質によって分類する．そしてそのようなものに局所座標を導入して，その上で多様体の計量的性質をまず一般的に，そして一定の制限をおこなった後に，いわゆる「リーマン計量」のものを論じている．その際，「曲率」が，そのような多様体の計量関係を特徴づける量として定義される．更にまた，定曲率の多様体が，幾何学的解釈をほどこしつつ，特に説明される．

　物理的空間については，それが3次元定曲率多様体であり，特に曲率が0であるという蓋然性が高いことを主張する．しかしそれはあくまでも蓋然性であって必然性をもちえないこと，つまりどこまでも観測誤差をともなうものであることを強調する．リーマンはヘルムホルツ (Helmholtz, Hermann von. "Über die Thatsachen, die der Geometrie zum Grunde liegen.", *Nachrichten von der königlichen Gesellschaft der Wissenschaften zu Göttingen* (1868), 193-222) と異なり，非定曲率であることも排除しない．更には離散的であることも排除しない．これは，物理学の剛体の運動や光線といったものも，自明なものと考えないことに対応するのである．

　最後に一つ注意しておきたいのは，リーマンによる幾何学の基礎についての研究は，彼に先行する「非ユークリッド幾何学」の研究者たちと異なり，いわゆる「平行線公準」をめぐってなされたものではないということ，計量についての一般論から出発しているということである．

[山本敦之]

9
耳 の 力 学
(ヘンレとプフォイファーの「理論的医学雑誌」, 第3シリーズ, 第29巻より)*1)

1.
微細な感覚器官の生理学において使用されるべき方法について

　感覚器官の生理学のためには，一般的自然法則以外に二つの特殊な基礎が必要である．その一つは，精神物理学的な，器官の働きの経験による測定であり，もう一つは，解剖学的な，器官の構造の研究である．

　したがって，器官の諸機能を知るためには二つの方法が可能である．一つは，器官の構造から出発して器官の諸部分の相互作用の法則と外部からの作用の効果を確定するようつとめること．もう一つは，器官の働きから出発して，これを説明するようつとめることである．

　前者では，与えられた諸原因からその作用を推論する．後者では，所与の作用の諸原因を求めるというものである．

　ニュートンとヘルバルトにならって，前者を総合的，後者を分析的と名づけること

---

*1) この偉大な数学者[リーマン]は，その早い死によって，我々の大学と学問から奪い去られてしまった．彼はヘルムホルツによって基礎づけられた音の知覚の新理論に刺激されて，生涯の最後の月日を聴覚器官の理論に携わって過ごした．それについて書き留められたものが彼の遺稿の中に見出され，ここに報告される次第である．無論それは，聴覚器官の問題のそれほど重要でない小さな部門にふれているだけである．それでもこの断片の公表は，疑いもなく正当化されるものである．それは，その著者の重要性と，この対象の方法論的扱いの実例にみられるような，彼の見解の価値とによるものである．この論文の第1章全体と第2章の大部分は，著者自身の清書で残された．原文p.348以降の，第2章の最後は，彼が最初の構想を書きつけた，ばらばらのページや文から組み立てられた．聴覚器官の運動についてのヘルムホルツの理論に反対して表明した彼の見解は，彼自身の詳述によってはじめて理解可能になるものだったのである．リーマンの口頭での発言から推測されるのは，リーマンとヘルムホルツの見解の相違がはじめて現れるのが，蝸牛器官への音の振動の伝達の問題においてであること，そして，その際かれるべき問題をリーマンは水力学的なものと理解していたことである(シェーリング，ヘンレ)．

ができる．

総合的方法

　総合的方法は，解剖学者にはきわめて親しいものである．解剖学者は，器官の個々の部分の研究に携わり，それら諸部分のそれぞれが器官の働きにどのような影響をもちうるかと問うように仕向けられる．この方法は，器官の個々の部分の物理的特性が決定されたなら，感覚器官の生理学においても，運動器官の生理学におけるのと同じ成果を上げることができよう．しかしそのような物理的特性を観察から決定するのは，顕微鏡的対象については，多かれ少なかれつねに不正確なままであり，いずれにせよきわめて不確実である．

　だからそれを補うために，アナロギーや目的論の根拠に従うことを余儀なくされる．ただしその際，大幅な恣意が入ってくるのは避けられず，この理由から，感覚器官の生理学における総合的方法はまれにしか正しい結果に導かない．そしていずれにせよ，確実な結果へは導かない．

分析的方法

　分析的方法では，器官の働きの説明が求められる．その仕事は3部分に分かれる．
1. 器官の働きを十分に説明する仮説を探し出す．
2. この仮説がどの程度必然的であるかの研究．
3. この仮説を検証したり修正するための，経験との比較．

　I．そのためにモデルを考案しなければならない．この点では，器官の働きを目標として，モデルの製作をこの目標のための手段とみなさなければならない．しかし，この目標は推測されたものではなく，経験によって与えられたものである．器官そのものの製作を断念すれば，究極原因という概念は，まったく問題にしなくてもよい．

　器官を現実に働かせるために，この器官の構造の中に，その説明を求める．この説明を探し出すとき，まずこの器官の任務を分析しなくてはならない．ここから一連の二次的な任務が生じるであろう．そして，これら二次的任務が遂行されているはずであると確信してはじめて，これら二次的任務の遂行のされ方を器官の構造から推論しようとつとめるのである．

　II．器官の説明に十分な表象が得られた後，それがその説明にどの程度必然的かを探求しないわけにはゆかない．どの前提が無条件に必然的であるか，あるいはむしろ疑うべくもない自然法則の結果として必然的であるのかということと，どの表象法

が他のもので置き換えられるかということを注意深く区別しなければならない．そしてまったく恣意的に憶測されたものを排除しなければならない．このようにしてはじめて，説明を探し出すためにアナロジーを使用した不利益な結果がしりぞけられる．またこのようにして，説明を経験に照らして検証することが（答えられる問いを立てることによって）本質的に軽減される．

III. 説明を経験に照らして検証するためには，器官の働きについてのその説明から生じる帰結が用いられたり，あるいはこのような説明において器官の構成部分について前提された物理的諸特性が用いられたりする．器官の働きに関しては，経験との精密な比較がことのほか困難であり，理論の検証を，たいていの場合，実験や観察の結果がその理論に矛盾しないかどうかという問題に限定せざるをえない．これに対し，器官の構成部分の物理的諸特性についての帰結に関しては，これはより一般的な射程を備えうる．そして自然法則の認識における進歩にきっかけを与えうる．その実例としては，オイラーによる眼の収色性（Achromasie）の説明の探求［角膜および水晶体の曲率は周辺ほど小さいので球面収差がほとんど防止されていること］などがある．

* *

これら正反対の二つの研究法に対し，ともかく総合的と分析的という表記がただアプリオリに通用している．正確にいうと，純粋に総合的な研究も分析的な研究も可能ではない．というのも，どの総合もそれに先立つ分析の結果に依拠しているし，どの分析も経験による検証のため，後続する総合を必要とするからである．前者の手続きでは，一般的な運動の諸法則が，先立つ分析の成果で総合において前提されるものをなす．

* *

したがって，最初の総合的な成分の勝った手続きは，微細な感覚器官の理論のためには放棄されるべきである．なぜなら，この手続きが適用可能であるための諸前提があまりにも不完全にしか満たされず，アナロジーと目的論によってこれら諸前提を補うのは，ここではまったく恣意的にならざるをえないからである．

第二の分析的な手続きでは，目的論とアナロジーの助けは，まったくなしですませられるというものではないが，しかしおそらく，それらを使用する際，恣意性を免れうる．それは：

1) 器官の個々の構成部分についてはそれが何のために有用であるのかという問いを放棄しないが，目的論の使用を，どのような手段で器官の働きが現実化されるのかという問題に限定することによって．

2) アナロギーの使用(「仮説の捏造」)を，ニュートンが望んだように完全に排除することはしないが，器官の働きの説明のために満たされなければならない諸条件を後から取り上げて，アナロギーの使用によってもたらされた，説明に必然的でない表象を除去することによって．

これらの原理にしたがって，我々の目的のためには，聴覚器官の働きがまず第一に確定されなければならない．どの程度の鮮明さ，細かさ，忠実さで，耳は音，その音色と音調，その強さと方向を伝えるのか，これは観測と実験によって可能な限り正確に確定されなければならない．

私はこれらの事実を既知のものとして前提する．ヘルムホルツの著作『音楽理論のための生理学的基礎としての音知覚の理論』の中には，音の知覚に関する諸事実の究明ということのほか困難な仕事において近年成し遂げられた進歩がまとめられている．しかもその進歩は主に彼自身によるものである．

ヘルムホルツがその実験や観測から引き出したいくつかの結論に，私は反対せざるをえないのであるから，なおさら我々の対象についての彼の仕事の偉大な功績をいかに私が認めているかを，ここに述べなければならない．しかしその偉大な功績は，私見によれば，耳の運動についての彼の理論の中に見出されるのではなく，この運動の理論のための，経験に即した基礎づけの改良の中に見出される．

本稿においてはまた，耳の構造を既知のものとして前提しなければならない．興味ある読者には，必要であれば図版のある解剖学のハンドブックを参照することを要請する．耳の蝸牛管，あるいは耳そのものの構造についての最新の研究成果は，最近出版されたヘンレの『人体解剖学ハンドブック』(第2巻，第3版)に見ることができる．

ここではもっぱら，精神物理学的諸事実を解剖学的諸事実から説明することを課題とする．

そのような目的のために考察される，耳の諸部分は，中耳の鼓室，それに前庭，三半規管，蝸牛の三つからなる内耳の迷路である．そこでまず，これら諸部分の構造から，それら各々が耳の働きにどのような貢献をなしているのかという推論を試み，次いで，各々の個別部分についてはそれによって遂行されるべき任務から再び出発し，その任務の満足すべき遂行のために満たされることが要求されている諸条件を探究するのである．

2.
鼓　　室

鼓室の中の器官は，空気の圧力を内耳の迷路の水[内耳リンパ液]に強化して伝える働きをもつということは，古くから知られてきた．

9. 耳 の 力 学

先に展開した諸原理に従えば，経験の中で与えられた器官の働きから，そのような伝達に際して満たされるべき諸条件を導き出さなければならない．それら諸条件が導き出されるのは，とりわけ，音色の知覚における耳の精巧さからと，耳の鋭さ，それも退縮していない，野性の荒野に住むものがもつ耳の大いなる鋭さからである．音色というものを，強度と方向から独立な音の特性と理解するのであれば，伝達器官がどの瞬間にも空気の圧力変化を一定の比率で拡大して迷路の水に伝達する場合，この伝達器官によって完全に忠実に伝えられることになる．

これをこの器官の目的とみなすことは不当ではない．ただしそれは，そうすることによってはじめて，この目的が現実に満たされると仮定することが経験によってどの程度正当化されているのか，すなわちどの程度必要とされているのかを，耳の働きから規定することを思いとどまらないですむ場合である．

我々は直ちにそうしようと思う．しかしそれでも，音色が依存する圧力変化に対し数学的表現をあらかじめ求めておくことにする．圧力変化の速度を時間の関数として表示する曲線は，音波の方向を除いて音波を完全に規定する．したがって，音の強さと音色も規定する．そこで，速度の代わりに速度の対数をとるとき，あるいはむしろ速度の2乗の対数をとるとき，音の方向と強さから独立な形の曲線で，音色を完全に規定するものを得る．したがってそれを「音色曲線」と命名することができる．

鼓室の器官がその任務を完全に果たしたのであれば，内耳の迷路の水の音色曲線は，空気の音色曲線と完全に一致することになろう．耳は音色の知覚において精巧なものであるから，当然，音色曲線は耳による伝達によってごくわずかしか変化させられず，したがって音が響いている間，同時刻の空気と迷路の水の圧力変化の比はほとんど一定のままである，という仮定を支持することにする．

このことと，この比が緩慢に変化するということは十分よく両立するし，ありうべきことである．そのような緩慢な変化は，音の強さの評価における耳の可変性だけをその帰結とするのかもしれない．そのように仮定するのは，経験によってまったく禁じられていない．もし音色曲線が顕著に変化するのであれば，発音のわずかな差の知覚において示されるような聴覚の精妙さは，私にはほとんど不可能に思われる．音色の知覚の精妙さを直接判定することと，特に，音色の差に対応する音色曲線の差を評価することは，無論，つねに非常に主観的なものでしかない．

しかしまた，音色の差は，我々が音源の距離を評価するのに役立つ．このような音色の差から，その機械論的原因を規定すること，また音が空気中を伝播する際に示される音色曲線の変化を計算で規定することができる．

しかしここでそれを実際に行うことはできない．そして伝達器官については，その忠実さは通常前提されるよりもはるかに大きいものであると信じられるが，ともかく

この器官が音色のひどい歪曲を引き起こさないということだけを要請しようと思う．

I．鼓室の中の器官は，(退縮していない状態では) 機械的装置というものの感度について，我々の知っているすべてをはるかにしのぐような感度をもつ機械的装置である．

事実，それによって顕微鏡では知覚しえないほど微小な音の振動が忠実に伝達されることは，決してありそうもないことではない．

耳でも知覚しえないほど微弱な音の機械的力は，無論直接にはほとんどはかることができない．しかし，音が空気中で伝播して減衰する際に音の強度が従うべき法則の助けを借りて，通常の強さの1000分の1の機械的力の音を耳が知覚するということを示すことができる．

他には誤りのない観察がないので，ニコルソンの報告を参照する．彼によると，ポーツマスの歩哨の叫び声が4ないし5マイル隔たって，ワイト島のライドに，夜には明瞭に聞き取られるという．水中での音の伝播を感知するために，コラドンがどんな装置を必要としたかを考慮するなら，水中を伝播することによる音の増幅はほとんど問題にならないこと，そして，ここでは現実には距離の2乗に反比例して減衰するか，あるいは多分それよりも急速に減衰するということを認めざるを得ない．4ないし5マイルの距離は8ないし10フィートの2000倍ほどであるから，ニコルソンが報告した場合の鼓膜にあたる音波の機械的力は，その歩哨が8ないし10フィートの距離にいる場合の4000000分の1である．また，音波の運動は2000分の1である．音の知覚においては，1000000000対1や1000対1というような比についてはなんら認知されないことを認めざるをえない．このことは，音の強さの心的計量と音の強さの物理的機械的計量との比についての最近の研究によれば，先ほど得られた結果に対してなんら妨げとはならない．おそらくこの従属関係は，恒星の明るさ，あるいは等級についての我々の心的計量が，我々に恒星から送られる光の機械的力に対してもつ関係と同様のものである．よく知られているように，恒星の等級が算術数列的に大きくなるとき，その光の機械的力は幾何数列的に減少するということを，星の測定から推論してきた．

恒星の明るさと同様に，通常の強さからやっと知覚可能な強さのものまでの音を，第1の等級から第8の等級の音へと分類するとき，音の機械的力に関し，第1等級の音のそれに対し，第2等級，第3等級，…，第8等級の音のそれは，それぞれ1/10，1/100，…，1/10000000である．そして，振幅に関しては，第1等級，第3等級，第5等級，第7等級の音の比は，1：1/10：1/100：1/1000である．

先ほど，耳を打つ音波の考察で，鼓膜以前については保留していた．なぜなら，若

9. 耳の力学

干の人々は，(鼓膜の緊張による？)[昌頭の脚注から推測されることであるが，疑問符つきの括弧は，編者(シェーリングまたはヘンレ)によるものであろう]強い音の減衰ということを仮定しているからである．しかし，私にはこの見解は完全に恣意的な推測であると思われることを告白しなければならない．無論，強い爆音が内耳の迷路の振動膜を損傷しようとするとき，防護装置が働くかもしれない．しかし私は，聴覚印象の特性に，視覚における視野の明るさ度に類似なものをなんら見出せない．また，鼓膜張筋の絶えず変化する反射作用が，楽曲の完全な理解にとって何の後に立つのか，まったくわからない．私の見解では，鼓膜の前の空気の運動とアブミ骨底の運動の間の関係について，10フィート離れたところの歩哨の音の場合と，20000フィート離れた場合とで，異なる関係を前提する根拠はまったくない．鼓膜の緊張について，かなり強い可変性を前提するとしても，それによって我々の推論は損なわれない．歩哨から10フィートの距離にあるアブミ骨底の運動は，おそらく裸眼で知覚可能なものに属するのであろうが，この場合，20000フィートの距離にある運動は，2000倍に拡大すれば知覚可能であろう．

II．鼓室の器官が，経験の教えるような，それほど小さな運動を忠実に伝達すべきであるなら，鼓室の器官を構成する固体は，互いに作用すべき位置にあって，きわめて精密につながりあっていなければならない．なぜなら，明らかに固体は，その運動の幅より大きく他のものから隔たるとき，運動を伝達することはできないからである．

さらに，関節包や膜の緊張のような，迷路に対しなされる以外の仕事によって失われる音の運動の機械的力は，ごくわずかということになろう．

そのような損失は，前庭窓の振動膜の自由に動く縁の幅が，ごくわずかであることによって回避される．この縁がもっと幅広ければ，アブミ骨底の振動は，この縁の振動によって，ほとんど完全に帳消しにされるであろうし，蝸牛と蝸牛窓の振動膜へは，わずかな作用しか働かないということになろう．

この振動膜の縁がアブミ骨底に及ぼす作用は，この縁の幅がわずかであるため，音の運動が続く間，アブミ骨底の様々な位置に対し，非常に異なっている．だから，このような作用が音色を歪曲すべきでないなら，振動膜の弾性はきわめてわずかであることと，アブミ骨底がその正しい平衡の位置へともたらされるのは，振動膜の弾性力ではなく，他の力によると考えなければならない．

III．経験が教えるような耳の鋭さを可能にするためには，鼓室の器官の諸部分が，顕微鏡的精度以上の精度で，たえまなく，相互に噛みあっていなければならないのであるから，熱による物体の膨張収縮のための修正装置が絶対不可欠であるように思わ

れる．鼓室の内部では，温度変化は非常に小さいであろう．しかし温度変化があること自体は，疑うべくもない．外気温が十分長い時間一定であるとき，人体での温度分布については，人体の任意の場所での温度と脳の温度との差は，外気温と脳の温度との差に比例するという法則がほぼ成立する．この法則は，ニュートンの法則と，考察の対象となっている温度の範囲では熱伝導係数と比熱とは一定であるという前提とから生じる．そしてこの前提は，おそらくまず実現される前提である．この法則を用いることで，鼓室の温度と脳の温度との差から，温度変化を推論できる．鼓室と脳の温度差が決められない場合でも，多くの根拠から，すなわち外耳と耳管を通じて行われる外気との連絡から，あるいは鼓室の血液供給の仕方から，顕著な温度差が存在することを，相当な確かさで推論することができる．

これに対し，側頭骨錐体部は頸動脈管を含むので，おそらく脳の温度に非常に近い．したがって，鼓室の内張りは熱伝導体あるいは放射体として，きわめて劣ったものであると考えなければならない．

無論おそらく，鼓室を取り囲む他の骨については，それらが脳や錐体と同じぐらい高い温度をもつとは主張されない．それでも，それらは血液循環における重要な熱源を，すなわち大きな動脈と静脈を含んでいる．そして，錐体のように，粘膜と骨膜によって，鼓室の中への放射に対して防御されている．したがって，鼓室を取り囲む錐体以外の骨も，鼓室自体よりは顕著に高い温度をもつと考えてもよい．

そこで，外気温が下がるとき，先ほどの法則によれば，脳温度との差は，体内いたるところ一定の割合で(二重に)増加する．その結果鼓室は顕著に冷却され，それを取り囲む骨はごくわずかだけ冷却される．そして耳小骨同士は顕著に収縮するが，鼓室の壁はほとんど変わらない．鼓室の器官に及ぼす温度の影響については，外気温が下がるとき耳小骨は鼓室の壁よりも強く冷えて収縮すること以外，ほとんど確認されない．なぜなら我々は，鼓室の器官を構成する諸部分の熱的特性をまったく知らないからである．

IV. まず，外気温が下がるときに耳小骨の位置に現れる変化を確定することを試みよう．この変化によって，接触するようになっている器官のすべての部分が精密に重なり合ってつながり続けるのである．耳小骨系の要素で，鼓室の壁と最も変化せずに結びついているのは，キヌタ・鼓室関節である．冷却によって固体の中のすべての距離は小さくなるのであるから，キヌタ・鼓室関節面からキヌタ・アブミ関節までの距離も小さくなる．ツチ骨のうちおそらくツチ骨柄上部というのは，少なくとも鼓膜輪に平行になっていて，きわめて微小な変異しか許さない部分である．冷却の際，キヌタ・鼓室関節が，鼓膜のツチ骨柄上部の最も動かずに固定された点から隔たった距

離は，ほぼ不変なままであるし，これら2点の，キヌタ・ツチ関節からの距離はどちらも減少するので，キヌタ・ツチ関節における，これら2点の方向への直線のなす角は，いく分ひろがるはずである．

耳小骨片のこれら二つの位置変化に際して，ツチ骨は，前-中-後の方向に若干回転させられる．しかしこれと同時に，（キヌタ骨の豆状突起をその高さに保つために）ほんのわずかしか前-上-後の方向に回転させられない．ツチ骨長突起は，それがツチ骨の柄と頭に対して同一の位置を保つのであれば，裂溝の中で，上と正中面方向に動かされることになろう．この突起は，冷却作用によっていっそう曲げられ，ツチ骨柄に近づけられるので，温度が変化する間，おそらく徐々に少しだけ裂溝から出てくるであろう．

V. 耳小骨が精密につながり続けて，しかも前庭窓膜の縁においても鼓膜においても目立って不均等な緊張が生じないために，耳小骨の位置が満たすであろう諸条件は以上のとおりである．そこで，耳小骨に正しい位置がつねに与えられ確保されるようにする手段を求めよう（これはおそらく，耳小骨が正しい位置にあっては平衡が保たれ，正しい位置から離されたときにはそこへ引き戻すような，相互に対立的な2力によって実現されるであろう）．

この手段が，耳小骨の位置を調節する二つの筋肉，関節包，靭帯，粘膜ひだ，耳小骨が癒着している2枚の振動膜などの中に求められなければならないのは明らかである．それでも，耳小骨への一定の作用の原因についてのこのような探究では，粘膜ひだを考慮に入れるなら，しばしば複数の経路が，作用を実現させる可能性のあるものとして想定される．これら様々の蓋然的なものから最もありうべきものを選び出すために，新鮮なプレパラートを用いた解剖学的研究を通じて，靭帯や皮膚の弾力-張力についての無難な判断をひねりだすということがとりわけ必要である．しかし，これは私には不可能である．それでも，様々な仮説の帰結を綿密に展開することにより，間違った仮説の場合，本当とは思えないことにぶつかり，そしてこれを排除することも期待される．

ここでは，注意して聞く聴覚，精密に聞くのに適合させられた聴覚と，注意して聞くわけではない聴覚とを区別することが，適切である．また，一定の問題に対しては，新生児の聴覚と成人のそれとを区別することも，適切である．アブミ骨底が鼓膜張筋の引きによって，迷路の水に対し若干押しつけられ，迷路の水圧が鼓室の空気圧より少し強くなっている場合，我々は注意して聞く聴覚とそうしない聴覚とを区別するのである．この場合，接触が確保されるべき固体の諸部分は，相互に若干圧迫しあうということになる．器官と器官の間のそのような持続的緊張を（鼓膜を除いて）あ

りそうもないこととする人は，温度変化に際して，耳小骨小片は，制動靭帯と関節靭帯の作用および筋収縮のゆっくりした変化によって，相互に押しつけられることなく，その位置を変えると考えるかもしれない．なぜなら，そのような場合にだけ，耳小骨のすべての部分の精密な嚙みあいが確保されるということが，見出されていたからである．

そこで，注意して聞く聴覚，すなわち精密な聴取のために意図的に整えられた聴覚に対する我々の研究が妥当なものとして残る．他方，それでもこれと並んで，(目覚めている人の？) 聴覚は，たとえその程度は弱くなるにせよ，ずっと適応させられているという可能性は，つねに残る．

耳小骨器官は，二つの部分 (ツチ骨とキヌタ骨) から組み立てられた，1本の軸のまわりに回転可能な物体と，これと関節でつながっていて，前庭窓の水に圧力を加える印形様のもの (アブミ骨) とから成り立っている．回転軸の一方の端，すなわち，キヌタ骨の短突起は，キヌタ・鼓室関節を介して，鼓室の奥の壁に固着させられている．回転軸のもう一方の端，つまりツチ骨の長突起は，軟部だけで囲まれ，鼓膜輪の前上端と側頭骨錐体との間の裂溝に突き出ており，この輪の溝の中にある (少なくとも，新生児の耳ではそうである)．

鼓室に対する耳小骨の相対的位置の決定は，ヘンレの方法によって，非常に容易になった．それは，回転軸が水平に後ろから前へ移動し，前庭窓が垂直に立っているように，鼓室が回転すると考えるものである．

ツチ骨柄が，これと癒着した鼓膜に及ぼされる空気圧の上昇によって，内側に押しやられるなら，アブミ骨底は，(卵形をした) 前庭窓膜に押しつけられ，また迷路の水の中の圧力は押しあげられ，これによって，(丸い) 蝸牛窓膜は外側に向かって圧迫される．

この器官が空気のきわめて小さな圧力変化を，つねに一定の比で拡大して，迷路の水に伝えるために，アブミ骨の圧力がつねにまったく同じ仕方で迷路の水に作用するということが特に必要である．この目的のためには，

1) アブミ骨底の圧力はつねに同一の面にかかり，運動の方向は変化しない．
2) アブミ骨が前庭窓の壁に貼りついたりしてはいけない．少なくとも，アブミ骨の位置と運動にそれとわかる影響を及ぼしうるほど貼りついてはいけない．
3) アブミ骨は，前庭窓膜に圧力を与えることを，決して中断してはいけない．

少し考えれば容易にわかるように，これら3条件のうち一つでも損なわれれば，空気の圧力変化は，迷路の水にまったく働かないか，あるいは完全に変更された規則にしたがって作用する．

第3の条件の充足を確保するためには，ツチ骨柄を内側に引っぱる鼓膜張筋によって，前庭窓膜にかかる圧力は，聴取の際予想される最大の圧力変化を相当超える高さに，つねに保たれていなければならない．おそらく，この圧力の作用は，それが振動膜の緊張であれ屈曲（伸張，変形）であれ，蝸牛窓あるいは前庭窓で知覚され，鼓膜張筋によって精密な聴取に望ましい圧力が整えられる．

この圧力は，ツチ骨柄の位置だけに依存する．この柄の位置を要求どおりに調整するためには，筋肉が引く力は，調整される際に，鼓膜の張力の作用につりあうくらい強くなければならない．その場合鼓膜の張力の方が大きかろうが小さかろうが，それはまったく問題ではない．これから示すように，耳にあたる音波の機械的力の損失が，鼓室内部の空気についてはごくわずかな割合である程度には，張力は大きくなければならないだけである．

拘束されていない空気の中に張られた振動膜が音波にあてられた場合，振動膜の振動が生じ，反射波と膜を通過した（屈折した）空気波も生じる．音波の機械的力がこれら三つの作用にどのように分かれるのかは，振動膜の張力に依存する．この張力が非常に小さければ，最初の2種の作用は非常に弱く，音波はほとんど変化しないで通過する．これに対し，振動膜が強く張られていて，膜にあたる音波の空気微粒子の振動に比べて膜の運動が非常に小さいというほどであれば，この膜は，その後ろ側の空気に非常に弱い運動しか伝えることができない．したがってまた，その圧力をわずかしか変化させられない．前側の空気のほとんどすべての圧力変化は，振動膜の緊張に消費されることになる．しかし，振動膜が自由な空気の中に張られている場合，そのほかに反射波が生じる．

したがって，前庭窓に対するキヌタの豆状突起の位置は，不変なままではありえない．しかし，固定点（鼓室に接する関節）を中心とするキヌタ骨の回転によって，キヌタの豆状突起は前庭窓の縦軸に平行にしか移動できない．したがって，この方向のキヌタ骨関節面のまん中を中心とするアブミの回転だけが，アブミ骨底を然るべき場所に保つために必要であるということになる．この方向にだけは，キヌタ骨関節のまわりにアブミ骨を任意に回転するための装置（アブミ骨筋）があり，これと垂直な方向には装置はない．まさしくキヌタ骨関節がずっと同じ高さに保たれるということによって，後者の装置は余分なものになったと推測してもよい．

VI. 鼓膜張筋の腱の引きに対し，部分的には，鼓膜におけるツチ骨柄の固着と鼓

膜溝における鼓膜の固着によって，平衡が保たれる．しかし，(フォン・トレルチュとゲルラッハに従えば)鼓膜のツチ骨柄への附着は，腱の着生点よりわずかに高いところに届くだけである．そしてその終点は，鼓膜溝の終端より高いところにある．

したがって明らかに，鼓膜溝の中の鼓膜の固着は，鼓膜張筋にそれだけでは平衡を与えることができない．ツチ骨の平衡のためには，着生点の上側に位置する部分に，下側に位置する柄に働くのと同じ大きさで方向が逆の，回転モーメントが作用することがむしろ必要である．この平衡を実現するために必要な力を見出しうるのは，

1) 外耳道の皮膚の表面層と鼓膜との結合において．
2) あるいは，鼓膜の後ろ側のポケットの働きにおいて．
3) あるいは，ひょっとすると，一方でキヌタ骨によってツチ骨頭が鼓室の壁に貼りつくのと，他方でアルノルトの上部靭帯によってツチ骨の上端が貼りつく，これら二つのものの共同作用において．これらの貼りつきは，短突起の先端の方向に対し角をなす．そして，これらの貼りつきが緊張しているとき，短突起の先端は鼓膜を圧迫する．

［山本敦之 訳］

10
心理学生物学草稿[1]

「誠を尽くした熱意を込めて，君に献ずる私の贈り物を，君は理解しないうちから，蔑んで打ち捨てることのないようにしてほしい．」

ルクレーティウス

[樋口勝彦訳，『物の本質について』, p. 12, 岩波文庫, 岩波書店, 1961]

　単純な思考作用が行われるごとに，永続する何か，実体的な何かが，我々の心 (Seele) に入ってくる．この実体的なものは，我々にはひとまとまりのものとして立ち現れる．しかしまたそれは，（この実体的なものが，空間的および時間的な延長物の表現である限り）それ自体の内部に多様性を含むように思われる．それゆえ私はこの実体的なものを「精神塊 (Geistesmasse)」と名づける．したがって，すべての思考は新しい精神塊の形成である．

　心の中に入ってくる精神塊は，我々には表象として現れる．この精神塊の様々な内的状態は，その表象の様々な性質の原因となる．

　生じる精神塊は，あるものは同時に生じるもの同士で，他のあるものは以前に形成されていた精神塊と，一定程度，相互に融合・結合し，あるいは複合する．このような結合の仕方や強度は，いくつかの条件に依存する．これら諸条件は，ヘルバルトによって一部知られていた．私はそれを以下の議論でおぎなう．精神塊同士の結合は主として，精神塊相互の内的類縁性による．

　心は，密接かつ多様な仕方で結合された，一個の緊密なまとまりのある精神塊である．それは，流入する精神塊によってつねに成長し続ける．心の存続はこれに基づくのである．

　一度形成された精神塊は不滅であり，またそれらの結合も解消されない．これらの

結合の相対的強度が，新しい精神塊が付け加わることで変化するだけである．

　精神塊はその存続のために物質的担い手を必要としない．また現象界に持続的作用を及ぼさない．したがって精神塊は，物質のなんらかの部分と関係をもつこともなく，また空間の中になんらかの場所を占めることもない．

　これに対し，新しい精神塊の流入・生成・形成およびそれらの結合は，すべて物質的担い手を必要とする．したがって，すべての思考は一定の場所で起こる（経験の保持ではなく，ただ思考が心を消耗させるものであって，そのエネルギー消費は，我々がそれを評価しうる限りでは，その精神的活動に比例する）．

　流入する精神塊は，どれもそれに似たすべての精神塊を刺激する．そしてそれらの内的状態（性質）の差が小さいほど，刺激の程度は強くなる．

　しかしこの刺激は，類縁的な精神塊のみに限られるのでなく，それと連結した（以前の思考過程でそれと結合した）精神塊へも間接的に拡張される．したがって，類縁的な精神塊のうちで一部が相互に連結している場合，これらは直接的のみならず間接的にも刺激され，これに比例して他のものより強度が増すのである．

　同時に形成された二つの精神塊の相互作用は，両者が形成された二つの場所の間の物質的過程によって条件づけられる．同様に物質的原因から，形成されたすべての精神塊は，直前に形成された精神塊と直接的な相互作用に及ぶ．しかし，直前に形成されたものと連結的なそれ以前の精神塊はすべて，間接的に活動状態へと励起され，それらが遠く隔たるほど，あるいはそれらが相互に連結される度合いが少ないほど，励起された活動は弱い．

　以前に形成された古い精神塊の活動の，最も一般的で単純な現れ方は，再生産である．それは，活動する精神塊が自らに似たものを産出しようとするということに基づく．

　新しい精神塊の形成は，以前に形成された古い精神塊と物質的原因との協同作用に基づく．そして協同的に作用するすべてのものは，それが産出しようとする精神塊同士が内的に等しくないか等しいかに従って，相互に阻害したり促進したりする．

＊　　　　　＊

　形成される精神塊の形相（あるいはその精神塊の形成をともなう表象の性質）は，その精神塊が形成される物質の相対的な運動形式に依存していて，物質の運動形式の同一のものは，その中で形成される精神塊の形相で同じものの原因となる．また逆に精神塊の同一の形相は，それら精神塊が形成される場である物質の運動形式で同じものを前提している．

　同時に（我々の脳脊髄系の中で）形成されるすべての精神塊は，それらの形成される場所の間の物理的（化学的-電気的）過程の結果，互いに結合する．

すべての精神塊は，自分と同じ形式の精神塊を産出しようとする．したがって自分と同じ物質的運動形式をつくろうとする．

*　　　　　　　*

心的生活の各作用の中で産出される永続的なもの（すなわち表象）の単一的担い手として心を仮定するのは，

1. すべての表象の密接な関連と相互の浸透に基づいている．しかし，一定の新たな表象が他の表象と結びつくことを説明するためには，単一的担い手の仮説だけでは十分でない．むしろ，その新たな表象がある一定の強度である一定の結合をなぜおこなうのかということの原因は，それが結合する相手の表象の中に求められなければならない．しかしこれら諸原因がわかれば，すべての表象の単一的担い手という仮説は過剰である……《2》．

*　　　　　　　*

我々固有の内部知覚が導くような，精神過程のこれら諸法則を，地球上で認められる合目的性の解明に，すなわち，現状と歴史的発展の解明に適用してみよう．

我々の心的生活の解明のためには，以下のことを仮定しなくてはならないであろう．すなわち，我々の神経過程の中で産出された精神塊は我々の心の部分として存在して，他の精神塊と結合しない限りは，その内的な連関は不変なままで存続するということを．

これらの説明原理の直接的帰結は，有機的存在者の心は，すなわち有機的存在者の存命中に成立した精神塊のコンパクトな塊は，その死後も存続するということである（そのばらばらに孤立した存続だけでは十分でない）．有機的自然の発展においては，過去に集積された経験がその後の創造の基礎を提供していることが明らかである．そのような有機的自然の計画的な発展というものを解明するためには，これらのコンパクトな精神塊がより大きな精神塊へ，すなわち地球の心（Erdseele）へ流入すること，そしてそこでは，我々の神経過程の中で産出された精神塊が我々固有の精神生活に貢献するのと同じ諸法則に従って，より高次の精神生活に貢献するということを仮定しなくてはならない．

例えば赤い表面を見るときのように，個々の単純な神経繊維の集合の中で産出される精神塊が，我々の思惟の中で同時に現れる単一のコンパクトな精神塊へと結合してゆくのと同様に，地球表面の気候的にほとんど差のない地域から地球の心へと流入する，ある植物種の様々な個体の中で産出された精神塊も，結合して一個の全体の印象を形づくる．同一対象についての様々な感覚的知覚が我々の心の中で一つの像へと統合されるように，地球表面のある部分の植物全体は，その気候的化学的状態についての，細部まで仕あげられた一個の像を，地球の心に与えるであろう．このようにし

て，地球の過去の生活から，将来の創造の計画がどのように展開するかが説明される．

しかし我々の説明原理に従えば，すでに存在する精神塊の存続には物質的担い手をなんら必要としないが，その結合はすべて，あるいは少なくとも異種の精神塊の結合はすべて，ある共通の神経過程の中で産出された新しい精神塊を媒介としてはじめて可能になるものである．

後で展開されることになるいくつかの原理から，我々は，精神的活動の基体を，可秤量的物質の中にだけ求めることができる．

堅い地殻とそれを覆うすべての可秤量物が一個の共通な精神的過程に貢献するのではなく，これら可秤量物の塊の運動は，他の原因から説明されなければならない．これは一つの事実である．

そこで，凝固した地殻内部の可秤量物の塊は，地球の心的生活の担い手であるという仮定だけが残る．

これは本当に適切であろうか．生命過程の可能性の外的諸条件は何であるのか．その際，我々に観察できる生命過程の一般的経験というものがその基礎をなすはずである．しかし我々がそれを解明することができる限りにおいて，そこから我々は，他の現象世界へも適用可能な推論を引き出すことができる．

我々が近づきうる現象世界の中での生命過程の外的諸条件についての一般的経験は，以下のとおりである．

1. 生命過程がより高度に，そしてより完全に発展すればするほど，そのような生命過程の担い手は，その諸部分の相対的位置を変化させようとする外的運動原因に抵抗する防護を必要とする．

2. 思考過程に手段として貢献する物理的過程のうち我々に知られているのは，
 a) 液状流体による弾性流体の吸収
 b) 内方浸透
 c) 化学的結合の形成と分解
 d) ガルヴァーニ流

3. 有機体の中の物質は，識別しうる結晶構造をもたない．それらの物質は，あるものは固体（脆くない），あるものはゼラチン状，他のあるものは液状あるいは弾性流体であるが，それらはつねに多孔質である．すなわち，弾性流体によって浸透可能である．

4. すべての化学元素のうち，四つのいわゆる有機的元素だけが，生命過程の一般的担い手である．そしてこれらのものの一定の結合だけがいわゆる有機化結合であ

り，有機体の構成部分である（蛋白質，セルロースなど）．

  5. 有機的結合は一定の上限温度までしか存在せず，また一定の下限温度までしか生命過程の担い手でありえない．

  (1への追記) 生命過程の担い手の諸部分の相対的位置における変化が影響を受ける度合いは，力学的力によるもの，熱変化によるもの，光線によるものの順に弱くなる．したがって，我々の命題が一般的に表現している諸事実を以下のように並べることができる．

  1. 下位の生命体の分割による移植可能性．上位の動物的生命体へ移行するほど減少する再生能力．

  2. 植物の諸部分の温度変化に対する抵抗は，その諸部分の中の生命過程の発展が強烈になるほど，そして高度になるほど，より敏感になる．高等動物ではほとんど一定の温度が保たれ，特にその最も重要な部分では，ほぼ完全に一定の温度が保たれる．

  3. 自律的な思考作用に用いられる神経系の部分は，すべてのこのような影響に対して可能な限り防御されている．

  最初にあげた事実の根拠は，明らかに以下の点にある．すなわち，その諸部分の相対的位置の外的運動原因に規定される度合いが乏しくなるほど，それは物質内部の過程によって規定されるということである．外的運動原因からの独立性は，地殻外部で有機体によって実現されるよりもはるかに高度に，地殻内部で実現される．

  我々がひとまとまりのものとして考察する以上の諸事実のうち4と5は，一見，我々の仮説に反する．事実，もし生命過程の可能性の諸条件のうち我々に認知されるこれらのものに，絶対的妥当性を付与すべきであって，我々の経験的世界に相対的であるだけではないとしたら，そういうことになろう．我々の仮説に反するということに対する反論として，以下の理由があげられる．

  1. 地球表面を除いて，すべての自然は死んだものとみなされなければならない．なぜなら，地球以外の天体の表面上では，有機的結合が存立しえないような，熱と圧力の状態が支配しているからである．

  2. 凝固した地殻の上で，無機的なものから有機的なものが生じたと仮定するのは不合理である．地殻上での下位の生命体の生成を解明するためには，有機的結合の存立しえない条件のもとでの有機化原理を，すなわち思考過程を前提しなければならない．

  したがって，1から5の諸条件は，地球表面上の現在の状態での生命過程に対して

だけ，妥当すると仮定しなくてはならない．そして，それら諸条件を解明することに我々が成功する場合に限り，そこから別の状態のもとでの生命過程の可能性の判定をおこなうことができる．

なぜ，それら四つの元素だけが生命過程の一般的な担い手なのか．その根拠は，それら四つの元素を他の元素から分かつ特性の中にだけ求めることができる．

1. これら四元素のそのような一般的特性は，これら四元素およびそれらと他の物質との化合物が凝縮されることはきわめて困難であり，部分的にはいまにいたるまでまったく不可能であるという事実の中に見出される．

2. これら四元素のもう一つの共通の特性は，その化合物の膨大な多様性と，その容易な分解可能性である．しかしこの特性は，生命過程にそれら四元素が使用される結果であると同時に，原因でもありうるということになろう．

前者の，凝縮されにくいという特性が，これら四元素を生命過程にとりわけ適合するようにしているということは，むしろ2と3にまとめられた生命過程の事実上の諸条件からすでに直接説明されている．しかし，気体が液体と固体に凝結する場合に現れる現象を諸原因に還元しようとするのであれば，一層明白である[(3)]．

　　　　　　＊　　　　　　　　＊

ツェント-アヴェスタは，事実，生き生きさせる言葉である[*1)][(5)]．知識においても信仰においても，新しい生命を我々の精神につくり出す．それというのも，かつて人類の発展の歩みの中で強い力を発揮しながら，言い伝えでだけ我々に受け継がれてきた多くの思想と同様に，ツェント-アヴェスタは，いま突然，その見せかけの死から，純粋な形で新しい生命へと復活するのであるから．それも，自然の中で新しい生命をあらわしながら．そしてまた，これまで地球表面上でだけ知られていた自然の生命が，我々の眼前で，いかに拡大したことであろうか．また自然の生命が，これまでになく，言いあらわしようもなく崇高に見えることであろうか．これまで感覚も意識もなく働く力のありかとみなされていたものが，いまや高度に精神的な活動のおこなわれる場所として立ち現れる．先を見通す霊感にとりつかれた我々の詩人[(6)]が，研究者としての精神に思い浮かんだ目標として描写したものは，驚異的な仕方で達成されてしまった．

フェヒナーは，彼の『ナンナ』[(7)]の中で植物が心をもつことを証明しようとした．これに対し，『ツェント-アヴェスタ』での考察の出発点は，星が心をもつことの教説である．彼の用いた方法は，帰納による一般的法則の抽象と自然解明におけるその使用と検証ではなく，類比である．彼は，地球と，心をもっていると我々が知っている

[*1)] Fechner, "Zend-Avesta", 第1巻, 序文, p. v[(4)].

我々自身の生命体とを比較する．その際，彼は一面的に類似点を求めるだけでなく，相違点にもその権利を与え，次のような結論に達した．すなわち，すべての類似点は，地球が心をもった存在であることを指し示し，さらにすべての相違点は，地球が我々よりも上位に立つ有心的存在であることを指し示す．彼の描写の説得的な力は，詳細を全面的に論じていることに基づく．地球の生命について，我々の眼前にくりひろげられた描写の全体的印象は，彼の見解に証拠を与え，厳密性の点で個々の結論に欠けているものを補強するはずである．この証拠は，描写の直観性に本質的に基づき，その最大限可能な細部の描写の遂行に基づくのである．したがって，フェヒナーがその著作でとった行程を要約して提示するのであれば，彼の見解を損なうはずである．そこで，フェヒナーの見解についての以下の論評では，それが最初に議論された形式を捨象して，その実質的なものだけを考慮する．そして，帰納による一般的な法則の抽象と自然解明におけるその検証という，最初にあげた方法に依拠することにする．

我々はまず問う．ある事物の有心性を(ある事物の中での持続的で統一的な思考過程の存在を)我々は何から推論するのか，と．我々は，自分の有心性を，直接確信する．他者(ヒトと動物)の場合は，その有心性を，それぞれの個体の合目的的な運動から推論する．

よく順序づけられた合目的性をある一つの原因にさかのぼる場合はつねに，この原因を思考過程に求める．他の説明を我々はもたない．しかし思考自体を，少なくとも単に可秤量物質内部の過程とみなすことはできる．物質の空間的運動から思考を説明することの不可能は，内部知覚を偏見なしに分析するのであれば，おそらく誰にでも明らかであろう．それでもここで，そのような説明の抽象的可能性は認められてよい．

地球上で合目的性が認められることは何ぴとも否定しないであろう．そこで，この合目的性の原因である思考過程をどこに措定しなければならないのかということが問題である．

ここでは，条件つきの(限られた時間と空間の中で存在する)目的が問題なのであって，無条件の目的は，その説明を一個の永遠の(ある思考過程で産出されるのではない)意思の中に見出す．我々がその原因を知覚することのできる唯一の合目的性は，我々自身の行為の合目的性である．我々自身の行為は，目的への意思と手段への配慮とに起因する．

可秤量的物質からなる物体で，その中に目的と作用の連続する連関のシステムが完結しているようなものを見出すとき，この合目的性の説明のために，そのような物体の中に，持続する統一的な思考過程の存在を仮定することができる．そして1)合目

的性が，その物体の部分の中ですでに完結しているわけではないとき，および 2) その原因を，その物体が属するより大きな全体の中に求めるべき理由がないとき，その仮説はきわめて蓋然性の高いものとなろう．

　このことを，ヒト，動物，植物の中に認められる合目的性に適用するのであれば，これらの合目的性の一部はこの物体の内部の思考過程から説明されるべきであるが，それ以外の部分は，すなわち生命体の合目的性は，より大きな全体の中での思考過程から説明されるべきである．

　その理由は，以下のとおりである．

　1．有機体の調節作用の合目的性は，個々の生命体の中で完結しない．ヒトという有機体の調節作用の根拠は，明らかに，有機的自然を含めて，地球表面全体の状態の中に求められるべきである．

　2．有機体の運動は数限りなく繰り返す．それは，様々な個体の中で相並んで，あるいは個体や種の生命の中で，次々と繰り返すのである．したがって，それらの中にそれ自体ですでに存在する合目的性の説明のためには，いずれにせよ，個々のものに特殊な原因ではなく，共通な原因が仮定されるべきである．

　3．有機体の調節作用は，あるときは(ヒトと動物の場合)個々の個体の生命の中で，あるときは(植物と胚の場合)個々の種の生命の中で，その継続が保持されない．したがって，それらの合目的性の原因は，それと同時に持続する思考過程の中に求められるべきではない．

　これらの(有機体の)合目的性を除き去っても，ヒトと動物の場合は一般に認められたとおり，植物の場合はフェヒナーの見解に従って，相互に絡みあう可変的な目的・作用連関の完結したシステムが残る．そしてこの合目的性は，このシステムの中の統一的な思考過程から解明されるべきである．

　我々の諸原理から引きだしたこれらの推論は，我々の内部知覚によって確認される．

　しかしこの同じ原理に従って，有機体の中で認められる合目的性の原因を，地球上での一つの統一的な思考過程の中に求めなければならない．その理由は，

　a) 地球上での有機的な生命の中の目的・作用連関は，個々のシステムへと分かたれない．すべては相互に絡み合っている．したがって，そのような連関は，地球の諸部分にある特別な複数の思考過程からは説明されない．

　b) 我々の経験の及ぶ範囲では，これらの合目的性の原因を地球より大きな全体の中に求めるべき理由はない．すべての生命体は，地球上だけでの生活が宿命づけられている．したがって地殻の状態が，有機体の調節作用のすべての(外的

な) 原因を含んでいる．
- c) それらの原因は個別的なものである．経験がそれについて教えることすべてによれば，それらの原因は他の天体では繰り返されないということを仮定しなければならない．
- d) 地球が生きている間も，それらの理由は不動ではない．むしろ，地球の生命の経過とともに，つねに新しい，より完成度の高い生命体が登場する．だから我々は，その原因を，それと同時により高い段階へと進行する一個の思考過程の中に求めなければならない．

したがって，原因から自然を説明するという厳密自然科学の立場からは，地球の心という仮定は，有機体の世界の現状と歴史的発展を説明するための，一つの仮説である．

*　　　　　　　　*

「下位の心の肉体が死んだとき，上位の心はそれを自分の直観の生活から，記憶の生活へと取り上げる」とフェヒナーは述べる．したがって，死んだ被造物の心は，地球の心の生活のための要素をなすものである．

様々な思考過程は，主にその時間的リズムによって区別されると思われる．植物に心がある場合，我々ヒトにとって秒に相当するものは，植物にとって時間や日に相当するはずである．地球の心にとってそれに対応する時間は，少なくとも外に向かっての活動においては，おそらく何千年にも相当する．人類の歴史的記憶の及ぶ範囲では，非有機的な地殻の運動は，機械的諸法則から説明されるべきである．

［山本敦之 訳］

訳　　注

《1》[p. 325]　原題はない．未完の草稿に訳者のつけた題．これらの草稿の題名については「解説」(p. 342-344) 参照．

《2》[p. 327]　ここに内容的断絶．

《3》[p. 330]　同上．

《4》[p. 330]　*Zend-Avesta oder über die Dinge des Himmels und des Jenseits. Vom Standpunkt der Naturbetrachtung*, drei Theile, Leipzig: Leopold Voß, 1851.

《5》[p. 330]　フェヒナーがゾロアスター教の経典『ツェント・アヴェスタ』について，同名の自分の書物の中で述べたもの．それをリーマンが引用．

《6》[p. 330]　フェヒナーのこと．

《7》[p. 330]　*Nanna oder über das Seelenleben der Pflanzen*, Leipzig: Leopold Voß, 1848.

11
自然哲学の数学的新原理
(リーマンの自然学的著作断片から)[*1]

　この論文の題名が大多数の読者から好意的印象を引きだすことは至難であろうが，それでも私にはこの題名が論文の傾向を最もよく表現するように思われる．この論文の目的は，ガリレオやニュートンによる天文学と物理学の基礎を越えて，自然の内奥に穿ち入ることである．無論，直接的には，この論文のような思弁は天文学にとってなんら実践的有用性をもちえない．しかし，このような事情が読者の興味の妨げとならないことを希望する……．

　可秤量物の一般的運動法則は，ニュートンの諸原理の導入部分にまとめられているが，この運動法則の根拠は，可秤量物の内的状態にある．類比という方法に従って，我々自身の内的知覚から可秤量物の内的状態を推論してみよう．我々の中には，たえまなく新しい表象の塊が入ってくる．これはまた，我々の意識から即座に消えさるものである．ここに我々は自分の心の連続な働きを観察することになる．心の活動の根底には，つねに何か不変なものがある．それは特別な場合に(記憶によって)それと知られる．それでも，それが外界の現象に持続的影響を及ぼすことはない．したがって，たえまなく(思考活動に伴ってつねに)何か不変なものが我々の心に入ってる．しかし，それは現象世界になんら持続的影響を及ぼさない．したがって，我々の心の活動の根底にはつねに何か不変なものがあり，それはその活動によって我々の心に入ってくるが，入ってくるその瞬間に現象世界から完全に消えさるのである．

　この事実に導かれて，私は以下のような仮説を立てる．すなわち，この世界空間はある媒質によってみたされていて，しかもこの媒質はたえまなく可秤量的な原子に流入し，そこで現象世界(物体世界)から消えさるというものである．

　両方の仮説は，すべての可秤量的原子において，たえまなく媒質が物体世界から精

[*1] 1853年3月1日発見．

神世界へと入り込むという一つの仮説で置き換えられる．このような媒質がそこでなぜ消えるのかという原因は，直前にそこで形成された精神的実体の中に求められるべきである．これによれば，可秤量的物体は，精神的世界が物体的世界と噛み合う場所なのである*2)．

さて，まずこの仮説から説明されるべき万有引力の作用は，よく知られているように，以下の条件をみたすときに空間のどの部分でも完全に決定される．すなわち，空間のこの部分について，すべての可秤量的物体のポテンシャル関数が与えられているとき，あるいは，同じことであるが，閉曲面 S に含まれる可秤的質量が

$$\frac{1}{4\pi}\int \frac{\partial P}{\partial p}dS$$

であるという位置の関数 P が与えられているとき，完全に決定されるのである．

そこで，空間をみたす媒質が慣性をもたない非圧縮性の同質の流体であること，そして一定時間内に，各々の可秤量的原子へは，その質量に比例した分量が流れ込むということを仮定するとき，明らかに可秤量的原子のこうむる圧力は（その原子の場所にある媒質の運動速度に比例することになるであろうか？）．

したがって万有引力の可秤量的原子への作用は，原子に直に接している周囲の空間をみたす媒質の圧力によって表現され，この圧力に従属すると考えられる．

我々の仮説から，空間をみたす媒質は，我々が光や熱として知覚する振動を伝えるはずであるということが，必然的に結論される．

単純偏光光線を観察し，ある不定な点がある固定された始点から隔たった距離を x によってあらわし，時間 t での振幅を y であらわす．すると，可秤量物のない空間の中の振動の伝達速度は，つねに非常に小さな誤差で一定（αとする）と考えられるから，非常に小さい誤差で，方程式

$$y = f(x+\alpha t) + \varphi(x-\alpha t)$$

がみたされるはずである．

この方程式が，厳密にみたされるなら，

$$\frac{\partial y}{\partial t} = \alpha\alpha \int^t \frac{\partial^2 y}{\partial x^2} d\tau$$

である．しかし，$\varphi(t-\tau)$ が $t-\tau$ のすべての正の値に対して 1 に等しくなくても（$t-\tau$ が増加すれば φ は無限に減少する），十分大きな時間にわたって 1 とそれほど隔たっていなければ，明らかに我々の経験は

---

*2) すべての可秤量的原子へと，どの瞬間にも，重力に比例した一定の媒質の集団 (Stoffmenge) が流入し，そこで消えさる．これは，心ではなく，我々の内部で形成される個々の表象が実体性を備えているというヘルバルトの立場における心理学の結論である．

$$\frac{\partial y}{\partial t} = aa \int^{t} \frac{\partial^2 y}{\partial x^2} \varphi(t-\tau) d\tau$$

によっても満足される……．

一定の時点 t における媒質の点の位置を，ある直交座標系によってあらわし，ある不定な点 O の座標を x, y, z とせよ．同様にして，ある直交座標系に関しその点 O' の座標を x', y', z' とせよ．すると，x', y', z' は x, y, z の関数となり，$ds'^2 = dx'^2 + dy'^2 + dz'^2$ は dx, dy, dz の2次の同次式に等しくなる．さて，よく知られた定理によって，dx, dy, dz の1次式

$$\alpha_1 dx + \beta_1 dy + \gamma_1 dz = ds_1$$
$$\alpha_2 dx + \beta_2 dy + \gamma_2 dz = ds_2$$
$$\alpha_3 dx + \beta_3 dy + \gamma_3 dz = ds_3$$

は，つねに一意的に

$$dx'^2 + dy'^2 + dz'^2 = G_1^2 ds_1^2 + G_2^2 ds_2^2 + G_3^2 ds_3^2$$

となるよう決定される．ただし，

$$ds^2 = dx^2 + dy^2 + dz^2 = ds_1^2 + ds_2^2 + ds_3^2$$

である．ここで，量 $G_1 - 1, G_2 - 1, G_3 - 1$ を，最初の形から後の形に移行する際の，点 O における媒質の微小部分の主膨張係数という．またそれを $\lambda_1, \lambda_2, \lambda_3$ と書きあらわす．

時間 t でのこの微小部分の形と以前における形との差から，時間 t での形を変えようとする力が生じると仮定する．また，以前の形の影響は（他の事情が同じならば）それが時間 t からさかのぼるほどわずかなものになり，したがって，一定の限界を越えればそれ以前の過去のものをすべて無視してもよいと仮定する．さらに，識別しうるほどの影響を発揮する状態は，時間 t の状態からきわめてわずかしか隔たっていないので，その膨張は無限小とみなしてもよいと仮定する．そこで，$\lambda_1, \lambda_2, \lambda_3$ を小さくしようとする力は，$\lambda_1, \lambda_2, \lambda_3$ の線形関数とみなされる．そして，エーテルの同質性のおかげで，これらの力の総モーメントを表現する式として（λ_1 を小さくしようとする力は $\lambda_1, \lambda_2, \lambda_3$ の関数で λ_2, λ_3 を入れ替えたときに不変であるようなもの．λ_2 や λ_3 を小さくしようとする力についても同様），以下のものを得る．

$$\delta\lambda_1(a\lambda_1 + b\lambda_2 + b\lambda_3) + \delta\lambda_2(b\lambda_1 + a\lambda_2 + b\lambda_3) + \delta\lambda_3(b\lambda_1 + b\lambda_2 + a\lambda_3)$$

あるいは，定数の意味を若干変更して

$$\delta\lambda_1[a(\lambda_1 + \lambda_2 + \lambda_3) + b\lambda_1] + \delta\lambda_2[a(\lambda_1 + \lambda_2 + \lambda_3) + b\lambda_2] + \delta\lambda_3[a(\lambda_1 + \lambda_2 + \lambda_3) + b\lambda_3]$$

$$= \frac{1}{2}\delta[a(\lambda_1 + \lambda_2 + \lambda_3)^2 + b(\lambda_1^2 + \lambda_2^2 + \lambda_3^2)]$$

点 O にある無限小部分媒質の形を変えようとする力のモーメントは，点 O を端点

とする線素の長さを変えようとする力の結果生じるものとみなされる．そこで，以下のような作用法則にたどり着く．すなわち，dV を点 O における時間 t での，この無限小部分媒質の体積とし，dV' を時間 t' での体積とする．そうすると，媒質の二つの状態の差に起因する力は，ds を延ばそうとするものであるが，

$$a\frac{dV-dV'}{dV}+b\frac{dS-dS'}{dS}$$

とあらわされる．

　この式の第1項は，微小部分媒質が形の変化をともなわない体積変化に抗しようとする際の力に起因するもの，第2項は，物理的線素が長さ変化に抗しようとする力に起因するものである．

　したがって，二つの原因の作用が同一の法則により時間とともに変化したと仮定する根拠はまったくない．微小部分の過去のすべての形が時間 t の線素 ds の変化に及ぼす作用を総括すると，この作用が引きおこそうとする $\delta ds/dt$ の値は

$$=\int_{-\infty}^{t}\frac{dV'-dV}{dV}\psi(t-t')\delta t'+\int_{-\infty}^{t}\frac{ds'-ds}{ds}\varphi(t-t')\delta t'$$

ということになる．空間媒質によって重力，光，放射熱が媒介されるようにするためには，ψ や φ などの関数はどのようなものでなければならないのであろうか？

＊　　　　　　＊

　可秤量的物質の可秤量的物質への作用は，
1)　距離の2乗に反比例した引力および斥力
2)　光および放射熱

　これら二つの類の現象は，全無限空間が等質な媒質で充実されていて，媒質のどの微小部分もそれに直に接する周囲にだけ作用すると仮定することで説明される．

　このような現象が従う数学的法則は，以下のように二つに分けて考えられる．
1)　媒質の微小部分が体積変化に対し示す抵抗
2)　物理的線素が長さ変化に対し示す抵抗

　前者によって重力と電気静力学的引力-斥力，後者によって光と熱の伝達，そして電気動力学的あるいは磁気的引力-斥力が引きおこされる．

［山本敦之　訳］

解　説

(第 9 章〜第 11 章)

　ここに訳出した 3 つの論文は，リーマンの学問的世界のひろがりを知るのに好適なものといえる.「自然哲学の数学的新原理」,「心理学生物学草稿」,「耳の力学」の順に成立したものと推測される. いずれも, 草稿の形でリーマンが残したものであり, 完結したものとはみなし難い. 最後のものを除いて,『リーマン全集』に収録されてはじめて公になったものである. また, 最初のものは, リーマン自身が題名をつけたものである. 前二者は, 全集収録の際, H. ヴェーバー (Heinrich Martin Weber, 1842-1913) の手が入っており, 最後のものは, ヘンレとプフォイファーの「理論医学雑誌」に収録する際に, シェーリング (Ernst Christian Julius Schering, 1833-97), あるいはヘンレ (Jacob Henle, 1809-85) の手が入っている. ただしそれは, 草稿から論文を構成する際のことで, 補筆などはないようである.

　これらの論文は, 外面的にも内容的にも, 完成度の高いものとはいえないが, それでも, リーマンが目指した知識の世界を知るのに必要な 3 篇といえよう. しかも, リーマンが自然科学研究を W. ヴェーバー (Wilhelm Eduard Weber, 1804-91) のゼミナールにおいて開始した 1850 年頃から亡くなる 1866 年まで, その自然思想をどのように展開したのかを知るうえでも重要な 3 篇である. さらにまた, リーマンの関わった多くの分野——物理学, 生理学, 生物学, 心理学——の 19 世紀半ばの大きな変動を知るための, 興味深い手がかりともなっている.

　リーマンの時代の数学者にとって, その活動領域が, 純粋数学に限られないのは, 特別なことではない. 多くの数学者は, 物理学を自然に意識していたといえよう. しかし, 物理学系の知識と生物学系の知識を架橋するということは, ある種の理想でありながら, 現実には困難であり続けた. それゆえ, ほとんどの自然研究者は, どちらかの領域に専従せざるをえなかったのである. しかし, 例外も存在している. リーマンの同時代人のヘルムホルツ (Hermann Helmholtz, 1821-94) は, 巨人的能力で多くの分野——認識論, 幾何学の基礎, 数理物理, 物理学全般, 生理学など——に精通し, 物理系と生物系の架橋を目指した代表的人物といえよう. あるいは, フェヒナー (Gustav Theodor Fechner, 1801-87) も, ヘルムホルツとは異なる形においてではあるが, やはりそのような架橋を目指した人といえよう.

リーマンも,「心理学生物学草稿」において,ヘルバルト (Johann Friedrich Herbart, 1776-1841) のいわゆる表象力学を,フェヒナーの汎心論的世界観に接ぎ木することにより,適応や進化といった現象を扱う学問としての生物学と心理学とを意外な形で統合しようとした.その試みの中で,生物学の基礎としての生理学を,心理学に統合された汎心論的生命論の枠組みに合わせて一般化することさえ目論んだ.あるいはまた,力の統一理論を目指した「自然哲学の数学的新原理」の中では,原子において物質的世界から精神界へとエーテルが流入するというモデルを介して,物理学と心理学を結びつけようとした.

さらにまた,最後の作品「耳の力学」においては,解剖学的研究と精神物理学的研究の架橋を目指した.それは,現実に実験を行うものではなく,当時権威のあった解剖学書やヘルムホルツの「聴覚理論」に基づいておこなわれた,思弁的なものである.彼が,この研究に流体力学を適用しようとしたことが,シェーリングおよびヘンレによって報告されている.しかし,そのような草稿は収録されていないのであるから,流体力学的研究については,リーマンは果たしえなかったのかもしれない.

「自然哲学の数学的新原理」

1853 年 3 月 1 日の日付をもち,"neue mathematische Principien der Naturphilosophie" と題されたこの草稿は,物理学の統一理論を目指すものである.題名は,明らかにニュートンの『プリンキピア』を意識したものであろう.リーマン自身がその発見の日付を書いていて,このような題名をつけたのであるから,1853 年 3 月の時点では彼が相当高くこの理論を評価していたことがわかる.しかし,公表されなかった事実から,彼に公表を思いとどまらせた要因がその後生じたのであろう.おそらくそれは,周囲の批判(例えば W. ヴェーバーなどによる)や自己批判であろう.

年代特定については,その基本原理の発見が 1853 年 3 月 1 日であることはほぼ確実である.草稿自体の成立は,1853 年 3 月以降である.デデキントによると,同年 12 月 28 日の手紙に,12 月の講師就任論文提出直後に行った電気,電流,光,重力の間の関係についての研究により,それが公表できる形に整ったことが書かれている.今のところ,これだけが,この草稿の成立時期についての与件である.

この草稿は,「ガリレオやニュートンにより定礎された天文学と物理学を越えて,自然の内奥に穿ち入ること」という壮大な意図をもって草されたものである.彼はそのために,宇宙全体がいわゆるエーテルで満たされていると仮定し,その体積変化に抵抗する力として重力や静電気力を,長さ変化(形の変化)に抵抗する力として光や熱や電気動力学的力などを説明する.そして,それらに数学的表現を与えた.

あらゆる電磁現象を,互いに中心力を及ぼす電気粒子の運動によって説明しようと

する理論は，フェヒナーの原子論的電磁気理論に刺激された W. ヴェーバーによって確立された．リーマンは，ヴェーバーにきわめて近いところにいたが，それでもヴェーバーの電磁気学を全面的に受け入れてはいなかったのであろう．

エーテル仮説に基づく重力のメカニズムの説明はデカルトにさかのぼるが，リーマンのものは，オイラー起源と推測されている．オイラーの重力理論は，山本義隆(『重力と力学的世界』, 現代数学社, 1981)およびシュパイザー (Andreas Speiser, "Naturphilosophische Untersuchungen von Euler und Riemann", *Journal für die reine und angewandte Mathematik*, 157 (1927))によると以下のとおりである．オイラーは，宇宙に充満するエーテルが平衡状態にあるなら，物体はあらゆる側面から同じ強さで押され，いかなる運動ももたらさないことを指摘する．そして例えば，地球のまわりではエーテルは平衡状態になく，その圧力が地球に近づくにつれて小さくなり，すべての物体はその上面では下面が押し上げられるよりも強く押し下げられると仮定するなら，それが地球の重力の説明になると主張した．ただし，このようにエーテルが平衡状態にあるわけでなく，したがって静止していないとすると，エーテルは地球(を構成する物質)に向かう運動をしているはずである．オイラーも，この説明を完全なものとは考えていなかった．すなわち，なぜエーテルは地球の近くでは平衡状態にあるわけでなく，運動しているのかが説明できていないことを認めていた．

リーマンは，物質に向かうエーテルの運動の説明に関し，エーテルがどこへゆくのかという問題に答える形で仮説を提示する．この仮説が，心理学的意味をももつのである．そのリーマンの仮説は，「絶えず可秤量的原子に流入し，そこで現象界(物質界)から消失するような媒質(Stoff)によって宇宙空間はみたされている」，あるいはこれを言い換えた「この媒質は，すべての可秤量的原子において，絶えず物質界から精神界へと流れ込む」というものである．

このような仮説に導かれた原因として，彼は以下のような心理学的事実をあげている．

> 「我々の中には，たえまなく新しい表象の塊が入ってくる．これはまた，我々の意識から即座に消えさるものである．ここに我々は自分の心の連続な働きを観察することになる．心の活動の根底には，つねに何か不変なものがある．それは特別な場合に(記憶によって)それと知られる．それでも，それが外界の現象に持続的影響を及ぼすことはない．」

このような心理学的事実は，ヘルバルトの心理学に基づくもので，「心理学生物学草稿」の1枚目の説明に重なる．そして，この心理学的事実に導かれて，エーテルによる重力のメカニズムの説明にいたるとリーマンは主張する．「すべての可秤量的原

子へと，たえまなく重力に比例した一定量の媒質の集団が流入し，そこで消えさる」という命題は，リーマンにより，ヘルバルト心理学の帰結と考えられている．すなわち，心にではなく，我々において形成される個々の表象に実体性が付与されるという点で，ヘルバルト心理学の帰結とされるのである．

これらの説明は成功した理論ではないが，リーマンが，エーテルを媒介として精神界も視野に入れつつ力の統一理論を目指したのは，興味深い事実である．

「心理学生物学草稿」

訳出した草稿は，おそらく6枚のシートからなる無題のものである．「二律背反 (Antinomien)」と「テーゼとアンチテーゼの概念系の一般的関係 (Allgemeines Verhältniss der Begriffssysteme der Thesis und Antithesis)」なる題名をもつ二つの記事を含む1枚のシートと合わせて，おそらく H. ヴェーバーにより「心理学と形而上学 (Zur Psychologie und Metaphysik)」と題して全集に収録された．しかし，最初の6枚と最後の1枚は内容的に相当隔たりがあるように思われるので，最初の6枚のみを訳出し，それをその内容から「心理学生物学草稿」と名づける．

この6枚のシートの内訳は以下のとおりである．1枚目がヘルバルトの表象力学の紹介，2, 3枚目が表象力学と物質的世界との関係，4枚目はそれまで展開された個人レベルの精神過程の諸法則を，地球上で認められる合目的性に適用する試みである．ここで，「地球上で認められる合目的性」とは，生物の適応や進化などで，フェヒナーの『ツェント-アヴェスタ』(Zend-Avesta oder über die Dinge des Himmels und des Jenseits, in 3Bde., Leipzig, 1851) から持ち込まれたものと思われる．リーマンはここで，通常の生命過程についての物質的諸条件——それは，彼の知りえた最先端の生理学的知識に基づくものであろうが——を相対的なものとみなし，生命過程の可能性の一般的諸条件を求めようとするが，達成できずに終わっている．5, 6枚目は，『ツェント-アヴェスタ』の，リーマンによる再構成とみなされる．フェヒナーは著書『ナンナ』(Nanna oder über das Seelenleben der Pflanzen, Leipzig, 1848) において，植物が心をもつことを示しえたと考えた．『ツェント-アヴェスタ』では，天体が心をもつことが主題であった．フェヒナーがアナロジーを用いて示したこれらのことを，リーマンは，帰納と検証による一般法則の抽象という，通常の科学の方法 (と信じられたもの) によって示そうとしたのである．

この草稿の成立年代に関しての確実なことは，『ツェント-アヴェスタ』出版の1851年以後ということだけである．しかし，1853年成立と推測される「自然哲学の数学的新原理」との基本概念の共通性などに鑑みれば，1853年頃，あるいはそれ以後で，それから遠く隔たらない時期かもしれない．

「心理学生物学草稿」は複数の分野，何人かの学者との関わりから成立している．リーマンに表象力学の概念を与えたヘルバルトとリーマンとの関わりは，1849年春から3学期間，リーマンがその所属学部である哲学部において，ヘルバルトについての講義を聴講したことにはじまるのかもしれない．それ以前に，ヘルバルトの著作を読んでいたというのは，否定も肯定もできないことである．いずれにせよ，ヘルバルトは1802年から1808年には私講師として，1833年から1841年には正教授としてゲッティンゲン大学で活動しており，しかもいわゆるドイツ観念論全盛の時代にあって，自然科学に理解のある哲学者として評価されていた．

　ヘルバルトは，その心理学の構想を1800年から1810年頃すでに抱いていたが，その後『心理学教科書』(Lehrbuch zur Psychologie, Königsberg und Leipzig, 1816 [= Sämmtliche Werke, in chronologischer Reihenfolge herausgegeben von Karl Kehrbach und Otto Flügel, Erstdruck, Langensalza, 1899-1912, Bd. 5])や『経験，形而上学，数学に新たに基礎づけられた，科学としての心理学——第1部総合的部門——』『経験，形而上学，数学に新たに基礎づけられた，科学としての心理学——第2部分析的部門』(Psychologie als Wissenschaft neu gegründet auf Erfahrung, Metaphysik und Mathematik, Erster synthetischer Theil, Königsberg, 1824 [= Sämmtliche Werke, Bd. 5, pp. 177-402]およびPsychologie als Wissenschaft neu gegründet auf Erfahrung, Metaphysik und Mathematik, Zweiter analytischer Theil, Königsberg, 1825 [= Sämmtliche Werke, Bd. 6, pp. 1-339])においてその理論を体系化した．

　ヘルバルトの基本的構想は，心理学が真の意味で科学であるためには数学的であるべきという，カントの『自然科学の形而上学的諸原理』(I. Kant, "Metaphysisches Anfangsgründe der Naturwissenschft", Riga, 1786 [= Werkausgabe, hrsg. v. Wilhelm Weischedel, Bd. 9, pp. 14-16])から引きだされる命題に規定される．カント自身は，この命題を，科学としての心理学の成立を否定するために用いた．ところがヘルバルトは，この命題の要請するところから出発して，数学的な心理学理論をつくってしまった．それは，いくつかの表象が出会うときに生じる力の法則を，古典力学の静力学動力学のアナロジーを通して捉えようというものである．

　次にフェヒナーとリーマンとの関わりについてみてみよう．フェヒナーの学問的経歴は多彩なものである．彼の初期の学問的経歴は物理学関係のもので飾られる．すなわち，フランスのビオー(Jean Baptiste Biot, 1774-1862)らの著作の翻訳や，オームによる電流回路研究の精密な検証などである．1844年に物理学教授職を病気で退いた後，1848年に『ナンナ』を，1851年に『ツェント-アヴェスタ』を出版した．これらは，唯心論的世界観の表明とみなされるものである．

　ところで，1850年10月22日朝には，精神的な感覚と物質的な刺激との間の量的

関係の数学的定式化の中に，いわゆる心身問題の解決を見出したと信じた．そしてその数学的定式化とは，感覚の強さ S, 定数 K, 刺激の強さ R に対し，$S=K \log R$ というものである．これはヴェーバー・フェヒナーの法則（このヴェーバーは W. ヴェーバーの兄の Ernst Heinrich Weber, 1795-1878) と呼ばれる．1860 年には，『精神物理学要綱』(Elemente der Psychophysik) を出版し，精神物理学の樹立によって，心理学の科学としての確立に貢献している．

　リーマンとフェヒナーとの出会いは，二つの経路によるものが推測される．まず第一に，ロッツェ (Rudolph Hermann Lotze, 1817-81) によるものである．彼は，ライプツィヒでフェヒナーから物理学を学んだ経歴をもつが，いくつかの経歴を経て，ゲッティンゲンにおいてヘルバルトの占めていた哲学教授職を襲った．そして，同時代人からあまり注目されなかった『ナンナ』や『ツェント-アヴェスタ』の批評を，早い時期に出している．これをリーマンが読んで，フェヒナーに興味を抱いたということは十分考えられる．

　第二に，W. ヴェーバーによるものが推測される．E. H. および W. ヴェーバー兄弟は，W. がライプツィヒ大学のフェヒナーが占めていた物理学教授職を 1843 年に引き継いだ後，フェヒナーを中心とするサークルで毎週フェヒナーに会っている．W. がゲッティンゲンに戻ったのが 1849 年で，この年にリーマンもベルリンからゲッティンゲンに戻っている．そしてこれ以降両者の緊密な交流がはじまるわけである．いずれにせよ，1850 年代のゲッティンゲンには，ロッツェやヴェーバーを通じ，フェヒナーの世界観的著作に接する環境が整えられていたのであろう．

　「心理学生物学草稿」の 4 枚目のシートの生理学的知識については，その起源についての言及がない．ゲッティンゲン大学は，生物学および生理学の伝統ある一学派をなしていて，そのうちにはリーマンの同時代人として，俗流唯物論者たちと対決したヴァーグナー (Rudolph Wagner, 1805-64) もいた．確実なことは言えないが，リーマンもなんらかの関わりをもったかもしれない．あるいは，ゲッティンゲンのベルクマンとロイカルトの『動物界の解剖生理学的概観．比較解剖学及び比較生理学．授業と自習のための教科書』(C. Bergmann & R. Leuckart, "*Anatomisch- physiologische Uebersicht des Thierreiches. Vergleichende Anatomie und Physiologie. Ein Lehrbuch für den Unterricht und zum Selbststudium*", Stuttgart, 1852) の導入部の前半における動物学の一般的基礎についての議論をリーマンは参考にしているかもしれない．そこでは，化学的基礎，生命力，有機体内の水，内方浸透 (Endosmose)，細胞，目的論などが論じられている．

「耳の力学」

この論文の成立は，論文冒頭に付された脚注にシェーリング，ヘンレが記したとおりである．リーマンはヘルムホルツの聴覚研究に刺激されて，このような研究に向かったと述べられている．また，本文中にはヘルムホルツの『音楽理論のための生理学的基礎としての音知覚の理論』(*Die Lehre von den Tonempfindungen als physiologische Grundlage für die Theorie der Musik*, Brunswick, 1863) が，リーマン自身によりあげられている．ヘルムホルツの研究はエポックメイキングなものであった．

ヘルムホルツは，1850 年に感覚生理学研究を開始し，神経伝達速度の測定で有名になった．彼の聴覚研究は，その視覚研究と対になるものである．そして，これら感覚生理学研究は，知覚のプロセスを解明することで，カントの認識論的分析を検証し拡張するものと，ヘルムホルツは後に信じるにいたった．

1855 年頃，内耳の蝸牛殻の顕微解剖学が行われるようになった．そして，コルチ器の基底膜を構成する繊維は，蝸牛の下底部で最も短く，上向するに従ってその長さを徐々に増し，頂上で最も長いということが知られるようになった．この事実を，ヘルムホルツは，聴覚のメカニズムの説明に用いた．これがいわゆる「共鳴説」である．すなわち，前庭窓のアブミ骨底が，音波と同じ周期で振動するとき，基底膜がその全長にわたって同時に振動するのではなく，その振動と同数の振動を固有振動とする基底繊維だけが振動するという説である（今日においては，そのままでは受け入れられない）．

リーマンの研究は，音の振動の蝸牛器官への伝達についてヘルムホルツ説を批判しようとするもので，その際解かれるべき数学的問題を流体力学的なものとみなしていたことが報告されている．ここで興味深いのは，リーマンが流体力学的問題に関して，すでに 1860 年にゲッティンゲン王立科学協会紀要第 8 巻に発表された論文「有限振幅の平面空気波の伝播について (Über die Fortpflanzung ebener Luftwellen von endlicher Schwingungsweite)」で扱っており，この論文の主眼は非線形偏微分方程式論にあるが，この研究も，ヘルムホルツの流体力学的研究，おそらく『渦巻きに対応する流体力学的方程式の積分について』("*Über Integrale der hydrodynamischen Gleichungen, welche den Wirbelbewegungen entsprechen*", 1858) に刺激されて成立したものであるということである．

リーマンの論文の解剖学的知識のよりどころについては，当時権威のあったヘンレの『人体解剖学ハンドブック』があげられている．また，「耳の力学」は，精神物理学的諸事実を解剖学的事実から説明する試みであるが，この精神物理学こそ，先ほどのフェヒナーが，1850 年に抱いたアイディアをもとに，これを発展させて樹立した学問であった．

いずれにせよ,「心理学生物学草稿」から「耳の力学」への変化の過程には,当時急速に進展し確立されつつあった顕微解剖学,感覚生理学,精神物理学に対する意識が反映されている。

[山 本 敦 之]

付　録
ベルンハルト・リーマンの生涯
(リヒャルト・デデキント著)《1》

　以下のリーマンの生涯に関する叙述は，リーマンの科学的業績の意義，それらの過去および現在の数学界の状況との関連を明らかにしようとするものではない．むしろ，この偉大な数学者の全著作がはじめて刊行されるにあたり，彼の受けた教育，人柄，あるいは運命についてひととおりの情報を得たいと思う読者を対象としているにすぎない．

　ゲオルク・フリードリッヒ・ベルンハルト・リーマン [Georg Friedrich Bernhard Riemann, 1826-66] は，1826 年 9 月 17 日に，ハノーファー王国，エルベ河畔のダンネンベルク近郊の小さな村，ブレゼレンツに生まれた．父フリードリッヒ・ベルンハルト・リーマンは，メクレンブルク州，エルベ河畔のボイツェンブルクに生まれ，解放戦争にヴァルモーデンのもとで中尉として参加した後，ブレゼレンツで牧師をしていた．そして，ハノーファーのエーベル顧問官の娘，シャルロッテと結婚した．後に一家は［ブレゼレンツから］3 時間ほど離れた教区のクヴィックボルンに引っ越した．ベルンハルトは，6 人きょうだいの第 2 子である．すでに幼少時から，彼は父のおかげで学問的関心に目覚め，ギムナジウムに行くまでもっぱら父から教育を施された．5 歳のときに，ベルンハルトは歴史に興味をもつようになった．ことにポーランドの悲劇的な歴史にはたいそう興味を覚えたらしく，父は息子に始終その話を語って聞かせなければならなかった．しかし，この関心はまもなく後退していった．計算に関する決定的な才能が出現したのである．自分で難しい例をみつけ，それをきょうだいに問題として出すのが彼には比類のない楽しみとなった．長じて 10 歳のときから，父は子供の授業をシュルツ師に助けてもらった．シュルツ師は算術と幾何のよい授業をしてくれたが，まもなく生徒の方が，すばやく，ときには優れた解法を示すようになったので，それについていくために自分の方が頑張らねばならなくなった．

　13 歳半のときに，ベルンハルトは父から堅信礼を受け，そして両親の家を離れる

ことになった．ベルンハルトの家は真面目で敬虔な心と，家庭的に活気のある生活が支配していた．両親は自分たちの子供を教育することに主要な使命を見出していた．親密な愛情がリーマンを家族と結びつけており，それは終生ずっと変わらなかった．リーマンが遠く離れた家族に宛てた手紙をみればそのことはよくわかる．彼は両親の家で起こったすべてのことについて，たとえそれがどんな小さいことであっても最大限の興味を示した．そして，ベルンハルトの喜びと悲しみもそのまま家族に分かち合われたのである．

1840年の復活祭のときに，リーマンは祖母の暮らしていたハノーファーへ行った．そこで，祖母が亡くなるまで，第3学年の2年間を過ごした[2,3]．最初はそれまでの教育から予想されたように，多くの困難を乗り越えなければならなかった．しかし，まもなく個々の授業については進歩をほめられるようになり，いつも勤勉で態度がよい学生とされた．この時期には，とりわけ両親やきょうだいに宛てた手紙が多く残っており，その中でベルンハルトは，ときおり楽しくユーモアを交えて，学校で起こった出来事を報告している．しかしながら，何にも増して強かったのは，両親の家への思いだった．休暇が近づいてくると，ベルンハルトはクヴィックボルンで過ごしてもよいという許可を熱心に願い出て，休暇のはじまるずっと前から，できる限り少ない費用で帰省する方法をあれこれ考えるのであった．親やきょうだいの誕生日には，ちょっとした贈り物を買い込み，びっくりしてもらえるさまを一生懸命に思うのであった．空想の中では，彼はまだ家族と一緒に住んでいるのと同様であった．手紙からは，未知の人と交際することが，自分にとってどんなにたいへんかという嘆きもしばしばみてとれる．彼の内気な性格——それまでの閉じた生活からすれば当然の帰結であったが——は，教師たちにときどき誤った印象を与えることがあり，それが彼を苦しめるのであった．これは一生を通じて完全には直らず，おかげで，リーマンはしばしば孤独と自分の思考世界に閉じ込もった．その中で彼は，偉大な大胆さと，偏見のなさを，展開していったのである．

祖母の死後，おそらくリーマン自身の希望と思われるが，1842年の復活祭のときに，父に連れられてリューネブルクのヨハン校に行き，第2学年と第1学年を2年ずつ，大学に行くまで過ごすことになった．滞在当初，ちょうどハンブルクの大火が起こり，リーマンはこれに深い感銘を受けて，ことの様子を詳しく家に書き送っている．学校が故郷に近くなり，クヴィックボルンの家族のところで休暇を過ごすことが可能になったので，残りの学校生活は彼にとって楽しいものとなった．家との往復は，大部分が徒歩であったのであるが，これには非常に骨が折れ，リーマンの身体にはこの過酷な運動が耐えられないこともあった．すでにこの時期，母からの優しい手紙の中では息子の健康を心配する内容が書かれており，身体を酷使することは避ける

ようにという心からの忠告がしばしば繰り返されている．悲しいことに，まもなく母は亡くなった．後にリーマンはギムナジウムの教師ゼファのところに下宿したが，この先生はリーマンにたいへん強い関心をもってくれた．リーマンも，ゼファを父のように自分を支えてくれる人だと思っていることが手紙からみてとれる[4]．彼は他の分野でもよい成績を修めたが，数学はやはり優れており，卒業のときには最高点をとった．この学問に対する偉大な才能を認めてくれたのは，優れた校長のシュマールフスであった．校長はリーマンに，個人的勉強のための数学の本を貸したが，わずか数日後にはもう本を返してきたのに，熟読してすべてを理解しているさまを話の折りに示され，非常に驚かされることもしばしばであった．この，学校の課題以外に自主的にする勉強によって，ギムナジウムの授業の程度をはるかに越えた，高等数学の域にまで導かれたことは疑いがない．知られているところによれば，高等解析の知識を得たのはオイラー [Leonhard Euler, 1707-83] の著作を通じてであった．ルジャンドル [Adrien-Marie Legendre, 1752-1833] の数論もこの時期に読んだようである．

　19歳半の年，すなわち1846年の復活祭に，リーマンはゲッティンゲン大学に入った．聖職に心を捧げていた父は，リーマンが神学を専攻することを当然望んでいた．実際，リーマンも4月25日に，文献学と神学の学生として入学手続をした．明らかに自分の中に現れてきていた数学への意欲や才能と一致しない決意をしたのは，子だくさんの家庭の貧苦を思い，早く職を得て父の負担を軽くしたいと望んだからであった．しかしながら，文献学や神学の講義のほかに，リーマンは数学の講義も聞いた．夏学期には，シュテルン [Moritz Abraham Stern, 1807-94] の方程式の数値解法と，ゴルトシュミット [Benjamin Goldschmidt, 1807-51] の地磁気学，1846～1847年の冬学期には，ガウス [Johann Carl Friedrich Gauss, 1777-1855] の最小二乗法，シュテルンの定積分といった講義を聞いた．こうして勉強を続けているうちに，まもなく自分の中の数学への意欲があまりに強力なものであることに気づき，父から，自分の好きな学問にすっかり専念してよいという許しをもらうことになったのである．

　当時，ほぼ半世紀ほど前から，故人を除けばガウスが疑いなく最も偉大な数学者の地位にあったのであるが，その啓発的な教育活動は，むしろ応用数学に属するような狭い分野に限られていた．リーマンの知識はかなり進んでいたので，本質的にそれを拡充し，新しい理念で豊かにするには，当時のゲッティンゲンにはもう期待できるものはなかった．1847年の復活祭のときにリーマンはベルリン大学に入った[5]．そこでは，ヤコビ [Carl Gustav Jacob Jacobi, 1804-51]，ディリクレ [Peter Gustav Lejeune Dirichlet, 1805-59]，シュタイナー [Jakob Steiner, 1796-1863] が輝かしい業績を上げ，その内容を講義の対象とし，多くの学生を集めていた．リーマンはかの地に2年間，つまり1849年の復活祭のときまで滞在した．リーマンはまずディリク

レの数論，定積分，偏微分方程式の講義を聞き，ヤコビの解析力学や高等代数学の講義を聞いた．残念ながらこの時期の手紙はごくわずかしか残っていないのであるが，そのうちの1通 (1847年11月29日付) では，ヤコビが当初の計画に反し，力学の講義をすることを決意してくれてとても嬉しい，ということが述べられている．親しく交わった人物としては，アイゼンシュタイン [Ferdinand Gotthold Max Eisenstein, 1823-52] がいた．リーマンは1年目に，彼の楕円関数論の講義に出席した．リーマンが後に語ったところによると，その講義では，関数の理論における複素数[6]の導入について二人で論じ合ったが，このときアイゼンシュタインとリーマンとでは，基礎になる原理に関して，まったく考えが異なっていたという．アイゼンシュタインは式計算に固執した．一方，リーマンはあの偏微分方程式[7]のうちに，複素変数関数の本質的な定義を認識していた．おそらく1847年の秋休みに，生涯を通じて基本となるこの考えがはじめて徹底的に考察されたのであろう．

リーマンのベルリン滞在の2年間について手紙からわかることは，ほかにはほとんどない．1848年の政治的大事件には彼も強力に引き込まれた．リーマンは，三月革命を目のあたりにし，学生組合の一員として，王宮で3月24日の朝9時から翌日の昼1時まで見張りに立った．

1849年の復活祭のときにフランクフルトの代表議員団 [プロイセン国王を皇帝に選出した] がベルリンに到着するのをみてから，彼はゲッティンゲンに帰ってきた．それから3学期の間も，科学や哲学の講義にいくつか出席した．ことに，ヴィルヘルム・ヴェーバー [Wilhelm Eduard Weber, 1804-91] の実験物理学の独創的な講義には大いに関心をもった．リーマンはヴェーバーとは後に親交を結び，ヴェーバーは終生の忠実な友かつ助言者となった．この時期は，自然哲学，特にヘルバルト [Johann Friedrich Herbart, 1776-1841] を勉強することと並行して，リーマン自身の自然哲学の観念の萌芽が，はじめて展開されたに違いない．これは，自然現象の統一的把握を求める努力という点に限れば，少なくとも「ギムナジウムの自然科学教育における範囲，順序，方法」(1850年11月，教育ゼミナールの一員としてまとめたもの) におけるある一節に現れていると思われる．そこで彼は次のように語る．

「孤立点 [質点] に対し成り立つ基本法則から，我々に現実に与えられた，連続に充実的な空間へと進み，重力，電気，磁気，熱平衡のいずれに関わるかを区別しない，完全に自己完結的な数学的理論が組み立てられる．」[8]

1850年の秋，リーマンは創設されたばかりの数学物理ゼミナールにも入った．ヴェーバー，ウルリッヒ [Georg Karl Justus Ulrich, 1798-1879]，シュテルン，リスティング [Johannes Benedikt Listing, 1808-82] らの教授陣が指導にあたっており，リーマンは特に物理の実験演習に参加した．もっともこのおかげで，本業であるはず

の学位論文執筆から，しばしば遠ざかるはめになってしまったのであるが．こうした状況，それから，印刷のための原稿を，心配性といえるほどていねいに推敲したこと——ちなみにこの癖のおかげで，後にも彼の論文発表はかなり遅れた——もあって，論文「複素一変数関数の一般理論の基礎」[9]が哲学部に提出できたのは，ようやく翌 1851 年の 11 月になってからであった．この論文はガウスの好意的な評価を受けた．リーマンがガウスを訪ねたとき，ガウスは長年，自分も同じ対象を扱った論文を準備してきたこと，そしてその論文の対象はそれだけではないことを告げている．試験は 12 月 3 日の水曜日に行われ，公開討論と学位授与は 12 月 16 日の火曜日に行われた．父宛ての手紙には，次のように書いている．

「このほど書き上げた論文のおかげで，私は自分の将来の見通しがかなり改善されたと思います．このうえ文章が流暢に速く書けるようになるとなおよいのですが．ことにこれから交際も増えるでしょうし，講義をする機会も訪れるでしょうから．そうしたわけで，いまはとても元気です．」

それから彼は，父に金銭の負担をかけたことで許しを乞うている．ゴルトシュミットが亡くなって天文台の観測官の地位があいたのであるが，リーマンはそれを得るのにあまり熱心に努力しなかったからである[*1]．彼はまた，教授資格論文を仕上げさえすれば，(私講師) 教授資格講演を邪魔するものは何もない，とも述べている．三角級数の理論を教授資格論文のテーマに選ぼうという意図は，すでに早くからあったようである．しかし，教授資格論文を書くにはさらに 2 年半かかるのであった．

1852 年の秋休みに，(リーマンがベルリン時代からよく知っている) ルジュヌ・ディリクレが，ゲッティンゲンにしばらく滞在した．リーマンは，このときクヴィックボルンから戻ったばかりであったが，ディリクレと毎日のように会えるという幸運を得た．最初に彼はディリクレの滞在しているクローネを訪ね，翌日には，ザルトリウス・フォン・ヴァルタースハウゼン [Wolfgang Freiherr Sartorius von Waltershausen, 1809-76] のところで開かれた昼食会 (そこにはリスティング教授と，ベルリンからきたドーヴェ教授も同席していた) に行った．リーマンは，(当時，故人を除けばガウスに次いで偉大な数学者であると認めていた) ディリクレに，自分の研究について忠告を求めた．

「翌日 (とリーマンは父に書き送っている)，ディリクレは 2 時間ほど一緒に過ごしてくれました．先生は，就任論文の執筆に必要な注意を完全に与えてくれたので，仕

[*1] W. ヴェーバーの伝えるところによると，ガウス自身はリーマンがこの地位を引き受けることを望まなかったようである．それは，リーマンの理論的，あるいは実際的能力を疑ったからではない．ガウスはリーマンの学問的重要さをすでに当時高く評価していた．それゆえ，天文台での職業的地位に付随する仕事の数々——時間を食い，しばしば副次的でもある——のために，リーマンが本来の研究の分野からあまりにも遠ざかってしまうことを恐れたのである．

事がかなり容易になりました．そうでなければ，図書館でいろいろなことを調べるために長時間を費やすところでした．先生は，一緒に学位論文を通読してくれ，二人の立場の大きな隔たりからは予想もできないほど親切にしてくれました．私は，自分のことを先生にずっと覚えていてもらえたらと願っています．」

数日後，ヴィースバーデンの自然研究者集会から W. ヴェーバーが帰ってきた．そこで増えた仲間で，数時間離れたハーゲンの丘へたいへん有意義な遠足に行った．そして次の日も，ディリクレとリーマンはヴェーバーの家で会った．こうした個人的な刺激は，リーマンの生活を非常に楽しくした．父親への手紙には，このことについてもこう書き送っている．

「このように，ここでは家にこもりきりというわけではありません．しかし，午前中にはかえって勤勉に仕事をしています．そして，一日中本に埋もれて座っているときに劣らず仕事がはかどっていることに気づくのです．」

当時の手紙には，教授資格論文のことや講義をはじめることが，さし迫ったこととして書かれている．もし彼がこのような衝動に何度か駆り立てられていたならば，彼の形式的経歴ももっと早く前進したであろう．1853年初頭には，自然哲学にもっぱら取り組んだ．彼の新しい思想は，確固とした形態を得ていた．それはいく度かの中断を経つつ，結局立ち返ってきたものであった．とうとう彼は教授資格論文を仕上げた．このことを1853年12月28日に，弟ヴィルヘルムに次のように書き送っている．

「研究はまあまあうまくいっています．12月のはじめには教授資格論文[*2)]を提出しました．ここでは，試験講演のために，三つのテーマを提出し，そこから一つを学部が選ぶことになっています．最初の二つは完全に仕上げてあったので，そのどちらかを選んでもらいたいと思いました．しかし，ガウスは三つめ[*3)]を選んだのです．仕上げの仕事をさらにしないといけないので，いま困っています．別の研究，すなわち，電気，直流電気，光，重力の関連については，教授資格論文を書き終えた直後から再び取り組んできましたが，いまはなんとか発表ができそうなところまできました．しかしその際，同時にいよいよ確かになってきたことは，ガウスもこのテーマで長年研究をしていて，何人かの友人，特にヴェーバーに，秘密厳守でそのことを伝えたということ——このことを君に書いても，約束を破ったことにはならないと思います——です．私は論文を発表するのが遅すぎたのでなければよいがと思うのと同時に，私が完全に独力でそれを発見したことを認めてもらえればと思います．」

この頃リーマンは，W. ヴェーバーのもとで，数学物理ゼミナールの助手になり，新入生を対象に演習を行ったり，いくつか講義を行ったりもしていた．自分自身の研

[*2)] 「任意関数の三角級数による表現の可能性について」《10》．
[*3)] 「幾何学の基礎にある仮説について」《11》．

究の進展については，1854年6月26日にクヴィックボルンから弟のところへ，次のように書き送っている．

「クリスマスの頃にゲッティンゲンから出した手紙に書いたと思うのですが，私は教授資格論文を12月のはじめに書き終え，学長に提出して，すぐそれに続いて物理学の基本諸法則の関連に関する研究に取り組みました．これは，口頭の試験講演のテーマとして選んだので，二度と離れられないほどに深入りしました．こうしたことはみな，前の手紙に書いたと思います．さてそれから私はまもなく病気になりました．一つには思案のしすぎ，もう一つには，悪天候のため部屋に閉じこもりきりだったためです．以前のたちの悪い病気が執拗に襲ってきて，仕事がまったく進みませんでした．やっと何週間かたったところで，気候がよくなって外出して人に会うようにもなり，健康も回復してきました．この夏に備えて庭の離れを借りたので，以来ありがたいことに，もう健康について悩まされることはなくなりました．復活祭の後，2週間ほど，他の仕事をやむなくやっていたのですが，それも終わったところで一心に試験講演の執筆にとりかかり，聖霊降臨祭の頃には仕上がりました《(12)》．このようにたいへん骨を折ってやっと，私は，コロキウムをすぐにも行うことができる状態にたどり着きました．ここまでくれば，目的も果たさずにクヴィックボルンには帰れません．実は，ガウスの健康状態が特に最近悪くなっており，今年中に亡くなるのではないかと恐れられていたのです．先生自身も，私の試験を行うには衰弱しすぎているのではないかと感じていました．いずれにしても，私は次の学期にならなければ講義ができないわけだから，少なくとも8月まで病気がよくなるのを待つようにとガウスは望んだようです．私はやむを得ないことと思い，それに従うことにしました．ガウスが急に決意をしてくれたのは，首がつながるかどうかの問題だという私の度重なる願いを聞き入れてくれた，聖霊降臨祭の後の金曜日の昼でした．コロキウムの日時は翌日の10時半に定められ，私は土曜日の1時頃には試験講演を無事終えることができたのです．

さて復活祭の頃にやっていた仕事について，その様子を大急ぎで話させて下さい．復活祭休みには，現在マールブルク大学の教授であるコールラウシュ [Rudolph Herrmann Arndt Kohlrausch, 1809-58]（高等学校顧問官の令息であり，シュマールフスの義理の兄弟でいとこ）が，ヴェーバーのところに2週間ほど滞在していました．一緒に電気の実験研究を行うためでした．ヴェーバーが研究の一部を受け持ち，コールラウシュは別の部を受け持ち，下準備や装置器具の考案，組立てを行ったりしました．私は実験の部に参加したのを機会に，コールラウシュと知り合ったのです．コールラウシュは少し前に，未研究であった現象（ライデン瓶の電気的残留物）について，非常に精密な測定をしてそれを発表していました．私は，電気，光，磁気の関連に関

する一般的研究によって，その説明を見出しました．私はそのことについてK．[コールラウシュ]と話をしましたが，これがきっかけで，K．のためにこれらの現象の理論を，論文に仕上げて彼に送ることにしました．コールラウシュは親切に答えてくれ，ベルリンのポッゲンドルフ，つまり「物理化学雑誌」の編集長のところへ印刷に送ってくれるといってくれました．今度の秋休みには，その件についてさらに作業をするために，私を招いてくれることにもなりました．私にとって，この件は重大です．というのは，私の研究がそれまで知られていなかった現象に応用できるはじめての機会だからです．出版が実現して，私のもっと大きな研究も，受け入れられやすくなることを望みます．ここクヴィックボルンでは，いまはまずその論文の印刷に向けての作業をやり（たぶん校正刷りが送られてくるでしょうから），それから来学期の講義録を練り上げる作業もしなければなりません．」

この手紙のはじめの部分について注釈すべきことは，リーマンが，教授資格講演（幾何学の仮説について）を仕上げるに際して，聴衆のすべて，すなわち数学の教育を受けていない哲学部の同僚にもできるだけわかるように努力したため，仕事が非常に困難になったということである．しかし，その努力によって，この論文は表現においても実際驚嘆すべき傑作となった．解析的な議論をしていないのにもかかわらず，その道筋が正確に示されているので，このプログラムに従って完全に講論は再現されるのである．ガウスは慣例に反して，提示された三つのテーマのうち最初のものを選ばずに，最後の一つを選んだ．これは，このような難しいテーマが，このように若い者によってどう扱われるかをぜひ聞きたいと望んでいたからであった．さて，リーマンの講演は，あらゆる予想を越えて，ガウスを非常に驚嘆させた．学部会議から帰るとき，ガウスはW．ヴェーバーに，リーマンを高く評価するといい，ガウスにしては珍しいほど興奮して，リーマンの述べた思想の深遠さについて語ったのであった．

さて，クヴィックボルンでいささか長く過ごした後，リーマンは9月にゲッティンゲンに戻ってきた．自然研究者集会に参加するためである．ヴェーバーとシュテルンのすすめで，数学=物理=天文の部会において，電気の不導体での伝導について講演をすることにしたのである．このことを，父には次のように書き送っている．

「私の講演は，木曜日にまわってきました．この部会はほかに報告者が予定されていなかったので，普通の会議の長さになるように，私は前の晩までも準備をしました．当初は，報告したい法則だけを手短にあげようと思っていましたが，そういうわけで，法則を多くの現象に適用し，それが，経験と一致することも示しました．私の講演は，もちろんこの最後の部分で流暢というわけにはいきませんでしたが，この部分が付け加えられたおかげで，全体の印象がはっきりした，と思っています．講演時間は70～80分ほどでした．

こうして一度，集会で公に話すことを経験したことで，講義をする勇気がわきました．しかし，同時にわかったのは，ずっと前からあらかじめ頭が整理されているか，直前になって仕事をしたにすぎないか，という違いは非常に大きいということでした．この半年のうちには，講義のことを落ち着いて考えてしまいたいと思っています．クヴィックボルンにとどまって皆と一緒に過ごすはずの楽しい時間を，この間のときのように台なしにしたくはありませんから．」

　彼は，ゲッティンゲンでコールラウシュとも再会している．しかし，何度か手紙のやりとりをした後，リーマンは，ライデン瓶の［電気的］残留物に関する論文を出版することを断念している．たぶん，提示された修正案を受け入れたくなかったのであろう．その代わり，ポッゲンドルフ誌には，ノビリの色環論に関する論文が出た．この論文に関しては，姉イーダに対してこう書き送っている．

　「この研究対象は，たいへん重要です．なぜなら，これによれば非常に正確な計測が行われるからです．また，電気の運動に関する法則も，それに照らして非常に精密に検証されるからです．」

　同じ手紙（1854年10月9日付）に，リーマンは自分の最初の講義が成立したということを，喜んで書いている．予想を越えてたくさんの，というのは，八人の学生の登録があったのである《13》．講義内容は，偏微分方程式の理論と，その物理学の問題への応用であった．ベルリン大学において同じ題目で行われたディリクレの講義が，だいたいにおいて手本となっていた．講義については，父に1854年11月18日に次のように書き送っている．

　「最近のここでの生活は日に日にかなり規則正しくなり，いささか単調になってきました．講義もいままでのところ，規則正しく行えていますし，はじめの頃感じていた戸惑いもおさまってきました．自分のことより学生のことを考えるようにもなりましたし，学生たちの表情をみて，先に進んでよいのか，説明をさらにするべきか，判断がつくようにまでなりました．」

　とはいうものの，リーマンが大学で授業をした最初の何年かは，人前での講義は彼にとってたいへん困難であったに違いない．彼は輝かしいばかりの思考力，予知的な想像力を有していて，とりわけ歓談が学問的内容にたまたま及んだときにしばしば非常に飛躍するので，他人がついていけないときがあった．推論の中間項のより詳しい説明を促されると，彼は驚き，相手の遅い思考に従って，すばやく疑念を取り除くことに少々骨を折るのであった．手紙の中でリーマンが書いているように，講義の際に学生の表情をみることにしても，期待にまったく反して，自分にとってほとんど自明だと思っていたことをわざわざ説明せざるを得ないと思ったときには，感情を害したこともあった．しかし，こうしたことも長い間の慣れで解決されていった．深遠な仕

事によって高まった名声の魅力のみならず,ていねいに準備された講義によって,比較的多数の学生を集めたのである.そしてその講義を通して,新しく自分の考えた原理を理解するのに妨げになるような大きな困難を学生たちに乗り越えさせることにも成功したのであった《14》.

1855年2月23日にガウスが亡くなった.そして,ただちにディリクレがベルリンからゲッティンゲンに招聘された.このとき,いろいろな方面から,リーマンが員外教授になってもよいのではないかという意見も出たが,結局は実現しなかった.ただ,報酬として年に200ターラーが政府から支給されることになった.そのような少ない額ではあったが,リーマンの負担を非常に軽くするものであった.彼はこの時期とその後,将来にしばしば暗い思いをはせていただろうから.実際それは悲しい年月のはじまりであり,自分を打ちのめすような辛い出来事に次々とみまわれたのである.1855年には父と妹クララを失った.愛する懐かしい故郷クヴィックボルンを去り,三人の姉妹は弟ヴィルヘルムのいるブレーメンへ移った.弟は郵便局に勤めていたので,そのときから家族を扶養する役目を引き受けたのである.

さて,リーマンは熱意も新たに,(1851〜1852年からはじめられていた)アーベル関数の研究に再び取り組んだ.1855年のミカエル祭から1856年のミカエル祭までの期間に,はじめてこの研究を講義の対象とした《15》.講義には,シェーリング [Ernst Christian Julius Schering, 1833-97],ビェルクネス [Carl Anton Bjerknes, 1825-1903]《16》,同僚のデデキントの三人が参加した.1856年の夏,リーマンはゲッティンゲン科学協会数学部門の補助会員に任命された.そこで11月2日にガウスの級数に関する論文《17》を提出した.同じ日に,弟に次のような手紙を書き送っている.

「私は,自分の仕事が実り大きものであることを願います.私の論文は(前にも書きましたが)印刷する準備ができており,ひょっとすると,協会が私の論文を雑誌に印刷してくれることになるかもしれません.それはたいへんな栄誉です.なにしろ,ここ50年の間,その雑誌には,数学の論文はガウスのものしか載ったことがなかったのですから.協会の数学部門は,ヴェーバー,ウルリッヒ,ディリクレの三人からなっているのですが,少なくともヴェーバーのいうことによれば,私の論文を印刷するように申請してくれているそうです.

講義の方には,――出席状況に対してという意味ですが――かなり満足しています.特に,当地にはじめてきた学生の少なさの割には《18》.しかし,彼らの中に,数学専攻の学生は誰もいないので,デデキントとヴェストファルの私講師講義が成立しなかったのももっともだと思います.私の講義の出席者は,最近4日間の講義についてみれば,はじめは三人,次が四人,次が五人で,最後も五人でした.しかし,この中には一人,臨時聴講生が含まれているようです.嬉しいことには,今回は最初の学

期を迎える学生が出席してくれるのです．そうでなければ，教室は第6学期生以上ばかりだったでしょう．これは，私の講義がわかりやすくなった現れではないかと思うのです．しかし，そうはいっても，私の講義が成立しているとはいえないと思うのです．だれも正式な登録にこないのですから，いつなんどき聴講者諸君に見捨てられないとも限りません．

　自分の自由になる時間は，今後は，前にもいったように，アーベル関数に関する仕事にすっかり振り向けるつもりです．私がこちらに戻ってくる少し前に，数学雑誌の編集長であるボルヒャルト [Carl Wilhelm Borchardt, 1817-80][19] 博士が，ベルリンからここゲッティンゲンにきており，アーベル関数の研究を論文にして，少し粗くてもいいからできるだけ早く送るようにと，ディリクレとデデキントを通して催促してきました．いまはヴァイエルシュトラス [Karl Theodor Wilhelm Weierstrass, 1815-97] がさかんに出版しており，それでもシェルクが私に語ったところによると，今号に出ているのは彼の理論の最初の準備の部でしかないそうです．」

　実際彼は，全力でこれらの仕事，つまりアーベル関数の仕上げに取り組んでいた．比較的短いはじめの3部は1857年5月18日，より大部な第4部は同年7月2日にはベルリンに原稿を送ることができたのであった[20]．ところが，働きすぎたせいで，健康が損なわれてしまい，夏学期の終わり頃には精神的疲労から気分が極度に暗くなるという状態に陥った．そこで，気分転換と健康の回復のため，数週間ハルツブルクに滞在することにした[21]．友人のリッター [August Ritter, 1826-1908] (当時ハノーファーポリテクニクの教師，現在はアーヘン大学の教授) がリーマンを連れていき，数日をともにした．後には，同僚デデキントもやってきて，一緒に辺りをよく散歩したり，ときにはハルツ山地まで遠出をしたりした．こうした散歩で暗い気分も回復し，他人に対する信頼や自らへの自信ももてるようになってきたのである．罪のない冗談をしゃべったり，学問 (科学) のことで忌憚のない話をしたりして，リーマンは話相手としても，なかなか活発な愛すべき人となったのであった．この頃リーマンの思考は再び自然哲学に向かっていた．ある夜，強行軍の遠足から帰ってきた日，リーマンはブルースター [David Brewster, 1781-1868] の『ニュートンの生涯』を手に，ニュートン [Isaac Newton, 1642-1727] がベントリー [Richard Bentley, 1662-1742] 宛てに書いた手紙について驚嘆しつつ長時間語った．ニュートン自身がその中で，無媒介の遠隔作用は不可能だと主張していたのである[22]．

　ゲッティンゲンへ戻ってきてまもなく，1857年11月9日に，リーマンは哲学部の員外教授に任命され，給与も200ターラーから300ターラーに上がった．しかし，ほぼ同時に，リーマンを打ちのめすような出来事が起こった．最愛の弟ヴィルヘルムが亡くなったのである．リーマンは残り三人姉妹の生活をすっかり引き受けた．彼女た

ちに冬のうちにゲッティンゲンに引っ越すようにと彼は強く主張した．引っ越しは1858年3月のはじめに行われたが，それはいちばん下の妹マリーが死の手によって奪われた後であった．このような悲しい出来事の後ではあったが，姉妹たちと一緒に住むようになったことで，憂うつな気分も回復していった．また，その頃からゆっくりとではあるが，仕事が広範に認められてくるようになり，沈んでいた自信も徐々に回復して，研究に対する新たな勇気がわいてきた．この頃までにリーマンは，後にいろいろ批評されることになる論文「電気力学論」をまとめていた．この論文については，姉のイーダに次のように書いている．

「電気と光の間の関連についての私の発見をここの王立協会に提出しました．この論文について聞いた数々の意見から，ガウスは私のものと違った理論を樹立していたこと，先生が親しい知人にこのことを伝えていたことを結論しなければなりません．しかし私は，自分の理論が正しく，2,3年の間には，一般的にそう認められるようになると確信しています．」

よく知られているように，彼はまもなくこの仕事を取り下げてしまい，二度と発表しなかった．たぶん，論文中の推論に，納得がいかなくなったためであろう．

1858年の秋休みに，リーマンはイタリアの数学者たち，ブリオスキ [Francesco Brioschi, 1824-97]，ベッティ [Enrico Betti, 1823-92]，カゾラーティ [Felice Casorati, 1835-90] と知り合った．彼らは当時ドイツ中を旅行していて，ゲッティンゲンにも数日滞在したのであった．後にイタリアで彼らとは再び親交を結ぶことになる．

この頃ディリクレは病気にかかり，長い苦しみの後に1859年5月5日に亡くなった．ディリクレは最初からリーマンに個人的に相当強い関心をもっていたようで，あらゆる機会をとらえて，リーマンとの親交を表面的なもの以上に深めようとしていたのであった．そのリーマンはいまや広く学問的重要性が認められてきたので，政府はディリクレの死後，国外から数学者を招聘するという案を取下げにしたのであった．1859年の復活祭のときに，天文台の中の住居をあけてもらってそこに移り住み，7月30日には正教授に任命された．また，12月には満場一致で科学協会の正会員に選ばれた．それより前の8月11日に，ベルリンの科学アカデミーはリーマンを数学-物理部門の通信会員に任命していた．そこで，9月にはデデキントを伴って，ベルリンへ旅行した．そこでは，かの地の学者たち，クンマー [Ernst Eduard Kummer, 1810-90]，ボルヒャルト，クロネッカー [Leopold Kronecker, 1823-91]，ヴァイエルシュトラスから，心からの歓待を受けた．これらの任命（後に1866年3月に外国会員に選ばれた）[*4] と訪問の結果，10月には素数分布に関する論文[(23)]をベルリンアカデミーに提出し，ヴァイエルシュトラスに宛てて多重周期関数について述べた手紙（死後公開された）を書いている．

一カ月後リーマンは，ゲッティンゲン科学協会に「有限な振幅をもつ空気中の平面波の伝播について」に関する論文[24]を提出した．

　1860 年の復活祭休みに，リーマンはパリに旅行し，3 月 26 日より一カ月滞在した．あいにく天候がたいへん荒れて，ことに最後の週などは，雪とひょうが何日もたて続けに降りさえしたので，名所見物はしばしば不可能となった．その代わり，パリの学者たち，セレ [Joseph Alfred Serret, 1819-85]，ベルトラン [Joseph Louis François Bertrand, 1822-1900]，エルミート [Charles Hermite, 1822-1901]，ピュイゾ [Victor Alexandre Puiseux, 1820-83]，ブリオ [Charles-Auguste-Albert Briot, 1817-82] からは，心ゆくまでもてなされた．ブリオには，一日，いなかのシャトネ [の別荘] でブケ [Jean-Claude Bouquet, 1819-85] とともに楽しいときを過ごさせてもらった．

　同じ年に，リーマンは液体楕円体の運動に関する論文を仕上げていた．そして，パリのアカデミーが出した熱伝導の理論に関する懸賞問題をまとめることに取りかかった．すでに，「幾何学の基礎にある仮説について」で基本的な構想を得ていたのである．1861 年 6 月，リーマンはラテン語による解答を題辞「そしてこれらの原理によってより大いなるものへと通じる道が広がる」を添えて提出した．しかしこの論文は賞をとらなかった．時間がなくて，必要な計算をきちんと書けなかったのである．

　リーマンが享受できたこの何年間かの曇りのない幸せな日々が，最高潮に達した．1862 年 6 月 3 日，メクレンブルク州シュヴェーリンのケルヒョウ出身で，妹の友人のエリーゼ・コッホ嬢と結婚したのである．[しかし] 彼女は，夫と苦しみの年月を分け合い，倦むことのない愛でその年月を美しいものにすべく運命づけられていた．

　すでに同年 7 月には，リーマンは肋膜炎にかかった．この病からは急速に回復したようにみえたが，実は肺の病気のもとが残ってしまった．そのために，結局は早い死をむかえる結果になったのである．医者たちは，治療のために南の地方に長期滞在するようにと忠告した．ヴェーバーとザルトリウスは，直ちに政府に働きかけ，即時の休暇に加えて，イタリアへの旅行に十分な費用を出させるのにも成功した．1862 年 11 月に，リーマンはイタリアの旅へ赴いた．ザルトリウスの心のこもった紹介のおかげで，リーマンはメッシーナ駐在領事イェーガーの家庭で親切なもてなしを受け，ガッツィの郊外にある彼の別荘で一冬を過ごした．健康状態は急速に回復し，タオルミーナ，カターニア，シラクーザに遠足ができるまでになった．

[*4] ここで，リーマンが受けた形式的な顕彰の数々に注目しておいてもよかろう．バイエルンの科学アカデミーからは 1859 年 11 月 28 日通信会員に，1863 年 11 月 28 日正会員に，パリアカデミーからは 1866 年 3 月 19 日通信会員に任命されている．また，ロンドン王立協会からは 1866 年 6 月 14 日 (死の直前) 外国会員に選ばれている．

1863年3月19日には帰途についたが，そのとき，パレルモ，ナポリ，ローマ，リヴォルノ，ピサ，フィレンツェ，ボローニャ，ミラノに立ち寄った．これらの都市にいくらか長く滞在し，美術品や古代の遺物に接したことで，大いに興味をかき立てられた．同時に，イタリアの最も著名な学者と知り合いになり，特にピサのエンリーコ・ベッティ教授とは親交を結ぶに至った（もっとも，1858年に，ゲッティンゲンで知り合ってはいるのである）．総じて何年にもわたるこのイタリア滞在は，——次回の滞在のきっかけは悲しいものであったが——彼の生涯のうちの真の光明といってよい．この魅惑的な国の，自然や芸術のすばらしいさまをみることは，彼に無限の幸福をもたらした．そればかりでなく，彼は自分を他人に対して自由な人間と感じた．ゲッティンゲンにいれば，いたるところで感じる，自分を押さえつけるうっとうしい配慮の数々から解放されたのだから．これらすべてに加え，素晴らしい気候が健康によい影響を与え，ひいてはリーマンを明るく朗らかにし，幸せな日々を送らせたのである[25]．

大いに希望をもって，リーマンは好きになったイタリアを去った．しかし，途中シュプリューゲン峠を越える際，不用意にも徒歩で長いこと雪の中を歩いたので，ひどい風邪をひいてしまった．ゲッティンゲンに6月17日に着いた後も，体調のひどく悪い状態が続いたので，まもなく二度目のイタリア旅行を決意せざるを得なくなり，1863年8月21日に旅立った．まず，メラン，ヴェネツィア，フィレンツェに向かい，次にピサに行った．この地で1863年12月22日に娘が生まれ，リーマンの姉の名をとって，イーダと名づけられた．その冬はあいにく寒くて，アルノ河も凍った．1864年5月に，リーマンはピサ郊外の別荘へ移ったが，8月の終りにここで妹ヘレーネが亡くなった．リーマン自身も，胸の病気が悪化して黄疸にかかっていた．ピサ大学でのモゾッティ教授の後任になる話が，すでに1863年にベッティを仲立ちにしてリーマンのところにきていたが断っていた．ゲッティンゲンの友達の忠告を半ば入れたのであるが，主だったのはおそらく健康上の理由で，教授になれば付随してくるであろう義務の数々を病弱な体のためにきちんと果たせないことを恐れ，招聘を受けることはできないと思ったのであろう．しかし，このような義務感は，リーマンの心の中に，すぐにでもゲッティンゲンに戻って教職に復帰したいという気持ちを強く呼び起こした．しかし，医者や友達が厳しく反対したので，彼はその次の冬もイタリアで過ごすことにした．ピサでは，ベッティ，フェリーチ，ノヴィ，ヴィッラーリ，タッシナーリ，ベルトラーミ [Eugenio Beltrami, 1835-1900 (?)] といった学者たちと，社交的また学問的な楽しい交際をして過ごした．この頃は，テータ関数の零点についての論文を書いていた．1865年5, 6月は体調が悪いままリヴォルノで過ごし，7, 8月はマジョレ湖で，9月はジェノヴァ近くのペリで過ごした．そこで胃からくる

熱が出て健康状態はかなり悪化した.

　ゲッティンゲンに再び帰りたいという思いがいっそう激しくつのり，もはや抗し難いものになってきた．リーマンは10月3日にゲッティンゲンに着いた．その冬の健康状態はまずまずであったので，毎日数時間の仕事ができた．彼は，テータ関数の零点に関する論文を仕上げ，以前の彼の学生であるハッテンドルフ [Karl Friedrich Wilhelm Hattendorff, 1834(?)-82] に極小曲面に関する論文の仕上げを頼んだ[26]．また，最期がくる前に，いくつかの未完の仕事についてデデキントと話をしたいという希望を何度か口に出していたが，身体が相当に弱っていたので訪問を受けるのは難しいと感じていた．最後の数カ月は耳のメカニズム [耳の力学] の研究の仕上げに取り組んでいた．残念なことにこれは未完に終り，死後ヘンレ [Jacob Henle, 1809-85] とシェーリングによって断片のみが公刊された[27]．

　この耳のメカニズムの仕事や，その他のいくつかの仕事を仕上げたいという思いがつのり，リーマンは数カ月ほどマジョレ湖に滞在して──好きになった国への強いあこがれにかり立てられたのであるが──必要な力をもう一度集めることができるのではないかと望んだ．そうしたわけで，1866年6月15日，戦争[28]の最初の日に，三度目のイタリア旅行をする決心をした．カッセルで鉄道が破壊され，早々と足止めされたが，幸いギーセンまで馬車で行くことができ，そこから先は邪魔をするものは何もなかった．6月28日，マジョレ湖畔に入り，イントラ近くのセラスカのピゾーニ荘に腰を落ち着けた．体力が急速に弱っていき，彼自身，死期が近いのをはっきりと感じとっていた．しかし，死の前日もなお，未完に終わってしまった最後の仕事に取り組んでいた．いちじくの木の下で静かに，喜びにあふれて美しい風景を見下ろしながら．最期のときは，非常に穏やかで，闘いや死の恐怖はなかった．まるで，自分の魂が身体から離れていくのに興味をもってついていくようであった．夫人がパンとワインをもって夫のところへ行くときがきた．彼は，家族によろしくといい，そして「我々の子供にくちづけを」といった．夫人はともに主の祈りを唱えたが，夫はもう声が出なかった．「我らの罪をゆるしたまえ」という言葉とともに，彼の目は天を仰いだ．彼女は夫の手が自分の手の中でしだいに冷たくなっていくのを感じた．そして，数呼吸ほどで，その清く尊い心臓は打つのをやめたのであった．リーマンは育った家で敬虔な心を育み，それを生涯もち続けた．そして，父とは違う仕方であったにしても，いつも神に忠実に仕えた．彼の敬虔な心は，他人の信仰を邪魔するようなこともしなかった．日々，神の面前で自己を反省することが宗教の最も肝要な点だと，リーマン自身語っていた[29]．

　リーマンは現在，ビガンゾロの墓地に眠っている．セラスカがそこの教区に編入されたのである．墓碑銘にはこうある．

ここに永眠す．
ゲオルク・フリードリッヒ・ベルンハルト・リーマン，
ゲッティンゲン大学教授，1826年9月17日，ブレゼレンツ生まれ，
セラスカにおいて1866年7月20日没．
すべてのことは神が愛するものにとって
最善となるように働かねばならない[*5]．

[赤堀庸子 訳]

[*5] 墓石はイタリアの友達や同僚が贈ってくれたものであるが，移動にあたって取り除かれた．

訳 注

　論文中の［　］で括った部分は，訳者の補いである．
　以下の文献に対しては，「ラウグヴィッツ」として引用する．より詳細な情報については同書を参照されたい．

　　D. ラウグヴィッツ,『リーマン』, 山本敦之訳, シュプリンガー・フェアラーク東京, 1998. (Detlef Laugwitz, "*Bernhard Riemann : 1826-1866*", Birkhäuser : Basel, 1996.)

《1》[p. 347]　この伝記の冒頭にも末尾にもデデキント (Julius Wilhelm Richard Dedekind, 1831-1916) の署名は入っていない．デデキントは，自分自身のことを述べるときに「私 (ich)」を使わず，「デデキント」と三人称扱いにしている．この文章の著者がデデキントであるとわかるのは，ヴェーバー (Heinrich Weber, 1842-1913) による全集 (初版) の序文にそう書かれていることによる．

《2》[p. 348]　ギムナジウムの学年の呼称は，上から数えることになっている．さらに，第3～1学年は，おのおの上級と下級の2年に及ぶ．日本式呼称との対応は次のとおりである．

(Gym)	第6学年	第5学年	第4学年	第3学年	第2学年	第1学年
(日本式)	第1学年	第2学年	第3学年	第4学年と第5学年	第6学年と第7学年	第8学年と第9学年

《3》[p. 348]　復活祭は，春分の日以後の最初の満月後の第一日曜日にあたる（およそ3月下旬から4月上旬の時期にあたる）．

《4》[p. 349]　リーマンのギムナジウム時代について，詳しくは［ラウグヴィッツ］0.1.3節を参照．

《5》[p. 349]　このように大学を移動して研鑽を積むということはよく行われた．

《6》[p. 350]　ここでは慣用に従って「複素数」なる訳語を用いたが，より厳格には「複素量」と訳すべきであろう．

《7》[p. 350]　いわゆるコーシー・リーマンの方程式のことを指している．

《8》[p. 350]　自然哲学に関しては，［ラウグヴィッツ］3.3節参照．

《9》[p. 351]　本訳書第1章．なお，訳注《6》参照．

《10》[p.352]　本訳書第6章.

《11》[p.352]　本訳書第8章.

《12》[p.353]　聖霊降臨祭とは，復活祭後の第七日曜日にあたる．なお，リーマンが教授資格講演を行ったのは6月10日である．

《13》[p.355]　この「八人」というのは，当時の状況からすると，決して少ない数ではない．ベルリン大学でヤコビが講義を行った際，出席者はだいたい7〜25名くらいであった（『ヤコビ全集』に講義目録がある）．ちなみに，大学での教授の階層は，正教授，員外教授，私講師の3段階からなっており，私講師は，学生から聴講料をもらうという経済的に厳しい立場であった．

《14》[p.356]　実際，リーマンは，授業の準備をかなりていねいにしていたらしい．しかし，講義のやり方に著しい進歩があったとはいえないという証言もある．[ラウグヴィッツ]0.2.1節の終わりの方を参照．

《15》[p.356]　ミカエル祭（聖ミカエル大天使の日）は，9月29日にあたる．

《16》[p.356]　ノルウェーの数学者，物理学者．著作にアーベルの伝記がある．

《17》[p.356]　本訳書第2章.

《18》[p.356]　訳注《5》参照．

《19》[p.357]　ボルヒャルトは，クレルレ (August Leopold Crelle, 1780–1855) の後を継いで，*Journal für reine und angewandte Mathematik* の編集を担当していた．

《20》[p.357]　本訳書第3章.

《21》[p.357]　実は，ハルツブルクにはデデキント家の別荘があった．リーマンの健康と精神状態を心配したデデキントが，保養の計画を立てたのであった．[ラウグヴィッツ]0.2.1節の後半部分参照．

《22》[p.357]　[ラウグヴィッツ]3.2.2節の終わりの方を参照．

《23》[p.358]　本訳書第4章.

《24》[p.359]　本訳書第5章.

《25》[p.360]　ここの箇所——イタリア滞在がリーマンにとって真の光明であると述べている部分——は，夫人の手紙の文章に基づいたものである．

《26》[p.361]　本訳書第7章.

《27》[p.361]　本訳書第9章.

《28》[p.361]　日付からすると，普墺戦争のことを指していると思われる．

《29》[p.361]　ここの箇所——リーマンの死の部分と，リーマンと宗教の関わりについて語った部分——も，夫人の手紙の文章に基づいたものである．

解　説

　ここに訳したのは，リーマン全集の初版に収められた，デデキントによるリーマンの伝記である．この伝記の内容は有名なもので，すでに様々な数学史書で陰に陽に紹介されてきたといってよい．一方，歴史家による資料調査も進み，デデキントによるこの伝記は現在では古典中の古典となった観がある．実際，リーマン全集自体，三度の改訂（ハインリヒ・ヴェーバーによる第2版 (1892年)，ネーター，ヴィルティンガーによる改訂版 (1902年)，ナラシムハンによる最新版 (1990年)）がなされ，ここでシュマールフスやゼファーの手紙などが資料として付け加わった．また，最近の研究成果を紹介したラウグヴィッツの書物が出版され，邦訳も読むことができる．ここでは，詳細な解説の役割はラウグヴィッツにゆずり，補足的な事柄をいくつか（特にデデキントに対して）述べるにとどめておこうと思う．

　デデキントはリーマンより5歳年少で，1850年の復活祭時にゲッティンゲン大学に入学している．1852年には学位論文を提出した．伝記にも述べられているとおり，当時のゲッティンゲン大学ではレベルの高い講義はなされていなかったので，それから2年間，ベルリン大学のレベルに追いつくべく猛勉強をした．そして，1854年6月に教授資格講演を行った（リーマンより数週間後のことである）．私講師になってから後は，ディリクレとの出会い，そしてリーマンとの親交が学問上の刺激となった．リーマンのことは，入学当初から知っていたと思われるが，親交が深まったのは，アーベル関数の講義への出席を機にしてのことであるらしい．それから1858年にチューリッヒの工科大学に就職し，1862年からは，故郷のブラウンシュヴァイクの工科大学の教授を勤めた．リーマンのように両親が早く死ぬような不幸に遭うこともなく，故郷で平穏に生涯を終えた．

　デデキントがリーマンの伝記を執筆したのは，もともと全集の出版を引き受けていたことに由来する．デデキントは，リーマンの亡くなった当初，遺言によりリーマン夫人から遺稿を託されていた．しかし，作業はなかなか進まず，結局ハインリヒ・ヴェーバーが編集を引き受けて，ようやく1876年に，全集の出版がはじめて実現したのであった．出版に際して，デデキントはリーマンの伝記を書いたのである．

この文章を一読してみてとれるのは、デデキントの抑制的な態度であろう。デデキントはいっさい自分を表に出さず、事実を淡々と述べていく。個々の業績の価値について、自ら論評を加えるということはしていない。一方で、デデキントの専門ではない、物理学や哲学に関する証言もきちんとなされているようである。

　家族に関わる記述に関しては、若干感傷的になっているところも見受けられるが、それはリーマンへの(また遺族への)配慮であろう。それに、デデキント自身は、リーマンに比べて家庭環境が恵まれていたので、そうしたことからくる配慮もあったかもしれない。

　もっとも、デデキントの執筆態度が慎重でありすぎる、という意見もありうるだろう。リーマンの業績の価値について、積極的に自分の立場から論評を加えてもよかったであろうし、リーマンの思想の形成過程がもっとよくわかるような記述があってもよかったであろう。それに、1850～1858年のデデキントのゲッティンゲン時代において、リーマンはつねに先輩あるいは同僚として大きな存在であったはずであり、彼らの出会いや学問的な歓談などについて、もう少しありのままに生き生きと語られていてもよかったのではないかとも思えてくる。

　フェリックス・クライン (Christian Felix Klein, 1849-1925) は、デデキントのことを、物静かで穏やかで、ひょっとしたら決断力や行動力には欠けるところがあったのではないかと述べている。概してデデキントは作品の発表にはたいへん慎重であり、こうした態度はリーマン(内気でありながら作品の発表において大胆であったといえる)とは対照的ではある。我々は、デデキントの数学思想の形成過程を知るためにも彼自身の発言をもう少し知りたいのであるが(実際、彼の主要なアイディアは、1850年代に得られたといわれている)、それはいささか難しいことなのであろう。

　ともあれ、デデキントによる伝記が基本文献であることには変わりはない。また、ラウグヴィッツのような進んだ研究書を読む際にも、予備知識としてこの伝記の内容を知ることは必要であろう。出発点としての価値は、決して衰えてはいないと思われる。

[赤堀庸子]

索　引

ア　行

アイゼンシュタイン　41, 146, 350
アスコリ　261
アダマール　165, 179
アッペル　153
アーベル　41, 129, 130, 139, 141, 143, 145
　──の加法定理　85, 130, 142, 144
　──の超越関数　130
　──の定理　140, 141, 144, 297
アーベル関数　71, 130, 146, 150
アルキメデス　306

位置解析　74, 96
一価　46, 72
インガム　165, 180

ヴァイエルシュトラス　37, 42, 85, 120, 124, 126, 129, 131, 136, 139, 144, 149, 151, 153, 172, 258, 287, 291, 293, 357, 358
ヴァイエルシュトラス・エネッパーの表現公式　289, 292
ヴァン・デ・リューン　182
ヴィッラーリ　360
ヴィルディンガー　365
ヴェストファル　356
ヴェーバー　339, 341, 350, 352, 354, 356, 359, 363, 365

ヴェーバー・フェヒナーの法則　344
ウルリッヒ　350, 356

エアリー　207
エウクレイデス（ユークリッド）　177, 304
エッティングハウゼン　207
エーテル　340
エドワヅ　164, 166, 174
n 重連結　8
エネッパー　291
エリソン　163
エルミート　359

オイラー　1, 61, 125, 126, 155, 177, 215, 217, 220, 224, 226, 229, 232, 264, 315, 341, 349
オイラー積分　60
横断線　41
オーム　343

カ　行

解析関数　125
ガウス　3, 33, 35, 41, 45, 61, 62, 66, 71, 81, 140, 155, 161, 178, 220, 270, 296, 299, 301, 308, 349, 351, 352, 354, 356, 358
ガウス写像　287
カゾラーティ　358
ガリレオ　306, 335, 340
ガロア　139, 143, 148
関数　1, 124

カント　343, 345
カントール　261, 268

空間　308
グーデルマン　62
クライン　41, 43, 65, 148, 366
クラウジウス　188
クレルレ　124, 364
クロネッカー　124, 172, 358
クンマー（クムマー）　45, 62, 124, 172, 358

計量　297
ゲーペル　148
限定量　297

合同　108
コーシー　41, 87, 124, 126, 132, 229, 231, 234, 265
ゴルトシュミット（ゴールドシュミット）　161, 349, 351
コールラウシュ　353, 355
コンレイ　182

サ　行

最短線　301
ザイデル　36
ザルトリウス・フォン・ヴァルタースハウゼン　351
ジェノッキ　263
シェーリング（シェリング）　151, 313, 339, 345, 356, 361
シェルク　357

ジェルゴンヌ 285
シェルバッハ 124
ジーゲル 183
シュヴァリエ 143, 148
周期モジュール 88
周期モジュール系 111
種数 145
シュタイナー 349
シュテルン 349, 354
シュパイザー 341
シューマッハー 3
シュマールフス 353, 365
ジュール 188
シュワルツ 35, 277, 290, 293
シロー 146

ストークス 207

精神塊 325
正の側面方向 49
接続 46, 72
ゼファー 365
セルバーグ 181
セレ 285, 359

相似 3
測地線 301
素数定理 180

タ　行

第一種積分 89
第二種積分 89
第三種積分 89
代数関数 30
タイヒミュラー 133
楕円関数 140
多価 46, 72
ダグラス 286
多重連結 6, 75
タッシナーリ 360
多様体 296, 309
ダランベール 224, 226, 229, 264

単一変化的 73
単純分岐点 93
単層 46
断片 6
単連結 6, 75

チェビシェフ 178
地球の心 327
チャリス 207
超幾何級数 62

ツェント-アヴェスタ 330, 342

ティッチマーシュ 164
テイラー 225
ディリクレ 35, 65, 81, 126, 128, 152, 155, 172, 178, 228, 229, 231, 233, 251, 260, 264, 267, 349, 351, 355, 357, 365
——の原理 35, 42, 87, 131, 134, 137, 138, 150, 152, 286, 293
ディルクゼン 233
デカルト 341
デデキント 151, 172, 223, 258, 270, 340, 347, 356, 358, 361, 363, 365
テュアリング 182
デュ・ボア・レイモン 260, 262
テ・リール 171

ドーヴェ 351
独立変化量 124
ドップラー 207
トムソン 188
ド・ラ・ヴァレー・プサン 180

ナ　行

ニコルソン 318
ニッチェ 286
ニュートン 127, 306, 313, 316, 335, 340, 357
——の法則 320

音色曲線 317
ネーター 365

ノイマン 35
ノヴィ 360

ハ　行

ハッテンドルフ 286, 361
ハーディ 165, 171, 180, 183
パフ 62, 136
ハミルトン 218
パリの論文 140, 142

ビエルクネス 151
ビオー 343
P関数 47
ピュイゾ 359
ビュルクネス 356
ヒルベルト 287

ファンベック 189
フェヒナー 330, 332, 334, 339, 341, 343, 345
フェリーチ 360
フェルマ 127
フォン・マンゴルト 164, 166, 168, 174, 179
ブケ 359
プフォイファー 313
プラトー 285
プラトー問題 285
ブラベー 189, 208
フーリエ 132, 227, 229
ブリオ 359
ブリオスキ 358
プリンキピア 340
ブルースター 357
ブレント 182
分岐値 46
分岐点 5, 73

索引

分枝 46, 73

平坦 300
ベッセル 233
ベッツバル 207
ベッティ 358, 360
ベルクマン 344
ベルトラーミ 360
ベルトラン 359
ベルヌーイ（ダニエル） 225, 226
ヘルバルト 308, 313, 325, 340, 342, 344, 350
　——の系列形式 308
ヘルムホルツ 187, 209, 214, 311, 316, 339, 345
ベントリー 357
変分 27
ヘンレ 313, 316, 339, 345, 361
　——の方法 322

ボーア 181
ポアッソン 188, 207, 228
ポアンカレ 153
ボイルとゲイ-リュサックの法則 187
ボイルの法則 187
ポッゲンドルフ 354
ボネ 285
ポホハンマー 64
ボルヒャルト 124, 153, 357, 364
ホルンボエ 146

マ 行

マルチン 189, 208

メイヤーの仮定 188
面の曲率 301

モジュール 103
モゾッティ 360
モノドローム 73
モール 189

ヤ 行

ヤコビ 41, 106, 130, 134, 135, 139, 142, 143, 146, 148, 151, 157, 297, 349, 364
　——の逆関数 85, 144
　——の逆問題 85, 138, 145, 153
山本義隆 341

有機化原理 329
ユークリッド→エウクレイデス

ラ 行

ライト 165, 171, 180
ライプニッツ 74, 127
ラウグヴィッツ 363, 365
ラグランジュ 95, 136, 217, 226, 228, 265, 285, 297
ラドー 286
ランダウ 181

リー 146
リスティング 350
リッター 357
リトルウッド 171, 177, 181, 183
リーマン・ジーゲルの公式 183
リーマンの素数式 166, 172, 175
リーマン面のモジュライ 133
リーマン予想 164, 175, 180, 182
リーマン・ルベーグの定理 269
リーマン・ロッホの定理 132
リューヴィル 148
ルジャンドル 129, 140, 142, 349
ルノー 188

レヴィ 287, 293
レヴィンソン 182
連結 5
連結度 7
連続 1
連続的に接続可能 72

ロイカルト 344
ローゼンハイン 147, 149, 151
ロッツェ 344
ロッホ 132

ワ 行

ワイル 130
ワリス 62

編訳者略歴

足立恒雄（あだちのりお）
1941年　京都府に生まれる
1965年　早稲田大学理工学部卒業
現　在　早稲田大学理工学部長
　　　　理学博士

杉浦光夫（すぎうらみつお）
1928年　愛知県に生まれる
1953年　東京大学理学部卒業
現　在　東京大学名誉教授
　　　　理学博士

長岡亮介（ながおかりょうすけ）
1947年　長野県に生まれる
1974年　東京大学大学院理学系研究科修士課程修了
現　在　放送大学教養学部教授

数学史叢書
リーマン論文集

2004年 2月25日　初版第1刷
2019年 3月25日　第10刷

編訳者　足立恒雄
　　　　杉浦光夫
　　　　長岡亮介
発行者　朝倉誠造
発行所　株式会社 朝倉書店
東京都新宿区新小川町6-29
郵便番号　162-8707
電　話　03 (3260) 0141
FAX　03 (3260) 0180
http://www.asakura.co.jp

〈検印省略〉

© 2004〈無断複写・転載を禁ず〉

中央印刷・渡辺製本

ISBN 978-4-254-11460-7　C 3341　Printed in Japan

JCOPY ＜出版者著作権管理機構 委託出版物＞

本書の無断複写は著作権法上での例外を除き禁じられています．複写される場合は，そのつど事前に，出版者著作権管理機構（電話 03-5244-5088, FAX 03-5244-5089, e-mail: info@jcopy.or.jp）の許諾を得てください．

好評の事典・辞典・ハンドブック

数学オリンピック事典	野口　廣 監修	B5判 864頁
コンピュータ代数ハンドブック	山本　慎ほか 訳	A5判 1040頁
和算の事典	山司勝則ほか 編	A5判 544頁
朝倉 数学ハンドブック ［基礎編］	飯高　茂ほか 編	A5判 816頁
数学定数事典	一松　信 監訳	A5判 608頁
素数全書	和田秀男 監訳	A5判 640頁
数論＜未解決問題＞の事典	金光　滋 訳	A5判 448頁
数理統計学ハンドブック	豊田秀樹 監訳	A5判 784頁
統計データ科学事典	杉山高一ほか 編	B5判 788頁
統計分布ハンドブック（増補版）	蓑谷千凰彦 著	A5判 864頁
複雑系の事典	複雑系の事典編集委員会 編	A5判 448頁
医学統計学ハンドブック	宮原英夫ほか 編	A5判 720頁
応用数理計画ハンドブック	久保幹雄ほか 編	A5判 1376頁
医学統計学の事典	丹後俊郎ほか 編	A5判 472頁
現代物理数学ハンドブック	新井朝雄 著	A5判 736頁
図説ウェーブレット変換ハンドブック	新　誠一ほか 監訳	A5判 408頁
生産管理の事典	圓川隆夫ほか 編	B5判 752頁
サプライ・チェイン最適化ハンドブック	久保幹雄 著	B5判 520頁
計量経済学ハンドブック	蓑谷千凰彦ほか 編	A5判 1048頁
金融工学事典	木島正明ほか 編	A5判 1028頁
応用計量経済学ハンドブック	蓑谷千凰彦ほか 編	A5判 672頁

価格・概要等は小社ホームページをご覧ください．